U0256658

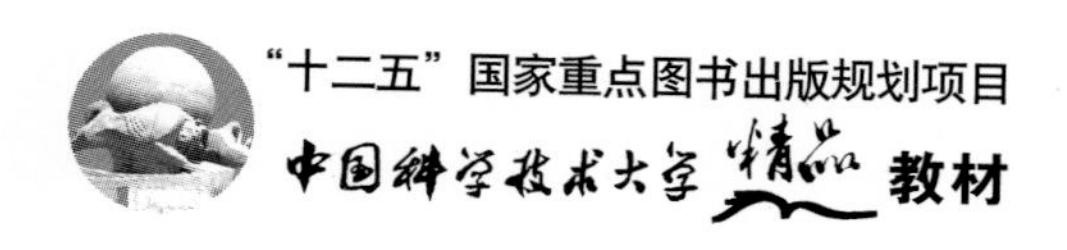

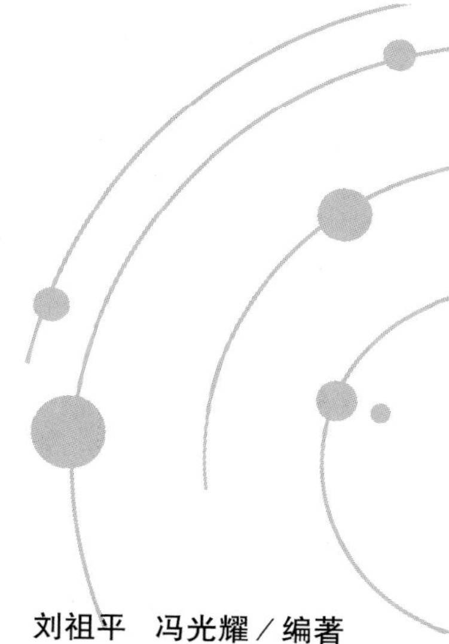

刘祖平　冯光耀／编著

Beam Optics

束流光学

第2版

中国科学技术大学出版社

内 容 简 介

本书主要研究带电粒子束流的形态及其在电磁场中的运动规律，侧重点不在于粒子能量的变化，而在于约束粒子的轨迹，使束流在传输中偏转、会聚、发散、成像、成形、实现相空间匹配或满足其他要求. 全书分为电子光学和束流传输理论两篇，分别针对电子束器件中的低能电子束和加速器系统中的其他带电粒子束，讲述其运动规律、数学描述手段、主要元器件、组合系统设计计算方法和误差分析方法. 本书用作粒子加速器物理专业的教科书，亦可供其他与粒子加速器、电子束器件相关专业的大学本科生或研究生，或者已在相关领域供职而需要进修的人员选读.

图书在版编目(CIP)数据

束流光学/刘祖平，冯光耀编著. —2 版. —合肥：中国科学技术大学出版社，2014.8

(中国科学技术大学精品教材)

"十二五"国家重点图书出版规划项目

ISBN 978-7-312-03520-3

Ⅰ. 束… Ⅱ. ①刘… ②冯… Ⅲ. 束流光学—高等学校—教材 Ⅳ. TL501

中国版本图书馆 CIP 数据核字 (2014) 第 167895 号

中国科学技术大学出版社出版发行

安徽省合肥市金寨路 96 号，230026

http://press.ustc.edu.cn

合肥市宏基印刷有限公司印刷

全国新华书店经销

开本：710 mm×960 mm 1/16 印张：21.75 字数：419 千

2005 年 10 月第 1 版 2014 年 8 月第 2 版 2014 年 8 月第 2 次印刷

定价：42.00 元

总　　序

2008年，为庆祝中国科学技术大学建校五十周年，反映建校以来的办学理念和特色，集中展示教材建设的成果，学校决定组织编写出版代表中国科学技术大学教学水平的精品教材系列．在各方的共同努力下，共组织选题281种，经过多轮严格的评审，最后确定50种入选精品教材系列．

五十周年校庆精品教材系列于2008年9月纪念建校五十周年之际陆续出版，共出书50种，在学生、教师、校友以及高校同行中引起了很好的反响，并整体进入国家新闻出版总署的"十一五"国家重点图书出版规划．为继续鼓励教师积极开展教学研究与教学建设，结合自己的教学与科研积累编写高水平的教材，学校决定，将精品教材出版作为常规工作，以《中国科学技术大学精品教材》系列的形式长期出版，并设立专项基金给予支持．国家新闻出版总署也将该精品教材系列继续列入"十二五"国家重点图书出版规划．

1958年学校成立之时，教员大部分来自中国科学院的各个研究所．作为各个研究所的科研人员，他们到学校后保持了教学的同时又作研究的传统．同时，根据"全院办校，所系结合"的原则，科学院各个研究所在科研第一线工作的杰出科学家也参与学校的教学，为本科生授课，将最新的科研成果融入到教学中．虽然现在外界环境和内在条件都发生了很大变化，但学校以教学为主、教学与科研相结合的方针没有变．正因为坚持了科学与技术相结合、理论与实践相结合、教学与科研相结合的方针，并形成了优良的传统，才培养出了一批又一批高质量的人才．

学校非常重视基础课和专业基础课教学的传统，这也是她特别成功的原因之一．当今社会，科技发展突飞猛进、科技成果日新月异，没有扎实的基础知识，很难在科学技术研究中作出重大贡献．建校之初，华罗庚、吴有训、严济慈等老一辈科学家、教育家就身体力行，亲自为本科生讲授基础课．他们以渊博的学识、精湛的讲课艺术、高尚的师德，带出一批又一批杰出的年轻教员，培养了一届又一届优秀学生.入选精品教材系列的绝大部分是基础课或专业基础课的教材,其作者大多直接或间接受到过这些老一辈科学家、教育家的教诲和影响,因此在教材中也贯穿着这些先辈的教育教学理念与科学探索精神.

改革开放之初,学校最先选派青年骨干教师赴西方国家交流、学习,他们在带回先进科学技术的同时,也把西方先进的教育理念、教学方法、教学内容等带回到中国科学技术大学,并以极大的热情进行教学实践,使"科学与技术相结合、理论与实践相结合、教学与科研相结合"的方针得到进一步深化,取得了非常好的效果,培养的学生得到全社会的认可.这些教学改革影响深远,直到今天仍然受到学生的欢迎,并辐射到其他高校.在入选的精品教材中,这种理念与尝试也都有充分的体现.

中国科学技术大学自建校以来就形成的又一传统是根据学生的特点,用创新的精神编写教材.进入我校学习的都是基础扎实、学业优秀、求知欲强、勇于探索和追求的学生,针对他们的具体情况编写教材,才能更加有利于培养他们的创新精神.教师们坚持教学与科研的结合,根据自己的科研体会,借鉴目前国外相关专业有关课程的经验,注意理论与实际应用的结合,基础知识与最新发展的结合,课堂教学与课外实践的结合,精心组织材料、认真编写教材,使学生在掌握扎实的理论基础的同时,了解最新的研究方法,掌握实际应用的技术.

入选的这些精品教材,既是教学一线教师长期教学积累的成果,也是学校教学传统的体现,反映了中国科学技术大学的教学理念、教学特色和教学改革成果.希望该精品教材系列的出版,能对我们继续探索科教紧密结合培养拔尖创新人才,进一步提高教育教学质量有所帮助,为高等教育事业作出我们的贡献.

侯建国

中国科学技术大学校长
中国科学院院士
第三世界科学院院士

前　言

《束流光学》这本书的名称可能引起初学者的好奇.它研究带电粒子流(称为“束流”)在电磁场中行进时的所谓“横向运动”,例如这一束粒子的轨迹如何(按照设计者的要求)偏转、会聚、发散、“成像”,或者构成某种形态。这些要求与控制光束传输的光学理论相似,所以被比喻为束流的光学(Beam Optics),这个名称一直沿用下来.

“束流光学”是核技术应用学科粒子加速器物理专业的必修课之一,各种与粒子加速器、电子束器件有关的专业的学生,或者已在相关领域供职的人员进修时皆可选读.按作者设想,本书读者是大学本科生或研究生,数理基础较好,学过高等数学、普通物理、理论力学、电动力学和狭义相对论,了解物理基本概念,喜欢物理学的思维逻辑,对物理图像有一定想象力,对束流运动及如何人为加以控制有较强的好奇心.

如果读者觉得自己大致符合这样的描述,“束流光学”适合你选修,而且对你来说不是一门“难学”的课.你可以把这门课当作电动力学的一道大习题,只是这道题比较有普适性或曾经最常见的部分已经有了前人(其中有些相当出名)的解答.重要的不是记住他们的结论,而是理解、掌握他们研究解决问题的思维方法,并且在你将来的工作中运用;一定程度上,你的运用是这道题的后半部分.

书中列出了不少公式,目的是供你将来用到时查找和参考,不该成为记忆的负担.有的公式已在行文中详细推导,也有的只在公式后给出提示性的“推导要点”,比较喜欢严谨的数学推导过程、甚至非如此不能安心的读者,不妨自行完成推导;而对此不感兴趣的读者不必勉强.因为《束流光学》涵盖电子光学和束流传输理论两部分,涉及面很广也很杂,专业方向已比较明确的读者不必对每一章同等看待,在了解线性运动方程、相空间、传输矩阵和束流矩阵等基本概念的基础上,可以“各取所需”.

希望读完本书后,你觉得书中一切结论或断语都是你已有物理知识和数学工具自然而然的延伸,是以你学到的思维方法分析具体问题的结果,无须死记硬背.前人的研究如同种植和培育了一大片硕果累累的园林,作者的任务是陪诸位游园,希望各位读者一面欣赏美景,一面琢磨园艺,乐在其中,如果你在学习中受到启发,将来有机会也在这片果园里栽下你的树苗,那是作者最大的快乐.

自“文革”后恢复研究生学位制度以来,中国科学技术大学为加速器物理专业的研究生开设“束流光学”课,使用教师自编讲义和参考书,没有正规教材.1992年,作者之一刘祖平接受了讲授这门课的任务.刘祖平自己的学业被“文革”打断,没有机会学习这样的专业课,却在称为“科学的春天”的1978年有幸参加我国第一台专用同步辐射光源(电子加速器的一种类型)的设计建造,出于工作需要,在实践中边学习边运用,直到逐渐掌握了包括束流光学在内的一些加速器物理知识,也不得不做一些探索创新;当他有机会讲授这门课时,很想将从多种参考书、国外实验室内部报告或其他文献中学到的知识系统化,其中融入自己的工作经验和心得,希望对学生有所裨益.这是编撰本书的缘起和动力来源.另一作者冯光耀是在20世纪90年代选听此课的少数本科生之一,此后从事加速器物理研究工作,并在本世纪初接替刘祖平担任“束流光学”授课教师.本书两名作者的经历说明,只要学用结合,先学后用或边学边用都能达到掌握知识的效果.

总之,《束流光学》从最初的手写稿复印本,到照相排版印刷的讲义,经过十几年教学相长的切磋磨合,渐臻成熟,在2005年10月正式成书出版.

将近十年后,本书作为中国科学技术大学精品教材丛书修订再版.除了纠正第1版的少数瑕疵、规范公式(及译名)写法和修改一些明显过时的表述之外,新增部分主要如下:

上篇“电子光学”,增加第5章5.4节“射频直线加速器中的电子横向运动”.

下篇“束流传输理论”,第9章9.2节关于“腔式加速狭缝”的一段和关于“增强 z_d 随 δ 变化的效果的几种典型结构”的一段重写;9.3节增加对智能搜索算法的简介,补充聚焦元件强度微小偏差引起下游各有关函数增量的公式.

作者多年来工作繁重、时间紧张而水平有限,特别是书中某些讲法出自作者个人心得,有的概念的归纳或公式的推导未必严谨,虽然作者夙夜以思,殚精竭虑,不当之处一定不少.诚恳地希望读者和加速器物理界同仁批评指正.

作者
2014年8月

目　次

上篇　电子光学

下篇　束流传输理论

绪　　论

0.1　束流光学的研究对象

束流光学(Beam Optics)是研究带电粒子流在电磁场中的运动的理论.

“束流”在本书中指带电粒子流,它是物质的一种特殊形态.一般地说,粒子组成束流,意味着大量粒子在进行基本上整体有序的运动,其与做热运动的粒子群的区别,恰似整齐行进中的军队与市场上的人群的区别.

束流在现代科学技术中应用广泛,遍及基础科学研究的各个分支、工农业生产、医学、国防和人们的日常生活.例如:

(1) 粒子加速器,原发粒子流和次级粒子流的收集、传输、加速;

(2) 电子束器件,如显像管、摄像管、示波管等;

(3) 科学仪器,如电子显微镜、质谱仪、能谱仪、电子探针、离子探针等;

(4) 微波电真空器件,如行波管、速调管、磁控管等;

(5) 其他电子束与光的转换,如X光管、光电管、夜视管、“条纹相机”、切伦柯夫效应、隧道效应等;

(6) 重大新技术,如受控热核反应、自由电子激光、等离子体波、各种新加速原理等;

(7) 束流加工(处理)技术,如电子束打孔、焊接,离子注入、刻蚀,集成电路生产,塑料变性处理,金属表面处理,种子、食品、材料的辐照等;

(8) 无损探伤手段,用于工业探伤、危禁品检查等;

(9) 癌症治疗和其他医学诊断、治疗;

(10) 放射性核素生产,核燃料生产;

(11) 粒子束武器,等等.

以上各种束流应用的机理有同有异,在此不容详述.

束流作为物质运动形态的特殊性,还在于它一般是“人造”的,是“不等待大自然恩赐,而向大自然索取”的好范例,可谓巧夺天工.它是人类在物质结构的深层(或曰微观世界)认识自然、改造自然的重要武器,近代科学的进步、人民福祉的提高皆与束流密不可分.束流的重要性由以下几例可见端倪:从 19 世纪末伦琴射线石破天惊般地打开了原子内层结构的帷幕开始,粒子流的“轰击”一次次地向我们展示了大自然最深处的奥秘;人们至今津津乐道于第二次世界大战中雷达技术扮演的重要角色,说明粒子流加速器及有关技术已不仅是国家综合国力的象征,也是国防能力的有效成分;电视、集成电路、计算机显示器和各种不断问世的与束流有关的技术产品,正日益成为当代人生活不可一日或缺的伴侣.

束流物理学是近代物理学的一个分支,它研究束流的形态和运动规律,束流与电磁波(包括光)的相互作用和能量转换,束流与物质的相互作用,束流内部粒子之间及与通过环境(所产生的电磁场)的相互作用,束流转换成其他束流或中性粒子流的过程,等等.束流物理学作为独立学科形成仅四五十年,得名的时间更短,其中关于束流运动的部分称“束流动力学”或“粒子动力学”.

束流光学是束流动力学(也是束流物理学)最基本的组成部分,其任务主要是研究如何利用能产生某种电场和/或磁场的器件控制束流的运动,使之按使用者的要求传输.一般而言,其侧重点不在于粒子能量的变化(称为纵向运动),而在于约束粒子的轨迹(称为横向运动),使束流偏转、会聚、发散、成形、成像或满足其他要求.

束流光学称为“光学”是历史形成的,其原因主要是人们对束流运动的要求与设计光学系统时对光束的要求相似.“电磁透镜”、“色散”等名词的来源也在于此.后面将专门谈及束流运动规律与光的传播规律的相似性.

束流光学的基础是经典理论力学、电动力学和狭义相对论,常用的数学工具包括微积分、微分方程求解、线性代数方法(在线性近似下描述粒子运动和状态的分布)、复变函数论和数学物理方程(描述场).

“束流光学”课程对粒子加速器专业的学生非常重要,对其他用到束流物理学基本知识的学生也十分有益.其目的是使学生能够从事与束流有关的学科的教学、科研、设计、生产、运行等工作,为学生在这些领域中运用和发展束流动力学理论打下良好的基础.

本课程讲课的重点是基本概念,而非知识罗列;是物理图像,而非数学推导;是一般规律,而非具体的元器件.重在理解和运用,欢迎问题和讨论.

本书分为“电子光学”和“束流传输理论”两部分，两者之间的关系将在后面介绍.主要参考书是东南大学赵国骏主编的《电子光学》和中国科学院高能物理研究所魏开煜著的《带电束流传输理论》，撰写过程中还参考了中国科学技术大学王馥华编写的《束流光学》讲义，相当一部分论点来自作者本人多年从事加速器物理工作的心得.

0.2　束流横向运动的一些基本概念

束流运动是一群状态大体相同（或曰十分相似）的粒子的运动.

单个粒子的状态用3维实空间的3个位置坐标和动量的3个分量表示，共6个自由度，其“状态”与6维“相空间”中的一个点对应.其运动方程是状态随时间 t 的变化关系，基本方程就是洛伦兹公式和位置、动量关系（1个向量方程相当于3个方程；本书中，用黑体字母代表向量，否则为代表其大小的标量）：

$$\frac{\mathrm{d}\boldsymbol{P}}{\mathrm{d}t} = qe(\boldsymbol{E} + \boldsymbol{v} \times \boldsymbol{B})$$

$$\boldsymbol{P} = m\boldsymbol{v} = m\frac{\mathrm{d}\boldsymbol{r}}{\mathrm{d}t}$$

本书采用国际（实用工程）单位制.上述方程中，$\boldsymbol{P}$ 为动量，$\boldsymbol{v}$ 为粒子速度，$\boldsymbol{E}$ 和 $\boldsymbol{B}$ 分别是电场强度、磁场强度，e 为单位电荷，m 是粒子质量，q 是粒子的电荷数.以上方程应能求解，故粒子在电磁场中的运动可解，其在任一时刻的状态由电磁场分布和初始状态唯一确定（由此可见，束流动力学的基础是经典理论力学，而非量子力学）.

称具有“理想”初始状态的粒子为理想粒子，它处于理想的位置，有理想的动量，故从此走在理想的轨道上……理想粒子的运动规律是简单易知的.如果“不太理想”（也“不太不理想”）呢？注意，作为束流家庭中一员的“任意”粒子，其不理想程度应是有限的或足够小的.

束流物理学的第一基本问题是：与理想粒子稍有差异的粒子如何运动？其运动是否受到足够的约束，或是否稳定？

坐标系是观察、描述粒子运动的表演的“舞台框架”，坐标变量及其变化率的大小是不理想程度的定量表述.

本书中，z 轴总是(尽可能地)指向理想粒子或标准粒子的前进方向，此方向又称为纵向. 组成束流的所有粒子的动量应基本在纵向上，即 $P_z \approx P$，$v_z \approx v$ 或 $\frac{\mathrm{d}z}{\mathrm{d}t} \approx \beta c$，否则粒子将分道扬镳，不成为束流. 粒子的纵向不理想程度是前进方向位置差(或时间差，有场随时间变化时则常用相位差)与动量差(或能量差、速度差)，其变化谓之纵向运动.

总动量的相对偏差 $\delta = \frac{\Delta P}{P_0} = \frac{P - P_0}{P_0}$(其中，$P_0$ 是理想粒子的动量)，常用以标志纵向动量差. 粒子与理想粒子的纵向位置差本书中标为 z_{d}，对于粒子的横向运动，它一般不重要.

与 z 轴正交的方向称为横向. 当场呈轴对称时，多用 z—r—ϕ 柱坐标系；否则，多用 z—x—y 直角坐标系或“曲线正交坐标系”，本书中用 u 代表 x 或 y. 理想粒子的横向坐标值一般可视为 0. 故粒子的横向坐标及其变化率标志了它的横向不理想程度或不标准程度，其变化谓之横向运动. 两种横向坐标多相互正交，两个横向的运动常相互独立.

运动方程中消去 t，以 z 为自变量，横向坐标为变量，方程就变成横向运动方程或轨迹方程，其解即为轨迹. 此方程中，常用“$'$”代替 $\frac{\mathrm{d}}{\mathrm{d}z}$；有关参量都应是 z 的函数，包括场和粒子的总能量，或者总动量的大小 P. 如不计束流电荷相互作用等耗散场，$\boldsymbol{E}$ 是保守场，$\boldsymbol{B}$ 不做功，则 P 只决定于初始能量和空间位置(电位).

横向运动方程是束流光学研究的重点. 其中变量可以是(描述单个粒子)：

在柱坐标系中，r 是径向位置，$r' = \frac{P_r}{P_z}$ 是 r 随 z 的变化率，也可称为径向轨迹斜率或运动方向(偏向外或偏向内)，它等于轨迹与 z 轴的夹角(的正切)；ϕ 是角向位置，$\phi' = \frac{P_\phi}{rP_z}$ 是旋转角度随 z 的变化率.

在直角坐标系中，一般 x 指水平偏移，y 指垂直偏移；$u' = \frac{P_u}{P_z}$ 是位移沿前进方向的变化率，其数值也是粒子轨迹与 z 轴的夹角(的正切)，标志轨迹的斜率或粒子的运动方向(向左或向右、向上或向下).

所有横向坐标对 z 的二阶导数则是运动方向或旋转速率随 z 的变化趋势.

运动方程(洛伦兹公式与动量、速度关系联立)是坐标变量的二阶微分方程，揭示这些二阶导数与外加场的关系. 方程必有无穷多个解，初始状态与之结合便得定解.

6维相空间中的一点对应于一个状态.通过一段距离或若干元件对应于状态的一个单值变换,6维相空间可以分解成(或称为"投影"到)较低维数的"子相空间",例如只有横向变量的横向相空间.子相空间可是4维、3维或2维的,也可是2维 x—y 实空间.如忽略场与"理想场"的不同和电荷相互作用等因素,理想粒子总是与原点对应,故原点总还是变换为原点.相空间的概念和物理图像是本课程的重点之一.

本书中的相空间有两种定义.其一作者称之为"物理相空间",坐标是位移和动量,如 x, P_x, y, P_y, 其中,P_u 常用 m_0c 作为形式上的"单位"(m_0 是粒子的静止质量,c 是光速).其二称为"几何相空间",坐标是轨迹的几何参量,即位移和轨迹斜率,如 x, x', y, y', 其中,u 和 u' 的单位一般分别用 mm 和 mrad.

两个横向之间或横向与纵向之间的关联称为耦合.一定条件下运动可以是无耦合的,表现为方程可完全分离变量,此时不同方向的变量彼此无关.

横向与纵向间有耦合发生时,可能使纵向动量 P_z 因横向位置不同而不同;也可能因能量(或相对动量 δ)不同而使横向轨迹有异,或曰散开,即所谓"色散",得名于光子能量与颜色的关系和异色光通过媒质时有色散现象.束流传输一般有色散.

束流是一群粒子,在相空间中对应于许多点的集合.研究其中心(质心),可得中心轨迹或平均轨迹.更重要的是此集合的集体性质,如相空间中的分布范围、边界、密度和体积.有关物理量有:横向尺寸(u 的分布,最大尺寸又名包络)、包络的变化趋势、发散角(u'的分布)、发射度(指相空间中的体积或面积,综合了 u 和 u' 的分布)、边界曲面、密度分布等.这些量描述了粒子群作为一个集体的横向不理想程度.

纵向的相应量则有:中心动量、动量分散(能散)、束团长度、纵向密度分布等.

本课程要用到若干束流物理的常用假设.列举如下:

(1) 小量假设.认为不理想程度的标志如 u,u'和 δ 是小量,其高次幂可忽略.

(2) 单粒子假设.认为粒子相互间、束流与环境间的作用远小于外加场的作用,予以忽略.粒子的行为如同它是单个粒子,束流中其他粒子仿佛并不存在.

(3) 理想场假设.忽略外加场的"缺陷",将电磁场作利于数学处理的简化.例如,轴对称假设和区间常数假设.后者设场的参量在元件的有效区间内为常数,而在其边界上跃变.

有时某些常被忽略的因素不可忽略,则借助下述假设处理之.

(4) 微扰假设.将该因素视为小量,求原得之解在其"微扰"下的不太大的、与该因素大致成比例(线性)的变化.

(5) 冲量假设.将该因素视为短时间或短距离内起作用的“冲量”,能改变粒子的动量使之跃变而不改变其位置,故轨迹有折转,但保持连续.

这些假设如皆成立,运动方程一般只包含变量(及其一阶、二阶导数)的一次项,故为线性方程;不同变量的方程常可以分离,即为无耦合的单变量方程;方程的常数项为0(对于理想场、单粒子,各变量恒为0是对应于理想粒子的解),即为齐次方程.这种单变量的齐次线性二阶微分方程可称为粒子运动的基本方程.

深入的分析常引入与此相异的情形:高阶项的影响产生非线性效应,又叫“像差”或“畸变”;场不尽理想时常数项不为0,对应于中心轨迹畸变;存在耦合时不同变量相关;束流较强时,其他粒子的存在不可忽略,其作用称为“空间电荷效应”……皆为学人深入研究的课题,也是束流光学的“前沿”所在,本课程仅做简介.重点是粒子轨迹的基本方程.

本节概括了本课程的主要基本概念,下文还要详述.

0.3 电子光学与束流传输理论各自的特点

本课程分为电子光学与束流传输理论两个部分,其特点分列于下:

电子光学——

(1) 历史上首先形成学科.

(2) 基本上只针对电子(修改后其原则亦可用于其他粒子).

(3) 主要处理低能束流.

(4) 侧重束流的聚焦、成像、成形.

(5) 电子一般也被加速,其动量不是常数.

(6) 多用纵向聚焦元件(电磁场主方向在 z 向),如电子透镜,场呈轴对称.

(7) 不同元件的场常互相渗透,故“不可分离”.

(8) 主要用柱坐标系.

(9) 相对论效应多不明显,常用非相对论性公式,必要时再修正.

(10) 是低能电子束器件原理的基础.

束流传输理论——

(1) 逐渐从加速器物理中分离出来,与束流物理其他分支关系更密切.

(2) 面向所有带电粒子.

(3) 处理各种能量的束流,本课程以中高能为主.

(4) 满足束流传输中的各种要求:控制束截面大小、消除或产生色散、相空间匹配等.

(5) 粒子能量一般不变,其动量是常数.

(6) 多用横向聚焦元件(电磁场与 z 轴垂直),如四极透镜,非轴对称场为主.

(7) 元件常可分段处理.

(8) 基本用直角坐标系或曲线正交坐标系.

(9) 相对论性程度相差很大,往往不可忽略.用相对论性公式,不必要时自然简化.

(10) 是各种加速器、束流加工设备,尤其复杂系统设计和运行的重要依据之一.

两者的共性首先在于所关注的主要是粒子的横向运动,它们的轨迹和束流的横截面(包络).显然二者不能断然分开,与束流动力学的其他分支亦易互相重叠.

本课程的原则是:基本不谈加速过程及加速原理;少谈纵向运动,不谈纵向振荡(以区别于"加速器原理"课程).认为粒子运动是"一去不复返"的,而非"周而复始"的,粒子"记得过去"、"看不到未来";重视初始条件;不重视横向振荡,不谈"闭合解"与稳定性(以区别于"储存环物理"课程).

0.4　束流光学与几何光学的相似性

今天的人们熟知粒子束和光波皆具有波粒二象性,此标题已非惊人之语.

之所以只提几何光学,是因为带电粒子的德布罗意波长一般很短,不易发生衍射、干涉等波动光学现象.顺便在此说明:

粒子的德布罗意波长

$$\lambda = \frac{h}{P} = \frac{h}{\beta\gamma m_0 c}$$

其中,电子的康普顿波长$\dfrac{h}{m_0 c}\approx 0.0024$ nm,低能时 $\beta\approx 0.002\sqrt{V}$(单位用 V),$\gamma\approx 1$,故低能电子束的波长 $\lambda\approx\dfrac{1.225}{\sqrt{V}}$ nm,一般小于 0.1 nm.

还应说明:本书依常见惯例,如非另作定义,以 c 代表真空中光速,m_0 代表粒子静止质量,h 代表普朗克常数;β 和 γ 皆取其狭义相对论中常用含义,即 $\beta = v/c$ 是粒子相对速度,$\gamma = m/m_0$ 是粒子相对质量.

束流光学与几何光学的相似性的经典表述方式(哈密顿,1834 年)如下.

几何光学的基石是费马原理(17 世纪):光线在两点间传播,必取传播时间为极值之路径.用变分法表述(δ 为变分符号),则为

$$\delta\int \mathrm{d}t = 0$$

或

$$\delta\int n\mathrm{d}s = 0$$

上式中,积分是从起点沿任选路径到终点,对不同路径变分;n 是媒质的光学折射率,s 沿路径方向.后一式来自$\frac{\mathrm{d}s}{\mathrm{d}t} = v = \frac{c}{n}$,在变分号下,常数因子或加一常数项皆无影响.

几何光学的基本规律,如同一媒质中无阻碍时光的直线传播、反射定律、折射定律等,皆可视为其推论.读者不难一试.

粒子运动遵循质点动力学,其基石可选用"最小作用量原理"(欧拉等,18 世纪):质点在两点间运动,必取作用量最小之路径.作用量是拉格朗日变量 L 的积分,即

$$\delta\int L\mathrm{d}t = 0$$

或

$$\delta\int \frac{L}{v}\mathrm{d}s = 0$$

两式在形式上完全相似.而参量$\frac{L}{v}$就可名为粒子运动的等效折射率.

一番推导后,可得在静电场、磁场作用下,无论考虑相对论性与否,都有

$$L = mv^2 + qe(\boldsymbol{A}\cdot\boldsymbol{v})$$

式中,$\boldsymbol{A}$ 是磁场的向量势.而等效折射率

$$\frac{L}{v} = P + qeA_s$$

其中,$A_s = \boldsymbol{A}\cdot\frac{\mathrm{d}\boldsymbol{s}}{\mathrm{d}s}$是$\boldsymbol{A}$ 在路径前进方向 $\boldsymbol{s}$ 上的投影.

推导要点 设法将满足式 $\delta\int L\mathrm{d}t = 0$ 的拉氏变量 L 写成由位置变量 x 等以及

速度变量 $\dot{x}$ 等（$\dot{x}=v_x=\dfrac{\mathrm{d}x}{\mathrm{d}t}$）表达的函数，则该变分方程可等效于欧拉方程 $\dfrac{\mathrm{d}\left(\dfrac{\partial L}{\partial \dot{x}}\right)}{\mathrm{d}t}=\dfrac{\partial L}{\partial x}$ 等，共3个方程.此处，偏微分时将 x 等和 $\dot{x}$ 等看作彼此无关的独立变量.

用两个算子分别对位置变量（对 $\dot{x}$ 等无作用）和速度变量（无视 x 等）起作用：

$$\nabla=\boldsymbol{e}_x\frac{\partial}{\partial x}+\boldsymbol{e}_y\frac{\partial}{\partial y}+\boldsymbol{e}_z\frac{\partial}{\partial z}$$

$$\dot{\nabla}=\boldsymbol{e}_x\frac{\partial}{\partial \dot{x}}+\boldsymbol{e}_y\frac{\partial}{\partial \dot{y}}+\boldsymbol{e}_z\frac{\partial}{\partial \dot{z}}$$

式中，$\boldsymbol{e}_x$ 等是实空间坐标系的单位向量.则欧拉方程可写作 $\dfrac{\mathrm{d}(\dot{\nabla}L)}{\mathrm{d}t}=\nabla L$，仍是3个方程.

把前面的 L 表示式代入（该式当然是反过来推导的），就回到了洛伦兹公式.

推导的关键之一是量 L 中有关能量的项应能分开写成"与动能 E_k 有关的量 $-$ 势能 E_p（$+$常数 const.）"的形式，从而使动能与势能分别成为两个算子互不相干的作用对象.

势能 $E_\mathrm{p}=qeV$，其中 V 是空间电位，仅依赖于位置.

动能 $E_\mathrm{k}=m_0c^2(\gamma-1)$，非相对论时近似为 $\dfrac{1}{2}m_0v^2$.

洛伦兹公式描述的体系只有保守场，总能量即动能与势能之和是常数.

以较复杂的相对论性情况为例（读者不妨试以非相对论性证之）：

$$\begin{aligned} mv^2 &= m_0c^2\gamma\beta^2+(\text{总能量}-E_\mathrm{k}-E_\mathrm{p}) \\ &= m_0c^2\gamma(1-\gamma^{-2})-m_0c^2\gamma-qeV+\text{const.} \\ &= -\frac{m_0c^2}{\gamma}-qeV+\text{const.} \end{aligned}$$

$$\begin{aligned} \dot{\nabla}\left(-\frac{m_0c^2}{\gamma}\right) &= -m_0c^2\,\dot{\nabla}\left(\sqrt{1-\left(\frac{v}{c}\right)^2}\right) \\ &= -m_0c^2\frac{-\dfrac{2v}{c^2}}{2\sqrt{1-\left(\dfrac{v}{c}\right)^2}}\dot{\nabla}v \\ &= \gamma m_0v\,\dot{\nabla}v \end{aligned}$$

$$= mv\frac{\boldsymbol{v}}{v}$$

$$= \boldsymbol{P}$$

其他值得一提的关系有

$$\nabla V = -\boldsymbol{E}$$

$$\dot{\nabla}(\boldsymbol{A}\cdot\boldsymbol{v}) = \boldsymbol{A}$$

$$\frac{\mathrm{d}\boldsymbol{A}}{\mathrm{d}t} = (\boldsymbol{v}\cdot\nabla)\boldsymbol{A}$$

$$\nabla(\boldsymbol{v}\cdot\boldsymbol{A}) - (\boldsymbol{v}\cdot\nabla)\boldsymbol{A} = \boldsymbol{v}\times(\nabla\times\boldsymbol{A}) = \boldsymbol{v}\times\boldsymbol{B}$$

此中用到:向量势 $\boldsymbol{A}$ 也仅依赖于位置,和粒子速度、时间都无关.

即可得到结论:L 的前述表示式可使最小作用量原理与洛伦兹公式等效. □

本节最有意义的结果是得到了等效折射率 $n=\dfrac{L}{v}$ 的表达式.从前述变分原理可见,它应该是一个标量,只能依赖于空间位置和路径方向.该表达式符合这一要求.对于只在静电、磁场作用下的确定的粒子(指电荷量 q 和初态确定,包括初始能量和起点位置、初始运动方向),动量 P 只决定于空间电位,向量势的投影 A_s 则决定于位置和路径(当然,它们都还和初始状态有关).请注意 A_s 关系到运动方向,故不同方向的折射率不等,所谓磁场有各向异性.无磁场时更简单,静电场的等效折射率就是粒子动量 P 或某一与之成比例的量;它呈各向同性,且与电荷量无直接关联.

本课程用动量 P 既描述空间(大致与电位相当),亦描述粒子(与能量、动能、速度相当),远比同类文献为频.这一“偏爱”来自:某种意义上 P 是一个跨越了是否考虑相对论性的藩篱的更“基本”的物理量,公式中用 P(而非诸如电位、动能、速度等)可最大限度地免去因相对论性程度不同(粒子能量高低和静止质量差异)而带来的困惑;在束流前进的过程中,所有粒子的 P 大致相等,且与 P_z 相差甚微,它是统括全体粒子,又联系纵向和横向、物理相空间和几何相空间的关键量;在横向磁场作用下时,P 还与“磁刚度”成正比,是粒子刚度即其轨迹抗弯折能力的重要表征.

下面列举有关 P 的公式.用 β,γ 和 $\gamma-1$ 分别表示归一化(相对)的速度、能量(即质量)、动能,则

$$\frac{P}{m_0c} = \beta\gamma = \frac{\beta}{\sqrt{1-\beta^2}} = \sqrt{\gamma^2-1}$$

$$= \sqrt{(\gamma-1)[2+(\gamma-1)]}$$

$$\frac{\mathrm{d}P}{P}=\gamma^2\frac{\mathrm{d}\beta}{\beta}=\frac{1}{\beta^2}\frac{\mathrm{d}\gamma}{\gamma}=\frac{\gamma}{\gamma+1}\frac{\mathrm{d}(\gamma-1)}{\gamma-1}$$

$$\mathrm{d}\boldsymbol{P}=\boldsymbol{F}\mathrm{d}t$$

$$\mathrm{d}E_0=m_0c^2\mathrm{d}\gamma=\boldsymbol{F}\cdot\mathrm{d}\boldsymbol{s}=\boldsymbol{v}\cdot\mathrm{d}\boldsymbol{P}$$

$$P=qeB_{\mathrm{tr}}\rho$$

以上诸式对是否相对论性普适.后3式中,$\boldsymbol{F}$ 为外力,E_0 为粒子的能量,B_{tr}是横向磁场,ρ 是轨迹曲率半径,$B_{\mathrm{tr}}\rho$ 称为粒子的磁刚度.

关于 P 的单位,低能时常用 m_0c,高能时可用 GeV/c 或 MeV/c.对于电子,有

$$1m_0c=0.511\ \mathrm{MeV}/c=2.73\times10^{-22}\ \mathrm{kg\cdot m/s}$$

回到等效折射率.对于电子,$q=-1$,如以阴极电位为0,初始热运动动能可忽略,则 P 仅由电位 V 确定,所以

$$\begin{aligned}P&=\sqrt{2m_0eV\left(1+\frac{eV}{2m_0c^2}\right)}\\&=1.978\times10^{-3}\times\sqrt{V(1+\varepsilon V)}\ m_0c\end{aligned}$$

式中,V 的单位为V.

等效折射率

$$n=P-eA_s$$

或去掉一个共同因子,取

$$n=\sqrt{V(1+\varepsilon V)}-\sqrt{\frac{e}{2m_0}}A_s$$

式中,量 $\varepsilon=\dfrac{e}{2m_0c^2}\approx0.98\times10^{-6}\ \mathrm{V}^{-1}$,是"相对论性修正常数".当 $V\leqslant20\ \mathrm{kV}$ 时,一般可不计该修正因子,即让 $1+\varepsilon V\approx1$,引入的相对误差不大于1%.

无磁场且 $\varepsilon V\ll1$ 时情况最简单.常称 $n=\sqrt{V}$为电子光学等效折射率,在此意义上本书有时也称之为等效动量 P.

电子在电位不等的空间中运动时发生折射,此其所以吾人能用电场约束电子之轨迹.在空间中想象折射率的等值面,即电位等位面;非垂直入射到等位面上的电子将在穿过该面时折射,使轨迹在高电位区更贴近该面的法线,一如光穿过 n 不同的媒质界面时在光密媒质内向界面法线靠拢.如在穿过点附近等位曲面从高电位区凸向低电位区,则此折射有聚焦作用;反之则散焦.此亦与几何光学相仿.这一图像使电子光学现象更易想象.

光的折射"正弦定律"$n_1\sin\theta_1=n_2\sin\theta_2$是人们熟知的,此处 θ 是光与界面法

线的夹角.读者可试用费马定理证明:满足正弦定律的折线光程用时最短.假想空间电位亦有类似的两个等位区,由一界面截然分开.对电子轨迹同一定律成立,只需将式中的 n 用动量 P 替代即可.对此的粒子动力学原有解释是:电场在界面法线方向,电子跨区行进时,其动量的法向分量增加或减小,而切向分量 $P\sin\theta$ 不变,因此总动量即速度的方向改变,一如发生折射.对低能电子,法向速度有增减,质量和切向速度可认为不变;对高能电子,则是质量随加速或减速变化,切向动量守恒,故速度呈反变化,而法向速度基本不变.两种机理看似大不相同,用动量 P 描述却在形式上全无二致.由此例可体会其妙处.

束流光学与几何光学的相似性还可以从数学工具的角度理解.

前面提到,轨迹方程往往可看作线性方程;此时轨迹通过一个"系统"的解可写作一个矩阵的形式,以代表从初始态到终态的变换.几何光学中光学元件或系统对光线的作用也可用形式上一样的矩阵描写.因此,两种情况下聚焦、成像和派生的概念在数学上完全可类比.连考虑非线性问题时高阶项的数学处理手段亦彼此相似.

最后,谈到束流光学与传统几何光学的相似性时,有几点宜注意:

电子光学——

(1) 电位 V 在空间中一般连续变化,很难突变.电位分布可用多层等位面逼近,真实轨迹仿佛"连续折射"形成的弯曲.

(2) $n=\sqrt{V}$的数值变化范围很大,可达数百倍.

(3) 因空间位场服从拉普拉斯方程,n 的分布及等位面形状到处相关,不能随意修补.

(4) 有磁场时各向异性:n 与运动方向有关.

(5) 会有色散:n 与粒子初始能量有关.

(6) 有空间电荷等特殊问题.

与上述各点对应,几何光学——

(1) 折射率 n 可连续变化,但在媒质界面(如通过透镜)上突变更常见.

(2) 天然媒质的 n 之比一般不大于 2.5.

(3) 透镜表面形状可局部修正(以减少像差),而不影响其他处的界面.

(4) n 也可能各向异性,如在某些晶体中.

(5) 也有色散:n 与光的波长有关.

(6) 无对应问题.

0.5 课程内容简介

无论是电子光学还是束流传输理论，本课程皆由简及繁，由最基本的、各种假设都成立的通用情况到某些具体的、有特殊因素要考虑的实例；始于理想场，到简单元件的介绍，渐到各种特殊问题、较复杂的系统．请留意诸如一般与个别、共性与个性、视野之大与小、观察之粗与细，以及知识之“薄”与“厚”（华罗庚先生语）、读懂概念与计算练习之间在往复中深入、呈螺旋形上升的辩证关系．

算法或设计法不外乎：

（1）从边界条件、初始条件出发，根据最基本的场方程、运动方程作数值模拟运算．

（2）求出（某些假设下的）近似的场或运动的解析方程，作计算的起点．

（3）求出（进一步假设下的）近似的方程解析解，估计参数变化趋势或直接用其结果．

（4）用实验、测量、图解等方法求解．

以上可简称为数值计算法、半解析法、近似解析法和实验法，也可以是它们的结合并用．对于具体问题，它们各有优劣．

由元件设置得到场、再由场求轨迹称为正算、正设计；反之，由要求的轨迹（的某些特点）求场和元件安排，称为逆算、逆设计．电子光学中以前法为主．

本课程假设的对象是有较好的数学和物理基础，对束流运动颇感兴趣的物理类专业的研究生或本科生．对于他们，本课程应绝非“难学”之课．极而言之，束流的横向运动问题可当作电动力学课的一道大习题；各种公式之推导计算、各种结论之达成，不过是已有物理知识和已知数学工具的运用，皆在学生自己能力所及范围之内．作者将陪诸位一起到挂满前人（有的人名声相当显赫）如何逐步解这道习题的果实的园中一游，重要的不是记住他们的结论，而是掌握他们研究与解决问题的方法．希望学完之后，列位读者并不觉得增加了多少记忆的负担，所得的是学可致用的更开阔的思路，能在不同情况下斩关夺隘的更丰富的武库，观察研究束流运动时不仅知其然、亦知其所以然的乐趣，在这片果园中自己也能栽种和收获喜悦．

具体的章节安排请见本书目次．

上　篇

电子光学

第1章　电子在轴对称场中的运动

1.1　轴对称电场和磁场

传统的电子光学元件中的电磁场大多是轴对称的.电子束(的初态)亦如此.电极、线圈、“光阑”等构成场的边界条件的零件(忽略制造、安装缺陷)皆对于中心轴呈旋转对称.

采用 $z—r—\phi$ 圆柱坐标系.场的对称轴 z 轴沿粒子前进的方向,在本书图中一般指向右.

在此坐标系中的若干公式列于下面.

在横切面上与直角坐标的换算:

$$\begin{cases} x = r\cos\phi \\ y = r\sin\phi \end{cases}$$

$$\begin{cases} r = \sqrt{x^2 + y^2} \\ \phi = \mathrm{Arctan}\,\dfrac{y}{x} \quad \text{(象限由 } x \text{ 和 } y \text{ 的符号确定)} \end{cases}$$

面积元

$$\mathrm{d}s = \mathrm{d}x\mathrm{d}y = r\mathrm{d}r\mathrm{d}\phi$$

标志梯度、散度、旋度等的耐普拉算子:

$$\nabla A = \boldsymbol{e}_r \frac{\partial A}{\partial r} + \boldsymbol{e}_\phi \frac{1}{r}\frac{\partial A}{\partial \phi} + \boldsymbol{e}_z \frac{\partial A}{\partial z}$$

$$\nabla \cdot \boldsymbol{A} = \frac{1}{r}\frac{\partial}{\partial r}(rA_r) + \frac{1}{r}\frac{\partial A_\phi}{\partial \phi} + \frac{\partial A_z}{\partial z}$$

$$\nabla\times\boldsymbol{A}=\boldsymbol{e}_r\left(\frac{1}{r}\frac{\partial A_z}{\partial\phi}-\frac{\partial A_\phi}{\partial z}\right)+\boldsymbol{e}_\phi\left(\frac{\partial A_r}{\partial z}-\frac{\partial A_z}{\partial r}\right)+\boldsymbol{e}_z\frac{1}{r}\left(\frac{\partial(rA_\phi)}{\partial r}-\frac{\partial A_r}{\partial\phi}\right)$$

$$\nabla^2 A=\frac{1}{r}\frac{\partial}{\partial r}\left(r\frac{\partial A}{\partial r}\right)+\frac{1}{r^2}\frac{\partial^2 A}{\partial\phi^2}+\frac{\partial^2 A}{\partial z^2}$$

通过 z 轴的纵剖面称为“子午面”.场呈轴对称或曰旋转对称时,不同的子午面内的场完全一样;子午面以 z 轴分界的上半区与下半区(ϕ 角相差 π,电子光学习惯上说其下半区内 r 小于0——与纯数学习惯不同)的场关于 z 轴呈偶型或镜面对称,故两对称点的场向量轴向分量必完全相同,径向分量则大小相等、方向相反;场的描述与计算可只对半个子午面进行.空间位置的函数皆不含 ϕ,或曰其对 ϕ 的偏微商为0.子午面内粒子的轨迹可以跨过 z 轴进入 $r<0$ 区或返回;场不受粒子分布的影响(忽略空间电荷效应)时亦可只用半个子午面计算粒子轨迹,当轨迹每与 z 轴相交时即处理为镜面反射折回,相当于进入另一半区.

空间电磁场非可任意选取.它们必须:

(1)(目前看来,绝对地)服从麦克斯韦方程.

(2)(如果是理想场,则)满足某些特定条件,如本章的轴对称.

(3)(可能是近似地)符合某些数学处理所要求的其他条件.

麦克斯韦方程和电荷连续性方程如下:

$$\nabla\cdot\boldsymbol{D}=\rho$$

$$\nabla\times\boldsymbol{E}=-\frac{\partial\boldsymbol{B}}{\partial t}$$

$$\nabla\cdot\boldsymbol{B}=0$$

$$\nabla\times\boldsymbol{H}=\frac{\partial\boldsymbol{D}}{\partial t}+\boldsymbol{J}$$

$$\nabla\cdot\boldsymbol{J}+\frac{\partial\rho}{\partial t}=0$$

及

$$\boldsymbol{D}=\varepsilon\boldsymbol{E}$$

$$\boldsymbol{B}=\mu\boldsymbol{H}$$

式中各量无需注解.

在束流光学中,束流一般在高真空环境中,故式中介电常数 ε 和磁导率 μ 可用真空中的 ε_0 和 μ_0 代替,而场向量 $\boldsymbol{D}$ 和 $\boldsymbol{H}$ 可分别以 $\varepsilon_0\boldsymbol{E}$ 和 $\dfrac{\boldsymbol{B}}{\mu_0}$ 取代;不考虑空间电荷效应时,可忽略空间电荷密度 ρ 和空间电流密度 $\boldsymbol{J}$(考虑时,勿忘电子电荷带来的负号);绝大多数情况下,电磁场为静态或似稳态(随时间变化甚慢),故各量对 t 的偏微商可取为0.

所以,本章(大多数情况下全书亦然)认为电场强度 $\boldsymbol{E}$ 和磁场强度 $\boldsymbol{B}$ 都是散度、旋度皆为0的向量场.

$\boldsymbol{E}$ 作为无旋场,可用静电位场 V 描述,$\boldsymbol{E}=-\nabla V$.

$\boldsymbol{B}$ 作为无源场,可用向量势场 $\boldsymbol{A}$(附加条件:$\boldsymbol{A}$ 无源,即 $\nabla\cdot\boldsymbol{A}=0$)描述,写为 $\boldsymbol{B}=\nabla\times\boldsymbol{A}$.当 $\boldsymbol{B}$ 亦无旋时,也可形式地用标量磁位 V_{m} 描述.本书一般直接用 $\boldsymbol{B}$,而不用 V_{m} 或 $\boldsymbol{A}$,也很少用到场向量 $\boldsymbol{H}$.因为作者以为,$\boldsymbol{B}$ 能通过洛伦兹力作用于带电粒子、与场的空间储能相联系、可以直接测量,所以唯它有资格“真实”地在物理意义上代表磁场(一如 $\boldsymbol{E}$ 之于电场),“磁场强度”之名亦只有它可当之无愧,而其他量在某种程度上只具有数学意义.

既然皆是无旋无源的轴对称场,本章中 $\boldsymbol{E}$ 和 $\boldsymbol{B}$ 在近轴区域满足同样的偏微分方程,其定性特征相似,但与边界条件的关系和生成的方式迥然不同.

轴对称向量场中“力线”的轴向分量是 r 的偶函数,径向分量是 r 的奇函数,无角向分量.对称轴即 z 轴必定是力线,其他力线不得与之相交.近轴处力线的走向与轴一般大致平行(除非轴上场强为0);如随 z 的增加场渐增强(绝对值增大),力线向轴聚拢,由疏渐密,反之则散开.力线皆在子午面内,旋转对称成束状.

轴对称场的位 V 也必是 r 的偶函数.V 的分布可用等位面描述,力线 $\boldsymbol{E}$ 是其法线.所有等位面皆为绕 z 轴的旋转曲面,其与子午面的交线在近轴处近似为关于 z 轴对称的二次曲线,与 z 轴正交(除非该点 V 取极值,故 $E_z=0$,且易号),呈或凸或凹的弧形或近于平行直线.以等差的多层等位面描述 V,$\boldsymbol{E}$ 强处其相聚紧密,弱处则稀疏.与力线的特性综合,随 z 的增加,如 $\boldsymbol{E}$ 大致不变,则等位面大体是等距平面,力线近乎平行;若 $\boldsymbol{E}$ 渐增强,则等位面渐向左凹回,间距变小,力线会聚;若 $\boldsymbol{E}$ 渐减弱,则等位面渐向右凸前,间距放宽,力线发散.

以下试作定量描述,可得到谢尔赤公式:

轴对称场 V 满足拉普拉斯方程

$$\nabla^2 V=\frac{1}{r}\frac{\partial}{\partial r}\left(r\frac{\partial V}{\partial r}\right)+\frac{\partial^2 V}{\partial z^2}=0$$

场向量 $\boldsymbol{E}$ 则满足

$$E_z=-\frac{\partial V}{\partial z}$$

$$E_r=-\frac{\partial V}{\partial r}$$

所以

$$\frac{\partial E_z}{\partial z}+\frac{1}{r}\frac{\partial}{\partial r}(rE_r)=0$$

$$\frac{\partial E_z}{\partial r}=\frac{\partial E_r}{\partial z}$$

$$E_\phi=0$$

B 满足的方程与 **E** 相同.

前已述及,V,E_z,B_z是r的偶函数;E_r,B_r是r的奇函数.

设轴上即$r=0$处所有点的V(或B_z)是可知的,它们仅是z的函数,则空间各点的场皆可用轴上场分布——称为$V(z)$或$B_z(z)$——及它们对z的各阶微商和r的各次幂表示.此种表示式称为谢尔赤展开式,如对$V(z,r)$,有

$$V(z,r)=\sum_{n=0}^{\infty}\frac{(-1)^n}{(n!)^2}V^{(2n)}(z)\left(\frac{r}{2}\right)^{2n}$$

$$=V(z)-\frac{1}{4}V''(z)r^2+\frac{1}{64}V^{(4)}(z)r^4-\cdots$$

推导要点 任一z坐标相同的横切面上V可展开为r的偶次幂级数$V(z,r)=\sum\limits_{n=0}^{\infty}a_n(z)r^{2n}$,其中$a_n$是$z$的函数,$n$从0到无穷大.显然,$a_0=V(z)$.

拉普拉斯方程即成为

$$a_0''+\sum_{n=1}^{\infty}[a_n''r^{2n}+(2n)^2a_nr^{2n-2}]=0$$

r的各次幂的系数皆应为0,故应有$a_n=-\frac{a_{n-1}''}{4n^2}$,始于$a_1=-\frac{a_0''}{4}$.

重复递推,即得上式. □

此类公式的特点为:利用偏微分方程(麦氏方程)建立的关系,用一个方向的高阶偏微商代替另一个方向的偏微商.于是

$$E_z=-V'+\frac{1}{4}V'''r^2-\cdots$$

$$E_r=\frac{1}{2}V''r-\frac{1}{16}V^{(4)}r^3+\cdots$$

形式上可将$-V'(z)$写成$E_z(z)$,而将 **E** 的分量用E_z及其高阶微商表示.与之完全相似的是:

$$B_z(z,r)=B_z(z)-\frac{1}{4}B_z''r^2+\cdots$$

$$B_r(z,r) = -\frac{1}{2}B_z{}'r + \frac{1}{16}B_z{}'''r^3 - \cdots$$

以上工作之所以有意义，是因为电子光学的计算大多在近轴区进行，有理由认为 r 的高阶项可忽略（小量假设）. 常可只取 r 的一次项以得到线性方程，较低的高次项有时用于分析像差等问题和计算机数值计算. 在离最近的边界（设半径为 R）较近处用这些公式是不可取的，因各级数高阶项按 $\frac{r}{R}$ 的升幂可能收敛极慢，必须取很多项才能得到可用的结果.

近轴处 E_r 的第一项最为重要，它说明力线的走向，并提供电子受到的横向力. V'' 简单地联系了 V 沿 z 轴的纵向变化率和横向聚焦力. 因为电子受力为 $-e\boldsymbol{E}$，容易看出（近轴处）：

$V'>0$ 时，电子被加速；$V''>0$ 时，电子受到聚焦.

E_r 近似地正比于 r 是这一横向力能聚焦（而非偏转或其他）的原因. 它能提供一种指向轴的、与径向偏离成比例的横向力，偏离越大，这个力越强，对已在轴上的粒子则完全无作用；当然，如果它背离中轴，指向外方，就成为散焦力. 容易看出，V'' 的大小、符号与聚焦的关系和前文对等位面、力线的定性分析一致.

回到等位面形状. 由以上公式可得到定量关系：

z 轴上取一点 z_0，如该点处 $V'(z_0)$ 与 $V''(z_0)$ 皆不等于 0，则过该点的等位面在近轴处为一旋转双曲面，如图 1.1 所示. 令量纲为长度的量 $a = \frac{V'(z_0)}{V''(z_0)}$，此双曲面过 z_0 而向 $z_0 - a$ 方向凸起，子午面上的截线是双曲线，其方程为 $\frac{[z-(z_0-a)]^2}{a^2} - \frac{r^2}{2a^2} = 1$，渐近线为过 $(z_0 - a, 0)$ 点的斜率为 $\tan\alpha = \pm\sqrt{2}$（与轴的交角 $\alpha = \pm 54°44'$）的两条直线，焦点坐标 $z = z_0 + (\sqrt{3}-1)a$，$z = z_0$ 处双曲面顶点的曲率半径为 $2a$.

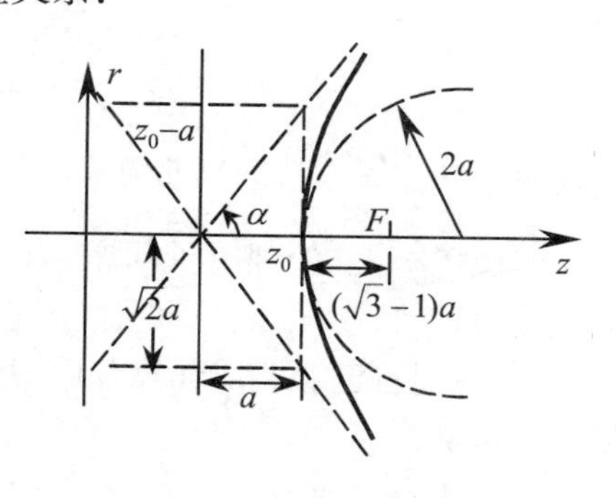

图 1.1

$V''(z_0) = 0$ 时，等位面为垂直于 z 轴的平面 $z = z_0$.

$V'(z_0) = 0$ 而 $V''(z_0) \neq 0$ 时，过 z_0 的等位面为半顶角等于上述 α 角的对顶圆锥面，子午面上的截线方程是 $r = \pm\sqrt{2}(z - z_0)$；其附近等位面呈鞍形分布，z_0 是“鞍点”，该点上 $\boldsymbol{E} = 0$，根据 V'' 大于（或小于）0，其电位是轴向极小（或极大）值点、径向极大(或极小)值点.

图 1.1 所示是 $a>0$ 的情况.此时如 $V'>0$,则 $V''>0$,此等位面好像凸透镜入侧,起聚焦作用;若 V' 与 V'' 皆小于 0,则似凹透镜出侧,所以散焦. $a<0$ 时,等位面向右凸起,聚焦、散焦仍与 $V''>0$ 或 $V''<0$ 一致.

推导要点 在 z_0 点处将电位沿轴向展开,得

$$V(z)=V(z_0)+V'(z_0)(z-z_0)+\frac{1}{2}V''(z_0)(z-z_0)^2+\cdots$$

再利用谢尔赤公式沿径向展开.两式综合,则等位面方程为

$$\begin{aligned}V(z,r)&=V(z_0)+V'(z_0)(z-z_0)+\frac{1}{2}V''(z_0)\left[(z-z_0)^2-\frac{1}{2}r^2\right]+\cdots\\&=V(z_0)\end{aligned}$$

只考虑 $(z_0,0)$ 点附近,可将高次项略去.

$V''=0$ 或 $V'=0$ 时结果易得.否则,可写成

$$(z-z_0)^2+2a(z-z_0)-\frac{1}{2}r^2=0$$

剩下的只有解析几何计算了.

该式对 z 微分,可得

$$2[z-(z_0-a)]-rr'=0$$
$$2-r'^2-rr''=0$$

代入 $\rho=\dfrac{(1+r'^2)^{\frac{3}{2}}}{r''}$,即得曲率半径. □

顺便提一下,处理电子问题,有人愿意把 $\boldsymbol{E}$ 变号,使其大于 0 时加速,方向与电子受力一致;同样,电荷、电流密度 ρ 和 $\boldsymbol{J}$ 也可以变号,使对于电子是正的.虽本书不取,只要自己和相应计算程序不糊涂,并无坏处.类似地,$\boldsymbol{B}$ 的符号也可根据方便自行定义.

谢尔赤公式形式上规定了:轴上电位分布唯一地决定“全空间”的电位分布.这是拉氏方程的性质,所谓全空间的场具有“牵一发动全身”的连带关系和“求细节可以知高远”.本书未予过分强调,因为此说法易产生误解.场的高阶微商无论计算或实测皆难以准确获得;满足拉氏方程的“调和函数”具有调和、平均的特性——空间中任意取一球面,该函数在球心取球面所有点的平均值,球内函数之极大、极小值必在球面上,所以边界附近即使有较大变化,到轴附近的反应已极细微,可能近于不可知.反过来,由中央求外部,任何误差必被放大,可能使上述说法失去意义.

1.2　电子在轴对称电场中的运动·高斯轨迹方程

轴对称电场(无磁场)中，$E_\phi=0$. 所以，有初始角向速度 $v_\phi\neq0$ (只能来自阴极电子的热运动)的电子将维持旋转，规律为角动量守恒，即 $\frac{\mathrm{d}\phi}{\mathrm{d}t}$ 与 mr^2 成反比；初始 $v_\phi=0$ 的电子则不会产生“后天的”角向运动，其运动轨迹始终在同一子午面上. 本节限于考虑后一情况.

在任何情况下，洛伦兹公式两端可乘以路径元 $\mathrm{d}s$ 积分，以得到能量积分. 即可得能量增量关系 $m_0c^2\Delta\gamma=-qe\Delta V$. 由此可以认为任意位置处粒子的 P 及 β,γ 等皆已知.

运动方程变成轨迹方程时，总用到关系式

$$\frac{\mathrm{d}}{\mathrm{d}t}=v_z\frac{\mathrm{d}}{\mathrm{d}z}$$

故本节中洛伦兹公式可写成

$$v_zP_z'=qeE_z$$
$$v_z(P_zr')'=qeE_r$$

易得到

$$r''=\frac{qe}{mv_z^{\ 2}}(E_r-r'E_z)=\frac{qe}{m_0c^2}\frac{1+r'^2}{\gamma\beta^2}\left(r'\frac{\partial V}{\partial z}-\frac{\partial V}{\partial r}\right)$$

至此，除设 $E_\phi=0,v_\phi=0$ 外未作近似处理. 故此式对各种能量和初始条件的粒子普适.

对初始动能可认为是0的低能电子，有 $q=-1,\gamma\beta^2m_0c^2=mv^2=2eV$，式中若干物理常数恰可相互消去，即得

$$r''=\frac{1+r'^2}{2V}\left(\frac{\partial V}{\partial r}-r'\frac{\partial V}{\partial z}\right)$$

式中，$V=V(z,r)$是空间的电位.

引入近似条件——

(1) 近轴条件：空间函数皆对 r 展开，认为电子总离轴很近，r 是小量，不计 r 的2次以上项；

(2) 旁轴条件:粒子运动始终与 z 轴大致平行,认为 r'是小量,也不计其 2 次以上项.

旁轴时一般认为近轴条件亦成立.故 rr'也认为是 2 阶小量.

因为 $v = v_z\sqrt{1+r'^2}$,旁轴条件意味着取 $v_z = \beta c$, $P_z = P = \gamma\beta m_0 c$;同时忽略了横向运动对纵向的影响.

再利用谢尔赤公式,方程变成 r 的齐次线性方程

$$Vr'' + \frac{1}{2}V'r' + \frac{1}{4}V''r = 0$$

或写作

$$\sqrt{V}(\sqrt{V}r')' + \frac{1}{4}V''r = 0$$

与前式皆称为高斯轨迹方程.

高斯方程是在近轴与旁轴条件下,轴对称电场中电子运动的近似轨迹方程.求其解得到的 $r = r(z)$称为高斯轨迹.如考虑高阶项,可将此解看作最终解的一级近似,求出其各点的 r, r',代入有高阶项的方程,(通过迭代)求精确解.

用于计算求解时,2 次微商 V''很难(无论是通过数值计算还是实测)精确得到.利用高斯方程是 r 的、也是 V 的齐次线性方程和每一项中 V 与 r 的总微商阶数相同(2 阶),可以消去 V''项,得到方程的另一种形式.

令变量 $R = V^{\frac{1}{4}}r$,它满足

$$R'' + \frac{3}{16}\left(\frac{V'}{V}\right)^2 R = 0$$

称为高斯轨迹方程的简正形式.此式用于计算时与高斯方程等效.其优点是:式中只有轴上电位的值和一次微商;用于某些分析时比高斯方程原型简单;特别是可看出变量 R 总是被聚焦的.

推导要点 设 $R = V^k r$,由 $r = RV^{-k}$求出 r'和 r'',代入前面的公式中.

方程两边同乘以 V^k,所得仍是 R 与 V 的齐次方程.

取 $k = \dfrac{1}{4}$可使 V''项的系数为 0.有趣的是 $R'V'$项"同归于尽". □

高斯轨迹方程的更一般的形式可通过对运动方程直接加近似条件得到:

$$\beta c(Pr')' = qeE_r = F(z, r) = f(z)\cdot r + \cdots$$

低能电子的 β 和 P 都正比于$\sqrt{V}$(来自纵向运动或能量积分),故可迅速得到前面高斯轨迹方程的第二种形式.略去 r 的高阶项,它必是齐次线性方程——方程右边的径向力项 F 在 r 很小时必正比于 r,当 $r = 0$ 时横向力也为 0,比例系数 f 是该

力对 r 的偏微商,是轴上位置 z 的函数.对于低能电子,其形式恰极为简单.

所以,无论其他条件如何变化,考虑相对论性与否,此类"高斯型"齐次线性方程的一般形式总可写作

$$(P(z)r')' + Q(z)r = 0$$

此式中,作为轴上坐标 z 的函数的"粒子动量"P 可用任何与之成正比的量代替.例如对低能电子用 $\sqrt{V}$,称为等效动量.

当相对论效应明显(如 $V>40$ kV)时,用于低能电子的高斯方程不适用.正确的做法是对前面的普适公式或"高斯方程一般形式"直接运用各近似条件,保留与相对论性有关的 γ,β 等项,皆视为(通过能量积分与轴上电位分布 $V(z)$)坐标 z 的函数,它们当然仍与 V 有关,但方程对 V 已无线性可言.有的文献将方程中的 V 一律乘以 P 的表达式中依赖于 V 的修正因子 $(1+\varepsilon V)$,窃以为不妥.高斯方程中的 V 有3个来源,以上述"第二种形式"论之,自左至右的3个 V 分别来自粒子速度、动量和空间电位的横向分布.该修正因子对动量 P 是正确的;对速度 v 已经不对$\left(\text{其修正因子应是}\dfrac{1+\varepsilon V}{(1+2\varepsilon V)^2}\right)$;而对来自电位 V 的空间展开式的 V'',这种修正更是于理无据.在此提醒读者:若以不同机理引入共用同一符号的量,不可不慎.

对高斯轨迹方程的讨论:

(1) 电子运动的(旁轴)轨迹仅由轴上电位 $V(z)$ 与初始条件决定.

(2) 方程中不含荷质比 $\dfrac{qe}{m}$.加速方向相同时,如电位场形状不变,则任何带电粒子,不论其 m 与 q 为何值,轨迹相同,尽管其速度、渡越时间不同.

(3) 方程对 V 是齐次线性的."电压同比定律"成立:如所有电极上 V 都变化 k 倍(几何形状不变),则空间所有点的 V 亦变化 k 倍,电子能量相应改变,但是轨迹不变.

以上两点显然以无明显相对论效应为限.

(4) 方程对 r 是齐次线性的."几何相似性定律"成立:如所有电极尺寸都放大或缩小 k 倍,形状与极上电压不变,电子轨迹亦同比例放大或缩小 k 倍,形状保持相似.

此点受到在高阶项影响下的"像差"等因素限制.

以上两点的结合给在一定条件下用实验测量法研究电子轨迹带来很大的便利.

(5) 满足高斯轨迹方程的粒子流原则上都可以聚焦、可以成像."聚焦"与"成像"两词的确切含义及高斯方程的这一性质在本章1.4节再详加讨论.事实上,凡

运动规律服从于高斯方程一般形式$(Pr')'+Qr=0$的粒子流在一定条件下皆可聚焦或成像.

(6) 由旁轴条件下的高斯方程形式$\beta c(Pr')'\approx f(z)\cdot r$可得到

$$r''=\frac{1}{P}\left(\frac{f}{\beta c}r-P'r'\right)$$

经过一小区间$\mathrm{d}z$,横向运动的"方向"r'变成$r'+r''\mathrm{d}z$.由此分析各项的意义如下.

f:与r成正比的聚、散焦力的主要来源.其符号唯一确定此处的场是否聚焦(量P,β,c皆恒正).它为负时(对电子,$V''>0$时),系统是聚焦的.

βc:称为"渡越时间因子".它越大,粒子通过$\mathrm{d}z$的时间越短,有效径向力越弱.

$-P'r'$:类似"质量变化"的影响.在某种意义上P可视为横向运动的质量.粒子加速时$P'>0$,r'因此项的增量恒与自身异号,使其绝对值变小;$P'<0$即减速时反之.注意此项恒有,无径向力时亦在.其作用一如宇宙空间中火箭质量的变化,机理亦同为动量守恒(横向动量$P_r=Pr'$).在加速时,粒子的纵向动量增加,表现为此项使轨迹趋于与轴平行,r'有变小或曰"热运动"有被阻滞的趋势.因与外界无能量交换,该现象又称"绝热阻尼".但r'越小,其作用越不明显.其行为与径向力的聚、散焦完全不同.

P:在此有质量或惯量的含义,从横向动量的表达式可见.P大,则以上各项皆相对变弱,使运动方向较难改变.P中有β,γ二因子,显然低能时β(速度或渡越时间)起主要作用,高能时γ(真的质量)代之.正像施一横向推力于一疾跑之人而欲使之偏离原方向(改变轨迹),该人原速度越快,或质量越大,则同样推力的效果越差.

1.3 电子在轴对称电磁场中的运动·布许定理

上节假设电子所在环境中只有轴对称电场.本节设亦有轴对称磁场.

轴对称磁场的引入不可避免地使电子在前进的同时绕z轴旋转.以ϕ表示电子的角向坐标,则角向速度是$v_\phi=r\dfrac{\mathrm{d}\phi}{\mathrm{d}t}$.旋转时$\dfrac{\mathrm{d}\phi}{\mathrm{d}t}\neq0$.

沿z轴前进的理想粒子看不见与之保持同向的磁场,不会离开z轴.其他轨迹

总可能与 $\boldsymbol{B}$ 的力线有夹角，受到横向力. 有意思的是，不论 B_z 方向如何，轴向磁场 $\boldsymbol{B}$ 总有聚焦作用. 此点可粗浅地如此理解：设 B_z 为正(与 z 轴同向)，一电子的 $v_r>0$，有逸出倾向；则力 $-e\boldsymbol{v}\times\boldsymbol{B}$ 指向纸外侧，使其有此方向的 v_ϕ；再来一次叉乘，则所受径向力能令 v_r 变小，加以约束. 若 B_z 反向，则 $v_r>0$ 者倾向于 v_ϕ 反向而指向纸内，二次叉乘仍为约束力.

更常见的情形或更恰当的解释是：磁场 B_z 多只在电子运动区域的局部存在，所以 B_z 随 z 改变，此时磁场在 $r\neq0$ 处必有径向分量；电子在无磁场区段可如前节一样假设为并不旋转. 电子进入磁场区时，与 B_z 变化伴生的 B_r 分量和速度的主要分量 v_z 结合，推动轴外电子旋转，使 v_ϕ 由小到大；此角向速度又与轴向磁场 B_z 结合，产生径向力. 下面的定量分析将说明，此时旋转角速度大致与磁场强度 B_z 成正比，方向与其符号有关；径向力则与 r 和 ${B_z}^2$ 成正比，B_z 的平方反映了作为二次叉乘的结果，此力的方向与 B_z 的符号无关，总是指向轴，即总是聚焦的. 本来不旋转的电子经过一个局部磁场区时，场 B_z 由近于没有逐渐增强、到最大、再减弱、直至归于没有，电子旋转角速度则经历了一个起转、加快、最快、减慢(此阶段 B_r 易号，产生的角向力与已有角速度相反，起的作用好似“刹车”)、直到停转的全过程，但总是转向同一方向，所受的径向力总是聚焦力. 读者不妨自行用叉乘规律试加体会.

定量分析时，要注意磁场中的电子轨迹多半不会停留在同一子午面内. 如“跟定”一个电子，坐标系元向量 $\boldsymbol{e}_r$ 和 $\boldsymbol{e}_\phi$ 不是常量. 这是引入旋转的“麻烦”处. 分析各元向量随角 ϕ 的变化，可得有关公式：

$$\begin{aligned} \mathrm{d}\boldsymbol{e}_r &= \mathrm{d}\phi\,\boldsymbol{e}_\phi \\ \mathrm{d}\boldsymbol{e}_\phi &= -\mathrm{d}\phi\,\boldsymbol{e}_r \\ \mathrm{d}\boldsymbol{e}_z &= 0 \end{aligned}$$

则电子运动速度

$$\boldsymbol{v} = \frac{\mathrm{d}z}{\mathrm{d}t}\boldsymbol{e}_z + \frac{\mathrm{d}r}{\mathrm{d}t}\boldsymbol{e}_r + r\frac{\mathrm{d}\phi}{\mathrm{d}t}\boldsymbol{e}_\phi$$

用符号 $\dot{\phi}$ 代表 $\frac{\mathrm{d}\phi}{\mathrm{d}t}$. 对 $\frac{\mathrm{d}\boldsymbol{P}}{\mathrm{d}t}$ 进行计算时勿忘亦对各元向量求微商，即得到轴对称电磁场内电子的横向运动方程：

$$\frac{\mathrm{d}P_r}{\mathrm{d}t} - mr\dot{\phi}^2 = -e(E_r + r\dot{\phi}B_z)$$

$$\begin{aligned} \frac{\mathrm{d}}{\mathrm{d}t}(mr\dot{\phi}) + m\dot{\phi}\frac{\mathrm{d}r}{\mathrm{d}t} &= \frac{1}{r}\frac{\mathrm{d}}{\mathrm{d}t}(mr^2\dot{\phi}) \\ &= -e\left(B_r\frac{\mathrm{d}z}{\mathrm{d}t} - B_z\frac{\mathrm{d}r}{\mathrm{d}t}\right) \end{aligned}$$

此处已考虑场的轴对称性.纵向运动式未写,因它仍与能量积分等效.两式中,前者为径向方程,其中左边的 $mr\dot{\phi}^2$ 项是旋转产生的离心力附加项,右边两项分别是电场和磁场提供的径向力.后者为角向方程,即此情况下的角动量定理,角向力全来自磁场,因为电场无角向分量.它亦可写成

$$\mathrm{d}(mr^2\dot{\phi}) = e(B_z r' - B_r) r\mathrm{d}z$$

利用旁轴和近轴假设,舍去 2 阶以上项,只取磁场的谢尔赤公式中的最低项

$$B_z(z,r) \approx B_z(z)$$

$$B_r(z,r) \approx -\frac{1}{2}rB_z'$$

则上式恰可配成全微分:

$$\mathrm{d}(mr^2\dot{\phi}) = \frac{e}{2}\mathrm{d}(r^2 B_z)$$

积分之,得

$$mr^2\dot{\phi} = \frac{e}{2}r^2 B_z + 常数$$

或

$$\dot{\phi} = \frac{e}{2m}B_z + \frac{C}{r^2}$$

其中,常数 $C = r_0{}^2\left(\dot{\phi}_0 - \frac{e}{2m_0}B_{z0}\right)$.各量的下标 0 是初始条件的标志.

此结果建立了电子旋转角速度和磁场的关系,使轴向磁场中电子运动的处理大为简易.它是布许(Busch)定理的一种不严格的表达方式.

严格的布许定理不要求旁轴或近轴条件.其表述为:电子在轴对称电磁场中运动,设其 z 坐标自点 z_0 到 z_1,其角动量的增量正比于其径向位置 r 绕 z 轴旋转形成的横截圆面磁通量之差.即

$$(mr^2\dot{\phi})\Big|_0^1 = \frac{e}{2\pi}\Phi\Big|_0^1 = \frac{e}{2\pi}\left(\int B_z\mathrm{d}S\right)\Big|_0^1$$

此处,0 与 1 分别代表轨迹的起点和终点.

推导要点 无角向电场时,角向运动方程可写成

$$\int_0^1 \mathrm{d}(mr^2\dot{\phi}) = e\int_0^1 r(B_z\mathrm{d}r - B_r\mathrm{d}z)$$

式中积分从 z_0 到 z_1,后一积分沿电子轨迹进行.

将此轨迹的空间曲线绕 z 轴旋转,得一如图 1.2 所示的“花瓶”形旋转曲面,两底面是以其在两处的径向坐标 r 为半径的横截圆面.侧曲面由轨迹生成,它的法线

元在子午面内,可表为

$$dN = -dr \cdot e_z + dz \cdot e_r$$

进入此花瓶的磁通量应该与穿出此花瓶的磁通量相等,才能满足 $\nabla \cdot B = 0$ 的特性. 即得

$$\Phi_0 = \left(\int B_z dS\right)_0 = \Phi_1 + \int_0^1 B \cdot 2\pi r dN$$

$$= \Phi_1 - 2\pi\int_0^1 r(B_z dr - B_r dz)$$

式中积分正是沿轨迹进行的,而且侧面上任一点的磁场与轨迹相应点的磁场相同. 故定理得证.

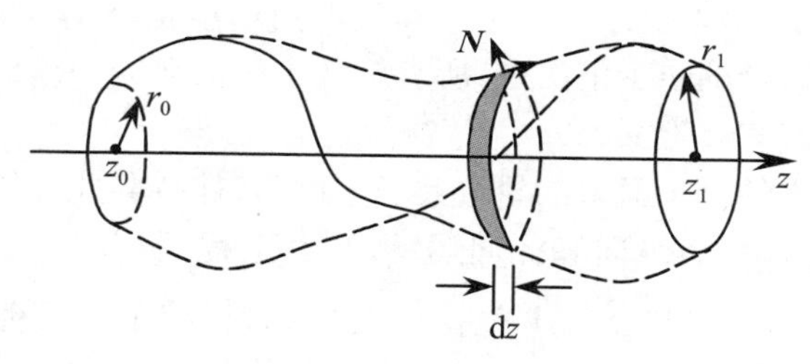

图 1.2

此原理的证明巧妙,除场为轴对称外,未用其他假设.

只要终点 z_1 处 r_1 足够小,可取 $\Phi_1 \approx \pi r_1^2 B_z(z_1)$,就可得前述结果. □

将上式代入径向运动方程,其中,由于角向运动的附加项是

$$mr\dot{\phi}\left(\dot{\phi} - \frac{e}{m}B_z\right) = -\frac{e^2}{4m}B_z^2 r + \frac{mC^2}{r^3}$$

前述横向运动方程可写成旁轴条件下轴对称电磁场中的高斯轨迹方程:

$$\beta c(Pr')' + \frac{e}{2}\left(V'' + \frac{e}{2m}B_z^2\right)r - \frac{mC^2}{r^3} = 0$$

$$\beta c\phi' = \frac{e}{2m}B_z + \frac{C}{r^2}$$

对低能电子,则为

$$\sqrt{V}(\sqrt{V}r')' + \frac{1}{4}\left(V'' + \frac{e}{2m}B_z^2\right)r - \frac{C_1^2}{r^3} = 0$$

$$\phi' = \frac{1}{\sqrt{V}}\left(\frac{1}{2}\sqrt{\frac{e}{2m}}B_z + \frac{C_1}{r^2}\right)$$

此二式中,常数 $C_1 = \sqrt{\frac{m}{2e}}C$.

通常可认为布许定理的积分常数(相当于初始角动量)$C=0$.其条件是:起始时(在磁场之外)电子并不旋转,即 $B_z=0$ 时 $\dot{\phi}_0\approx0$;或可认为起始点离轴很近,$r_0\approx0$.则

$$\dot{\phi}=\frac{e}{2m}B_z$$

呈简单关系,即前面所说旋转角速度与磁场成正比,与其他量无关.

此时,若看同一横截面上(z 坐标相同)的不同电子,所有电子正以同一个仅与 $B_z(z)$ 成正比的角速度旋转,彼此间的径向位置关系不因旋转而改变;若看前进中的一个电子,设其运动在磁场之外时处于一个子午平面内,可定义一个随其前进并与其同步、以 $\dot{\phi}(z)$ 旋转的"旋转子午面"(其旋转角速度随 z 且只随 z 改变),该电子的运动将固定在这个旋转子午面上.所有旋转子午面在同一纵向位置同速旋转,转速仅与电磁场分布和 z 有关.

如两个同时行进的电子原来的轨迹共子午面,将保持共此旋转子午面.对在该面上的观察者,电子似仅有纵向和径向运动.观其全程,所有粒子的轨迹都是变径螺旋线,其螺距与 B_z 呈反比、与 $\sqrt{V}$ 呈正比变化,而与粒子的其他参量无关.各旋转子午面从起点到点 z 的总转角也就是每个粒子的总转角,等于

$$\Delta\phi_{\mathrm{t}}=\frac{1}{2}\sqrt{\frac{e}{2m}}\int_0^z\frac{B_z}{\sqrt{V}}\mathrm{d}z$$

读者可重温一下本节开始时所说的电子旋转随 B_z 变化,靠 B_r 分量"起转"、变速、直到停转的过程和此过程中受到的聚焦力,应有更确切的体会.

当 $C=0$ 时,运动方程仍为齐次线性方程;径向方程仍满足高斯方程的一般形式,只多了一个与 $B_z{}^2$ 成比例的磁场作用聚焦项.此时,易想象束流仍能聚焦成像;虽然在行进的同时有旋转运动,原来共横截面的粒子始终共面且转速相等,彼此在旋转中保持由径向方程规定的相互位置关系,与假设无旋转、磁场只起聚焦作用一样.如果成像,物像的相似性不被破坏,只是转了一个角度,该角度称为"像转角",表达式即前述"总转角"$\Delta\phi_{\mathrm{t}}$.

如 $C\neq0$,粒子有不可忽略的初始角动量,旋转速度与 r 有关,r 变小时转速加快,并在径向上出现抵抗其变小的强烈倾向,迫使轨迹外弯,不得与 z 轴相交.方程已并非齐次线性.而且 $C\neq0$ 时,不同粒子的 C 可不同,导致其旋转螺距不同,近轴的粒子又转得比远离者快,不存在共同的旋转子午面.但有的文献认为,在旁轴条件下仍能成像.此点未予证明,姑且存疑.

本课程中多数情况下皆假设 $C=0$,径向轨迹方程是简单的齐次线性方程

$$\sqrt{V}(\sqrt{V}r')' + \frac{1}{4}\left(V'' + \frac{e}{2m}B_z{}^2\right)r = 0$$

磁场 B_z 为0时,此方程理所当然地回到轴对称电场中的高斯方程.

只有磁场而无电场($V=$常数)的情况仅为一特例,无须细加讨论.方程可简化为

$$r'' + \frac{e}{8mV}B_z{}^2 r = 0$$

对有轴对称磁场时的高斯轨迹方程的简单讨论如下:

(1) 无论 C 是否为0,B_z 正或负,轴向磁场都提供聚焦力.

(2) 旋转角速度 $\dot{\phi}$ 的表达式和 $B_z{}^2$ 聚焦项与是否相对论性无关.但相对论效应会使 m 增加,使聚焦效果变小;因为很难使轴向 B_z 十分大,轴向磁场聚焦少见于非低能情况.低能电子束则常用线圈磁场聚焦,维持其形状,甚至引导其拐弯.

(3) 方程中出现了荷质比因子,故不同的带电粒子在磁场中的轨迹不同,或曰磁场可用于分离不同的粒子.这一特性在高能物理中应用颇多,如对撞机粒子反应中生成物的分辨、用电子束"冷却"较"热"的离子束时两种束流的分离等.

(4) 方程与只有静电场时不同的另一点是:无磁场时粒子轨迹是"可逆"的(原地"向后转"、速度大小不变的粒子会沿原轨迹退回);而有磁场时不可逆,除非磁场也反向,否则其旋转运动方向不沿原路后退.此为磁场的各向异性.

1.4　横向运动线性方程的解的矩阵形式

本节中的横向运动线性方程用前文所谓的高斯方程一般形式:

$$(P(z)\cdot r')' + Q(z)\cdot r = 0$$

方程用此形式已隐含旁轴条件.

关于方程中的系数 P 和 Q,它们都是已知的、可随 z 变化的函数,与 r 无关.其中,$P(z)$为粒子动量或与动量成正比的"等效动量",它必大于0,可由纵向运动计算即能量计算得出,或直接由位场确定,对低能电子一般用$\sqrt{V}$. $Q(z)$的形式可以很复杂,特别是可正可负,$Q>0$ 处为聚焦段,$Q<0$ 处散焦,$Q=0$ 处则无径向力;能聚焦的系统,必至少在其一部分 $Q>0$.

"动量"P 的单位可以是自然单位,如 keV/c,或用 m_0c,也可以无量纲(取 P

$=\beta\gamma$)；对低能电子，多用 $V^{\frac{1}{2}}$(以 $\sqrt{V}$ 为等效动量时)；当粒子能量在“等位区”保持不变时(例如在束流传输中)，可以用单位 1 代表动量 P，则它当然没有量纲，而且物理相空间与几何相空间已无必要区分. Q 的单位则是“P 的单位”/m^2. 如位置 r 的单位用 mm，长度 z 的单位用 m，则 r' 的单位自然地是 mrad.

本节主要从数学角度讨论. 此方程是 $r=r(z)$ 的 2 阶齐次线性微分方程，其解 $r(z)$ 是径向轨迹. 有关的数学定理揭示：此方程有无穷多个解，通解可写为任意两个(线性无关的)独立特解的线性组合. 即：如果 r_1，r_2 都是解，而且并非 $r_1=kr_2$(线性无关的含义，k 是常数)，则满足方程的一般解必可写成形式

$$r(z)=C_1\cdot r_1(z)+C_2\cdot r_2(z)$$

其中，C_1，C_2 为常数.

或者说，用两个常数可唯一地确定一个特解. 其等效说法是：方程的特解有 2 个自由度；两个彼此独立的初始条件唯一地确定轨迹. 显然，这两个初始条件对应于粒子的径向初始状态，恰为 2 个自由度：r_0，r_0' 或与它们相关的两个量. 对照数学式与物理意义，可以说：任意两个特解 r_1，r_2 代表了方程所描述的“系统”及相应的运动规律，两个常数 C_1，C_2 代表了初始状态，它们共同确定了轨迹.

定理 对于满足上述方程的任意两个特解 r_1 和 r_2，量 $A=P(r_1r_2'-r_1'r_2)$ 是不随 z 变化的常数，称之为拉格朗日不变量. 而且，若 r_1 与 r_2 线性无关，则 A 必不等于 0.

推导要点 易计算 $A'=\dfrac{\mathrm{d}A}{\mathrm{d}z}$，利用

$$\begin{aligned}(Pr_1r_2')' &= (Pr_2')'r_1+Pr_2'r_1' \\ &= -Qr_1r_2+Pr_1'r_2' \\ &= (Pr_1'r_2)'\end{aligned}$$

可得到 $A'\equiv 0$.

如果 $A=0$，则恒有 $r_1r_2'\equiv r_1'r_2$，到处

$$\frac{\mathrm{d}r_1}{r_1}=\frac{\mathrm{d}r_2}{r_2}$$

即 $r_1=kr_2$，它们线性相关. □

由此，对任一初始点 z_0，我们可用任意两个无论用何种方法得到的独立特解 r_1，r_2 在数学上造出另外两个有特殊意义的特解 r_C 和 r_S，其意义为：

r_C 称为“似余弦解”，它满足运动方程，且

$$r_\mathrm{C}(z_0)=1$$
$$r_\mathrm{C}'(z_0)=0$$

r_S 称为"似正弦解"，它满足运动方程，且

$$r_S(z_0) = 0$$

$$r_S{}'(z_0) = \frac{1}{P(z_0)}$$

这两个特解可以如此"创造"：以下诸式中，以下标 0 表示在 z_0 取值(故对已知的 r_1, r_2，这些值是常数，并非函数)，包括 $P_0 = P(z_0)$. 事实上，只要状态与取值的位置对应，z_0 可是任意点.

取常数

$$A = P(r_1 r_2{}' - r_1{}' r_2) = P_0(r_{10} r_{20}{}' - r_{10}{}' r_{20}) \neq 0$$

则

$$r_C = \frac{P_0}{A}(r_{20}{}' \cdot r_1(z) - r_{10}{}' \cdot r_2(z))$$

$$r_S = \frac{1}{A}(r_{10} \cdot r_2(z) - r_{20} \cdot r_1(z))$$

显然，它们是合格的似余弦、似正弦特解.

两个特解的得名易从其初值想象. 在位置—动量物理相空间中，其初始状态点分别位于两个坐标轴上，且到原点的距离为单位 1(似余弦解显而易见，似正弦解则有 $P_{r0} = P_0 r_S{}'(z_0) = 1$). 作为数学解，它们并非物理轨迹，而是与轨迹成比例的量. r_C 无量纲，r_S 的单位则是长度除以"P 的单位". 创造此两个特解的目的是使各种表达式简单、方便.

一个任意粒子，在 z_0 处初状态为 $r = r_0, r' = r_0{}'$；利用这两个"人造"特解，可写出该粒子在 z_0 之后任一点 z 的径向位置(即其轨迹)：

$$r(z) = r_0 \cdot r_C(z) + P_0 r_0{}' \cdot r_S(z)$$

相应地，粒子在点 z 的径向动量是

$$Pr'(z) = P(z)(r_0 \cdot r_C{}'(z) + P_0 r_0{}' \cdot r_S{}'(z))$$

数学上，此二式可合并成一矩阵形式——M_0^z，称为由 z_0 到 z 的"传输矩阵"：

$$U_z = \begin{pmatrix} r \\ Pr' \end{pmatrix}_z = \begin{bmatrix} r_C & r_S \\ Pr_C{}' & Pr_S{}' \end{bmatrix} \begin{pmatrix} r_0 \\ P_0 r_0{}' \end{pmatrix}$$

$$= \begin{bmatrix} m_{11} & m_{12} \\ m_{21} & m_{22} \end{bmatrix} \begin{pmatrix} r \\ Pr' \end{pmatrix}_0 = M_0^z U_0$$

此即线性方程的解的矩阵表达方式. 初见时不妨仅视之为一种数学"简写"法，但它自有其物理意义.

上式中，符号 U 标志由粒子的径向位置 r 和动量 Pr' 构成的"二维列向量". U

代表了2维相空间 $r—P_r$ 中的一点,或一个状态.2×2阶矩阵 M_0^z 由4个矩阵元构成,各矩阵元常标志为 m_{ij}(i,j 分别为行号、列号),它们与前述两个数学特解有确定的关系,都是 z 的函数,又依赖于取何点为起点.该矩阵代表了从 z_0 到 z 的系统和由运动方程确定的物理规律.矩阵表达式把系统和初态"分离",形象地写成:"状态"=("系统"作用于"初态").或者换用另一种说法:系统的作用相当于由该矩阵代表的一个物理相空间中的单值变换,把初态变为终态.所以,采用矩阵表达式可使处理大为简便,概念更加清楚,尤其在某些情况下,如:处理多个相互衔接的系统对一个粒子的总作用,可将代表系统的矩阵"连乘";分析一个系统对初态各不相同的许多粒子的作用,可将矩阵视为"公因子".

传输矩阵的行列式值 $|M_0^z| = P(r_C r_S' - r_C' r_S)$,正是一个拉格朗日不变量,它不随 z 改变.代入初值可知,它总是恒等于单位1.这是此类线性系统或曰线性变换的共性.以后会谈到,此特性意味着相空间内的面积(或体积)保持不变——再看拉氏不变量的表达式,其形式上仿佛两个向量的"叉乘"的绝对值,其值正比于物理相空间中 r_1 和 r_2 对应的两个状态点与原点构成的三角形的面积.可推论此种线性变换不是任意的,它受到一个行列式值为1的约束,故传输矩阵的4个矩阵元只有3个自由度.

求出一段系统的传输矩阵,则其束流光学问题即告解决.这要求根据其特点具体地求解运动方程.在少数情况下,例如 P,Q 为常数,可得 r_C,r_S 的解析解,并由其构造传输矩阵.利用微分方程的数值解法,可以得到对任意 P,Q 分布有足够精度的 r_C 和 r_S 在任意点的值.因为只需求两个特解,常用 r_0 与 r_0' 分别一个为1个小单位、而另一个为0作为计算对象的初态,其解分别与 r_C,r_S 成正比.

设系统只是一个长度为 $\mathrm{d}z$ 的小单元,则从点 z 到 $z+\mathrm{d}z$ 的所谓"元传输矩阵"可写作 $M_z^{z+\mathrm{d}z}$,其表达式为

$$M_z^{z+\mathrm{d}z} = \begin{pmatrix} 1 & \dfrac{1}{P}\mathrm{d}z \\ -Q\mathrm{d}z & 1 \end{pmatrix}$$

式中,P,Q 在 z 点取值,它们在该点附近应是连续函数.

元传输矩阵描写了粒子状态通过"元长度" $\mathrm{d}z$ 时如何变化,因为 $\mathrm{d}z$ 是小量,其行列式值当然也是单位1.此矩阵可看作高斯轨迹方程的另一种表述形式.它指明了状态即横向位置和动量的"元变化"与当地 P 和 Q 的关系,在分析各种束流状态参量的微分变化时很有助益.把每点的 P,Q 当作已知,如取 $\mathrm{d}z$ 为一足够小的"步长",此矩阵可直接用于(精度要求不高的)数值计算,一步一步地从 z 到 $z+\mathrm{d}z$ 求得给定初态的粒子的轨迹;还可用于求所谓"薄透镜"解(见后文).该矩阵的物理意

义值得细细品味.

举一个最简单的有解析解的例子.在 $Q=0$ 的无径向力段(从 z_0 到 z),易从元矩阵式推得

$$m_{11} = r_C = 1$$

$$m_{12} = r_S = \int_0^z \frac{1}{P} dz$$

$$m_{21} = P r_C' = 0$$

$$m_{22} = P r_S' = 1$$

请从此例体会矩阵元与两个数学特解、通解与传输矩阵间的关系.注意矩阵元 m_{21} 确定了横向动量变化对位置的依赖关系(通过标志聚焦程度的函数 Q,此处为0);而 m_{12}(即似正弦解 r_S)则建立了位置增量对已有横向动量的依赖关系.后者通过纵向动量 P,P 的表现如同一个"缩小因子".在某种意义上,r_S 可当作单位横向动量能产生多少横向偏离的"等效长度".如果粒子在加速(P 在增大),相当于等效长度变小.加速器束流输运线中,能量越高,聚焦元件间距越大,便是此理.这和前面提到的绝热阻尼是一致的.

特别地,$Q=0$ 处 P 也是常数,称为"漂移空间",情况更简单.此时,其他矩阵元与上式同,而

$$r_S = \frac{z - z_0}{P} = \frac{\Delta z}{P}$$

另一个最简单的例子是"薄透镜",它毋宁说是一种数学模型.在某些条件下,聚焦力 Q 相当强而其有效作用的空间很短,可近似认为粒子通过该空间时横向位置"来不及"移动而方向有一"硬折"式的转向,换言之,动量有一与位置成比例的突变.其形犹如光束经过媒质界面或一薄透镜而折转,是冲量假设应用的一个实例.数学处理上,将此段空间看作一个元长度,用元矩阵公式而将各量对 dz 积分;此聚焦力视为 δ-函数,设 Q 在该长度中趋于无穷大而其积分有限;而$\frac{1}{P}$的积分自然地归于0.因此,薄透镜传输矩阵的(近似)解是

$$m_{11} = 1$$

$$m_{12} = 0$$

$$m_{21} = -\int Q dz$$

$$m_{22} = 1$$

传输矩阵求解问题留待后文.本节继续讨论一般情况,不涉及具体矩阵.

若有若干"系统"(可能是元件、漂移段或其组合等)前后衔接,起点为 z_0,各段

间的接点依次为 $z_1, z_2, \cdots, z_n$，则终点 z_n 处的粒子状态可依此顺序用与各系统相应的矩阵计算. 此过程等效于：z_0 到 z_n 的传输矩阵可通过各分段矩阵的依次左乘"链接"得到，该矩阵与粒子初态无关. 写成公式，即为

$$M_0^n = M_{n-1}^n \cdots M_1^2 M_0^1$$

此式依据这一事实：对任意粒子状态 U 和任意两个前后衔接的系统，都存在关系式

$$U_2 = M_1^2 U_1 = M_1^2 (M_0^1 U_0) = (M_1^2 M_0^1) U_0$$

有时需要求传输矩阵的逆阵. 行列式等于 1 的 2 维矩阵极容易求逆，即若

$$M = \begin{pmatrix} m_{11} & m_{12} \\ m_{21} & m_{22} \end{pmatrix}$$

则

$$M^{-1} = \begin{pmatrix} m_{22} & -m_{12} \\ -m_{21} & m_{11} \end{pmatrix}$$

逆阵可用于从已知终点状态求起点初态，或终点之前某点的状态. 它是相空间点的逆变换，相当于在实空间中的"退回去". 例如漂移空间，只要把矩阵元 m_{12} 由原来的 $\dfrac{\Delta z}{P}$ 改成 $-\dfrac{\Delta z}{P}$，就得到逆阵；此正与从 z"走回到"z_0 相合. 在许多情况下，能用解析函数表示的矩阵的逆阵就是将其中代表纵向长度的量变号的结果.

束流传输理论中还会遇到周期段、逆行段、对称段等矩阵计算问题，在此暂不讨论.

显然，所有的传输矩阵，包括它们的逆阵和链接而成的矩阵，有一共同且不变的特性，就是"行列式值为 1". 它们构成一个"矩阵族". 该族矩阵相乘、求逆、转置等运算的结果仍在族内. 可以认为单位矩阵 I（I 的定义：对角线元素皆为 1，其他元素为 0）和前面说到的元矩阵都是该族的成员.

以下证明：能用矩阵形式表达运动方程的解的轨迹（即"高斯轨迹"）在一定条件下有聚焦、成像特性. 取 z_0 为起点，设 r_C, r_S 已求得.

(1) 聚焦特性. 所需条件为函数 r_C 有零点，设 z_F 为该零点，即 $r_C(z_F) = 0$，则

$$M_0^F = \begin{pmatrix} 0 & r_S(z_F) \\ P_F r_C{}'(z_F) & P_F r_S{}'(z_F) \end{pmatrix}$$

在 z_0 点初态为 $(r_0, P_0 r_0{}')$ 的粒子到 z_F 时 $r_F = P_0 r_S(z_F) \cdot r_0{}'$，与初始位置 r_0 无关，仅正比于初始方向 $r_0{}'$. 即：离轴高度不同、但平行入射（入射角 $r_0{}'$ 相同）的电子会聚于一点，当入射方向与 z 轴平行时会聚在轴上. 这就是聚焦特性，表现为平行束被转换为点束. 函数 r_C 的零点 z_F 即此系统的焦点，$z = z_F$ 是焦平

面，$P_0 r_S(z_F)$是焦平面上斜入射平行束的焦点位移r_F与入射角r_0'之比（本书中"聚焦"一词有两种含义，此处所用为其狭义；多数情况下为其广义，仅指能使束流向中轴会聚，而不一定聚到一点）.

（2）成像特性.所需条件为函数r_S有零点，设z_i为该零点，即$r_S(z_i)=0$，则

$$M_0^i = \begin{pmatrix} r_C(z_i) & 0 \\ P_i r_C'(z_i) & P_i r_S'(z_i) \end{pmatrix}$$

在z_0点初态为$(r_0, P_0 r_0')$的粒子到z_i时$r_i = r_C(z_i) \cdot r_0$，与初始方向r_0'无关，仅正比于初始位置r_0.此为点束到点束的转换.这说明两点：过物平面$(z=z_0)$上某点的电子，不论其轨迹方向或入射角如何，在场的作用下皆会聚于像平面$(z=z_i)$上的一点；像点与物点的离轴距离之比称为单向放大率，即$M_r = \dfrac{r_i}{r_0} = r_C(z_i)$，是该电子光学系统的特性，而与$r_0$，即与物的大小无关，所以像和物的几何形状相似.这两点正是"成像特性"一词的含义.

成像时，如过物平面上一点（故r_0相同）的一束轨迹入射角宽度为$\Delta r_0'$，到像平面时出射角宽度为$\Delta r_i'$，称其比为角放大率，即$M_\theta = \dfrac{\Delta r_i'}{\Delta r_0'} = P_0 r_S'(z_i)$，亦是该电子光学系统的特性，与其他因素无关.

由M_0^i的行列式值$r_C(z_i) \cdot P_i r_S'(z_i) = 1$，可得

$$M_r \cdot M_\theta \cdot \frac{P_i}{P_0} = 1$$

上式称为拉格朗日公式，本用于光学，当然那时$\dfrac{P_i}{P_0}$为折射率之比$\dfrac{n_i}{n_0}$.表述为：无论物像之间的光学系统构造如何，理想光学成像系统的单向放大率、角放大率、像点与物点媒质折射率之比三者的乘积恒为1.它指明了人们追求高放大率的途径和受到的限制，是几何光学的重要定理.它对于电子光学$\left(多把\dfrac{P_i}{P_0}写成\sqrt{\dfrac{V_i}{V_0}}\right)$有类似的意义.

需要说明一点：物的单向放大率（其得名原因可能是此放大率适用于线段长度，而非面积）M_r的绝对值是长度之比，但可以小于0，其含义是r_i与r_0异号，或曰像和物是翻转的.简单的成像系统（r_S的第一个零点）往往如此.此时M_θ自然也是负数，意指像点之后出射角内轨迹的排列次序与物点之后入射时相反.

以上证明过程建立了"光学特性"聚焦、成像与数学特解r_C，r_S的联系.这些特性都是对应于确定的系统起点或物点z_0而言的；焦点z_F和像点z_i分别是使r_C和r_S的值为0的点.读者易想到，与矩阵元对应的这两个特解还有另外两个特殊

点.其光学特性是:

在 $r_C'=0$(故 $m_{21}=0$)处,出射轨迹方向正比于初始方向,而与初始位置无关.若束流原先是平行束,则转换成新的平行束;该点的 r_C 值称为束宽放大因子;该系统原则上不聚焦.

在 $r_S'=0$(故 $m_{22}=0$)处,出射轨迹方向正比于初始位置,而与初始方向无关.原先的点束转换成平行束;此时称起点 z_0 为物方焦点.

本节进一步表明了束流光学与几何光学的相似性,下一章还要深入讨论.

1.5 传输矩阵与相空间、发射度和包络·刘维尔定理

粒子在实空间中穿过一个束流光学系统,它在相空间中对应的状态点变到另一点,已如前述.当它沿一条轨迹连续运动时,对应点在相空间中也呈连续运动,画出一条"相轨迹".相轨迹动点的位置坐标与实空间位置对应,动量坐标则对应于横向动量,即总动量与"运动方向"的乘积.理想粒子"占住"相空间的坐标原点不动.一直满足旁轴条件的粒子的相轨迹始终在原点附近不大的区域内,可与坐标轴相交,而不能过原点.

由前述元矩阵的表达式可知,经过一个纵向距离元 $\mathrm{d}z$,相空间中的状态点应在原来的位置附近,但沿位置轴 r 方向有一与 P_r 正比的增量 $r'\mathrm{d}z$,而沿动量轴方向有一与 r 成比例的增量 $-Qr\mathrm{d}z$.设坐标系的画法如图 1.3 所示,处于上半平面的点一直倾向于向右移动,处于下半平面的点则倾向于向左移动,移动的"幅度"与这些点到 r 轴的距离成正比;尤其在 $Q=0$ 的漂移空间(P_r 保持恒定)中,这将是唯一的运动.$Q>0$ 时,在右半平面的点向下运动,在左半平面的点向上运动,移动量正比于点到 P_r 轴的距离;$Q<0$ 时反之.

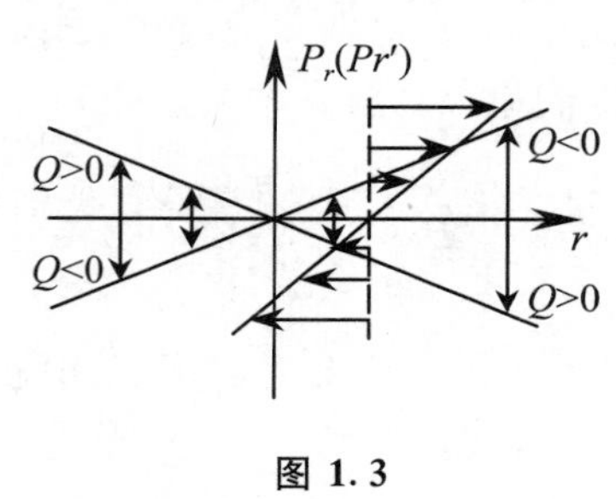

图 1.3

以上相空间运动的图像应该熟知于心.并有若干推论:如果没有 $Q>0$ 的聚焦段,粒子必将在第一或第三象限跑到 r 太大的区域去,以致脱离约束或丢失;处在第二或第四象限的粒子,暂时无需聚焦而能自然地向轴聚拢;始终受到约束的粒子

应大致作顺时针的旋转，r 能等于0(进入子午面下半区)的粒子的这种旋转可能绕过原点，依次与各坐标轴相交；不同起点的相轨迹不可能同时到达一点，会大致地“保持距离”.

束流粒子群对应于相空间中若干点的一个“集合”. 例如，所谓“聚焦”(狭义)，是把一个平行于 r 轴的线段(平行束)变换成垂直于 r 轴的线段(点束)；“成像”则把垂直于 r 轴的线段平移一段距离且改变其长度. 如一粒子群在起点时大体占有面积 $\Delta r_0 \cdot P_0 \Delta r_0'$，成像后面积约为 $\Delta r_{\mathrm{i}} \cdot P_{\mathrm{i}} \Delta r_{\mathrm{i}}'$；可见拉格朗日公式$\left(\text{应有 } M_r = \dfrac{\Delta r_{\mathrm{i}}}{\Delta r_0}, M_\theta = \dfrac{\Delta r_{\mathrm{i}}'}{\Delta r_0'}\right)$又一次暗示了变换的相空间面积不变性.

关于相空间的许多说法严格地说应针对6维相空间. 2维相空间中的每一点可看作6维相空间的投影，对应着其他维坐标彼此不同的无穷多种“状态”. 当此2维空间对应的运动与其他维状态或其他子空间有耦合时，有些说法完全不能成立. 但因为2维相空间的概念简单、直观，以下讨论假定无耦合，把2维相空间作为阐述的工具.

另一值得注意的问题是物理相空间(如 r—P_r 空间)和几何相空间(如 r—r'空间)的差异. 各种测量多在等位区即 P 是常数处进行. 如果不同测量处 P 不等，这两种相空间的区分是很重要的，前文已述及. 如果 P 一直不变，则它们的性质没有差别，本节的公式同样适用于几何相空间，只要把各式中的 P 一律用单位1取代即可.

回到相空间中的粒子状态集合. 一般情况下，粒子群占有一个区域，一般在原点附近，往往包括原点(理想粒子)在内；形容它需要几个要素：面积、形状、密度分布，以及质心坐标. 以上两个相空间中线段的例子不具有普遍性. 较有一般性、也最方便的做法是假设此集合的形状为一个椭圆，用3个量可形容之. 椭圆是最简单、又较富灵活性的2维封闭曲线，有3个自由度，即其二元曲线方程的3个系数(相当于大小、离心率、斜角这3个参数)；另用2个自由度指明其质心在相空间中的位置. 对于高维相空间，则用椭球；N 维椭球的自由度数为$\dfrac{1}{2}N(N+1)+N$，即$\dfrac{1}{2}N(N+3)$.

以状态点坐标(r, P_r)为方程变量，$(r_{\mathrm{m}}, P_{r\mathrm{m}})$为束流质心、也是椭圆中心的坐标，3个系数 A, B, C 为椭圆的参数，则椭圆包围的区域写成数学式为

$$A(r - r_{\mathrm{m}})^2 + 2B(r - r_{\mathrm{m}})(P_r - P_{r\mathrm{m}}) + C(P_r - P_{r\mathrm{m}})^2 \leqslant 1$$

式中，等号对应于椭圆曲线，小于号对应于其内部区域. 显然，如所定义的是一个椭

圆,则必有 $A>0,C>0,B^2\leqslant AC$. A,B 和 C 越大,该椭圆越小.利用矩阵,此式可写作

$$(r-r_m \quad P_r-P_{rm})\begin{pmatrix}A & B\\ B & C\end{pmatrix}\begin{pmatrix}r-r_m\\ P_r-P_{rm}\end{pmatrix}\leqslant 1$$

此关系用式中矩阵的逆阵,称为"束流矩阵"Σ 描述更加方便:

$$\Sigma=\begin{pmatrix}\sigma_{11} & \sigma_{12}\\ \sigma_{12} & \sigma_{22}\end{pmatrix}=\begin{pmatrix}A & B\\ B & C\end{pmatrix}^{-1}$$
$$=\frac{1}{AC-B^2}\begin{pmatrix}C & -B\\ -B & A\end{pmatrix}$$

此式也给出了 Σ 矩阵的元素 σ_{ij} 和参数 A,B,C 的关系.

用矩阵 Σ 的益处是它的矩阵元即 σ_{11},σ_{22} 和 σ_{12} 与粒子群表现的种种性质联系密切,可以说是直接给出了束流的各种可测性质,而且各关系式推广到多维相空间仍然有效.

如果束流矩阵 Σ 确实对应于一个椭圆,或曰确可代表一个束流,其矩阵元必须满足关系式:$\sigma_{11}>0,\sigma_{22}>0,\sigma_{12}{}^2\leqslant\sigma_{11}\sigma_{22}$.定义参数

$$\varepsilon=\sqrt{\sigma_{11}\sigma_{22}-\sigma_{12}{}^2}$$

用状态列向量 U 代表变量对应的点,U_m 代表质心所在,上标 T 表示矩阵转置,则用矩阵 Σ 描述的椭圆区域表为

$$(U-U_m)^{\mathrm{T}}\Sigma^{-1}(U-U_m)\leqslant 1$$

或

$$\sigma_{22}(r-r_m)^2-2\sigma_{12}(r-r_m)(P_r-P_{rm})+\sigma_{11}(P_r-P_{rm})^2\leqslant\varepsilon^2$$

Σ 的矩阵元与束流相空间分布的椭圆边线的关系如图 1.4 所示.其中:

$\pi\varepsilon$ 就是该椭圆的面积.

$\sqrt{\sigma_{11}}=r_{max}-r_m$ 是束流横截面的半径,称为束流的(半)包络.σ_{11} 是粒子群径向位置分布(椭圆在 r 轴上的投影的大小)的量度.

$\sqrt{\sigma_{22}}=P_{r\,max}-P_{rm}$,$\sigma_{22}$ 标志粒子群径向动量分布(在 P_r 轴上的投影).$\dfrac{\sqrt{\sigma_{22}}}{P}$ 是束流方向圆锥的半顶角,称为束流的(半)发散角.

σ_{12} 说明椭圆的倾斜程度;它等于 0 时是正椭圆(指椭圆的长、短轴与坐标轴重合),大于 0 时椭圆长轴指向第一、三象限,小于 0 时椭圆长轴在第二、四象限.$k=\dfrac{\sigma_{12}}{\sqrt{\sigma_{11}\sigma_{22}}}$ 是介于 -1 与 1 之间的参量,可名为椭圆倾斜度因子,其符号代表倾斜方

向,绝对值与长短轴之比有关;当 $k=\pm 1$ 时,“椭圆”变成了无面积的线段. r 取极大值时,椭圆线上对应点的 $P_r = P_{r\mathrm{m}} + \dfrac{\sigma_{12}}{\sqrt{\sigma_{11}}}$;如图 1.4 中,角 $\theta_1 = \arctan\dfrac{\sigma_{12}}{\sigma_{11}}$,此皆参量 σ_{12} 的物理意义的佐证.

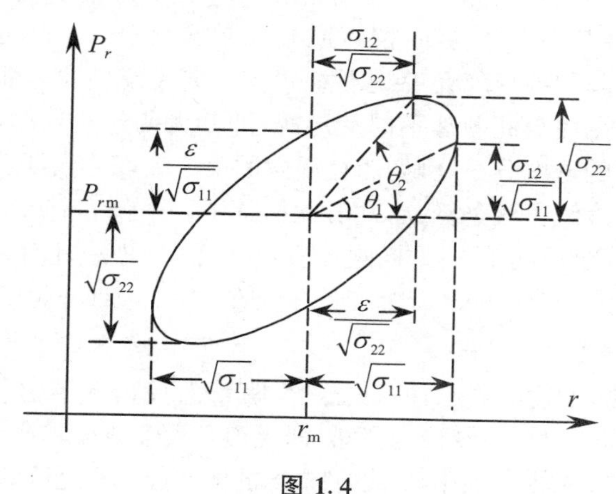

图 1.4

推导要点 皆可根据上述椭圆方程用解析几何方法求得.

求极值的方法是对椭圆边线方程(上式中不等号换成等号)求微分,取 $\mathrm{d}r=0$ 可得 $r_{\max}$ 的坐标,取 $\mathrm{d}P_r=0$ 则得出 $P_{r\max}$. 面积用积分计算. □

发射度是束流光学中的重要概念. 广义的发射度可理解为束流在相空间中分布的综合性质的代称;狭义的发射度仅指束流的相空间面积或体积,常标为 ε. 就 2 维空间而言,发射度在数值上等于前面给出的参数 ε,它等于束流矩阵 Σ 对应的行列式值的平方根,或者说束流椭圆面积除以 π;其单位是 P 的单位乘长度单位,在物理相空间中常用 $m_0c\cdot\mathrm{cm}$,或 P 用其他方法“归一化”的单位,在几何相空间中常用 m · rad(米弧度)或其派生单位,如 mm · mrad(有的文献把 π 也写在此单位中,其意为定义发射度是椭圆面积,数值大小则与本节相同,从未有人将 π 的数值与本节所给发射度相乘,不应引起误解).

前文所举例中,理想的平行束或一点发出的点束在相空间中是一条线段,故发射度 $\varepsilon=0$. 实际束流在相空间中总占有一定面积的区域,发射度必是有限的正数. 此数大小的意义不难想象. ε 越小,说明这群粒子的状态相互差异越小,不理想程度越小,越容易传输;或者说束流的相密度越大,“热运动温度”越低,品质越高. 就横向运动而言,ε 堪称描述束流性质的最重要的物理量.

广义的发射度用在这样一些场合:有人习惯上称束流相空间点集合的外包线

椭圆为“发射度椭圆”(也叫束流相椭圆),并谈及“发射度形状”、“发射度匹配”(指束流能进入或通过某系统,或能为其所“接受”,因而亦有接受度、接受度椭圆之说)等词汇.

还要说明一点:本书一般认为束流在相空间中的分布有分明的界线(它“差不多”是一个椭圆),在其中大体均布(所以质心就是椭圆中心).此可称为“有限均布模型”,以上束流矩阵和各矩阵元的物理意义皆根据此模型演绎而来.束流的相空间分布还有一种常见而与此迥然不同的形式,即其无明显边界线,而有从内向外、由密而疏差异很大的密度分布,例如储存环内的束流表现为高斯分布.此时多认为其相空间中的等密度线大致是椭圆,发射度指其中一个包容有一定数量(2 维高斯分布时约为 39.4%)的粒子的典型椭圆,或指其面积除以 π.此时,束流矩阵或相椭圆的各参数来自对全部粒子的 2 阶统计平均值.用$\langle\ \rangle$代表对所有粒子平均,则 $\sigma_{11}=\langle(r-r_{\mathrm{m}})^2\rangle$,$\sigma_{22}=\langle(P_r-P_{r\mathrm{m}})^2\rangle$,$\sigma_{12}=\langle(r-r_{\mathrm{m}})(P_r-P_{r\mathrm{m}})\rangle$,并仍定义 $\sqrt{\sigma_{11}}$为束流的包络,发射度 ε 的计算公式亦不改变.此情况不妨名为“统计模型”.在这一模型下,各种量都含有统计的意味,即代表了大多数或其典型值,而非断然的界线.只要此点了然,本书就有限均布模型推出的所有公式皆可照搬到统计模型.

假定一束流的大群粒子在相空间中的集合可用一个椭圆描写,其所有性质可归结为两个量:质心向量 U_{m} 和束流矩阵 Σ.有关的 5 个参数可以直接或间接测量.问题似已大为简化.但相椭圆的优点还不止于此.

考虑一束流由点 z_0 到 z 的运动引起其相空间分布的变化.已知该集合中每个粒子的状态变化可用传输矩阵 M_0^z 确定.仍用 U 代表任一粒子的状态列向量.

定理 只要两点间的系统中粒子运动满足高斯方程的一般形式,原来在相空间中一椭圆线之内(或线上)的粒子集合,将仍保持在一椭圆线内(或线上).椭圆形状可以变化,但面积不变.质心的运动则一如它也是一个粒子.有关参量的换算公式为

$$U_{\mathrm{m}}(z)=M_0^z U_{\mathrm{m}}(z_0)$$

$$\Sigma(z)=M_0^z\Sigma(z_0)(M_0^z)^{\mathrm{T}}$$

推导要点 令 $M=M_0^z$.对所有粒子都有 $U(z)=MU(z_0)$,而 $U_{\mathrm{m}}=\langle U\rangle$.

操作$\langle\ \rangle$(平均)是线性运算,矩阵 M 可用乘法分配律作为公因子.

把逆运算关系 $U(z_0)=M^{-1}U(z)$代入粒子集合在 z_0 点满足的约束条件

$$(U-U_{\mathrm{m}})_0^{\mathrm{T}}(\Sigma(z_0))^{-1}(U-U_{\mathrm{m}})_0\leqslant 1$$

可知该集合在 z 点满足的约束是

$$(U-U_{\mathrm{m}})_z^{\mathrm{T}}(M^{-1})^{\mathrm{T}}(\Sigma(z_0))^{-1}M^{-1}(U-U_{\mathrm{m}})_z\leqslant 1$$

此约束仍是椭圆,或曰矩阵 Σ 存在,且

$$\Sigma(z)=[(M^{-1})^{\mathrm{T}}\Sigma(z_0)^{-1}M^{-1}]^{-1}$$

椭圆面积不变则来自 ε^2 等于 Σ 矩阵的行列式值,而 M 的行列式值总是1.

注意:推导过程未涉及系统的具体构造和是否复杂.此外,Σ 矩阵的"转置不变性"也得到保持.

□

粒子群集合的相空间变换由此宣告解决.可谓简单得无以复加.这解释了为何要用相椭圆描述这种集合.对于束流的某种实际分布,总是用一个外包椭圆来代表,并据以分析其后来的运动.正所谓"不似椭圆,也算椭圆".至少,如果某粒子集合在某点包容在一椭圆内,或在一椭圆线上,或在一"相似椭圆族"的两线之间,变换后它总是停留在相应区间之内.这对简化数学处理、凸显物理内涵的益处是明显的.然而,对于千变万化的自然界,这种"一律绳之以椭圆"的做法也有缺点.例如,当"椭圆缺一块"时可能导致测量与实际情况的差异.这是应注意之处.

相空间椭圆面积或发射度 ε 在运动中保持不变,使发射度的大小对描述束流品质更具重要性.

令 $R=\sqrt{\sigma_{11}}$ 为束流包络(如打在靶上,则称"束斑"半径),$\Theta=\frac{\sqrt{\sigma_{22}}}{P}$ 为束流发散角(如向远方延长,则称"束圆锥"半顶角),$k=\frac{\sigma_{12}}{PR\Theta}$ 为椭圆倾斜度因子,则发射度

$$\varepsilon = R\Theta\sqrt{1-k^2}\cdot P$$

实际束流的发射度是一个有限的不变量.除动量 P 之外,其他3项皆属束流的几何性质,其乘积即几何相空间的发射度.故束流的几何相空间发射度与 P 成反比;在不加速的等位区亦保持不变,加速后则变小.有的文献在讨论一系列加速器中第一台加速器的输出束流发射度(此后将一直不变)时用"归一化发射度"来刻画束流品质,其数值是 ε 除以 m_0c.此后束流能量增加,其几何发射度总等于归一化发射度除以当时的 $\beta\gamma$.

对束流施以横向约束,往往希望 R 和 Θ 皆足够小.上式还说明,这一愿望必受到 ε 有限的限制,R 与 Θ 的乘积不会小于几何发射度 $\frac{\varepsilon}{P}$.此乘积只有当 $k=0$ 即相椭圆是正椭圆时最小,此时几何发射度就等于 $R\Theta$.相椭圆越"不正",该乘积越大.而且,无论如何追求,这两种愿望还相互牵制.例如,欲得"平行束",要求 Θ 小,则 R 必大;欲"聚焦于一点",要求 R 小,Θ 又必较大.这种位置、动量关系颇相似于近代物理中的"测不准原理",正所谓"鱼与熊掌不可兼得".欲使 R 与 Θ 两者之一足

够小、另一又不太大，唯一的办法是设法得到发射度十分小、品质极佳的束流.

许多情况下，束流质心可认为在相空间原点(是理想粒子)，相椭圆关于原点对称.束流运动时，所有粒子的轨迹都被“包络”在由 $r_{\max}$ 连线和 $r_{\min}$ 连线构成的“包络曲线”之内.包络曲线一般可写为 $r_{\mathrm{m}}(z) \pm R(z)$，$r_{\mathrm{m}}=0$ 时就称 $R(z)$ 为包络线.

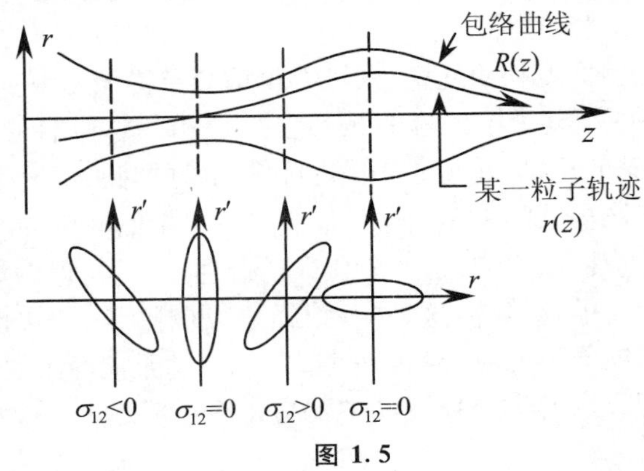

图 1.5

图 1.5 是一段束流运动与相应相空间中相椭圆的运动的对照图(不尽合于比例).有关图像也应熟知：包络曲线 $R(z)$ 本身并不是一个粒子的轨迹，而是许多轨迹的极值点的外包形连线；一般 R 不会是直线，有波浪形起伏，时而张开，时而收拢；R 的最大值即波峰所在总有聚焦元件提供了横向约束力，在无横向力处 R 则可由大变小，可有最小值，亦可由小变大.而相椭圆基本上呈顺时针旋转；无横向力($Q=0$)处其上半部右移，下半部左移，移动皆与 r 轴平行，移幅与各点到 r 轴的距离(P_r 坐标值)成比例，在 P_r 轴上所占区间不变；遇聚焦薄透镜处，则其左半部上移，右半部下移，移动平行于 P_r 轴，移幅正比于各点的 r 坐标，在 r 轴上的投影不变；在受到散焦力时，移动方向与聚焦时相反.所以，如束流矩阵的 $\sigma_{12}<0$，相椭圆的长轴在第二、四象限，束流为“会聚束”，R 自动地倾向于变小；当 $\sigma_{12}>0$ 时则为“发散束”，R 趋向于增大；$\sigma_{12}=0$ 时 R 取极小值(称为“束腰”)，或极大值(也叫束腰，亦曾被称为“束腹”)，椭圆是正椭圆，$R\Theta$ 有极小值；σ_{12} 会“自然地”(即使在漂移段)增大，包括由负到 0、到正并越来越大，唯一使其变小甚至变负的方法是通过 $Q>0$ 的聚焦段，等等.

利用 $\Sigma(z)=M\Sigma(z_0)M^{\mathrm{T}}$ 计算椭圆参数，等效于下述 3×3 阶矩阵计算公式：

如

$$M_0^z=\begin{pmatrix} m_{11} & m_{12} \\ m_{21} & m_{22} \end{pmatrix}$$

则

$$\begin{pmatrix}\sigma_{11}\\ \sigma_{12}\\ \sigma_{22}\end{pmatrix}_z=\begin{pmatrix}m_{11}{}^2 & 2m_{11}m_{12} & m_{12}{}^2\\ m_{11}m_{21} & 1+2m_{12}m_{21} & m_{12}m_{22}\\ m_{21}{}^2 & 2m_{21}m_{22} & m_{22}{}^2\end{pmatrix}\begin{pmatrix}\sigma_{11}\\ \sigma_{12}\\ \sigma_{22}\end{pmatrix}_0$$

利用元传输矩阵 $M_z^{z+\mathrm{d}z}$ 可计算 Σ 矩阵经过长度元 dz 的变化，即得各束流参量（Σ 矩阵元）的微分性质，即各参量的变化与 P,Q 的关系，结果为

$$\sigma_{11}{}'=\frac{2}{P}\sigma_{12}$$

$$\sigma_{12}{}'=-Q\sigma_{11}+\frac{1}{P}\sigma_{22}$$

$$\sigma_{22}{}'=-2Q\sigma_{12}$$

推导要点　结合 $M_z^{z+\mathrm{d}z}$ 的表达式和 Σ 矩阵的变换公式，得到

$$\begin{pmatrix}\sigma_{11}\\ \sigma_{12}\\ \sigma_{22}\end{pmatrix}_{z+\mathrm{d}z}=\begin{pmatrix}\sigma_{11}\\ \sigma_{12}\\ \sigma_{22}\end{pmatrix}_z+\mathrm{d}z\begin{pmatrix}\sigma_{11}{}'\\ \sigma_{12}{}'\\ \sigma_{22}{}'\end{pmatrix}$$

$$=\begin{pmatrix}1 & \frac{2}{P}\mathrm{d}z & 0\\ -Q\mathrm{d}z & 1 & \frac{1}{P}\mathrm{d}z\\ 0 & -2Q\mathrm{d}z & 1\end{pmatrix}\begin{pmatrix}\sigma_{11}\\ \sigma_{12}\\ \sigma_{22}\end{pmatrix}_z$$

稍加整理，即得.　□

上述3个微分关系仅2个独立，因为它们满足约束$(\sigma_{11}\sigma_{22}-\sigma_{12}{}^2)'=0$.

也可换一种描述束流的方法，用（不变的）发射度 ε、包络 R 及其变化率 R' 为变量表示椭圆参数或 Σ 矩阵元.两套参量间的关系为

$$\sigma_{11}=R^2$$

$$\sigma_{12}=PRR'$$

$$\sigma_{22}=\left(\frac{\varepsilon}{R}\right)^2+(PR')^2$$

此两组关系式都进一步说明了各 Σ 矩阵元及其对 z 变化率的物理意义.请结合前面描写的束流运动图像加深体会.

将式 $\sigma_{12}=PRR'$ 两边对 z 微分，稍加整理，即可得包络函数 $R(z)$ 满足的微分方程：

$$(PR')'+QR=\frac{\varepsilon^2}{PR^3}$$

请勿因此式似未费唾手之劳而轻慢之. 作为包括粒子可能被加速$\left(\text{如 } P \text{ 是常数,该式易转化为包含几何发射度}\frac{\varepsilon}{P}\text{的方程}\right)$等情况的普适的束流横向包络运动方程,其意义广泛而重大,前人亦曾为之付出不少劳动. 该方程形式简单,又与单粒子遵循的运动方程十分相似. 不同的仅是右端加上一个 R^{-3}项,使 $\varepsilon \neq 0$ 的实际束流的包络 R 不可能为 0,并使包络具有自然增大的趋势,该趋势随 R 愈小而愈甚. 当初始条件(此处为 ε, R_0, R_0',3 个量定一个椭圆)给定后,对已知的 P, Q 分布不难数值计算包络 R 的变化. 求得任一点的 R 和 R'之后,可利用已知的 ε 和该点的 P 得到该点的束流椭圆.

在很少数情况下(如 P, Q 皆为常数)上述方程存在解析解. 例如当 $Q = 0$ 时,可从 σ_{22}为常数入手求解;等效的做法是利用此时传输矩阵 $\boldsymbol{M}_0^z$ 的解析表达式和前述束流矩阵变换公式计算 σ_{11}. 在漂移段($Q = 0, P =$ 常数),可得

$$\sigma_{11} = R^2 = \sigma_{110} + \frac{2}{P}(z - z_0)\sigma_{120} + \frac{1}{P^2}(z - z_0)^2\sigma_{220}$$

故 σ_{11}(R^2,而非 R 本身)在漂移段内呈一顶点向下(只能有极小值,即束腰)的抛物线.

形式上,σ_{11}等可用发射度归一化,得到 $\beta = \frac{\sigma_{11}}{\varepsilon}, \alpha = -\frac{\sigma_{12}}{\varepsilon}, \gamma = \frac{\sigma_{22}}{\varepsilon}$等函数,其性质与环形加速器中的 β 函数等相当,几乎一切公式皆可通用. 但它们的含义不同. 环形机器中的 β 函数是由机器磁铁设置确定的,而这里谈到的 β 函数等取决于束流的初始条件. 在本课程的束流传输理论部分还要进一步介绍.

结束本节前,介绍宣布"相空间粒子集合体积在传输中不变"(我们一直作此猜想)的刘维尔(Liouville)定理. 其本来的表述为:在只存在保守力的体系中运动的粒子,其在相空间的集合密度保持为常数.

推导要点 注意:刘维尔定理的命题根本不用旁轴条件、线性近似等假设,连相空间维数都未涉及.

在 $2n$ 维相空间中的"状态坐标"向量 $\boldsymbol{U} = (q_1, p_1, \cdots, q_n, p_n)$,其中 q_i, p_i是一对位置-动量坐标. 一个粒子的状态对应于相空间中的一点 $\boldsymbol{U}$. 设粒子集合在该空间中有密度分布场 ρ,ρ 是这些坐标和时间 t 的函数,即依赖于 $\boldsymbol{U}$ 和 t.

在运动体系中各力的作用下,所有 q_i, p_i等在各点皆有随时间变化的趋势,它们构成一速度场 $\boldsymbol{W} = \dot{\boldsymbol{U}} = \frac{\mathrm{d}\boldsymbol{U}}{\mathrm{d}t} = (\dot{q}_1, \dot{p}_1, \cdots) = \frac{\mathrm{d}q_1}{\mathrm{d}t}\boldsymbol{e}_{q1} + \frac{\mathrm{d}p_1}{\mathrm{d}t}\boldsymbol{e}_{p1} + \cdots$,也是 $\boldsymbol{U}$ 和 t

的函数.此速度场等效于“运动规律”.

运动体系中各力皆为保守力(唯一假设)时,体系有哈密顿量 H(相当于总能量),H 可表为 $\boldsymbol{U}$ 的函数,且满足哈密顿方程:

$$\begin{cases}\dfrac{\partial H}{\partial p_i} = \dot{q}_i \\ \dfrac{\partial H}{\partial q_i} = -\dot{p}_i\end{cases} \quad (i = 1,2,\cdots,n)$$

此时(∇ 为此相空间的耐普拉算子),速度场 $\boldsymbol{W}$ 是无源的,即

$$\begin{aligned}\nabla \cdot \boldsymbol{W} &= \frac{\partial}{\partial q_1}(\dot{q}_1) + \frac{\partial}{\partial p_1}(\dot{p}_1) + \cdots \\ &= \frac{\partial^2 H}{\partial p_1 \partial q_1} - \frac{\partial^2 H}{\partial p_1 \partial q_1} + \cdots \\ &= 0\end{aligned}$$

粒子在相空间中既不发生,也不消灭,故满足连续性方程

$$\begin{aligned}\frac{\partial \rho}{\partial t} + \nabla \cdot (\rho \boldsymbol{W}) &= \frac{\partial \rho}{\partial t} + \nabla \rho \cdot \boldsymbol{W} + \rho(\nabla \cdot \boldsymbol{W}) \\ &= \frac{\partial \rho}{\partial t} + \left(\frac{\partial \rho}{\partial q_1}\dot{q}_1 + \frac{\partial \rho}{\partial p_1}\dot{p}_1 + \cdots\right) + 0 = 0\end{aligned}$$

所得式正是密度 ρ 对时间 t 的微商$\dfrac{\mathrm{d}\rho}{\mathrm{d}t} = 0$,说明粒子状态的集合密度是常数.由密度不变推到“体积不变”(有时“体积”的含义未必明确)也可以严格证明,此处从略.不妨暂将之视为“常理”. □

此定理的证明严格,无须近似假设,甚至“保守力”假设亦可放宽,即只需存在哈密顿量而不要求其守恒.注意:在任一状态点 $\boldsymbol{U}$ 附近,$\dfrac{\partial \rho}{\partial t}$未必为 0,所谓“站在岸上固定点”观察时会看到粒子流密度在改变;但随着运动的粒子(按 $\boldsymbol{W}$ 规律移动),“跟着粒子流走”,则$\dfrac{\mathrm{d}\rho}{\mathrm{d}t} = 0$,即所跟踪观察的粒子状态点周围的密度不变.

深刻理解刘维尔定理对束流运动理论意义很大.是否发射度因此成为绝对的不变量?为什么还不时听到“发射度增大”、“发射度减小”一类的讨论?部分原因是在此问题上存在一些误解.如:

(1) 物理相空间与几何相空间的混淆.P 变化时几何相空间发射度确实呈与 P 反比的变化,以维持物理相空间 ε 不变.

(2) 一般情况的束流运动应考虑 6 维相空间,2 维相空间发射度不变是有条件的,只在无耦合时近似成立.更多见的是不同方向之间有相互耦合,例如不同能量、

不同纵向位置(时间或相位)的粒子横向发射度椭圆互不重合,造成横向的"视在发射度"(6维椭球在2维相空间的投影椭圆面积,又称"投影发射度")变化,表现为横向发射度与粒子纵向分布的相关性.这常引起视在发射度的增加,它有时可以矫正,有时则难以区分.也有时某一方向的发射度确有所缩小,但以另一方向发射度增加为代价.

(3) 发射度椭圆可能是近真的,并不永远等同于束流的相空间体积.粒子分布也许本来就不像椭圆,也可能在某种影响下"畸变",造成视在发射度变化.

(4) 视在发射度亦会受其他因素(如束流质心的抖动、测量方法问题等)影响.

当然,如果体系中存在不能用哈密顿量规范的外力作用,例如粒子能量辐射、气体分子散射等,发射度和相空间密度等量会发生真实的变化.

传输矩阵、相空间、发射度等概念的讨论至此告一段落.它们显然不仅限于本章即"电子在轴对称场中的运动".

第2章 电子透镜

现在我们具体分析电子光学的若干典型聚焦元件.本章只分析轴对称透镜.

2.1 电子透镜概述

电子透镜分为静电透镜和磁透镜两种,又皆可按透镜作用范围(有效场长度与焦距相比)分为短、长透镜;按强度(强者的焦距短)分,则有强透镜区别于一般透镜.

本章所谓静电透镜,无非几何形状为旋转对称、中空、按长度与半径的比分别称为圆筒或膜片(亦可能有介于其间者,或可称为圆环)的金属导体电极,加上不同的电位,用以形成 $V''\neq 0$ 的轴上电位分布.否则,只可能是漂移段($V'=0$)或加速段.

具体将介绍几种静电透镜,诸如:最简单的是圆孔膜片透镜,它依仗外加的或偏低或偏高的电位,带"强制性"地使原先电场变化比较均匀的区域变成不均匀;是这几种元件中唯一能够散焦的透镜;常组合使用.单个圆筒只能形成等位区,而双圆筒可在其间形成聚焦场;此类透镜两边为不等值的等位区,因电位与光学的媒质折射率的对应关系被类比而得名"浸没透镜".如两边为等值的等位区而中间电位有变化,显然至少要有3个电极,却因最类似于光学普通透镜(中间为高折射率媒质,两边为空气)被称为"单透镜".电子枪等元件在极靠近阴极处建立加速、聚焦场的一类则被叫做"浸没物镜",其意视阴极为"物",它被浸在透镜场的阴极电位中,与此种光学元件相仿.见图2.1.

电子光学系统常由若干透镜合成,其间的电极常"一身二任".圆孔膜片常在其余几类透镜或其"变种"中扮演角色,不称它为"单透镜"似有些委屈.

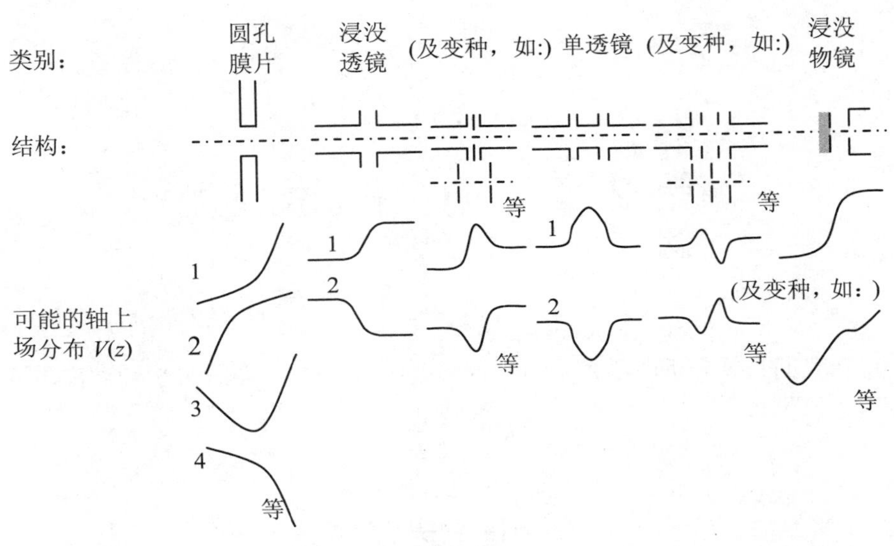

图 2.1

本章所谈磁透镜,以其产生手段分之,无非为同轴螺线管线圈或永磁铁环.前者可以是以近似的匀强磁场将物与像皆覆盖在内的“长磁透镜”;可以是作用限于局部、但仍覆盖较大区域的“空心线圈透镜”;也可以是用铁壳包围线圈,仅留一开口,使场的作用区进一步局部化的“短磁透镜”;或者在铁壳开口处加上突起的“极靴”,使磁场更加集中的“强短磁透镜”.“永磁透镜”的作用区域与空心线圈相仿,而以存在反向磁场为特色.见图 2.2.

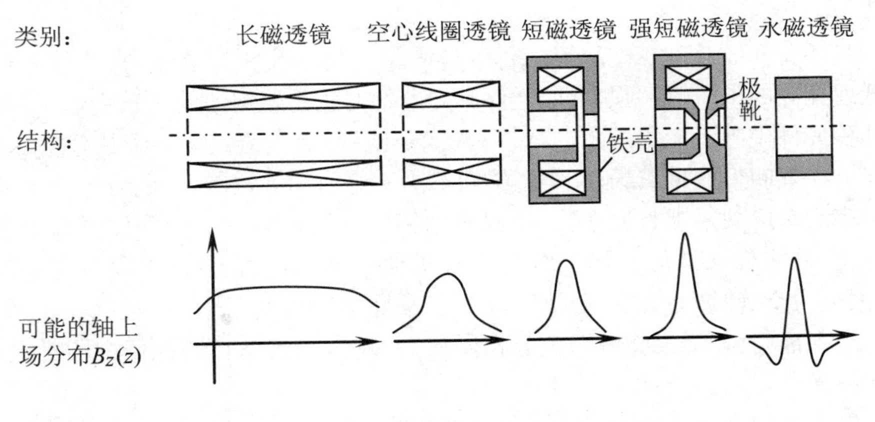

图 2.2

本章的研究方法是：首先从共性入手，介绍“透镜”的主要参量，其得名大半来自于几何光学，并建立这些量与传输矩阵的关系和与场分布的近似关系. 然后逐一介绍各种透镜，每种都大体上分为几步：定性分析其聚焦特性；不同程度的定量分析——可能时给出尽量准确的解析式；必要的讨论. 最后以应用举例收尾.

谈到定性分析，请记住如图 2.3 所示的图像.

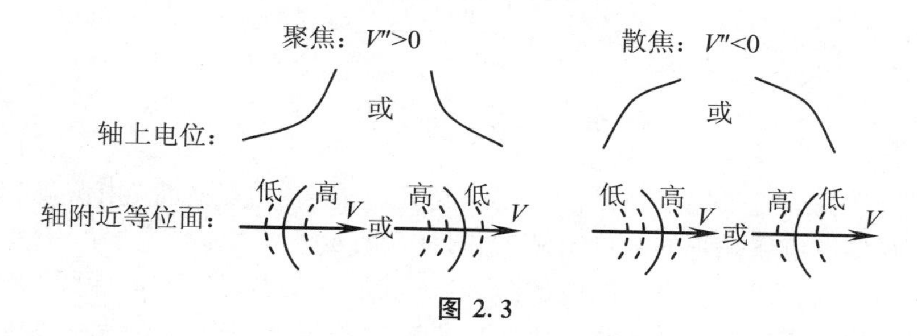

图 2.3

关于漂移段(等位区)、加速段(匀强场区)等的图像，读者可自行想象.

在(轴上)场分布的解析求解方法中，可用的工具有：拉普拉斯方程直接求解；格林函数法；复变函数-保角变换法；分离变量法；用安培定律、毕奥-沙瓦尔定律计算磁场；测量与经验公式，等等. 其近似程度不同，一般很难足够准确(有不得不做的假设、近似的边界条件，等等). 另一困难来自于电子光学中各种透镜常不能完全“局部化”，其间场分布互相影响，使我们为简化问题而惯用的“分而治之”法在定量上只能达到一定精度. 本章也不涉及形状较复杂的如极面与轴线有交角的截圆锥面、旋转曲线球面等旋转对称电极. 对付这些问题，一般只能用数值计算方法，其介绍留待第 6 章.

2.2 电子透镜的主要参量和传输矩阵、场分布

在几何光学中，常采用作图法，大致如图 2.4 所示. 这相当于以透镜为“薄透镜”，设 f 为透镜的“焦距”，即镜平面到平行光在“像方”的会聚点的距离. 该透镜的作用矩阵元除 $m_{21}=-\dfrac{1}{f}$ 外皆与单位矩阵相同.

几何光学处理“厚透镜”的方式复杂一些，要用到不止一个参量. 这些参量常称

为透镜或光学系统的“基点”.

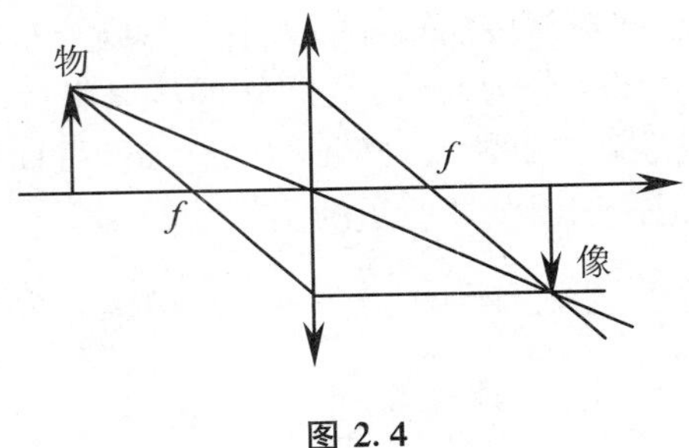

图 2.4

电子光学完全可采用相似做法.首先,与几何光学的“厚透镜”相仿,应对电子透镜的主要参量也就是它的基点定义.如图 2.5 所示.

此为一个透镜或一个系统的成像图.沿 z 轴从左到右,透镜“边缘”的坐标 z_1,z_2将空间分为物方(用下标 o 表示)空间、透镜区和像方(用下标 i 表示)空间.物方、像方皆设为有固定电位(或等效折射率,分别称为物方、像方折射率 P_o,P_i)的漂移空间,束流轨迹在其中是直线,在中间的透镜区则是曲线,但我们忽略其细节.假设透镜区的作用可表述为传输矩阵

$$M_1^2=\begin{pmatrix} m_{11} & m_{12} \\ m_{21} & m_{22} \end{pmatrix}$$

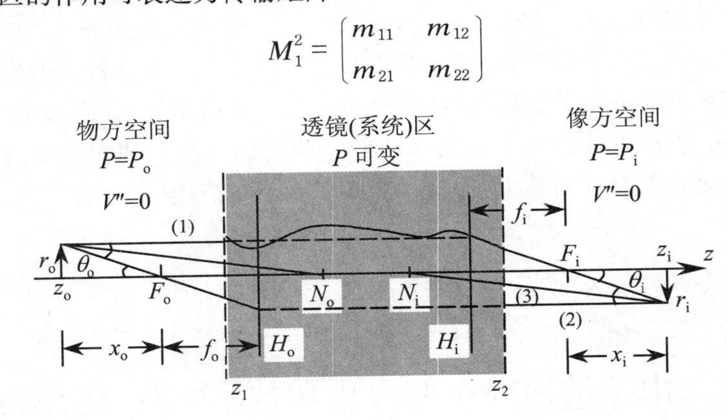

图 2.5

如图 2.5 所示,用“看图识字”法定义:轴上两点 F_o,F_i 称为物方焦点、像方焦点;过它们与 z 轴垂直的平面为(物方/像方)焦平面;H_o,H_i 两点对应于(物方/像方)主点和主平面;f_o,f_i 为(物方/像方)焦距;N_o,N_i 叫做(物方/像方)节点.所谓透镜或系统的基点,即指其焦点、主点及节点相对于边缘的位置,自然包括焦距——从主点到焦点的距离.焦距 f 的符号以向外为正:$f>0$ 时,系统聚焦;$f<0$

时，系统散焦；$\frac{1}{f}$的大小是"聚焦力"的量度，其绝对值越大，聚(散)焦越强，焦距越短；漂移段$\frac{1}{f}=0$，焦点在无穷远处．基点是系统本身的性质，与外界无关．但对于外界，基点可充分地代表这一系统．

下面略作解释：物方空间平行于 z 轴入射的粒子，(在透镜场的作用下)出射时皆通过像方焦点，出射方向一如其入射轨迹的延长线到达像方主平面后"硬折"，成直线(沿出射轨迹的反向延长线)穿过焦点．平行斜入射轨迹族的焦点在焦平面上．通过物方焦点入射的粒子，则出射时皆与 z 轴平行，出射位置一如其轨迹延长线到达物方主平面后硬折成直线，恰与平行入射时对称．入射粒子轨迹如其延长线过物方节点("对准"节点)，则出射轨迹方向不变，且似自像方节点"发出"．

现在对图 2.5 中所示的成像系统的一些术语再作定义：物所在位置的坐标为 z_o，图中 x_o 为物到物方焦点的距离(物在外为正)，$S_o=f_o+x_o$ 即物到物方主平面的距离为"物距"；类似地定义 z_i，x_i 和像距 S_i．r_o 标志了一个物点，r_i 为其像点，两点的相互关系称为"共轭"．图中有 3 条从物点到共轭像点的轨迹，其中(1)为物方主轨迹，(2)为像方主轨迹，(3)是过节点轨迹．以此图而言，$M_r=\frac{r_i}{r_o}$是单向放大率，$M_\theta=\frac{\theta_i}{\theta_o}$为角放大率．

由此图不难想象如何用几何作图法来处理"光学"问题．

此类处理方法的实质为将系统看作 3 段：从 z_1 到 H_o 的物方空间延伸漂移段(其中折射率假设仍为 P_o)、一个薄透镜和从 H_i 到 z_2 的像方空间反向延伸漂移段(折射率设已为 P_i)．而将两个主平面之间的空间视如乌有．

以下罗列透镜基点及成像系统参量与 M_1^2 的传输矩阵元及物方、像方空间折射率 P_o，P_i 的数学对应关系：

物方焦距

$$f_o=-\frac{P_o}{m_{21}}$$

像方焦距

$$f_i=-\frac{P_i}{m_{21}}$$

称

$$f^*=-\frac{1}{m_{21}}$$

为“归一化焦距”(折射率或动量为单位 1 时的焦距).

物方主点位置

$$z_{Ho} - z_1 = \frac{P_o(m_{22} - 1)}{m_{21}} = f_o(1 - m_{22})$$

焦点位置

$$z_1 - z_{Fo} = -\frac{P_o m_{22}}{m_{21}} = f_o m_{22}$$

节点位置

$$z_{No} - z_1 = \frac{P_o m_{22} - P_i}{m_{21}} = f_i - f_o m_{22}$$

像方主点位置

$$z_2 - z_{Hi} = \frac{P_i(m_{11} - 1)}{m_{21}} = f_i(1 - m_{11})$$

焦点位置

$$z_{Fi} - z_2 = -\frac{P_i m_{11}}{m_{21}} = f_i m_{11}$$

节点位置

$$z_2 - z_{Ni} = \frac{P_i m_{11} - P_o}{m_{21}} = f_o - f_i m_{11}$$

两主点相关位置

$$z_{Hi} - z_{Ho} = z_2 - z_1 - [f_o(1 - m_{22}) + f_i(1 - m_{11})]$$

节点与主点相关位置

$$z_{No} - z_{Ho} = z_{Ni} - z_{Hi} = f_i - f_o$$

与成像有关的量如下:

成像时

$$m_{12} + \frac{m_{11}(z_1 - z_o)}{P_o} + \frac{m_{22}(z_i - z_2)}{P_i} + \frac{m_{21}(z_1 - z_o)(z_2 - z_i)}{P_o P_i} = 0$$

单向放大率

$$M_r = m_{11} + \frac{m_{21}(z_i - z_2)}{P_i} = m_{11} - \frac{z_i - z_2}{f_i} = \frac{1}{m_{22} - \frac{z_1 - z_o}{f_o}}$$

角放大率

$$M_\theta = \frac{P_o m_{22} + m_{21}(z_1 - z_o)}{P_i} = \frac{P_o}{P_i}\left(m_{22} - \frac{z_1 - z_o}{f_o}\right)$$

物到物方焦点距离

$$x_o = z_{Fo} - z_o = -\frac{f_o}{M_r}$$

像到像方焦点距离

$$x_i = z_i - z_{Fi} = -f_i \cdot M_r$$

物距

$$S_o = f_o\left(1 - \frac{1}{M_r}\right)$$

像距

$$S_i = f_i(1 - M_r)$$

计算这些量时,符号皆应保留,并注意其含义.如:焦距小于0,意味着是散焦和虚焦点(好似光学凹透镜);位置计算值小于0,则该点在参考点另一侧;单向放大率小于0,指像点与共轭物点在 z 轴的异侧(180°翻转)——单个透镜作用、得实像往往如此;角放大率恒与单向放大率同号;单个透镜的 H_o 常在 H_i 之后或右侧,称为“主平面交叉”.

推导要点 由矩阵链接

$$M_o^i = M_2^i \cdot M_1^2 \cdot M_o^1$$

满足成像条件时

$$M_o^i = \begin{pmatrix} M_r & 0 \\ m_{21} & \dfrac{1}{M_r} \end{pmatrix}$$

$$P_i r_i' = m_{21} r_o + \frac{P_o r_o'}{M_r}$$

依次求轨迹(1)、(2)、(3)的 r_o' 和/或 r_i',利用 $\Delta z = \dfrac{\Delta r}{r'}$ 求位置坐标.

最后满意地得到:以上量皆与 r_o 无关,即基点与外界无关. □

当像方与物方等位(相对折射率=1)时,$f_o = f_i$,节点与主点重合.

矩阵元 m_{21} 显然有特别重要的意义:它确定了归一化焦距 f^*,又与物方、像方折射率一起确定各方的焦距;换言之,系统是否聚焦和焦距长短仅由它决定,与其他矩阵元无关.可定义$\frac{1}{f^*}=-m_{21}$为聚焦力正负(散焦为负)和强弱的量度.

在得到上述公式的同时,已证明了几何光学中若干个著名的定理,如:

物方、像方焦距之比等于两方空间的相对折射率,即

$$\frac{f_o}{f_i}=\frac{P_o}{P_i}$$

牛顿公式:

$$x_o\cdot x_i=f_o\cdot f_i$$

高斯公式:

$$\frac{f_o}{S_o}+\frac{f_i}{S_i}=1$$

当 $P_i=P_o$ 时,为

$$\frac{1}{S_o}+\frac{1}{S_i}=\frac{1}{f_o}=\frac{1}{f_i}$$

拉格朗日公式:

$$M_r\cdot M_\theta\cdot\frac{P_i}{P_o}=1$$

这些定理的发现者都曾显赫一时,可以想见这些定理对几何光学的发展曾起过重要作用.它们对解决电子光学中的高斯轨迹问题同样有效,在有关电子光学的计算中应能灵活运用这些定理.例如,已知透镜系统的基点和物距,可由 $M_r=\frac{1}{1-\frac{S_o}{f_o}}$求得单向放大率,再用高斯公式求像距.

只要高斯轨迹方程成立,传输矩阵已得到,透镜系统的基点很容易计算.因为以上计算无进一步假设,用基点和几何作图法代替透镜系统并不影响计算精度.使用下面介绍的两种"精确的"(以别于后文提到的近似法)矩阵替代法同样如此.

第一种矩阵替代法为直接使用物点到像点的成像矩阵.如"光路系统"中多次、接续成像,显然此法很方便.因为每次成像的"物"即为上次的"像"(无论实、虚),矩阵可直接连乘.易知此时总的单向放大率、角放大率即等于各次放大率的连乘积,最终像的位置亦可从计算中得到;但轨迹的细节不得而知.此种矩阵是

$$M_o^i=\begin{pmatrix}M_r & 0\\ -\frac{1}{f^*} & \frac{1}{M_r}\end{pmatrix}$$

有人用几何相空间处理此问题,状态用 r 和r'的列向量表示,则当像点、物点

不等位，即 $P_i \neq P_o$ 时，应将物理相空间传输矩阵的第 2 列乘以 P_o、第 2 行除以 P_i 而得到几何相空间传输矩阵$\left(\text{其行列式值等于}\frac{P_o}{P_i}\text{，正反映了几何相空间发射度的变化}\right)$. 这种几何相空间的成像矩阵是

$$M_o^i = \begin{pmatrix} M_r & 0 \\ -\dfrac{1}{f_i} & M_\theta \end{pmatrix}$$

第二种替代法是将透镜系统等效于两个"延伸漂移段"夹一薄透镜，如同前述. 此法与几何作图法等效. 薄透镜的唯一异于单位矩阵的矩阵元 m_{21} 与全系统原来的传输矩阵一样. 即

$$\begin{aligned} M_1^2 &= M_{Hi}^2 \cdot M_{Ho}^{Hi} \cdot M_1^{Ho} \\ &= \begin{pmatrix} 1 & \dfrac{z_2 - z_{Hi}}{P_i} \\ 0 & 1 \end{pmatrix} \begin{pmatrix} 1 & 0 \\ -\dfrac{1}{f^*} & 1 \end{pmatrix} \begin{pmatrix} 1 & \dfrac{z_{Ho} - z_1}{P_o} \\ 0 & 1 \end{pmatrix} \\ &= \begin{pmatrix} 1 & \dfrac{m_{11} - 1}{m_{21}} \\ 0 & 1 \end{pmatrix} \begin{pmatrix} 1 & 0 \\ m_{21} & 1 \end{pmatrix} \begin{pmatrix} 1 & \dfrac{m_{22} - 1}{m_{21}} \\ 0 & 1 \end{pmatrix} \end{aligned}$$

此式是严格成立的. 使用此法时，勿忘将薄透镜两侧看作与物方、像方空间同折射率的等位区(假设"充以媒质")；且当两方折射率不等时，两侧焦距不同. 两侧无等位区而是加速区时，处理上麻烦一些. 此法当然也得不到透镜区内部的真实轨迹.

行文至此，似应就由薄透镜和漂移段组成的系统稍加说明. 这不仅因为刚才提到了"精确的"薄透镜替代法，下文就要谈到"薄透镜近似法"，而且因为与薄透镜有关的矩阵乘法可通过手算(无须计算机)进行，是束流光学计算的基本功.

前已述及，薄透镜和漂移段对应的矩阵是两种最简单的传输矩阵，它们与单位矩阵的区别分别只有一个矩阵元：前者是 $m_{21} = -\dfrac{1}{f}$(此处暂不区别 f 和归一化焦矩 f^*)，后者则是 $m_{12} = \dfrac{\Delta z}{P}$(可称为等效长度). 容易看出，如将两个紧密相连的薄透镜矩阵链接，只需将其 m_{21} 项相加；而几个漂移段矩阵链接，也只需将其等效长度相加. 所以，如能用"漂移段 + 薄透镜 + 漂移段"(精确地或近似地)替代一个透镜系统，而该系统两侧的空间原确为漂移段，只要把它们各延长一个已知长度，不必增加矩阵个数，即可把透镜皆变为薄透镜.

只有薄透镜与漂移段的矩阵乘法是相对简单的.建议读者试算几例,以利于今后的熟练运用.顺便说明,此类计算结果有时看似复杂,某些矩阵元可有很多项,但不难用两个办法检验计算是否有误:其一,总传输矩阵的行列式值应等于1.其二,如令各漂移段的等效长度皆为0,总传输矩阵即变为一薄透镜,其聚焦力项 m_{21} 等于各薄透镜的 m_{21} 之和;同样,若令各薄透镜的聚焦力为0,总传输矩阵即变为一加长的漂移段矩阵.

例如,一个薄透镜跟在一个等效长度 $d=\dfrac{\Delta z}{P}$ 的漂移段之后,其连乘总矩阵为

$$M = M_f M_d = \begin{pmatrix} 1 & 0 \\ -\dfrac{1}{f} & 1 \end{pmatrix}\begin{pmatrix} 1 & d \\ 0 & 1 \end{pmatrix} = \begin{pmatrix} 1 & d \\ -\dfrac{1}{f} & 1-\dfrac{d}{f} \end{pmatrix}$$

再如,两个薄透镜$\left(\text{聚焦力分别为}\dfrac{1}{f_1},\dfrac{1}{f_2}\right)$“相距”为 d,则“合成聚焦力”为

$$-m_{21}=\frac{1}{f}=\frac{1}{f_1}+\frac{1}{f_2}-\frac{d}{f_1 f_2}$$

对于类似的三薄透镜组,读者可自行计算.

原则上,任一电子光学系统传输矩阵 $\boldsymbol{M}$ 的各矩阵元可通过数值计算求似余弦、似正弦解得到,如同前述.但在精确计算之前,有时可通过薄透镜近似法建立透镜主要参数与场分布的一种虽为近似、但对定性分析或所需元件强度估计很有益的关系.本节将予以介绍,以便在各种透镜的分析讨论中利用.

前已述及,电子透镜中有一些可视为“短透镜”,即其中能形成 $Q\neq0$($V''\neq0$ 或 $B_z\neq0$)的有效聚焦力的空间长度很短(与孔径、焦距相比),于是可视为“薄透镜”,这当然是一种近似.从数学上说,这相当于在 $\mathrm{d}z\to0$ 的空间中存在 $Q\to\infty$,但 $\int Q\mathrm{d}z$ 有限(如 δ-函数然);是“冲量假设”的一个例子.此种薄透镜矩阵的表达式已在第1章1.4节给出,其聚焦力项

$$\frac{1}{f^*}=-m_{21}=\int Q\mathrm{d}z\quad(\text{积分遍及 } Q\neq0 \text{ 区域})$$

而物方、像方焦距分别为 $f_{\mathrm{o}}=P_{\mathrm{o}}f^*$,$f_{\mathrm{i}}=P_{\mathrm{i}}f^*$.

既然看作厚度为0的薄透镜,自然认为其主平面只有一个,就在该透镜的中心点,而且假设两边漂移空间长度不变(所以不同于精确的薄透镜简化).并近似地认

为电子在透镜区($Q\neq 0$ 区)内 r 未来得及变化,r'有“硬折”式改变.事实当然并非如此.考虑平行入射粒子,即 $r_o'=0(r_o\neq 0)$的物方主轨迹.由于聚(散)焦力正比于 r,而事实上进入透镜区 r 就开始改变,可知:薄透镜近似估计聚焦力,对聚焦透镜总是偏强,对散焦透镜总是偏弱.

在电子光学中,对于静电透镜($B_z=0$),则有

$$\frac{1}{f^*}\approx\frac{1}{4}\int_{-\infty}^{\infty}\frac{V''}{\sqrt{V}}\mathrm{d}z$$

和

$$f_o=\sqrt{V_o}f^*$$

$$f_i=\sqrt{V_i}f^*$$

而对于磁透镜(设 $V=$常数),则有

$$\frac{1}{f}\approx\frac{1}{P}\int Q\mathrm{d}z=\frac{e}{8mV}\int_{-\infty}^{\infty}B_z{}^2\mathrm{d}z$$

和

$$f_o=f_i=f=\sqrt{V}f^*$$

聚焦力与各量如 V'',$\sqrt{V}$或V,B_z 的定性关系一目了然,不必赘述.两式对比亦再次表明:静电透镜的作用与荷质比即粒子种类无关,磁透镜则有关.积分区间常写为全数轴,实际上只指该透镜附近不太长的被积函数非零区.

此二式可用于具体问题估算.对于磁透镜,与实际出入的原因之一是 B_z 分布区往往不太短;对于静电透镜,问题在于 V''难以准确计算或测量.对于后者,有3种近似手段是常用的.

(1) 假设透镜两侧是 $V'\neq 0$ 的加速(或减速)区,其中电场梯度分别为 V_o'和 V_i',且可认为在该区内不变,$V_o'\neq V_i'$;并假设在透镜区内 V'变化,V''非0,而 V 本身则变化不大.这些假设仅适用于膜片透镜.以 V_m 为该透镜的中心电位,可直接取

$$\frac{1}{f^*}\approx\frac{V_i'-V_o'}{4\sqrt{V_m}}$$

可见此时透镜聚焦或散焦取决于其前后加速区内加速梯度 V_o'与 V_i'相比的大小.

(2) 假设透镜两侧皆为 $V'=0$ 的等位区,其中电位分别为 V_o 和 V_i.适用于浸没透镜和单透镜.利用分部积分和区间外 $V'=0$,易得到

$$\frac{1}{f^*}\approx\frac{1}{8}\int_{-\infty}^{\infty}\frac{(V')^2}{V^{\frac{3}{2}}}\mathrm{d}z=\frac{\sqrt{V_o}}{f_o}=\frac{\sqrt{V_i}}{f_i}$$

式中只有 V' 而无 V''，可用于计算.并有推论：因被积函数不小于0，两侧均为等位区的透镜，无论其中 V 分布如何，总有 $f>0$，即总是会聚透镜.

(3) 仍在两侧皆为等位区的条件下，利用第1章1.2节中提到的高斯方程简正形式——当初有此一说，正是为了从式中消去 V''，即在静电透镜中定义函数 $R(z)$，$R=V^{\frac{1}{4}}r$，R 满足方程 $R''+\frac{3}{16}\left(\frac{V'}{V}\right)^2R=0$ 与 r 满足高斯轨迹方程等效.两侧皆为等位区时，只有在透镜区内 $V'\neq0$，故可运用薄透镜近似；而且在物方和像方空间，R 与 r 都成正比(但两空间内比例因子不等)，故 r 平行于 z 轴入射、出射或与 z 轴相交时，"简正轨迹"R 的行为亦相似.所以，R 的"焦点"位置与 r 一样，而焦距有所不同.

图2.6所示的系列图有助于理解此法如何运用.图中所示为一双圆筒透镜，电位 $V_i>V_o$(一般如此).z_m 是其几何中心(V' 在 z_m 处有极大值).z_G 是积分面积 $\int\left(\frac{V'}{V}\right)^2\mathrm{d}z$ 的重心位置，它略比 z_m 点偏左侧(低 V 侧)，宜视为对 R 的薄透镜即其主平面所在.两个焦点在其两侧且等距，透镜对 R 的焦距称为"简正焦距"F^*，即等于此间距.其计算公式为

$$\frac{1}{F^*}=\frac{3}{16}\int_o^i\left(\frac{V'}{V}\right)^2\mathrm{d}z$$

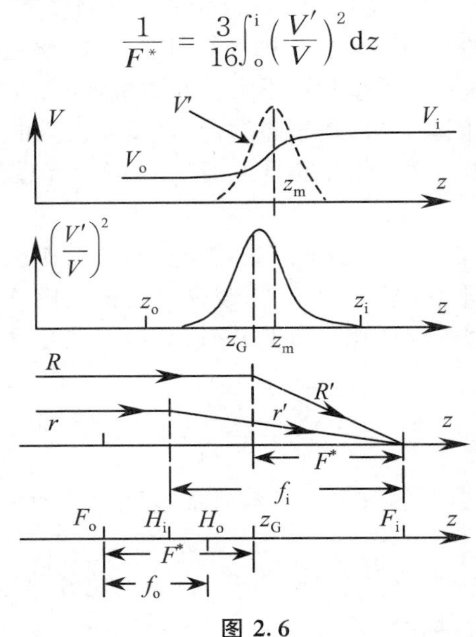

图2.6

而对于粒子轨迹 r，像方焦距

$$f_i = \left(\frac{V_i}{V_o}\right)^{\frac{1}{4}} \cdot F^*$$

像方主点 H_i 在 z_G 的低 V 侧 $\left[\left(\frac{V_i}{V_o}\right)^{\frac{1}{4}} - 1\right]F^*$ 处;物方焦距

$$f_o = \left(\frac{V_o}{V_i}\right)^{\frac{1}{4}} \cdot F^*$$

物方主点 H_o 在 z_G 的低 V 侧 $\left[1 - \left(\frac{V_o}{V_i}\right)^{\frac{1}{4}}\right]F^*$ 处.

像方主点一般在物方主点更左侧(低 V 侧),即主平面交叉. $V_o = V_i$ 时,主平面重合于 z_G; $\frac{V_i}{V_o}$ 越大,此交叉越甚.

推导要点 研究图 2.6 中"物方主轨迹"即可得. 对 R 而言,有(假设 R 来不及变化)

$$-R_i' = -\Delta R' = -\int R'' \mathrm{d}z = \frac{3}{16}\int \left(\frac{V'}{V}\right)^2 R \mathrm{d}z \approx \frac{R_o}{F^*}$$

对 R 而言,无"折射率因子",故物方、像方焦距相同.

r 的相应主轨迹亦示于图 2.6 中. 在等位区内,物方

$$r_o = V_o^{-\frac{1}{4}} R_o$$

像方

$$r_i' = V_i^{-\frac{1}{4}} R_i'$$

于是

$$f_i = -\frac{r_o}{r_i'} = -\left(\frac{V_i}{V_o}\right)^{\frac{1}{4}} \frac{R_o}{R_i'} = \left(\frac{V_i}{V_o}\right)^{\frac{1}{4}} F^* > F^*$$

同法可得 f_o. 并注意到 $\frac{f_o}{f_i} = \left(\frac{V_o}{V_i}\right)^{\frac{1}{2}} = \frac{P_o}{P_i}$ 仍成立.

H_i, H_o 的位置是自然结果.

主平面交叉的结论来自不等式 $x + \frac{1}{x} \geqslant 2\ (x > 0)$,等号仅在 $x = 1$ 时成立. □

以上(2)、(3)两种近似方法应用条件相同,但并不等效,计算结果有一定差异. 原因在于前法假定在透镜区 r 不变,后者则假定 $R = V^{\frac{1}{4}} r$ 不变. 此二假定并不一致. 一般情况下,在透镜区聚焦,且电位增加,即 r 有些下降, V 则略有上升. 故后法的假定常比前法近真.

2.3 常用静电透镜简介

各种静电透镜(见 2.1 节)依次简介如下:

1. 圆孔膜片透镜

简称膜孔(透镜),其标准结构如图 2.7 所示.其膜片厚度 d 远小于孔半径 R.膜片电位 V_{d} 可调节,以改变其中心位置 z_{m} 附近的电位过渡区的 V 场分布,改变其聚(散)焦性质与能力.膜孔透镜常是一复合透镜的一个组元.

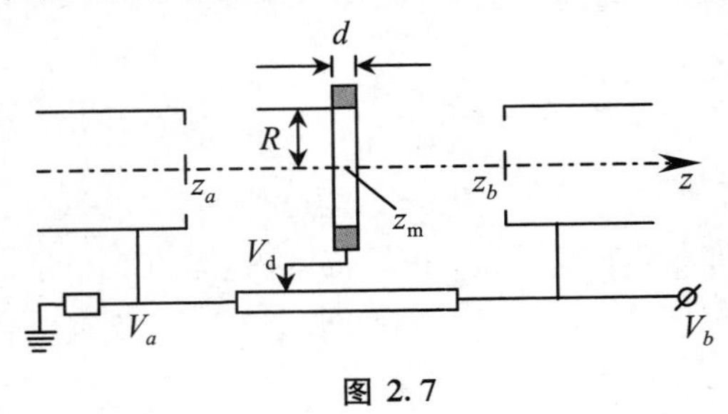

图 2.7

如外界条件不变,将膜片电位“悬空”,全区域应处于一均匀电场内.如图 2.7 所示结构则大致有(线性近似)

$$V' = \frac{V_b - V_a}{z_b - z_a} = -E_z$$

膜片有“自然电位”V_{N},大致为

$$\begin{aligned} V_{\mathrm{N}} &= V_a + V'(z_{\mathrm{m}} - z_a) \\ &= \frac{V_a(z_b - z_{\mathrm{m}}) + V_b(z_{\mathrm{m}} - z_a)}{z_b - z_a} \end{aligned}$$

图 2.8 所示的系列图定性地显示了膜孔透镜的聚焦或散焦完全决定于 V_{d} 低于或高于 V_{N},或者说其右侧场梯度 V_b'大于或小于左侧场梯度 V_a'.从上到下,各图依次显示:$V_b > V_a$ 时的 $V(z)$轴上分布(注意,z_{m} 处 V_{m} 总在 V_{d} 与 V_{N} 之间);$V'(z)$轴上分布;$V''(z)$轴上分布;子午面 V 等位线图;物方主轨迹;当 $V_{\mathrm{d}} \neq V_{\mathrm{N}}$,且 $V_b < V_a$时的 $V(z)$分布;$V'(z)$分布——此时,V''同上;等位线图与上图的另一

种情况(指 V_d 与 V_N 的大小关系)相似,但低 V、高 V 区相反;粒子轨迹亦与上图相类似.这些图与透镜聚焦、散焦的关系读者应已熟知.仍用线性近似,大致有

$$V_a{}' = \frac{V_d - V_a}{z_m - z_a}$$

$$V_b{}' = \frac{V_b - V_d}{z_b - z_m}$$

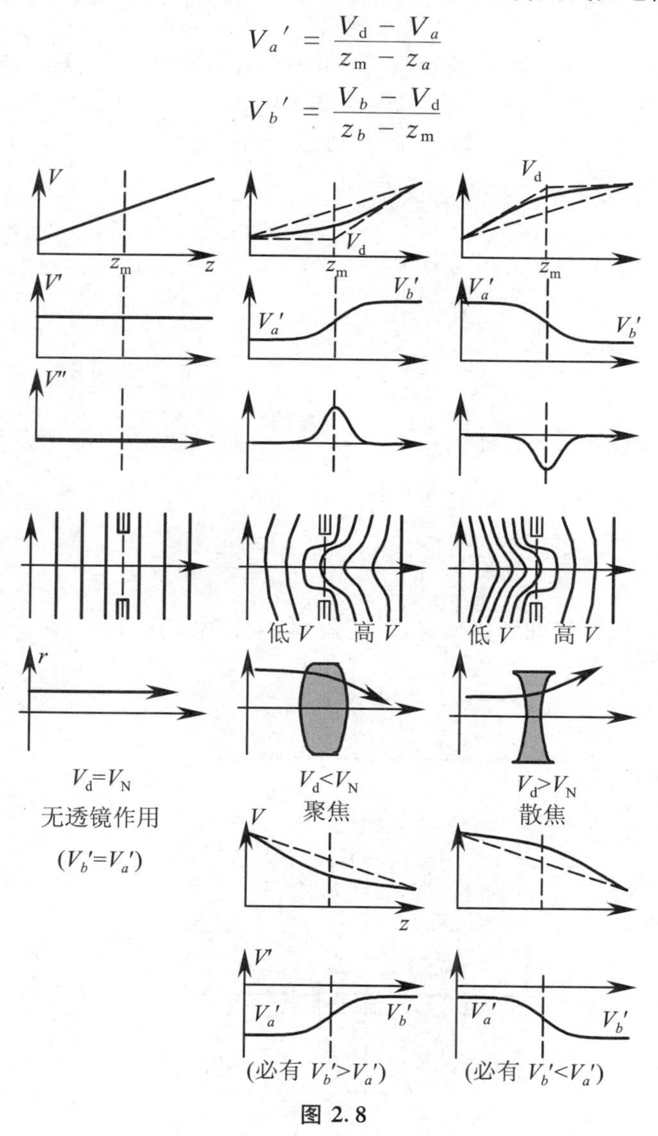

图 2.8

通过简单计算,可知 $V_b{}' - V_a{}'$差不多正比于 $V_N - V_d$.

此处暂假设 $V_b{}'$与 $V_a{}'$同号.如(因 V_d 与 V_N 相差很大) $V_b{}'$与 $V_a{}'$异号,轴上

V 将有极值,即出现"鞍点".此类情形将在"单透镜"部分讨论,将此膜片视为三电极组成的透镜的中间电极.

所有讨论不排除可能有一侧(如入侧) $V'=0$,为等位区.

膜孔附近的场分布有经典的解析公式可用.原定解问题为:无限空间中无穷大金属平面(无厚度)上有半径为 R 的圆孔,薄片电位为 V_0,其两侧面足够远处场强均匀,V' 等于 V_a' 或 V_b',求空间场分布.其全空间解为

$$V(z,r)=V_0+\frac{1}{2}(V_a'+V_b')z+\frac{1}{\pi}(V_b'-V_a')\,|\,z\,|\left(\frac{1}{\mu}+\arctan\mu\right)$$

式中

$$\mu=\frac{1}{\sqrt{2}R}\left[z^2+r^2-R^2+\sqrt{(z^2+r^2-R^2)^2+4R^2z^2}\right]^{\frac{1}{2}}$$

而轴上电位分布($r=0$ 处)为

$$V(z)=V_0+\frac{1}{2}(V_a'+V_b')z+\frac{1}{\pi}(V_b'-V_a')\left(R+z\arctan\frac{z}{R}\right)$$

推导要点 用正交曲线坐标 η,μ 代替 z,r,如图 2.9 所示.

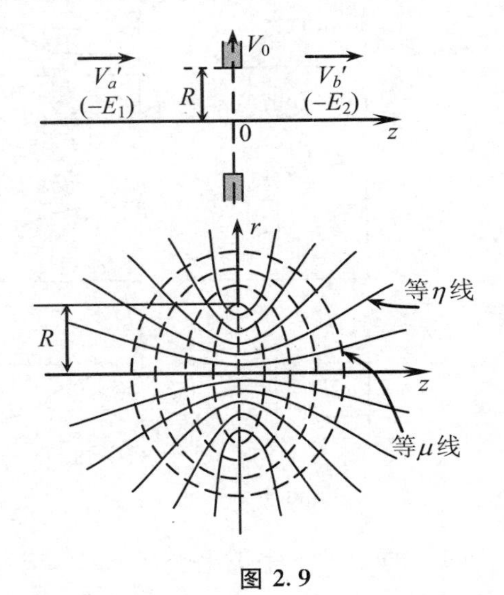

图 2.9

其相互关系为

$$\frac{r^2}{1-\eta^2}-\frac{z^2}{\eta^2}=R^2$$

$$\frac{r^2}{1+\mu^2}+\frac{z^2}{\mu^2}=R^2$$

或

$$r^2=R^2(1+\mu^2)(1-\eta^2)$$
$$z^2=R^2\mu^2\eta^2$$

等 η 线、等 μ 线在 z—r 平面上分别为双曲线族、椭圆族，焦点皆在 $z=0,r=\pm R$，彼此正交. z 轴对应于 $\eta=\pm 1$；r 轴则“一分为二”，分别对应于 $\eta=0(|r|>R$ 处)和 $\mu=0(|r|<R$ 处).

方程 $\nabla^2 V=0$ 在此坐标系中的形式为

$$\frac{\partial}{\partial\mu}\left[(1+\mu^2)\frac{\partial V}{\partial\mu}\right]+\frac{\partial}{\partial\eta}\left[(1-\eta^2)\frac{\partial V}{\partial\eta}\right]=0$$

可分离变量，令 $V=M(\eta)\cdot N(\mu)$，必有常量 λ 使

$$\frac{1}{M}\frac{\mathrm{d}}{\mathrm{d}\eta}\left[(1-\eta^2)\frac{\mathrm{d}M}{\mathrm{d}\eta}\right]=\lambda=-\frac{1}{N}\frac{\mathrm{d}}{\mathrm{d}\mu}\left[(1+\mu^2)\frac{\mathrm{d}N}{\mathrm{d}\mu}\right]$$

两个常微分方程可用幂级数法根据边界条件、函数奇偶性求解. 得到

$$\lambda=-2$$
$$M(\eta)=a_1\eta$$
$$N(\mu)=a_0\left(1+\sum_{n=0}^{\infty}(-1)^n\frac{\mu^{2(n+1)}}{2n+1}\right)+a_1\mu$$

即

$$V=C_0+C_1 z+C_2\eta(1+\mu\arctan\mu)$$

代入边界条件即可得解. 其“边界”是：

z 有限，$r\to\infty$，则 $\mu\to\frac{r}{R}\to\infty$；

r 有限，$z\to\infty$，则 $\mu\to\frac{|z|}{R}\to\infty$；

$z\to 0$，则 $\mu\to\frac{\sqrt{r^2-R^2}}{R}$ $(r\geqslant R)$ 或 $\frac{|z|}{\sqrt{R^2-r^2}}$ $(r<R)$；

$r\to 0$，则 $\mu\to\frac{|z|}{R}$.

可知所给解满足边界条件. □

或对于前面所给膜孔透镜参数,在膜孔区有

$$V(z)=V_{\mathrm{d}}+\frac{1}{2}(V_a'+V_b')(z-z_{\mathrm{m}})+\frac{1}{\pi}(V_b'-V_a')\left[R+(z-z_{\mathrm{m}})\arctan\frac{z-z_{\mathrm{m}}}{R}\right]$$

$$V'=\frac{1}{2}(V_a'+V_b')+\frac{1}{\pi}(V_b'-V_a')\left[\arctan\frac{z-z_{\mathrm{m}}}{R}+\frac{R(z-z_{\mathrm{m}})}{R^2+(z-z_{\mathrm{m}})^2}\right]$$

$$V''=\frac{2}{\pi}(V_b'-V_a')R^3[R^2+(z-z_{\mathrm{m}})^2]^{-2}$$

在 $z=z_{\mathrm{m}}$ 处,有

$$V_{\mathrm{m}}=V_{\mathrm{d}}+\frac{R}{\pi}(V_b'-V_a')$$

$$V_{\mathrm{m}}'=\frac{1}{2}(V_a'+V_b')$$

$$V_{\mathrm{m}}''=\frac{2}{\pi R}(V_b'-V_a')$$

V''关于 z_{m} 点偶对称(V'关于 z_{m} 点奇对称),在此点有极值.在轴上另一点 z,当 $|z-z_{\mathrm{m}}|\geqslant 3R$ 时,$|V''|\leqslant 0.01|V_{\mathrm{m}}''|$.故可认为:膜孔作用区在 $|z-z_{\mathrm{m}}|\leqslant 3R$ 以内;常可视为“短距有效”.

近似计算透镜焦距.透镜区外 $V'\neq 0$,唯一可用的公式为2.2节介绍的薄透镜近似的第一式.设透镜区中可近似认为 $V\approx$常数$=V_{\mathrm{m}}$,则

$$\frac{1}{f^*}\approx\frac{\Delta V'}{4\sqrt{V_{\mathrm{m}}}}=\frac{V_b'-V_a'}{4\sqrt{V_{\mathrm{d}}}}\left(1+\frac{R}{\pi}\frac{V_b'-V_a'}{V_{\mathrm{d}}}\right)^{-\frac{1}{2}}$$

此式及前面介绍的解析式结果可与本小节开始时的定性分析图像比较、印证.

这里有两点需要注意:其一,当 $V_b'<V_a'$(即 $V_{\mathrm{d}}>V_{\mathrm{N}}$)时,透镜散焦.在各类电子透镜中,此为唯一可构成发散透镜的情形.其二,此处不宜用像方焦矩公式 $f_{\mathrm{i}}=\sqrt{V_{\mathrm{i}}}f^*$,因为 V_{i} 的含义不明,而 f^* 可认为是不依赖于像空间选自何点始的透镜参数.事实上,因像方空间有轴向均匀电场,$r'\neq 0$ 的粒子在其中将以抛物线形轨迹运动(径向速度不变,轴向则均匀加速或减速),在 $V_b'>0$ 时使轨迹与 z 轴的交点略移远.计算时应予注意.但如以$\frac{1}{f^*}$ 作为聚焦力,$\int\frac{1}{\sqrt{V}}\mathrm{d}z$ 为空间有效长度,则相当于此种加速空间的影响已被考虑在内.

其他讨论：聚(散)焦力可随$|V_b'-V_a'|$增加而加大.聚焦时，此即进一步降低V_d，由上式可见，分母上的$\sqrt{V_d}$(渡越时间因子)亦减小，故聚焦力增强显著；散焦时，则为进一步调高V_d，此两种因素部分相抵，故发散力增加常有限.膜片到两侧电极间距的改变可归结为V_b'或V_a'的改变(以间距不小于$3R$为限).减小孔半径R与增大膜片厚度d的效果相近，皆使V_m更接近V_d，使聚焦作用略加强而散焦作用略减弱.减小R的同时减小了透镜作用区，使结构紧凑，但以不得阻挡束流为度；增加d与减小R皆不宜违背$d \ll R$的条件.

2. 浸没透镜

浸没透镜的特点是：两边是电位不同的两个等位区.其常见结构有如图2.10所示的几种.故有几种分类法：加速型(像方电位V_i>物方电位V_o)、减速型($V_i<V_o$)；等径双圆筒型、非等径双圆筒型、双膜片型、圆筒膜片组合型等.

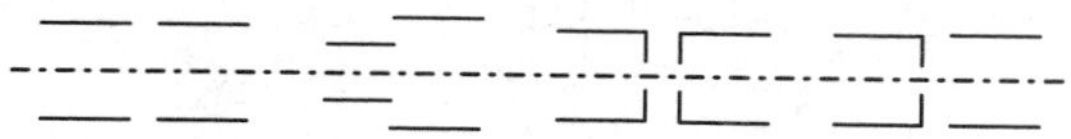

图 2.10

图2.11所示为浸没透镜的一个典型实例，是加速型等径双圆筒.因像方空间多为高电位区，此种型最为常见.令圆筒半径为R，两筒间隙为s，$s \ll R$，其几何中心坐标为z_m.自上而下，各图分别为：子午面等位线图；$V(z)$轴上分布；V'和V''轴上分布；物方主轨迹.由$V'(z)$可知电子在透镜区受到非均匀的加速，在z_m附近加速最强；由V''和等位线图可知，电子在前半区$z<z_m$处受到聚焦力，在后半区受到散焦力.因前、后半区$\sqrt{V}$或曰电子能量(速度)不等，前半区中电子能量低，聚焦效果强于散焦，故就总体而言，透镜为会聚型.又因V''的分布关于z_m点奇对称，总聚焦力决定于前、后半区V的相对值，它随$\frac{V_i}{V_o}$比值的增大而增大.

若为$V_i<V_o$的减速型浸没透镜，则先散焦后聚焦，仍是聚强散弱，结论与加速型相似.

等径双圆筒型浸没透镜的轴上电位分布亦有解析式，为

$$V(z)=\frac{1}{2}(V_o+V_i)+\frac{R}{2\omega s}(V_i-V_o)\ln\frac{\mathrm{ch}\,\dfrac{\omega\left(z-z_m+\dfrac{s}{2}\right)}{R}}{\mathrm{ch}\,\dfrac{\omega\left(z-z_m-\dfrac{s}{2}\right)}{R}}$$

式中,常数 $\omega\approx1.32$,s 为两筒间隙全宽.

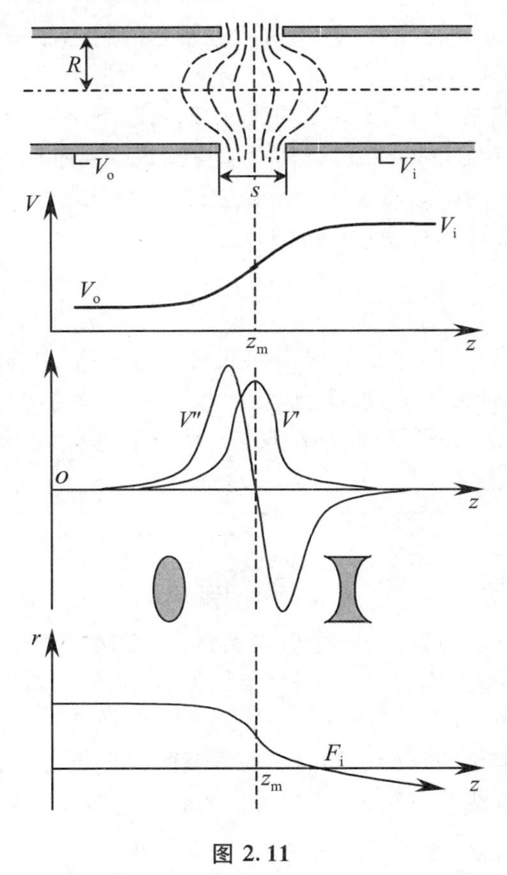

图 2.11

此公式假设两圆筒皆无穷长,$s<R$.有文献介绍了用分离变量法推导此公式的过程,似不甚严格,故不录.其大意可如此理解:电位 V 是变量 z 和 r 的函数,用分离变量法求解 V 满足的拉普拉斯方程(定义域对 z 为全数轴,对 r 为 $r\leqslant R$),其解是特征函数的级数;因边界条件的影响,z 的函数是指数函数,r 的函数是修正贝塞尔函数;此式可看作形式复杂的级数型解的近似表达式,对一般计算足够精确.

常用到另一近似公式.设上式中两圆筒间隙 $s\to0$($s\ll R$ 或 $|z-z_m|\gg s$处),对上式右边取极限,则有

$$V(z)\approx\frac{1}{2}(V_o+V_i)+\frac{1}{2}(V_i-V_o)\operatorname{th}\frac{\omega(z-z_m)}{R}$$

应注意到当 $z\to\pm\infty$ 时,双曲正切函数$\to\pm1$.因为 $|z-z_{\mathrm{m}}|=2R$ 时,该函数已约为 ±0.99,故可认为浸没透镜的作用区大致在 $|z-z_{\mathrm{m}}|\leqslant2R$ 以内(当 $s\ll R$ 时),一般符合"短距作用"条件.

由此式出发可近似计算透镜的焦距.此时透镜区外 $V'=0$,故可用"简正焦距公式". V 的分布用上式,取 $\sigma=\dfrac{V_{\mathrm{i}}}{V_{\mathrm{o}}}$为透镜电压比,$D=2R$ 为圆筒直径,可得

$$\frac{f_{\mathrm{i}}}{D}\approx\frac{1.01\sigma^{\frac{1}{4}}}{\dfrac{\sigma+1}{\sigma-1}\ln\sigma-2}$$

其他参数,如主平面位置计算等可用 2.2 节的公式.

推导要点 对 $s\to0$ 求极限不难.只需令 $z_1=z-z_{\mathrm{m}}-\dfrac{s}{2}$,则式中对数项为

$$\ln\frac{f(z_1+s)}{f(z_1)}\to\ln\left(1+\frac{sf'(z_1)}{f(z_1)}\right)\to\frac{\omega s}{R}\mathrm{th}\,\frac{\omega z_1}{R}$$

计算简正焦距的积分有解析解.取 $k=\dfrac{\sigma-1}{\sigma+1}$,$x=\dfrac{z-z_{\mathrm{m}}}{R}$,则

$$V=\frac{V_{\mathrm{o}}}{2}(\sigma+1)(1+k\,\mathrm{th}\omega x)$$

$$V'=\frac{V_{\mathrm{o}}}{2R}(\sigma+1)k\omega\,\mathrm{sech}^2\omega x$$

$$\frac{V'}{V}=\frac{k\omega}{R}\frac{\mathrm{sech}^2\omega x}{1+k\,\mathrm{th}\omega x}$$

可代入 2.2 节简正焦距 F^* 的公式.

再作变量代换,令 $y=\mathrm{th}\omega x$,则 $\mathrm{d}y=\omega\,\mathrm{sech}^2\omega x\,\mathrm{d}x$,区间 $-\infty<x<+\infty$ 对应于 $-1<y<1$.利用 $\mathrm{sech}^2\omega x=1-y^2$ 和

$$\frac{1-y^2}{(1+ky)^2}=\left(1-\frac{1}{k^2}\right)\frac{1}{(1+ky)^2}+\frac{1}{k^2}\left(\frac{2}{1+ky}-1\right)$$

易得

$$\frac{1}{F^*}=\frac{3\omega}{8R}\left(\frac{1}{k}\ln\sigma-2\right)$$

最后结果还用到了 $f_{\mathrm{i}}=\sigma^{\frac{1}{4}}F^*$. □

因高斯轨迹方程的解遵守"电压同比定律"与"几何相似性定律",焦距计算式中只出现几何尺寸之比与电压比.

此式作为薄透镜近似的一个例子,其定量准确性是有限的,仅当 $\sigma\leqslant4$($\sigma=4$ 时

$\frac{f_i}{D}\approx4.6$)时较准;在此范围外,焦距可用数值计算法求出.作为电子光学的标准器件,已有人根据各种情况$\left(\text{包括}\frac{s}{D}\text{之比、非等径时两圆筒直径}\frac{D_2}{D_1}\text{之比的不同取值}\right)$进行了数值计算,求出透镜基点——$f_i$,$f_o$,$z_{Hi}-z_m$,$z_{Ho}-z_m$与$D$的比——对$\sigma$的依赖关系,制成了设计时可参考的曲线图或表,从中可得各种关系.简单讨论如下:

$\frac{f_o}{f_i}=\sqrt{\frac{V_o}{V_i}}$关系是必定满足的.上一节中已做过分析,像方主点与物方主点都在z_m的低电位侧,而且主平面交叉,此点果然.提高σ可增强聚焦力,在σ较小时很有效$\left(\text{例如},\sigma=2\text{时}\frac{f_i}{D}\approx15\right)$,但$\sigma$增至$6\left(\frac{f_i}{D}\text{减至}3.8\text{左右}\right)$以后$f_i$已缩短得很慢,即继续提高电压比的效益甚小.此外,当间隙宽$s<0.1D$时或σ很高时,s的影响不大;否则,s增加使中心区V变化变缓,导致聚焦力下降,$\frac{f_i}{D}$与$\frac{z_{Hi}-z_m}{D}$等皆增大.对于非等径双圆筒,$\frac{D_2}{D_1}$增大的后果与s增大相似.

对于双膜片浸没透镜,电压比的影响与双圆筒相似.膜片间距增大将使聚焦力相对较弱,透镜区较长,焦距亦较长.如膜孔半径R很小,R变化对轴上电位影响不大;R较大时,R增加使轴上电位变化更缓,焦距明显增长.

为使设计成像用的浸没透镜更加方便,有文献给出物距、像距(与圆筒直径D之比)、单向放大率M_r和$\frac{V_i}{V_o}$之间的关系曲线,称为P—Q特性曲线(按几何光学习惯,以P,Q为物距和像距,即上节中的S_o与S_i),任知其中两个可求另外两者.事实上,如能从$\frac{V_i}{V_o}$求得$\frac{f_i}{D}$,利用2.2节中有关公式做到这一点并无困难.

3. 单透镜

单透镜的特点是:有3个电极,两边是电位相同(皆为V_o)的等位区,中间电位为V_c.其常见结构有如图2.12所示的几种.单透镜可分为起始减速型($V_c<V_o$)、

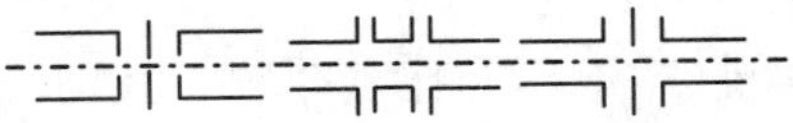

图 2.12

起始加速型($V_c > V_o$);三膜片型、三圆筒型、圆筒膜片组合型等.因大多数单透镜的结构和电位呈左右对称,故又名"对称透镜".

图 2.13 所示为单透镜的一个典型实例,是起始减速型三膜片型单透镜.和双电极浸没透镜一样,因像方空间多为高电位区,故起始减速型较为常见.自上而下,各图分别为:子午面等位线图;$V(z)$轴上分布;V'和V''沿轴分布;可能的物方主轨迹.等位线图呈左右对称的鞍形电场,鞍点即透镜几何中心 z_m,该点处轴电位 V_m 为极值(如沿轴向为极小,则沿径向必为极大,故 V_m 总是介于 V_o 和 V_c 之间);过鞍点的等位线是与 z 轴交角为 $\pm 54^\circ 44'$的相交直线;其他等位线是双曲线,在两侧各有一点附近等位线最密,且其左右凸凹方向相反.由 V'的分布可知电子先被减速后被加速,由 V''和等位线图可看到电子先后受到横向力散焦、聚焦、再次散焦的作用;因中间聚焦区为低电位区,电子能量(或速度)较低,聚焦作用的效果最强,故整个透镜的总效果必为聚焦.总聚焦力随电压比$\dfrac{V_o}{V_c}$的增大而增强.

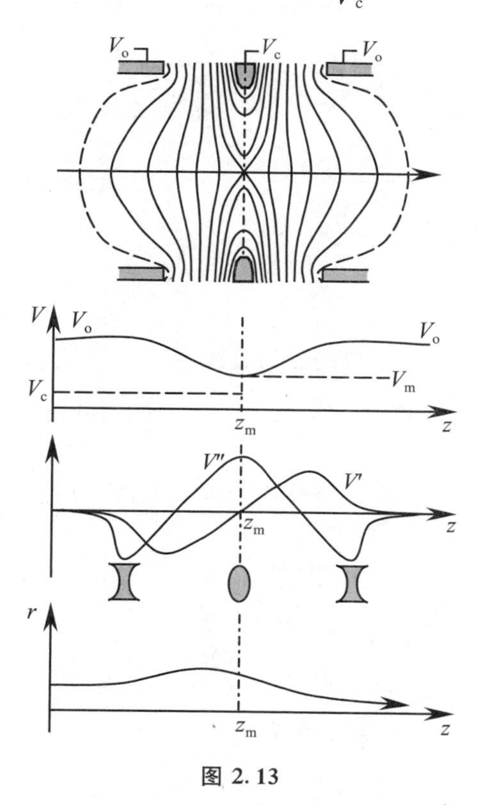

图 2.13

如为起始加速型单透镜,等位线图与此无异,而 V,V' 与 V'' 的曲线皆倒转.此时电子在中间发散,而在两侧低电位区聚焦,仍是聚强散弱,总效果是聚焦.

轴上电位分布的解析公式可用单膜片、双圆筒透镜的相应公式作线性叠加得到;这种公式只能是近似的,因为不得不引入很勉强的假设,比如中间圆筒的"无穷长"、膜孔的"无穷远处电场均匀",都已近乎无稽之谈.

(1) 三膜片型.

假设条件如图 2.14 所示,略去膜片厚度.叠加的 3 条曲线形如下图中的 V_1,

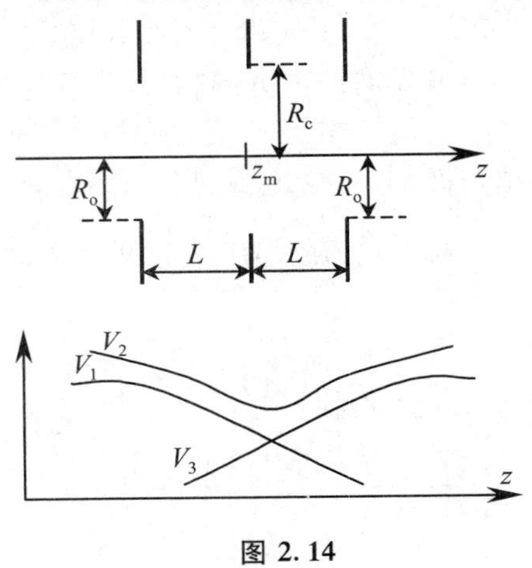

图 2.14

V_2,V_3;有关的"远方斜率"V'可分别取为 0 或 $\pm\frac{V_o-V_c}{L}$,并选取常数使 $z=\pm\infty$ 时 $V=V_o$,$V'=0$.得到轴上电位的近似公式为

$$V(z)=V_o-\frac{V_o-V_c}{\pi L}\Big[(z-z_m+L)\arctan\frac{z-z_m+L}{R_o}$$
$$+(z-z_m-L)\arctan\frac{z-z_m-L}{R_o}$$
$$-2(z-z_m)\arctan\frac{z-z_m}{R_c}+2(R_o-R_c)\Big]$$

计算远方边界条件时注意:当 $x\to\pm\infty$ 时

$$\arctan x\approx\pm\left(\frac{\pi}{2}-\frac{1}{|x|}\right)$$

如上式成立,可得轴上特殊点的电位:

$$V_m=V(z_m)=V_o-2\frac{V_o-V_c}{\pi L}\left(L\arctan\frac{L}{R_o}+R_o-R_c\right)$$

$$
\begin{aligned}
V_L &= V(z_m \pm L) \\
&= V_o - 2\frac{V_o - V_c}{\pi L}\left(L\arctan\frac{2L}{R_o} - L\arctan\frac{L}{R_c} + R_o - R_c\right)
\end{aligned}
$$

而当 $L \gg R_o$ 和 R_c 时，则有

$$V_m \approx V_c + 2R_c\frac{V_o - V_c}{\pi L}$$

$$V_L \approx V_o - R_o\frac{V_o - V_c}{\pi L}$$

并可用轴上电位公式近似计算焦矩 f_i 等.

另一种方法是通过实测或某种近似计算求得轴上 $V(z)$ 的若干关键点的电位值，如 V_m, V_L 等，用抛物线分段逼近轴上 $V(z)$ 的分布，使 V 与 V' 连续，然后分段积分，可求得透镜参量如 $\frac{f_i}{L}$ 等对电位比 $\frac{V_m}{V_L}$ 的依赖关系.

(2) 三圆筒型.

假设条件如图 2.15 所示，3 个圆筒有相同的半径 R，相等的间隙 $s<R$，z_m 为中心点.用 2 条曲线叠加，每条皆设包括 z_m 在内的中段圆筒的电位为 $\frac{V_c}{2}$，而相应的另一段圆筒的电位为 $V_o - \frac{V_c}{2}$.令函数 $f(z) = \mathrm{ch}\,\frac{\omega(z - z_m)}{R}$，即可得到近似公式：

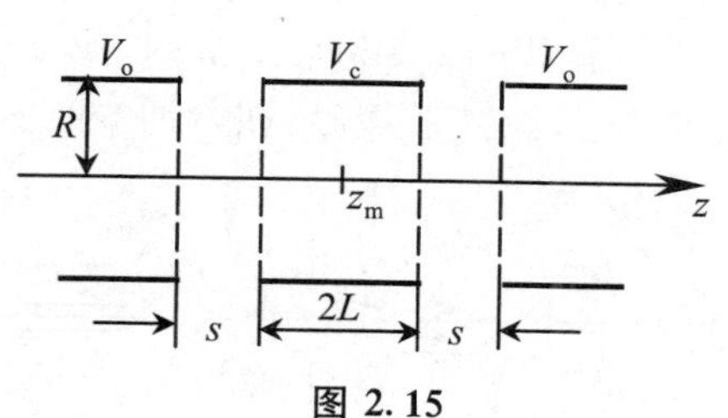

图 2.15

$$V(z) = V_o - \frac{R}{2\omega s}(V_o - V_c)\ln\frac{f(z + L + s)f(z - L - s)}{f(z + L)f(z - L)}$$

而当 s 可以忽略时，此式近似为

$$V(z) = V_o - \frac{V_o - V_c}{2}\left[\mathrm{th}\,\frac{\omega(z - z_m + L)}{R} - \mathrm{th}\,\frac{\omega(z - z_m - L)}{R}\right]$$

这些公式亦可成为近似计算 f_i 等参数的基础.

单透镜的物方电位和像方电位相等，所以物方焦距等于像方焦距，两主点与两节点分别重合；如果几何结构和电位分布都关于 z_m 对称，两方的焦点和主点

也关于 z_m 对称；一般也有主平面交叉，即物方主点在 z_m 的右侧，像方主点在其左侧.

可以这样理解单透镜的参数如何随电压比变化：一般固定 V_o（使电子束着屏速度或光点亮度保持恒定），调节 V_c 或单透镜电压比$\frac{V_c - V_o}{V_o}$，以调节透镜的聚焦力.定性结果为：当 $V_c = V_o$ 时，无透镜作用；无论 V_c 调高或调低，皆使透镜聚焦；但降低 V_c 效果更显著（使 f_i 下降更快），因为此时会聚部分即中心区的电子速度降低，会聚力明显增强.

其中，一个特别工作点为 $V_c = 0$，即 V_c 与阴极电位相等，但轴上的最低电位 $V(z_m)$ 仍大于 0.称此种透镜为“自聚焦透镜”或“单电位透镜”，其电压比$\frac{V_c - V_o}{V_o}$恒为 -1，焦距不随 V_o 变化.其原因是：V_o（此时等于 V_i）变化时，归一化焦距 f^* 的变化（如 V_o 升高时 f^* 趋向于缩短）与电子速度随$\sqrt{V_i}$的变化的影响相互抵消而维持 f_i 不变；或者从电压同比定律的角度理解——V_o 变化时 $V(z)$ 按同一比例变化，电子轨迹并不受影响.单电位透镜多用于简单的电子束管，其优点是：可调节 V_o（光点亮度）而不影响聚焦，且对 V_o 的稳定性要求可降低（实用器件中，一般 V_c 的电位仍可微调，以确保良好聚焦）.

V_c 亦可继续调低，使其小于 0，起初聚焦力继续增强；直到 $V(z_m) < 0$，此时电子受到强斥力，不能通过负电位区，将被反射折返，电子透镜转变为“电子镜”.

电子镜的性质随 V_c 的变化如图 2.16 所示（此时，第 3 个电极的有无已无关紧要）.电子进入变 V 区即被减速，始被散焦，后在所谓“中心区”被聚焦，速度 v_z 降

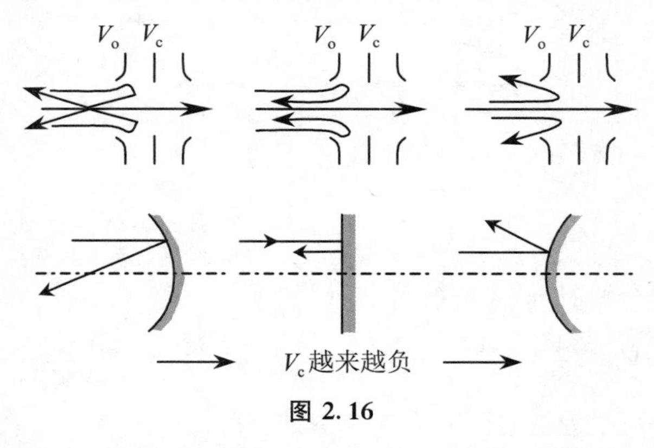

图 2.16

至 0 即折返并逐渐加速，最终以原速度离开变 V 区返回. V_c 越负，电子进入“中心区”的程度越浅，其所受横向聚焦力作用越少.故随 V_c 的降低，电子镜将呈现 3 种

不同类型：会聚镜、平行反射镜、发散镜，一如光学中的凹面、平面、凸面镜．“反射式电子飞行质谱仪”就是此种电子镜应用的一个实例．

现在讨论单透镜的特性与几何尺寸的关系：对于三膜片型，如增大膜孔半径 R，将使轴上电位 V_L，V_m 与电极电位 V_o，V_c 之差增加，减弱聚焦力；间隙 L 增大使两边梯度差减少，降低 V''，亦使聚焦变弱．对于三圆筒型，电压比一定时，增大圆筒间隙 s 或增大中间电极长度 $2L$ 皆使 V_m 与 V_c 更接近而使聚焦力增强；当 $\frac{L}{R}>1.5$ 时，聚焦力几乎不受 L 和 s 的影响（V_m 已与 V_c 相差无几）；而当 $\frac{L}{R}<0.75$ 时，此种影响明显，例如，同时有 $\frac{s}{R}<0.5$ 时，继续降低 s 会使 V_m 与 V_o 接近，聚焦力迅速下降．

4．浸没物镜

浸没物镜通常专指阴极（算是“物”）“浸没”在聚焦场中形成的对初始电子束聚焦的透镜，又名“阴极透镜”．其典型结构如图2.17所示．阴极 K 的电位为 0；调制极（膜片）M 的电位亦在 0 附近；阳极（上有膜孔）A 有高正电位，其右方为等位区．一般是（弱流）电子枪的一部分．M 与 A 之间有强加速电场，此场可穿过调制极孔“渗透”到阴极 K 表面，以拉出电子流．图 2.17 依次显示结构与等位线图、若干电子轨迹、$V(z)$ 轴上分布，解释了此种透镜的工作原理．

由 V'' 及等位线图可知，M 膜片是一聚焦透镜，而 A 膜孔即阳极孔为发散透镜．因在调制极附近电子动量远比在阳极附近低，故会聚作用强得多，其总效果是聚焦的．阴极电子流将在像点 z_i 处形成阴极的像．但我们更感兴趣的往往是将此电子流聚成细束，使其在荧光屏上形成细小的“光点”．电子流在成像前会在某点 z_a 形成一个很小的“交叉截面”，如图 2.17 的中图所示．故后面的光学系统常以此交叉截面（“束腰”处）的束流半径作为“物”，使在屏上成像．

为得到交叉截面大小（半径，即包络 r_a）的概念，近似地设 z_a 就是像方焦点位置 $z_{F\mathrm{i}}$．从阴极平面上发出的所有与 z 轴平行的轨迹都会聚到 z_a 点，其他轨迹则根据初始 r' 的不同各自会聚到某个 $r\neq0$ 的点上，可合理地认为此点的束流截面相当小．

研究两条特殊轨迹：一条为发自阴极工作半径 r_K 的平行于 z 轴的“主轨迹”，它通过 z_a 点，且此时与 z 轴的交角为 α，它大致等于电子束在 z_a 的发散角；另一条为发自阴极中心、起始发散角为 $r_{\max}'$ 的“次轨迹”，它在焦平面上的径向位置即

为 r_a. 以下标 K 和 a 分别表示在阴极 K 和 z_a 处取值. 则其关系近似为

$$r_a = \frac{P_K}{P_a}\left|\frac{r_{max}'}{\alpha}\right| \cdot r_K$$

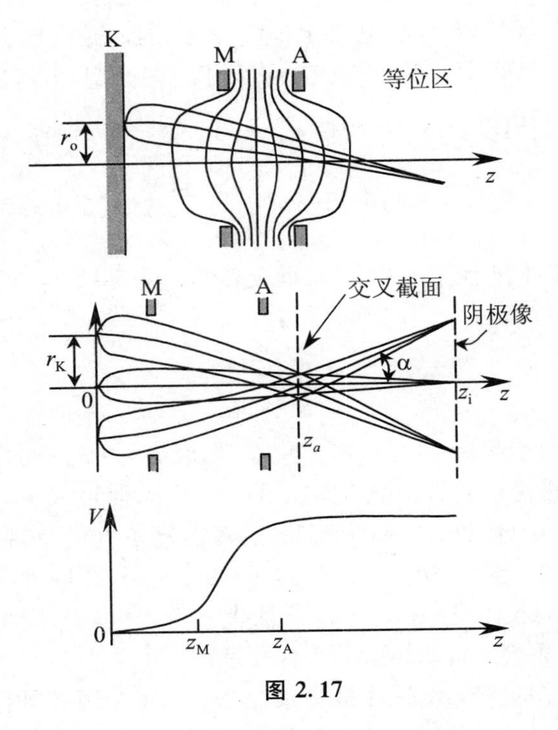

图 2.17

推导要点　传输矩阵

$$M_K^a = \begin{pmatrix} 0 & f^* \\ -\dfrac{1}{f^*} & m_{22} \end{pmatrix}$$

两条轨迹的初态分别为$\begin{pmatrix} r_K \\ 0 \end{pmatrix}$与$\begin{pmatrix} 0 \\ P_K r_{max}' \end{pmatrix}$. 易得到

$$P_a\alpha = -\frac{1}{f^*} \cdot r_K$$

和

$$r_a = f^* \cdot P_K r_{max}'$$

即得. □

此式相当于刘维尔定理在此条件下的近似表达式.

因 $P_K \ll P_a$$\left(\right.$如设阴极电子热运动的初始动能 $eV_K=0.1\ \text{eV}$,z_a 处电位 V_a 一般达 1 kV 以上,则 $\dfrac{P_K}{P_a}=\sqrt{\dfrac{V_K}{V_a+V_K}}$ 小于 0.01$\left.\right)$,$\dfrac{r_{max}'}{\alpha}$ 可取为 2～3$\left(\right.$此处,r_{max}' 的含义理解为大于此初始发射角的电子流被舍去,以使 r_a 有限,下文再谈.有的文献先假定 r' 为小角,故以正弦代替正切;又取 r' 的极值为 $\dfrac{\pi}{2}$,而将此比值定为 $\dfrac{1}{\sin\alpha}$.似颇勉强,本书不取$\left.\right)$,故交叉截面半径 r_a 可仅为阴极半径 r_K 的数十分之一.

浸没物镜及阴极电子流的交叉截面大小、电流密度分布等特性的严格计算牵涉到电子的初速分布、角分布、在阴极工作面的密度分布,空间电荷效应及电子轨迹不都满足旁轴条件等,相当复杂,本书无意深入探讨.上式只是一种近似关系,有助于定性理解而已.由于这些因素的影响,事实上,阴极电子流在交叉截面附近的电流密度近似呈高斯分布,轴上密度最大,四周的密度随 r^2 按指数规律下降,并无断然的边界.其半径 r_a 往往定义为电流密度为最大值的 $\dfrac{1}{\mathrm{e}}$ 处的半径,即交叉截面处电流密度 $J_a(r)=J_{a\max}\cdot\exp\left(-\dfrac{r^2}{{r_a}^2}\right)$.由此可得到上式中 r_{max}' 的另一种含义,即 r_K' 大于此值的电子将落在高斯分布的尾部而在估算束流截面时被忽略.实测的 r_a 一般比上式的估算值大,其原因主要是空间电荷效应和运动方程高阶项(考虑非高斯轨迹)的影响.

浸没物镜的特性应在电子束器件设计时给予重视,通过实验与计算解决.调节电压比 $\dfrac{V_M}{V_A}$ 可改变其聚焦性能,但受到限制:实用中,V_M 即调制极电压主要用于控制电子流的大小,阳极电压则影响到其后的各光学系统的性能.2.5 节将谈到一些实用的电子枪设计.

2.4 常用磁透镜简介

磁透镜与静电透镜的不同之处在于:轴向磁场无论方向为何,总起会聚作用;粒子轨迹不在一个子午面内,有旋转及像转角等问题;如在等位区(不是复合电磁

场)内,则电子动量为常量.以下分别介绍.

1. 长磁透镜

此类透镜以长螺管线圈产生的近均匀磁场 B_z 覆盖从物至像的全部空间,故其工作原理与前文介绍的高斯轨迹方程完全不同.可认为过物点的粒子多半从开始起即在旋转,并边旋转边螺旋式前进;不旋转者(平行于 z 轴入射)则不受磁场作用,不会因 B_r 分量"起转",亦不会改变运动方向.所以,没有通常的物方主轨迹、平行束聚焦等现象.但在一定条件下,它仍有成像,或更严格地说"移像"的能力,其单向放大率恒为1.

将粒子在物点的速度分解为轴向分量 v_z 和横切面内分量 $v_\perp$.仅在轴向匀强磁场内时,其轨迹为螺旋线,前进速度 v_z 不变,横向速度 $v_\perp$ 则大小不变,方向不断变化,使轨迹在横切面上的投影是半径为 ρ 的圆.由洛伦兹力产生向心加速度的关系可得

$$\rho = \frac{mv_\perp}{qeB_z} = \frac{v_\perp}{\eta B_z}$$

其中,η 是粒子的荷质比$\dfrac{qe}{m}$.

在非相对论性条件下,旋转周期

$$T = \frac{2\pi\rho}{v_\perp} = \frac{2\pi}{\eta B_z}$$

此时,T 只与 B_z 和 η 有关,与 $v_\perp$ 和 v_z 皆无关.这正是当年劳伦斯提出的回旋加速器的基本原理.所以,螺旋线的螺距为

$$\lambda = v_z \cdot T = \frac{2\pi v_z}{\eta B_z} = \frac{2\pi P_z}{qeB_z}$$

假设过某点的一束粒子的 P_z 彼此近似相等——亦可理解为 P 近似相等,P_z 与其夹角为小量,则彼此 P_z 的差异为2阶小量——则此束粒子轨迹的螺距相同.换言之,经过若干个螺距后,此束粒子尽管横向旋转的取向、快慢、远近各异,在横切面投影图上画出了许多千姿百态的圆,然而"殊途同归",将在过原物点的 B_z 力线上重聚,此后再分开,各奔前程,然而"相约"于下一个会聚点,如图2.18所示.这便是此种长磁透镜的成像机理.

在匀强磁场中,所有的 B_z 力线平行,每一根其实都可当作 z 轴.由以上讨论可知,此种所谓"透镜"严格来说并不"聚焦",但能够"移像";其单向放大率恒为1,像不被放大也不被缩小;像转角恒为0或曰 2π 的整数倍(像总是物的平移);每一

"物平面"有许多个"共轭像平面",其间距为整数倍个螺距.如在等位区,螺距皆相等.如同时有轴向匀加速场(V''必须为0,使粒子不受横向力),则电子皆有轴向匀加速运动,空间轨迹是变距螺旋线,螺距随 P_z 的增加而逐渐加长,但所有粒子仍保持齐步.

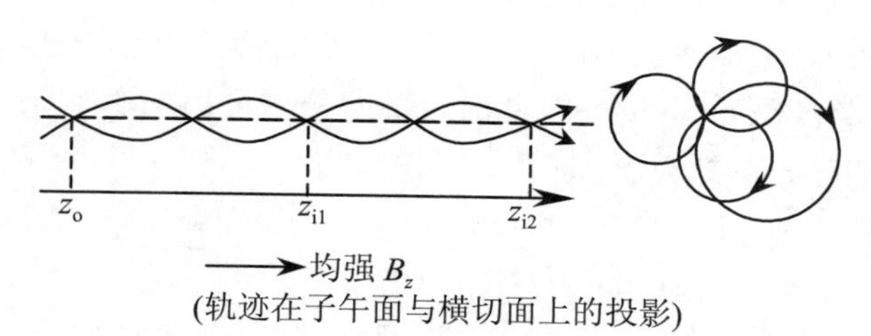

(轨迹在子午面与横切面上的投影)

图 2.18

对于低速电子,旋转周期 T 和第 n 个像平面的坐标 z_{in} 为

$$T=\frac{2\pi m_0}{eB_z}$$

$$z_{in}=z_o+nT\cdot\left(v_{zo}+\frac{n\pi V'}{B_z}\right)\quad(n\ 为正整数)$$

此时,(低速电子)各式中的 v_z,P_z亦可近似地用带系数的$\sqrt{V}$取代.

如产生此磁场的螺线管内径、外径分别为 R_a 和 R_b,则磁场与励磁电流密度 J 的关系由安培定律易得,为

$$B_z=\mu_0 J(R_b-R_a)$$

关于长磁线圈的原理,注意勿与其他线圈的非均匀磁场及相应的高斯轨迹方程混淆.后者多假设电子本不旋转,在磁场"入口"靠 B_r 起转,绕 z 轴旋转的角速度$\dot{\phi}=\dfrac{eB_z}{2m}$.而此处各电子绕其各自的横切面投影圆轴线旋转的角速度为 $\omega=\dfrac{2\pi}{T}=\dfrac{eB_z}{m}$(此量又名"回旋共振角频率"),两者相差2倍.应注意到此两个"旋转角"的概念并不相同.如轨迹"起点"不过 z 轴,第1章1.3节中有关公式对长磁线圈而言,$C\neq 0$,$\dot{\phi}$非常数;如取过起点的磁力线为 z 轴,则 $C=0$,$\dot{\phi}$是常数,而 ϕ 角恰为对圆心的旋转角的一半.

2. 空心线圈透镜

以下各种磁透镜有彼此相似之处.其 B_z 分布皆很不均匀,沿 z 轴大致呈所谓"覆钟形",中央最强,两侧渐弱;在一定条件下可看作"薄透镜".可认为透镜的物

方、像方空间皆无场，粒子运动不旋转.粒子通过磁场区时，因 B_z 不均匀，经历了起转、加快、减慢、停转的过程，聚焦力随之产生、增强、减弱直至消失；此轨迹将在焦点处与轴相交.另一特点是成像时都有一个像转角，它应与磁场 B_z 沿 z 轴的积分成正比.以上为此类聚焦磁透镜的定性分析，定量关系见第1章1.3节.

空心线圈的特点是轴向磁场由具有有限长度的轴对称螺管线圈提供，且全空间内没有铁质之类高磁导率的介质.此时，B_z 的分布可用毕奥-沙瓦尔定律准确计算.在周围介质的磁导率都为 μ_0 时，毕-沙定律为

$$\boldsymbol{B}(\boldsymbol{r}) = \frac{\mu_0}{4\pi}\int \frac{\boldsymbol{j}^*(\boldsymbol{r}^*)\mathrm{d}\sigma \times (\boldsymbol{r} - \boldsymbol{r}^*)}{|\boldsymbol{r} - \boldsymbol{r}^*|^3}$$

假设线圈可看作半径为 R、截面大小可忽略、圆心在轴上 z_m 处、励磁电流为 I 的轴对称“单线圈”.磁场 $\boldsymbol{B}$ 的全空间分布可由上式求得，其表达式要用到两个“完全椭圆积分”K 与 E，兹列于下：

$$B_z(z, r) = \frac{\mu_0}{2\pi}\frac{1}{z_1}\left(K - \frac{(z - z_\mathrm{m})^2 + r^2 - R^2}{{z_2}^2}E\right)I$$

$$B_r(z, r) = \frac{\mu_0}{2\pi}\frac{z - z_\mathrm{m}}{z_1 r}\left(-K + \frac{(z - z_\mathrm{m})^2 + r^2 + R^2}{{z_2}^2}E\right)I$$

式中参量

$$z_1 = \sqrt{(z - z_\mathrm{m})^2 + (r + R)^2}$$

$$z_2 = \sqrt{(z - z_\mathrm{m})^2 + (r - R)^2}$$

而完全椭圆积分

$$K = \int_0^{\frac{\pi}{2}} \frac{1}{\sqrt{1 - k^2\sin^2\psi}}\mathrm{d}\psi$$

$$= \frac{\pi}{2}\left[1 + \frac{k^2}{4} + \cdots + \left(\frac{1\cdot 3\cdot \cdots \cdot(2n-1)}{2\cdot 4\cdot \cdots \cdot(2n)}\right)^2 k^{2n} + \cdots\right]$$

$$E = \int_0^{\frac{\pi}{2}} \sqrt{1 - k^2\sin^2\psi}\,\mathrm{d}\psi$$

$$= \frac{\pi}{2}\left[1 - \frac{k^2}{4} - \cdots - \left(\frac{1\cdot 3\cdot \cdots \cdot(2n-1)}{2\cdot 4\cdot \cdots \cdot(2n)}\right)^2 \frac{k^{2n}}{2n-1} - \cdots\right]$$

其中，参数 $k^2 = \dfrac{4Rr}{{z_1}^2}$，所在范围为 $0 \leqslant k^2 < 1$. K 与 E 的值可查表.

如令 $r = 0$，故 $k^2 = 0$，$K = E = \dfrac{\pi}{2}$，$z_1 = z_2 = \sqrt{(z - z_\mathrm{m})^2 + R^2}$，即得磁场的轴上分布解析式

$$B_z(z) = \frac{\mu_0 I}{2} \frac{R^2}{{z_1}^3}$$

此关系亦可由图 2.19 直接计算得到.相信许多读者在学习普通物理时做过这道习题.对于轴上一点 z,磁场无 B_r 分量;图中距离 z_1 和角 θ 对全线圈固定不变;线圈长度元 $\mathrm{d}L$ 对 B_z 的贡献是

$$\mathrm{d}B_z = \mathrm{d}B \cdot \sin\theta = \frac{\mu_0}{4\pi} \frac{I\mathrm{d}L}{{z_1}^2} \cdot \frac{R}{z_1}$$

而长度元 $\mathrm{d}L$ 一圈的积分等于 $2\pi R$,即得到上式.

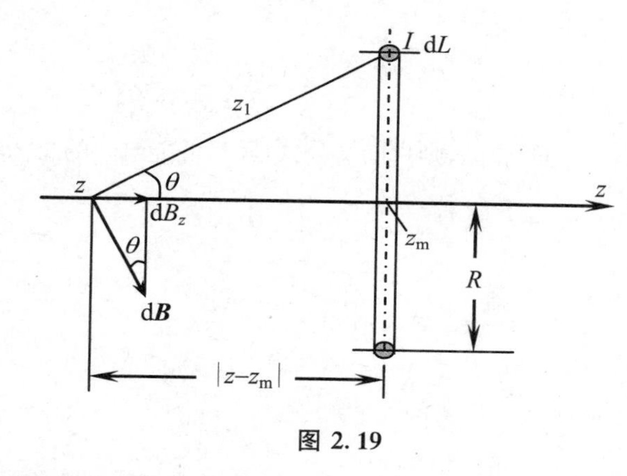

图 2.19

对于单线圈磁场,有下列推论:

其一,有

$$B_{z\max} = B_z(z_m) = \frac{\mu_0 I}{2R}$$

是磁场强度的极大值,仅决定于电流 I 和半径 R.

其二,当 $|z - z_m| \geqslant 4.53R$ 时才有 $B_z \leqslant 0.01 B_{z\max}$.因线圈半径 R 一般较大(与膜孔、圆筒电极半径相比),空心线圈多不宜作为短距场元件.请注意,对于偏离线圈中心的点,磁场大约随比值$\dfrac{z - z_m}{R}$的 -3 次方下降,和其他透镜如浸没透镜(随指数函数)相比,这一磁场当测量点"移向远方"时的下降速度并不很快.或者说,空心线圈横向力场的集中程度较低.

其三,由上式可计算"全数轴"积分

$$\int_{-\infty}^{\infty} B_z \mathrm{d}z = \mu_0 I$$

$$\int_{-\infty}^{\infty} B_z^{\ 2}\mathrm{d}z = \frac{3\pi}{32}\cdot\frac{(\mu_0 I)^2}{R}$$

前一积分正是安培定律的一个实例，可见 B_z 的积分即 B_z 分布曲线下的面积仅决定于励磁电流，与 B_z 的具体分布无关. 第二个积分在一定程度上反映了总聚焦力的大小，它当然与 B_z 的分布有关. 数学常识指出，当前一积分为定值，即曲线下总面积为常数，且 B_z 不变号时，B_z 越集中，$B_z^{\ 2}$ 的积分值越大.

假如多层线圈的线包截面尺寸与平均半径 R 相比较小，则整个线包可看作一个"单匝线圈". 设线圈匝数为 N，其中电流强度为 I，称 NI 为线圈的安匝数. 则此多匝线圈产生的 B_z 仍可写作

$$B_z(z) = \frac{\mu_0 NI}{2}\frac{R^2}{[(z - z_\mathrm{m})^2 + R^2]^{\frac{3}{2}}}$$

设它位于电位为 V 的等位区，则由前文公式，其对低能电子的总像转角(弧度)为

$$\begin{aligned}\Phi_\mathrm{t} &= \sqrt{\frac{e}{8m_0 V}}\int_{-\infty}^{\infty} B_z\mathrm{d}z\\ &= \sqrt{\frac{e}{8m_0 V}}\cdot\mu_0 NI\\ &= K_\mathrm{m}\cdot\frac{NI}{\sqrt{V}}\end{aligned}$$

式中，常数

$$K_\mathrm{m} = \mu_0\sqrt{\frac{e}{8m_0}} = \frac{\mu_0 c}{\sqrt{\frac{8m_0 c^2}{e}}} = 0.1863(\mathrm{V}^{\frac{1}{2}}/\mathrm{A})$$

因为安培定律也适用于其他线圈结构，此式对等电位区的多种磁透镜普适.

再假设可用薄透镜近似估计聚焦力，则其主平面就在 z_m 处(中心面)，焦距近似为

$$f_\mathrm{o} = f_\mathrm{i} = f$$

$$\frac{1}{f} = \frac{e}{8mV}\int_{-\infty}^{\infty} B_z^{\ 2}\mathrm{d}z = \frac{3\pi}{32}K_\mathrm{m}^{\ 2}\cdot\frac{(NI)^2}{VR}$$

显然它恒为会聚透镜.

下面定性讨论 f，Φ_t 与参数 NI，V，R 和荷质比$\frac{e}{m}$的关系：NI 越大，则聚焦越强(与其平方成比例)，像转角越大(与之成正比)自不待言；V 较高时，则理所当然地聚焦力减弱，像转角变小；R 正比于 f 而与 Φ_t 无关，故线圈截面尺寸较大将使聚焦力下降；荷质比的影响使磁透镜对离子的聚焦力比对电子弱得多. 前已提及，聚

焦力正比于 $B_z{}^2$ 的积分,而 B_z 的积分在任何情况下只与 NI 有关,意味着磁场越集中,用同样的 NI 能获得的聚焦力越强,或曰励磁电流越有效——R 与聚焦力的关系可算是一个例子.电子能量较高时要用相对论修正,检查以前的公式可知,f 表达式中的 V 来自$(\beta\gamma)^2$,故可用动量 P 表达式中的修正因子$(1+\varepsilon V)$;而 Φ_t 表达式中的$\sqrt{V}$来自 β,只能用与电子速度 v 相应的修正因子.

最后一式可用于线圈设计.常将该式写成已选定相对焦距$\frac{f}{D}$(线圈直径 $D=2R$),求线包安匝数的形式:

$$NI = 200G\left(\frac{VD}{f}\right)^{\frac{1}{2}}$$

式中,V 的单位为 kV;G 是考虑线圈并非单匝的形状修正因子,常为 1.2 左右(该式系数如由上式推出,应为$\frac{4}{\sqrt{3\pi K_m}}=6.993(\mathrm{A/V^{\frac{1}{2}}})=221[\mathrm{A/(kV)^{\frac{1}{2}}}]$,故对真的单匝线圈而言,因子 $G\approx1.1$),可根据线圈结构凭经验(查表)确定.所以,上式是一种经验公式.

利用此式可从所需焦距 f 选取参数 D,V 和 NI.当前两个参数受限制时,欲提高聚焦力,必须增加安匝数 NI.但 NI 自身也受到电流密度不可过大,以免线包过热的限制;如加大线圈尺寸,以减小电流密度,又会使磁场分布展宽,聚焦力下降,即增大了因子 G,使 NI 的有效性降低;过大的 NI 还可能使焦点落在透镜场中,形成“过聚焦”而引起发散.故安匝数 NI 的合理大小有一定的范围.

如线包截面尺寸较大,B_z 的分布可由积分求出.对如图 2.20 所示结构的线包,在 z 点有

$$B_z(z) = \frac{\mu_0 J}{2}\int \mathrm{d}R\int\frac{R^2\mathrm{d}x}{(x^2+R^2)^{\frac{3}{2}}}$$

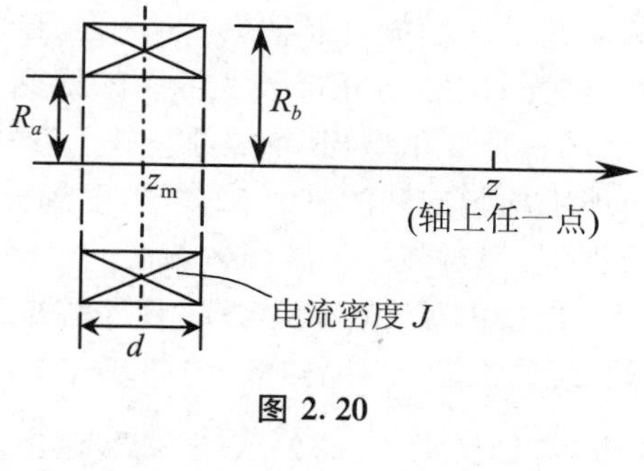

图 2.20

式中的积分范围：R 从 R_a 到 R_b，轴向距离 x 则从 $z - z_m - \frac{d}{2}$ 到 $z - z_m + \frac{d}{2}$. 定义函数

$$F(x) = x \cdot \ln \frac{R_b + \sqrt{x^2 + R_b{}^2}}{R_a + \sqrt{x^2 + R_a{}^2}}$$

则

$$B_z(z) = \frac{\mu_0 J}{2}\left[F\left(z - z_m + \frac{d}{2}\right) - F\left(z - z_m - \frac{d}{2}\right)\right]$$

而励磁电流密度 J 与安匝数的关系是

$$NI = Jd(R_b - R_a)$$

推导要点 积分中用到不定积分公式

$$\int \frac{R^2 \mathrm{d}x}{(x^2 + R^2)^{\frac{3}{2}}} = \frac{x}{\sqrt{x^2 + R^2}} + C$$

$$\int \frac{\mathrm{d}R}{\sqrt{x^2 + R^2}} = \ln(R + \sqrt{x^2 + R^2}) + C$$ □

用此公式计算磁场，像转角 Φ_t 的表达式不变，而薄透镜近似一般不可用. 但此式用于数值计算（如计算粒子轨迹）中求任意点的轴向磁场足够可靠. 它所描述的 B_z 分布更宽、更平坦，延伸较远，常在离 z_m 颇远处亦不可完全忽略. 有时将这种情况（包括沿轴可有尺寸与电流未必相等的多个线包）称为“长磁线圈”，似亦名副其实.

3. 短磁线圈透镜

如能使 B_z 分布更加集中，可用同样的电流消耗 NI 获得更强的聚焦力；同时使 B_z 沿轴衰减更快，使薄透镜近似更近真. 为此，常用高 μ 值的软铁壳包住线包，仅在其内径某处留有间隙，使轴向磁场只能从该处逸出；该位置即对应于 $B_{z\max}$ 所在，将比无铁壳时大为增强，而散逸场则明显减弱，达到上述目的.

“短磁线圈”一词的意义常较模糊，因“短”系相对而言，空心线圈、永磁铁都可以短. 此处专指这种包以铁壳，使磁场分布区变“短”的线圈. 它是为克服空心线圈的弱点，减少所需安匝数的一种修正型，其聚焦原理并无变化.

因空间中存在很可能不均匀饱和的高 μ 磁介质，磁场分布难以用解析式表示，只能用实测加曲线拟合得到. 但对任一包围线包截面的封闭曲线 L，安培定律即 H 沿 L 的闭合路径积分等于所围的 NI 依然成立；L 当然也可以是通过 z 轴全数轴、然后在无穷远（无磁场）处“绕回来”的封闭曲线，该曲线并不通过上述介质. 所以，仍有积分 $\int_{-\infty}^{\infty} B_z \mathrm{d}z = \mu_0 NI$，总像转角 Φ_t 的公式亦不变. 这更说明了用铁磁物质提高

$B_{z\max}$意味着磁场更加“集中”，而非“加强”. 线圈设计计算的经验公式可用空心线圈公式加以修正得到：

$$NI = 200G \cdot F_c \cdot \left(\frac{VD}{f}\right)^{\frac{1}{2}}$$

增加的因子 F_c 是描述磁场集中程度的修正系数，它对不同结构凭经验（实测或计算）取值. 一般当线包有铁壳而无“极靴”（含义见后文）时，F_c 约为 0.5，意味着电流利用效率增加大约一倍. 但若 NI 很大，铁壳会出现磁饱和而使 μ 降低，F_c 将略有增加.

4. 永磁透镜

用轴向磁化的永磁体环亦可产生轴向磁场和聚焦力，此类透镜也可视为空心线圈的一种修正型. 其优点显然有：不用电源，不消耗功率，结构紧凑，总重量轻，无须调整，尤宜于商业性产品；同时，它的总像转角一般为 0.

图 2.21 比较了永磁透镜与空心线圈透镜的磁力线和轴上 B_z 分布. 永磁透镜的特点是两端点外有反向磁场，B_z 有两次变号；由安培定律，因无激励电流，积分 $\int_{-\infty}^{\infty} B_z \mathrm{d}z = 0$，即 B_z 分布在图中正反向的面积相等（对比线圈情况，B_z 不变号，其面积恒等于 $\mu_0 NI$）. 所以，粒子轨迹穿过永磁透镜时将经历“反转→正转→反转”的变向转动阶段（每次转动都经过起转、加速、到最大、减速、降至 0 的过程，旋转角速度始终正比于 B_z），再恢复直线射出，其聚焦原理仍不变，无论正、反转时皆聚焦.

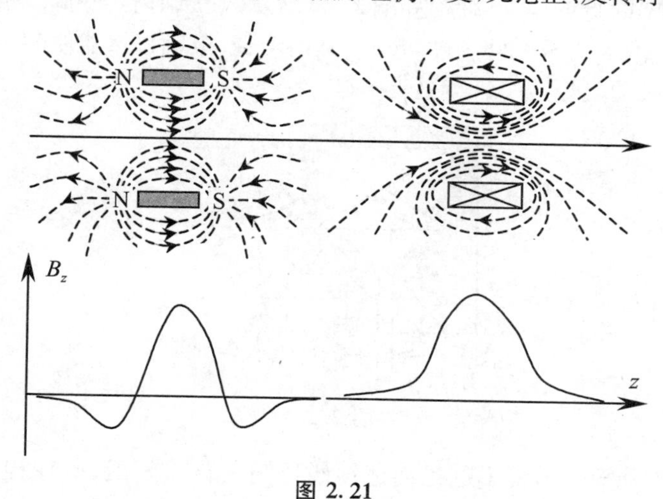

图 2.21

由以上分析已可得在等位区中的永磁透镜 $\Phi_t=0$ 的结论.而在一般线圈型磁透镜中,存在 Φ_t 及其随聚焦力调整(改变 NI 或电位)的变化,常带来不便.有人用一对结构相同的线包,通以等值而反向的电流,亦可使 $\Phi_t=0$.但该法不常被实际采用,原因是:两个线圈的反向磁场部分地互相抵消,减弱了聚焦力,或增大了电流消耗;两个线圈的同轴度稍有不佳,则聚焦质量变坏;像差(指实际成像与高斯轨迹像之差,见下章)较大.

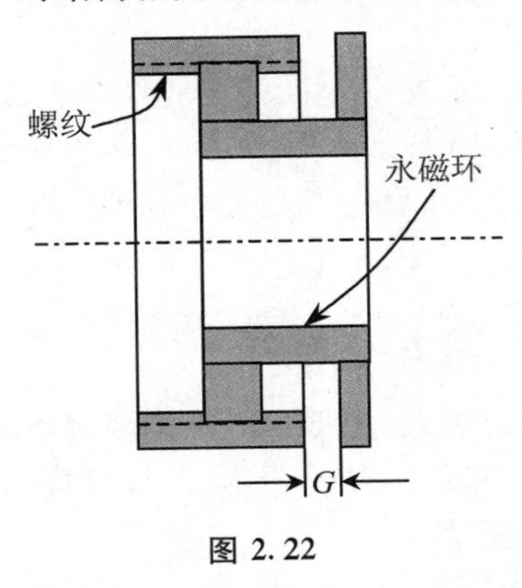

图 2.22

永磁透镜的 B_z 分布可由场的实测得到,或在某些条件下由计算得到.

永磁透镜的缺点之一是聚焦力不易调节.调节的一种方法是用图 2.22 所示的"磁分路器",除永磁环外皆为软铁,间隙 G 可用螺纹调节,以改变永磁环内、外磁力线的分配,减小 G 时轴上 B_z 下降.缺点之二为散逸场分布较宽.用两个磁环反向放置,可使远方的散逸场大部分相互抵消.这两种克服缺点的方法都以聚焦力的部分损失为代价.

5. 强短磁透镜

此处,强短磁透镜专指线圈外包铁壳上加有隆起而中有间隙的软铁"极靴",以使磁场更加集中的磁透镜.其结构如图 2.23 所示.它原则上仍可算"短磁透镜",但聚焦力更强.参数 s 为极靴间隙宽,R_g 为其内半径.极靴显然能使间隙附近的轴上 B_z 更强,有场区间更短,B_z 分布更集中.

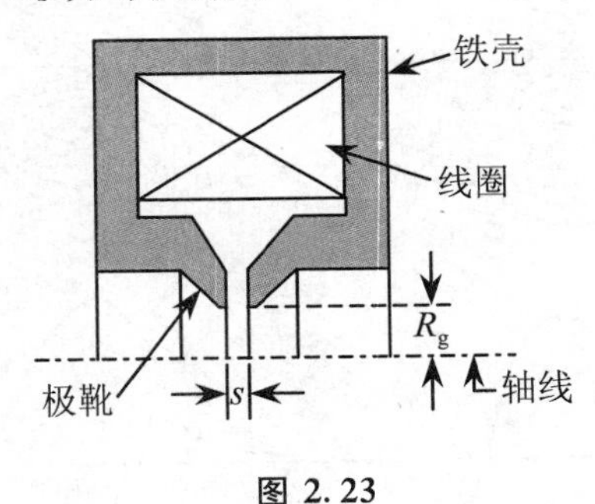

图 2.23

本来,这种强短磁透镜不过是前述短磁透镜的自然发展,原理相通,而聚焦力宜较之进一步增强;或可在短磁透镜经验公式的基础上再稍加修正,似不应占多少篇幅.我们的讨论将围绕所谓强短磁透镜的数学模型进行,谈及两种不同的模型.希望读者从科研方法的角度体会,并从中有所收益.

磁透镜的 B_z 分布常用实测参数与“函数模型逼近”(即曲线拟合)法得到一个近似式.常用的参数为 B_z 的极大值 $B_0 = B_z(z_m)$ 和所谓半高值点 a,后者标志的轴上位置满足 $B_z(z_m \pm a) = \frac{B_0}{2}$($2a$ 称为半高全宽).

在函数模型中,以“钟形场”模型(又名 Glaser 模型)最受文献的青睐,其原因可能是此模型下的粒子运动方程可用解析法得解(这确实很罕见),且据称极靴达饱和时该模型可很好地逼近真实 B_z 分布.但作者对其有几点质疑.图 2.24 显示了 B_0 与 a 的含义,给出了此种模型和另一“高斯型场”模型对应的 B_z 分布.

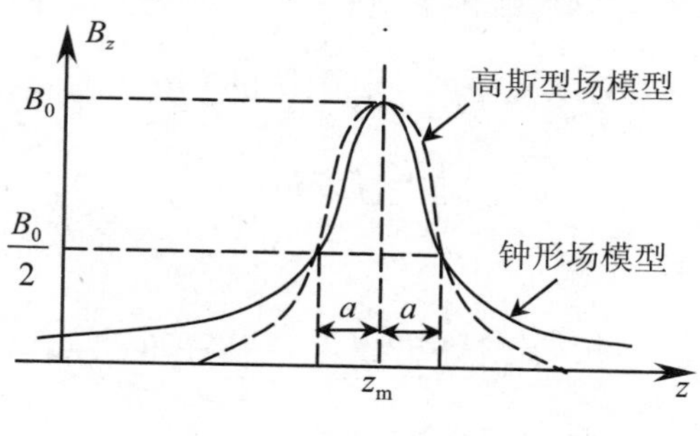

图 2.24

钟形场模型(已将 z 轴的原点移到 z_m 点)为

$$B_z(z) = B_0 \cdot \frac{a^2}{z^2 + a^2}$$

此时,高斯轨迹方程为

$$r'' + \frac{e}{8mV} B_0{}^2 a^4 \cdot \frac{r}{(z^2 + a^2)^2} = 0$$

此方程有解析解.取参数 $K^2 = \frac{e(B_0 a)^2}{8mV}$,则其轨迹的通解为

$$r = C_1 \cdot \sqrt{z^2 + a^2} \sin\phi^*$$

$$r' = \frac{C_1}{\sqrt{z^2 + a^2}}\left[z\sin\phi^* + a\sqrt{1 + K^2}\cos\phi^*\right]$$

式中

$$\phi^* = \sqrt{1 + K^2}\arctan\frac{z}{a} + \phi_1$$

C_1 与 ϕ_1 为两个待定常数.

其特解之一为:“物方主轨迹”

$$r = \frac{r_0}{\sqrt{1+K^2}}\sqrt{\left(\frac{z}{a}\right)^2+1}\sin\left[\sqrt{1+K^2}\left(\arctan\frac{z}{a}+\frac{\pi}{2}\right)\right]$$

推导要点 取常用变量代换,设 $z = a\tan\theta$,则

$$r' = \frac{\cos^2\theta}{a}\frac{\mathrm{d}r}{\mathrm{d}\theta}$$

$$r'' = \frac{1}{a^2}\left(\cos^4\theta\frac{\mathrm{d}^2 r}{\mathrm{d}\theta^2} - 2\sin\theta\cos^3\theta\frac{\mathrm{d}r}{\mathrm{d}\theta}\right)$$

方程变为

$$\frac{\mathrm{d}^2 r}{\mathrm{d}\theta^2} - 2\tan\theta\frac{\mathrm{d}r}{\mathrm{d}\theta} + K^2 r = 0$$

再利用代换 $r = u \cdot f(\theta)$来除去$\frac{\mathrm{d}r}{\mathrm{d}\theta}$项,则易得 f 应满足

$$\frac{\mathrm{d}f}{\mathrm{d}\theta} = f\tan\theta$$

故

$$\ln f = \int\tan\theta\mathrm{d}\theta = -\ln\cos\theta$$

$$f = \frac{1}{\cos\theta}$$

代换后方程为

$$\frac{\mathrm{d}^2 u}{\mathrm{d}\theta^2} + (1+K^2)u = 0$$

其通解是

$$u = C_1\sin(\sqrt{1+K^2}\theta + \phi_1)$$

代回 r,z,即得原方程的通解.

物方主轨迹的特解满足 $z = -\infty$时,$r = r_0$,$r' = 0$.这要求此时正弦函数项 $\sin\phi$ 的值为0,故得此特解的 ϕ_1;而该项与$\sqrt{z^2+a^2}$的乘积当 $z\to-\infty$时应趋向于 $a\sqrt{1+K^2}$,故得此特解的 C_1. □

有文献据此严格解析解进行了许多讨论.例如:“激励常数”K^2对该透镜特性的影响;K^2 大时聚焦强,主轨迹在磁场区内会与 z 轴多次相交(多焦点);焦点常在磁场区之内;焦距对 K^2的依赖关系;主平面交叉及像转角,等等.其定量结论包括:主轨迹与 z 轴相交次数 n 的最大值是小于而最接近于$\sqrt{1+K^2}$的整数$\left(\arctan\frac{z}{a}\right.$

自$-\frac{\pi}{2}\to\frac{\pi}{2}$,物方主轨迹的 ϕ^* 等于 $n\pi$ 的次数$\Big)$;第 n 个焦点的焦距$(f_i)_n$的解析表达式;当 $K^2=3$ 时第一个焦距$(f_i)_1$ 有最小值,且第一个焦点就在 $z=z_m$ 处,等等.

据另一文献称,B_0 对线圈参数的依赖关系为

$$B_0 = \frac{\mu_0 NI}{b}$$

其中,参数 $b=\sqrt{s^2+1.8R_g{}^2}$.而由比值$\frac{a}{b}$大约为 0.485 可求得半高值点 a.该文献作者曾对不同的 s 和R_g 进行测量,以上关系的准确性在 95%以上.由 NI 与 B_z 的关系推论,B_0 与 NI 成正比应大致可靠,而此比值$\frac{a}{b}$却成为一个问题.

作者以为此钟形场模型有若干疑点.

质疑之一(也许是最主要的):此模型中,磁场随着 z 的远离以z^{-2}衰减,比单线圈场随 z^{-3}衰减还慢,竟全未体现"磁场集中"的特色(钟形场的 B_z 要在$|z-z_m|\geqslant 10a$ 处才降到 $0.01B_0$ 以下);如经计算最大场强 B_0 确实被增强,势必扩大了远处($|z-z_m|\gg a$)的 B_z,夸张了本应是"散逸场"的聚焦力.

质疑之二:若果然场被更集中,为何主轨迹会易于在场内与 z 轴多次相交,且轨迹在远离 z_m 处即被明显聚焦,甚至第一个焦点可远在 z_m 之前?

质疑之三:若果然焦点多在强场区之内,则从下游观之,过焦点后的平行束必定散开,该透镜的作用仿佛为散焦;当初聚焦越强,看来却像是散焦越剧(多焦点的相互距离更短,粒子 r' 势必很大).果真如此,即为所谓"过聚焦".然而,加强聚焦的益处何在?

质疑之四:当取 $K^2=3$ 使所谓焦距最小(可理解为聚焦最强或最佳)时,主轨迹的解是 z 的奇函数,故离开磁场时仍平行飞出($r=-r_0$),何聚焦之有(未知曾实验否)?

质疑之五(也是最使作者无法释怀的):钟形场模型有$\int_{-\infty}^{\infty}B_z\mathrm{d}z=\pi aB_0$,按安培定律应等于 μ_0NI,即乘积 aB_0 应由此简单关系联系(无论极靴如何饱和,B_0 的下降必使 a 展宽),为何却无人提及?因此,若该模型果然成立,似应有比值$\frac{a}{b}=\frac{1}{\pi}=0.318$,而验之以他人实测结果,实测值比此值大得多,相当于 B_z 曲线覆盖面积比安培定律所规定的面积大了 50% 以上.如 B_0,a 实测准确,这说明散逸场已被大大夸张.此与以上几点相印证.至于有的文献中的像转角计算公式等,更与安培定

律明显矛盾.

由此,作者得出初步结论:如仅考虑磁场区中心附近,有磁场强度为 B_0 和 $\frac{B_0}{2}$ 的3点"定住",无论采用何种函数模型,其差异都有限.但贸然推至无穷,则理论推导固妙,而结果未必可信.明者不可不察.

作者多年前从事直线加速器理论设计计算,要用到强短磁透镜,鉴于此模型似误差较大,针对"强场应更短"的特点,尝试了几种磁场随 z 的增加下降更快的数学模型,而用安培定律校核.结果是:假定他人实测值可信,高斯型场模型似最具入选资格.

高斯型场模型为

$$B_z(z) = B_0 \exp\left[-\ln 2\left(\frac{z}{a}\right)^2\right]$$

B_0 与 a 的关系符合半高值点的定义,而积分 $\int_{-\infty}^{\infty} B_z \mathrm{d}z = \sqrt{\frac{\pi}{\ln 2}} a B_0$,换言之,比值 $\frac{a}{b}$ 应为 $\sqrt{\frac{\ln 2}{\pi}} \approx 0.47$,与他人实测值相比,误差约为3%,和其测量准确性相当.此模型中心区内的场只比钟形场模型稍强(不超过6%),在远处则衰减极快(在 $z = \pm 2.58a$ 处 $B_z = 0.01B_0$),似正合用铁壳极靴集中磁场的特性.

采用高斯型场模型,则强短磁透镜的磁场确属于短距作用,与薄透镜应较为相近(如用钟形场模型,则根据计算结果,这种强短磁场越强,越不能用薄透镜近似,越不能认为 r 在磁场区近似地来不及变化——有些文献曾花许多篇幅说明此中令人疑虑的"道理").故若取比值 $\frac{a}{b}$ 的"理论值" $\sqrt{\frac{\ln 2}{\pi}}$,可得高斯型场模型下(用薄透镜近似)的聚焦力估计公式为

$$\begin{aligned}\frac{1}{f_{\mathrm{i}}} = \frac{1}{f_{\mathrm{o}}} &= \frac{e}{8mV}\int_{-\infty}^{\infty} B_z{}^2 \mathrm{d}z \\ &= \frac{e}{8mV}\sqrt{\frac{\pi}{\ln 4}} a B_0{}^2 \\ &= \sqrt{\frac{\ln 2}{2\pi}} K_{\mathrm{m}}{}^2 \frac{(NI)^2}{aV}\end{aligned}$$

总像转角

$$\Phi_{\mathrm{t}} = K_{\mathrm{m}} \cdot \frac{NI}{\sqrt{V}}$$

不变.

作者当年在工作中曾用此模型求场进行轨迹数值计算,并预先用上式的类似形式(已要考虑电子为相对论性)估算一定的聚焦力需要的安匝数.横向运动的实测结果与计算大体符合.故推荐供明者择之.

2.5 电子透镜应用举例

1. 弱流细束电子枪

弱流细束电子枪是电子束器件的组成部分,是一种应用颇广的电子光学系统,可包含多个电子透镜.

对弱流细束电子枪的要求是:能产生阴极电子流,强度可控;经聚焦可在荧屏上形成尽量细小的光点,聚焦程度可控;光点亮度(正比于束流强度的一次方和电子达屏电位的平方)可控;光点位置可控;各种控制尽可能相互独立.

一般用浸没物镜作为“发射系统”,又称预聚焦系统,对阴极发射的电子流“预聚焦”,以形成较小的交叉截面,同时使电子流获得初步加速.用其他形式的透镜作为“主聚焦系统”(又称主透镜),以前述交叉截面为“物”,在屏上成像,同时加速电子流,使之具有足够的能量.后一系统的单向放大率需足够小,以获得较高的屏上图像分辨率.主透镜可以是浸没透镜、单透镜或磁透镜.改变光点位置(对后面的聚焦系统而言,可认为相当于来自不同的“物”点)的偏转系统此处暂不讨论.

几个要注意的问题是:

(1) 用限制膜片截除边缘电子及相关问题.交叉截面的电流密度高斯分布尾部的所谓边缘电子,常因不尽满足旁轴条件、初速不同等原因不能被很好聚焦,使屏上光点边缘模糊.故往往在阴极透镜的第一阳极后包络较大处加一限制膜片切除之.电子流在此膜孔边缘会打出次级电子,其速度远比原电子流低,应有手段防止此种次级电子达到屏上,破坏图像质量.此外,如阳极电压系由分压器取出,截获电子会形成截获电流通过分压器,造成分压比随阴极电子流的强弱而变化.

(2) 主透镜单向放大率 M_r 的缩小及相关限制因素问题.由 2.2 节给出的诸公式可得 M_r 与物距 S_o、像距 S_i、物方与像方动量或电位的关系为

$$|M_r| = \frac{S_i}{S_o}\frac{P_o}{P_i} = \frac{S_i}{S_o}\sqrt{\frac{V_o}{V_i}}$$

所以，缩小$|M_r|$的手段无非是增大物距S_o，缩小像距S_i降低物方空间电位V_o或升高屏电位V_i．其中，升高V_i的优点最多，可同时提高光点亮度，一举两得，此正是多数细束电子枪皆采用相当高的屏电位的原因之一；但受到高电位带来的技术难度、偏转灵敏度因而降低等因素的限制．而降低V_o常意味着交叉截面增大，最不足取．改变物距、像距的限制因素则在于器件的尺寸、束流发散角、偏转的灵敏度和偏转量(S_i太小，则偏转角要增大)及下一章要谈的像差等．

(3) 辅助聚焦的采用问题．在预聚焦与主聚焦之间加一辅助聚焦透镜，可改善聚焦性能，一个实例如图2.25所示．在第一阳极A_1之后加设第二阳极A_2，因A_1的电位略低于由A_2决定的自然电位，故A_1膜片附近形成一个辅助聚焦透镜，且交叉截面位于其物方焦点与主平面之间．该透镜将使电子流发射角变小，形成一个在背面某远处的虚像(虚交叉截面)．于是，对主透镜而言，相当于物距增加，单向放大率缩小；预聚焦出口束截面减小，提高了束流利用率；而且减少了各级阳极之间的电位差和击穿的可能性．其缺点是结构稍复杂和交叉截面尺寸比不用辅助聚焦时有所增加．辅助聚焦多用于束电流较大、对束流品质要求较高的管种，如许多显像管．

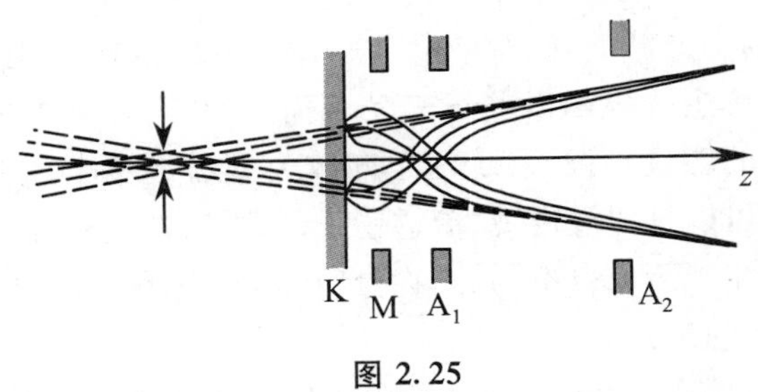

图 2.25

下面介绍几种电子枪的典型结构及其示意图：

(1) 浸没透镜电子枪．图2.26所示为最早期电子枪的典型结构及电子流包络示意图．阴极K和M，A_1组成浸没物镜，A_1又与A_2构成双圆筒主透镜．注意，A_1筒中有一限制膜片和紧随其后的孔径稍大的次级电子限制膜片．其缺点是：调V_{A1}即调焦时会改变阴极电子流，影响亮度；调V_K即调流强时因截获电流通过分压器的一部分，会改变分压比，影响聚焦．

(2) 单透镜电子枪．如图2.27所示，主透镜是由A_1，A_2和A_3构成的单透镜．A_2加低电位，边缘电子限制膜片上打出的次级电子初始动能小，不可能通过其减速场，故限制膜片之后无需另一膜片；A_2 上亦无截获电流（故又名为“零电流电子枪”）；且调焦时不影响阴极的发射性能.

(3) 磁聚焦电子枪. 如图 2.28 所示，除各级阳极为电子加速，亦起聚焦作用（图中有 A_1 膜片辅助聚焦，A_2 和 A_3 构成不等径双圆筒）之外，A_3 即玻壳镀膜层外更套以聚焦线圈（空心或有铁壳）. 其优点是分辨率特别高，其缺点是：消耗功率，结构较笨重，有线圈与管轴同心度要求很高、像转角等问题.

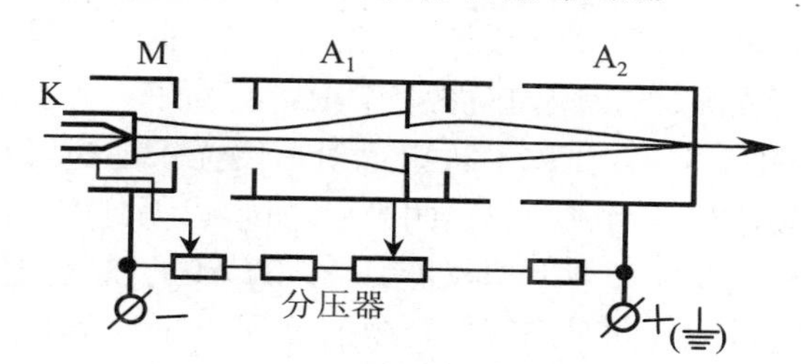

图 2.26

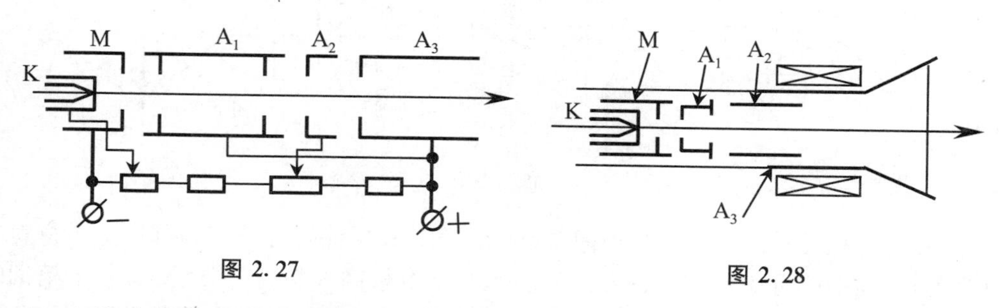

图 2.27

图 2.28

有辅助聚焦透镜的其他设计的两个实例如图 2.29 所示，分别为带有辅助聚焦透镜的浸没透镜电子枪和单透镜电子枪.

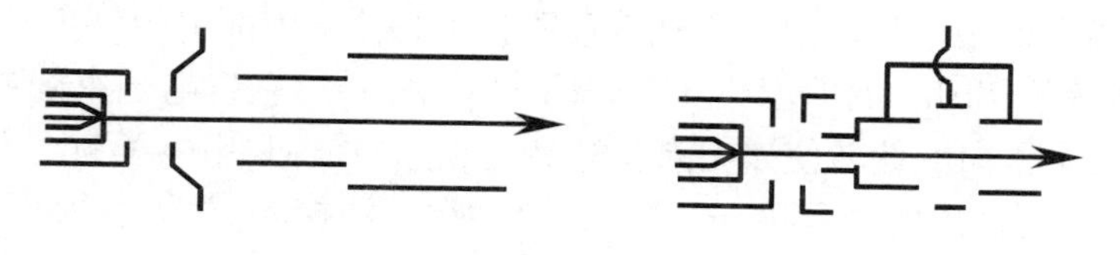

图 2.29

2. 电子显微镜

图 2.30 为一个“透射电子显微镜”（TEM）的示意图. 考虑到其尺度相差悬殊（比如：设备总长度约 1.5 m，外围直径约 0.3 m，物即“样品”的尺度在微米级，放

大率为几十万倍，分辨率为零点几纳米），此图不可能是“按比例”绘制的.

其前部为一弱流（微安级）细束电子枪. 阴极加 100 kV 量级负高压，使电子有足够高的能量（足够短的波长，以减小“衍射像差”，见下一章），且近于平行束；阳极 A 之后皆为等位区；聚焦都用带铁壳、磁靴的强短磁透镜，聚焦力通过励磁电流调整. 用两个“聚光镜”使电子束成平行度更高的近平行束投射到样品上，此后经过“物镜”、一个或若干个“中间透镜”和最后的“投影镜”逐级放大，使在荧光屏上形成放大倍数很高的像，可用肉眼观察或摄影. 此所谓像，实际上是样品上电子的透射率（随其厚度或致密程度）的反映. 在物镜焦平面 z_{F1} 处有一小孔光阑，用以选择“工作模式”：可以置小孔于轴上，让原平行束透射后的光束通过，以得到透射率的像；也可将小孔偏置，只让与样品成一斜角的光束通过，以得到（晶体）样品在该角度的衍射图形. 作为一种重要的常规大型仪器，如今 TEM 的模式选择和放大率调整及其他操作皆用计算机控制，同时进行像转角的计算和补偿等，相当自动化.

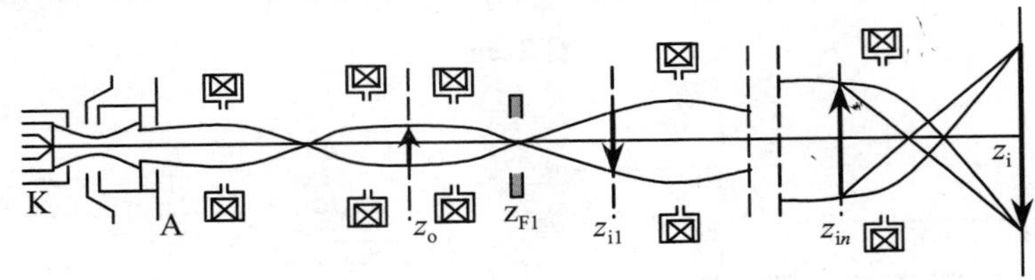

图 2.30

用好电镜的关键问题是减小像差（见下一章）和保证高分辨率. 所以，除了材料（如透镜极靴）的选用及处理、加工、安装都必须有极高的精度外，还要有若干精细的微调手段，其中很重要的一点是通过聚光镜和限制光阑的调整使束流的束张角相当小，以减小“球差”（见下一章）. 现在的电镜已使分辨率能达到 0.2 nm 以下（约 0.17 nm），把人的视力扩展到了可直接观察分子和分子内部原子分布的水平.

“扫描电镜”（SEM）的原理与 TEM 不同，光路迥异. 它将电子束聚成极微细的“光点”，用两个方向的偏转使该光点在样品上逐点扫描，利用电子束入射到样品上的反射、透射，或打出的次级电子、激发的 X 射线，经探测、放大、计量和计算机处理，在显示屏上呈现样品对束流的反应的“点阵”，从而“看到”样品. 光点的尺度和偏转扫描的“步长”（和定位的准确程度）显然是决定它的分辨率高低的重要因素.

第3章 有关像差的基本概念

前两章介绍了高斯轨迹方程和满足此类方程的粒子轨迹的“理想”成像特性，结果堪称美妙.但实际生活往往与理想存在差异.本章集中讨论此种差异.

3.1 像差概述

像差即指任何不满足理想成像条件的因素造成的差异，或曰实际轨迹与高斯轨迹的差异.此词亦来自光学，特指成像时“光线”（轨迹）与像平面的交点和高斯像点之差.显然，此种差异可能造成：图像模糊——这种交点不是一点，而是在理想象点四周均布的许多点，又称分辨率下降；形状失真——许多交点向同一方向偏离理想象点，又称畸变.

按原因分，像差（Aberrations）可分为5类，下面依次列出各类的中英文名称、所不满足的基本假设和可能的造成该种像差“凸显”的直接原因：

（1）几何像差（Geometric Aberration）：不满足小量假设或旁轴条件，运动方程有高阶项——可能束流截面尺寸较大.

（2）色差（Chromatism）：不满足与纵向运动无耦合的假设——电子初始动量有明显不同（或加速电压波动）.

（3）机械误差（Mechanic Error）：不满足“理想场”假设——可能因制造、安装误差或外场干扰.

（4）空间电荷误差（Space Charge Effect）：不满足“单粒子”假设，束流电子间有相互作用——可能电流密度较大.

（5）衍射像差（Diffraction）：不满足非波动性假设，电子固有其波动性——可能因图像像素或膜孔孔径甚小.

各类像差在一定条件下可以忽略,有些则可以克服.但多数像差只能设法减少或加以补偿,不能完全消除,因为其"原因"是人力无法消灭的客观存在.实测到的像差常是不止一类像差的综合表现.在某些条件下,一类或少数像差可能凸显出来,成为"主要矛盾"或"元凶首恶".设计电子光学系统时,应有针对性地加以抑制或补偿.像差大小是判断系统设计制造优劣得失的一个重要指标,像差及如何对付的问题是电子光学深入研究的前沿课题之一.

本章题为"基本概念",将对此问题进行初步的分析和介绍,不拟过分深入.重点是几何像差与色差.目的在于弄清概念,如各种像差的物理图像、分类、有关因果关系及相应的图形,若干因素对像差的影响和改进方向等.只作定性讨论,计算方法仅举例稍作介绍.

3.2 几何像差

几何像差是由于运动方程存在(被高斯方程略去的)高阶项而造成的实际轨迹与高斯轨迹之差.显然,它具有天然存在、仅在某些特定条件下极不明显而可以忽略的性质.根据运动方程,学者们对几何像差进行了分"级"、分类等若干处理,这些处理则是人为的.

旁轴条件与据之所做的线性简化也是人为的,当然此举有重要的意义,因为所得的高斯方程反映了客观世界最本质、最主流的部分,以免研究者"只见芝麻,不见西瓜".它建立的理论称为"高斯光学",或"一级理论".它也是继续深入、去探寻"芝麻"何在的基础.如果把运动方程中3次及以下各"小量"的乘积项皆予保留,则计算结果应更近真.这种理论就是"三级像差理论",其所得结果与高斯光学的差叫做"三级几何像差",它通常占总几何像差的绝大部分(可达99%).一般三级像差理论的结果已足够精确.同理,可有"五级像差",等等.

需要注意,本章谈三级几何像差时,仍认为场是理想的轴对称场(一般不涉及具体场分布).在这种理想场里,不存在偶次幂造成的像差.同样,也不谈色差等因素造成的像差耦合或交叉项.这仍是一种先抓主要矛盾、"各个击破"的办法.从像差与不同3次幂项的关系,可人为地将三级几何像差分成5类,分别名为球差、畸变、彗差、像散与场曲.

下面以经典的方式介绍几何像差(以下省略定语“三级”)的分类及特点.因历史上几何光学类似研究的影响和便于对光学系统进行分析,讨论中谈物点位置而不谈该点的轨迹初始方向角(子午面内为 r',偏离子午面为 $r\phi'$),代之以系统中某一对最大束张角形成限制的“光阑”孔径和轨迹与光阑平面的交点位置.注意:本章讨论的轨迹已不限于子午面.

如图3.1所示,用复数法表示平面上的点(量 r,ϕ 与柱坐标平面的定义相同,点 $Z=re^{i\phi}$)的位置与距离、比例等量,研究一条形为空间曲线的实际轨迹.

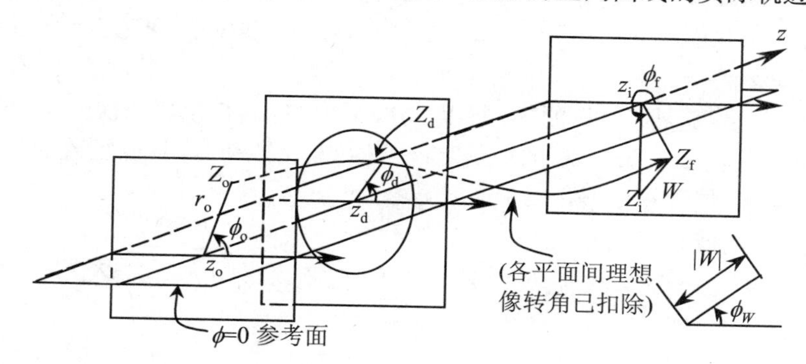

图 3.1

该轨迹起于物平面 $z=z_o$ 上的物点 $Z_o=r_oe^{i\phi_o}$,与光阑平面 $z=z_d$ 交于光阑面截点 $Z_d=r_de^{i\phi_d}$,到达高斯像平面 $z=z_i$ 时止于该轨迹的落点 $Z_f=r_fe^{i\phi_f}$.该点与高斯像点 $Z_i=r_ie^{i\phi_i}$之差为

$$W=Z_f-Z_i=|W|e^{i\phi_W}=f(Z_o,Z_d,Z_o^*,Z_d^*)$$

复数 W 即为讨论的几何像差.它有标志大小与转角的两个要素 $|W|$ 与 ϕ_W;同样,上述每个点也由两个要素描述.Z_o^* 是 Z_o 的共轭复数 $r_oe^{-i\phi_o}$,Z_d^* 的含义类似.辐角 $\phi=0$ 的参考面的选取是任意的.物点和光阑平面截点共同唯一确定了这一条轨迹,也确定了落点和像差.W 必可对 Z_o 等的乘幂展开,它应仅是 Z_o,Z_d 及其共轭复数的函数.之所以引入共轭复数,是因为 W 不必是复数 Z_o 等的复解析函数,每个复位置量应视为两个变量;用一对共轭复数而不用辐角的优点是展开式中各项的幂次可清楚地显现.

本节讨论的几何像差理论是一种“表象”的理论.它不从产生像差的具体原因出发,而重点分析像差 W 对物点 Z_o、光阑面截点 Z_d 的依赖关系即上式的展开式,得到只有哪些项是合理的或能够存在的.事实证明,它们也就是实际存在的项.每一项的系数大小当然与产生像差的具体原因有关,依赖于所研究的束流光学系统.

本节将定性地分析每一项的存在会对轨迹成像产生何种影响.

原则上,W 的展开式中有无穷多项,但由于种种限制,有资格成为我们的研究对象的不多.这些限制是:其一,场为理想场时,显然 W 绝不可能包含1次乘幂项,因为仅考虑1次项时轨迹必达到高斯像点,否则高斯光学何以成立.其次,作为三级像差理论,不考虑 W 中的4次以上乘幂项.第三,场为轴对称时,Z_o 等的偶次幂项皆不能存在,因为:如将整个图像绕轴旋转180°,相当于所有变量易号,Z_o,Z_f,W 等亦皆应随之变号,而式中偶次幂项将负负得正,使 W 有谬变.故对三级像差,W 的展开式中只能有3次幂项.第四,场为轴对称时,如将图像绕轴转一角度 $\Delta\phi$(即让参考面转动 $-\Delta\phi$),则式中所有辐角皆有增量 $\Delta\phi$,ϕ_W 亦如是,而不能有产生辐角增量为 $3\Delta\phi$ 或 $-\Delta\phi$ 的项.所以,3次幂项中,只有包含两次光点"位置"和一次"位置的共轭复数"的乘积的项是"合法"的(上述转动时,共轭复数的辐角增量为 $-\Delta\phi$,与一个位置辐角增量抵消).

因此,W 的展开式只能是

$$W = AZ_d{}^2Z_d{}^* + BZ_d{}^2Z_o{}^* + B_1Z_dZ_d{}^*Z_o + CZ_dZ_oZ_o{}^* + DZ_d{}^*Z_o{}^2 + FZ_o{}^2Z_o{}^*$$

合法的项与系数只有6个,此式按 Z_o 的升幂和 Z_d 的降幂排序.各系数取名有历史原因,原则上皆可为复数,包含大小及转角两要素,或写成实部与虚部.如 F 可写成 $|F|e^{i\phi_F}$ 或 $f+if_1$.

对 W 展开式的限制不止于此.如固定物点 Z_o(同时也就固定了唯一的高斯像点 Z_i),让轨迹截点 Z_d 在光阑平面上移动,相当于连续取不同的轨迹,则像平面上的落点 Z_f 或者说向量 $\boldsymbol{W}$ 随之变化;所以向量 $\boldsymbol{W}$ 是光阑平面上点或向量 $\boldsymbol{Z}_d$ 的连续函数,而 $\boldsymbol{W}$ 对 $\boldsymbol{Z}_d$ 的变化率必须遵循一定的规律.当物平面、像平面之间的电磁场能产生高斯像时,向量场 $\boldsymbol{W}$ 或 $\boldsymbol{Z}_f$ 作为 $\boldsymbol{Z}_d$ 的函数必是无旋的.即:利用元向量,把向量 $\boldsymbol{Z}_d$ 写成 $x_d\boldsymbol{e}_{xd}+y_d\boldsymbol{e}_{yd}$ 或 $r_d\boldsymbol{e}_{rd}$,而把 $\boldsymbol{W}$ 写成 $W_x\boldsymbol{e}_{xd}+W_y\boldsymbol{e}_{yd}$ 或 $W_r\boldsymbol{e}_{rd}+W_\phi\boldsymbol{e}_{\phi d}$,则必有

$$\frac{\partial W_x}{\partial y_d} = \frac{\partial W_y}{\partial x_d}$$

或

$$\frac{\partial}{\partial r_d}(r_dW_\phi) = \frac{\partial W_r}{\partial \phi_d}$$

一种等效说法是:光阑平面上复数 Z_d 沿某一方向的微小变化 ΔZ_d 会引起 W 的微小变化 ΔW,$\dfrac{\Delta W}{\Delta Z_d}$ 即为此方向上的变化率,它可随方向而异,而且可以是复数

(包含大小与辐角的变化);但任意两个相互垂直的方向上的变化率之和必定是实数.

将上式中的 W 与 Z_d 的关系按以上规则处理,能得到对 W 的各项系数的又一种限制:

A 与 C 必须是实数,$B_1 = 2B^*$,而 B,D,F 可为任意复数.

推导要点　关于光阑平面上的 $\boldsymbol{W}$(或 Z_f)应为无旋场,严格的数学证明颇为复杂,不妨以物理图像想象之.

考虑光阑平面上的一条封闭曲线,对应到像平面上亦必为一条封闭曲线;前者如向一内点收缩,使面积趋于0,后者亦向一点收缩;无论该曲线包围高斯像点与否,向量 $\boldsymbol{W}$ 沿光阑平面上闭合路径积分的值必定为0.如该积分不为0,意味着像平面上的落点与光阑平面对应点之间有平均值不为0的转角差.但此平均转角差应该就是高斯像点的转角差,即计算像差时它应已被消去.

关于等效说法的证明如下:

如采用光阑平面上的直角坐标系,令有关两平面的参考面(取 $\phi=0$ 为 x 轴)相同,则有

$$W_x = \mathrm{Re}(W)$$

$$W_y = \mathrm{Im}(W)$$

后一说法如取相互垂直的方向为 x,y 方向(此取法并不失任意性),则要求

$$\mathrm{Im}\left[\frac{(\Delta W)_x}{\Delta x} + \frac{(\Delta W)_y}{\mathrm{i}\Delta y}\right] = \mathrm{Im}\left(\frac{\partial W}{\partial x} - \mathrm{i}\frac{\partial W}{\partial y}\right) = 0$$

将 W 写成复数形式后,可发现此要求正与无旋等效.

亦可采用柱坐标系,注意到光阑平面上元向量 $\boldsymbol{e}_r$ 与 $\boldsymbol{e}_\phi$ 的取向,有

$$W_r = \mathrm{Re}(W\mathrm{e}^{-\mathrm{i}\phi_d})$$

$$W_\phi = \mathrm{Im}(W\mathrm{e}^{-\mathrm{i}\phi_d})$$

取径向与角向为两个特定的方向,则后一说法要求

$$\mathrm{Im}\left[\frac{(\Delta W)_r}{\Delta r_d \mathrm{e}^{\mathrm{i}\phi_d}} + \frac{(\Delta W)_\phi}{\mathrm{i}r_d\Delta\phi_d \mathrm{e}^{\mathrm{i}\phi_d}}\right] = \mathrm{Im}\left[\left(\frac{\partial W}{\partial r_d} + \frac{1}{\mathrm{i}r_d}\frac{\partial W}{\partial \phi_d}\right)\mathrm{e}^{-\mathrm{i}\phi_d}\right] = 0$$

注意到

$$\frac{\partial}{\partial \phi_d}(W\mathrm{e}^{-\mathrm{i}\phi_d}) = \left(\frac{\partial W}{\partial \phi_d} - \mathrm{i}W\right)\mathrm{e}^{-\mathrm{i}\phi_d}$$

易得上式亦与无旋等效.

欲得对 W 展开式中各系数的限制,此4个公式皆可用.似以用复数形式(将 W 展开式中的 Z_d 代以 $r_d\mathrm{e}^{\mathrm{i}\phi_d}$,$Z_o$ 等类之)最便.欲该式对任意的 Z_o,Z_d 皆成立,

当令每一同阶项的系数满足要求,则上述限制易得. □

此外,当电磁场另有约束时,各项系数会受到其他限制.容易想见,各系数如为复数,其辐角必与像转角之差有关,即只在有磁场时方能产生.事实上,如不存在磁场,则由于轴对称电场关于 $\phi=0$ 参考面或任一子午面镜面对称,故令 Z_o,Z_d 皆与其共轭复数互易,所得轨迹亦必与原轨迹的图像对称,得到的 $W=W^*$.与将 W 展开式中的 W 取共轭相比,得到又一个重要推论:无磁场时所有系数必皆为实数.

综上所述,将各位置点写成如 $Z_d=r_d e^{i\phi_d}$ 形,各系数写成如 $B=b+ib_1$ 形,可得一般情况下 W 的展开式:

$$W = Ar_d{}^3 e^{i\phi_d} + [(b+ib_1)e^{i(2\phi_d-\phi_o)} + 2(b-ib_1)e^{i\phi_o}]r_d{}^2 r_o + [Ce^{i\phi_d} + (d+id_1)e^{i(2\phi_o-\phi_d)}]r_d r_o{}^2 + (f+if_1)r_o{}^3 e^{i\phi_o}$$

几何像差的分类即来于此式,系数 A 确定的项称球差,F(或 f)项称畸变,B(或 b)项称彗差,C 与 D(或 d)相关项称像散和场曲.

以下由简入繁,分别介绍此式中各项产生的像差及一些有关因素.实际电子光学系统产生的像差图形,总是一些项(及非几何像差,如色差等)并存而形成的.由于各项与成像系统诸因素的关系不同,在某些条件下某一两类像差会表现得最为突出.作为表象理论,先不管各项系数自何而来,只说它们有非0值时的后果;依次介绍其特点、生成"光斑"的图形和"光路".其中,图形指物点固定,光阑截点在光阑平面上沿不同半径的环形扫描,直到扫遍光阑孔内区域为止,所有轨迹在像平面上落点的集合所组成的图形;光路则定性说明不同的轨迹为何会有这种落点的差异.

(1) 球差(Spherical Aberration).

表达式:

$$W_{sph} = Ar_d{}^3 e^{i\phi_d}$$

特点:与物点位置(Z_o)无关.物点在轴上($r_o=0$)时,像差仅余此项.如物的尺寸颇小,则此项为主要像差(例如,对电子束器件,物是轴上的交叉截面).对不同物点,产生的影响相同,最终效果仅决定于光阑孔径($r_{d\max}$)或者说束张角大小.球差降低图像的分辨率,使像模糊,无失真.

图形:如图3.2所示.由球差项的表示式可分析其行为.如固定 r_d,让 ϕ_d 绕一圈,则光点绕像点以半径 $R=Ar_d{}^3$ 匀速、同向旋转,并走成环形;若 r_d 再变化,则总图形为多环套叠,不是一个点,而是以像点为中心的中心最亮、四周渐淡、边缘模糊、最大半径约为 $Ar_{d\max}{}^3$ 的"弥散圆".之所以中央亮而边缘暗,是因为落点圆的半径 R 与光阑面半径 r_d 的3次方成正比,dR 正比于 $r_d{}^2 dr_d$,故 r_d 越大,光阑平面上大小相同的面积元对应的落点面积越大.

光路:如图3.3所示.以轴上物点为例.束张角较大(不满足旁轴条件)时,因为远轴聚焦场的聚焦力较大(因 V 为调和函数,远轴处 V'' 总是偏大),像点内移,绕光阑较大孔径一圈形成的"光锥"面与像平面交叉而成圆环. 因此,球差系数 A 恒为负实数. 穿过光阑全孔的整个光锥体内大多数粒子集中在较小的环里. 又由此图可见,如将像平面由高斯像平面 z_i 处向物点略作移动至 z_m 处,可使弥散圆最小,改善分辨率. 减小光阑孔径(或与之等效地说,缩小束张角)一如摄影者之缩小光圈,自然可将总球差减小,使图像更清晰.

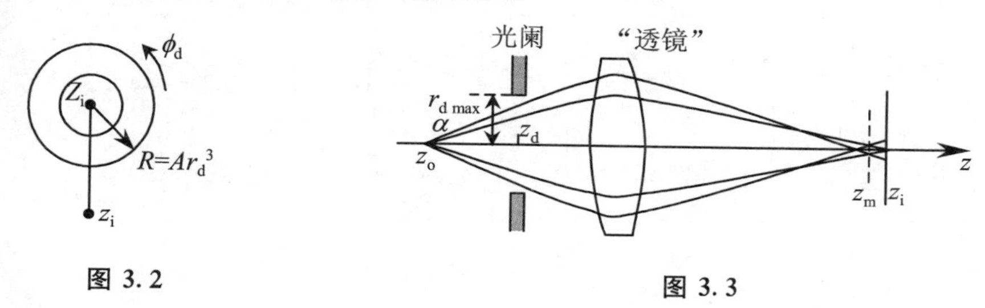

图 3.2　　　　图 3.3

当年几何光学曾致力于改进"球面共轴系统"产生的像差,此其得名. 有关问题后文还要讨论.

(2) 畸变(Distortion).

表达式:

$$W_{\text{dist}} = (f + \mathrm{i}f_1) r_o^3 \mathrm{e}^{\mathrm{i}\phi_o}$$

或

$$W_{\text{dist}} = |F| r_o^3 \mathrm{e}^{\mathrm{i}(\phi_o + \phi_F)}$$

特点:与光阑大小或粒子轨迹的初张角无关,仅决定于物点位置;或曰,如仅有此项,则自一物点发出、通过整个光阑孔的所有轨迹仍交于一点,但与高斯像点有异. 此项当物点近轴时常可忽略,离轴较远时(r_o 较大)表现突出,可能成为主要像差. 不影响清晰度,是产生失真的主因.

图形:如图 3.4 所示. 光束仍成为点像,但不与高斯像点 Z_i 重合,偏离量正比于 r_o^3,在磁场中时还可能有一扭转角 ϕ_F. 设物为一矩形框,则像本应为一完全相似的矩形框,因有此像差而可能使像变形,如图 3.5 所示. 因系统不同,可能有几种典型的畸变类型:枕形、桶形及扭曲. 后者只在有磁透镜时会出现,又称各向异性畸变.

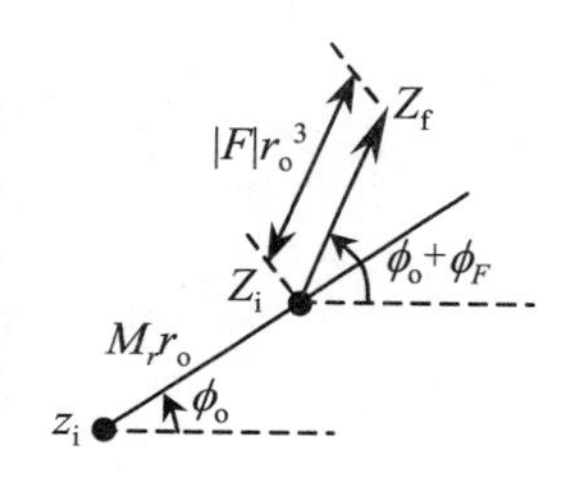

图 3.4

成因:成像系统的单向放大率 M_r 对 r_o 高阶项

的依赖性对近轴物点可忽略，而当 r_o 较大时显现.如畸变系数的实部 f 与 M_r 同号，则 r_o 越大，M_r 亦增大，表现为如图 3.5 中所示的枕形畸变；反之，则物点离轴越远，放大倍数越小，呈桶形畸变；该系数的虚部 f_1 则反映像转角差和角向位移随物点到轴距离的变化，是为扭曲畸变，因 f_1 的符号不同而有左扭曲与右扭曲之分.常以标准图形成像观察，则畸变类型与程度不难辨别.

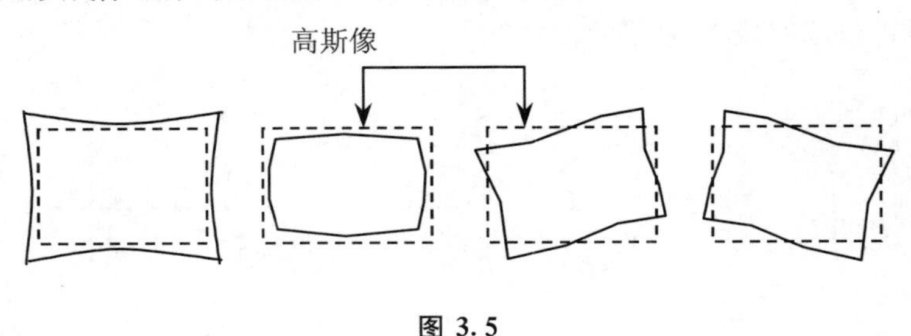

图 3.5

(3) 彗差(Coma).

表达式：

$$W_{\text{coma}} = |B| r_d^2 r_o \left[e^{i(\phi_B - \phi_o + 2\phi_d)} + 2e^{i(\phi_o - \phi_B)} \right]$$

特点：正比于 $r_d^2 r_o$.对于近轴物点(r_o 较小，但 $r_o \neq 0$)，且当系统球差较小时，可能表现较明显.与光阑孔径或束张角关系较大.因有彗星状向某方向的"拖尾"而得名.对分辨率影响较大，亦造成轻度失真.

图形：如图 3.6 所示.当 r_d 固定，ϕ_d 在光阑平面上绕一圈时，像平面上的光点在一半径为 $R = |B| r_d^2 r_o$ 的环上随之绕两圈；该环圆心由上式中的第 2 项确定，

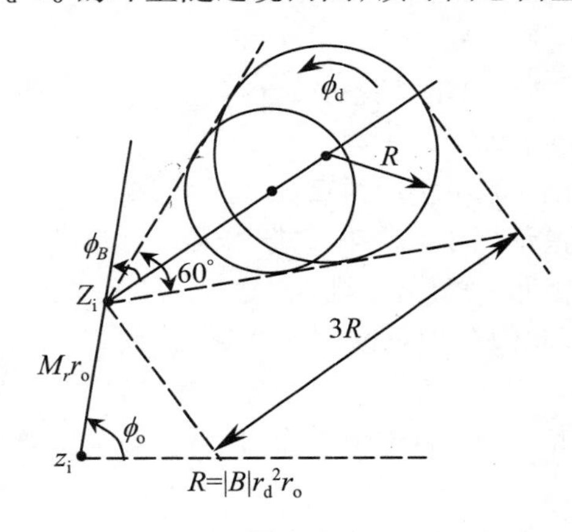

图 3.6

它到高斯像点的距离为 $2R$，与过该像点的矢径夹角为 $-\phi_B$．让 r_d 变化，得总图形为多环相叠，各环圆心相互错位但共线，皆在一条自高斯像点发出的射线上，各光环又皆与一个以高斯像点为顶点的 60° 角的两边相切，形成一个张角为 60°、顶点附近最亮、向后渐弱的彗星形拖尾，拖尾长度为 $3|B|r_{d\max}^2 r_o$．

光路：产生彗差的原因是轨迹斜入射时，如以穿过光阑孔中心的轨迹为中心轨迹（该轨迹无彗差），它周围的场是不对称的；不对称程度因方向而异，对比最强烈的是子午面方向和与之正交的"弧矢面"方向．此不对称当 $r_o \neq 0$ 时才出现（故正比于 r_o），而当束张角较大时表现明显（正比于 r_d^2）．图 3.7 所示为无磁场的情况（"各向异性彗差系数" $b_1=0$ 或 $\phi_B=0$），当入射斜角较大（故不满足旁轴条件）时，到像平面的落点因非对称折射而比高斯像点离轴远．仍考虑 r_d 相同的多条轨迹形成的光锥，其中物点所在子午面内的不对称最甚，故两条子午面射线在最远处相交；弧矢面内不对称程度最轻，两条入射轨迹相交点最近；其他截面内两条轨迹的交点介于其间而又有横向的错位；整个光锥形成了一个"彗差圆环"．该环上的每点都是光阑平面上 ϕ_d 相差为 π 的两条轨迹的交点，所以 ϕ_d 变化为 2π（一圈）时，彗差圆上光点的辐角增量为 4π，即绕行两圈．光阑孔径越大，彗差圆越大且越移远，但相对亮度因 R 正比于 r_d^2 而变淡，理由与球差类似，而程度略轻．

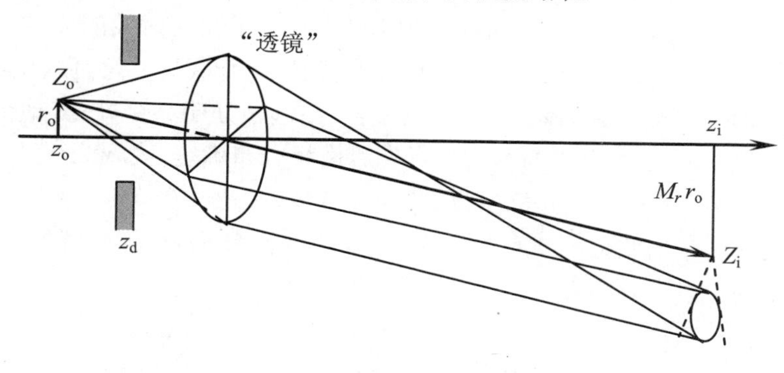

图 3.7

在多数细束电子器件中，只要系统器件同轴性良好，彗差并不显著．

(4) 像散（Astigmatism）与场曲（Curved Field of Vision）．

表达式：

$$W_{\text{ast+curv}} = [C e^{i\phi_d} + |D| e^{i(\phi_D + 2\phi_o - \phi_d)}] r_d r_o^2$$

特点：正比于 $r_d r_o^2$．当光阑有一定大小时，对远轴物点才会表现较明显．像散与场曲得名于几何光学，像散指成像点沿纵向在一段距离内散开（视力缺陷有所谓散光，与其相似），场曲则指成像面变为曲面而非平面，此两者的影响常不易分开．

此种像差降低远轴物点的分辨率，对大物面成像亦有失真.

图形：如图 3.8 所示. 依前例办理，当 r_d 固定、ϕ_d 绕一圈时，光点在像平面上绕一个以高斯像点为中心的椭圆走一圈. 令 $R = r_d r_o^2$，则此椭圆的半长轴为$(|C| + |D|)R$，半短轴则为$|C|$与$|D|$的差乘以 R，取向及 ϕ_d 移动时光点的移动方向与系数的其他参数有关，半轴$(|D| + C)R$与过像点 Z_i 的矢径夹角为$\frac{\phi_D}{2}$. 令 r_d 变化，则得一椭圆族，总图形为以高斯像点为中心的椭圆光斑，长短轴之比同上，最大 $R_{max} = r_{d\max} r_o^2$，与物点到轴距离的平方成正比，亮度分布则与光阑面束流密度分布相仿，未必明显内亮外暗（R 正比于 r_d），有可能因 r_o 偏离中轴、光阑孔内束流分布不均而造成半侧较亮.

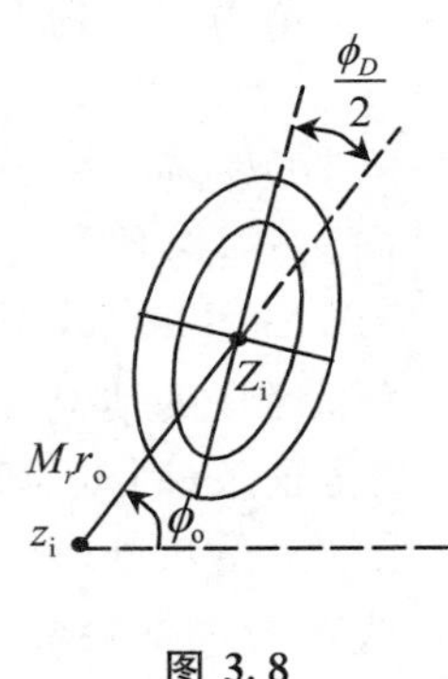

图 3.8

光路：对于远轴物点发出的粒子束，当束张角也不太小时，透镜系统的折射面对粒子的聚焦力因入射方向不同而有所不同. 考虑过物点和光阑孔中点的不同的纵剖面，此种聚焦力的不同使各纵剖面各有自己的像点. 如果固定光阑面上一个以 r_d 为半径的环，而让物点在物平面上移动，则所有子午面入射线的成像点在空间形成 T 曲面（称子午像面），而所有弧矢面入射线在 S 曲面（弧矢像面）上成像；此两个曲面在近轴处与高斯像平面 G 面近似重合，在远轴处明显分开；其他剖面的成像点则介于该二曲面之间. T 与 S 的位置先后由场分布确定，表现为 C 的符号. 多如图 3.9 所示，即有 $C>0$（此例中设“各向异性像散”$d_1 = 0$ 或 $\phi_D = 0$）. 于是，Z_o 点发出的两条子午射线会于 T 面上一点，再分开后到 G 面，成为椭圆的长轴（因 T

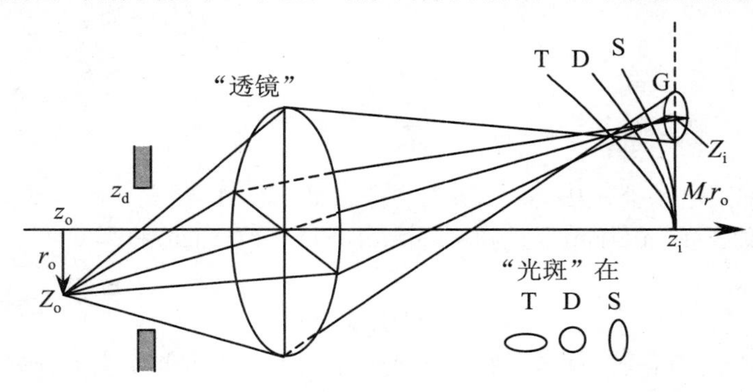

图 3.9

面距 G 面较远)的两个端点;两条弧矢面射线则会于 S 面上,到 G 面分别为短轴的两个端点;所有射线则组成一个椭圆.物面的像因上述透镜折射力随射线方向的差异而在空间(T 到 S 之间)散开,是为"像散";同时,成像面不是平面,而成曲面,须以"视场的弯曲"来矫正,故称"场曲".如将观察屏置于 T 面或 S 面,皆只能得一个方向清晰、另一方向模糊的图形;而在其间某 D 面(应是一近于球面的旋转曲面)上可得折中之效,成像最佳,各物点成像皆为较小的圆斑,且物面的形状大小看来亦不失真——此即所谓"弯曲视场".由此可知像散与场曲一般共存,像散的表现较著;但适当调整,可使像散在一定程度上消除,使 T 与 S 两曲面大致重合于 D 面,则场曲方成突出问题.

自有电子光学以来,许多人在像差的分析、计算、如何消除或减小等方面做了大量工作.计算方法的一个例子见后文.

因为球差是近轴物点的主要像差,而此类电子束器件颇多,有关工作也最多.前文介绍的球差系数 A,描述了物为一点、光阑最大孔径为 $r_{\mathrm{d\,max}}$ 时的像方弥散圆大小.而有人为更好地描述有关现象或进行比较分析,定义了其他形式的球差系数,比如:折算成物方分辨率(又称"物方弥散圆半径",指物平面上尚能分辨而相距最近的两点间的距离,此两点的高斯像点间的距离大致即为像方弥散圆半径)的球差系数;不用光阑半径而用物方最大束张角(对轴上点)定义的球差系数;同样有以像方"上屏角"定义的球差系数;有设物点在无穷远处、粒子束平行入射时焦平面上以焦点弥散圆半径定义的球差系数(限制因素仍可取光阑半径或上屏角);有同样条件下以焦点纵向位置散开定义的"纵向球差系数",等等.还有人定义了各种将球差系数与其他因素(如焦距、像距、系统的直径或长度等)相乘或相除,以抵消某些因素的影响,便于比较优劣的所谓"无量纲球差系数"、透镜"品质因数"等.本节不一一介绍.这些系数在一定条件下自然可相互换算.

与几何光学可凭借透镜曲率修正消除球差不同,数学上已可证明:作为轴对称电磁场的性质,能聚焦的电子光学系统不可能消除球差——而且如前已述及,系数 A 恒小于 0.因计算复杂,更因为无法设计电极结构以实现任意的场分布,不太可能以对理论的球差计算公式求极值的方法来获得尽量小的球差.用得最多的方法是对许多常用的透镜、电极结构进行计算或实测,把结果列成图表,给出某种定义下的球差系数(无非是一个标志像差的量与一个和束张角有关的量的 3 次方的比值,有时再除以或乘以一个量;如除以焦距,以便于某种用途的系统在一定条件下比较选优)随透镜参数变化的规律,供设计者参考.设计者则考虑到对系统的其他要求或限制,折中选优.这些图表或经验公式可在各种文献上查到.

一般而言,以一种定义的"品质因数"相比较,可得到结论:静电浸没透镜和磁透镜如设计得当,就球差较小、聚焦力适当而言优于静电单透镜,后者又优于静电膜片透镜;而复合电、磁透镜则不能比单一的静电或磁透镜更好.各种透镜当电压比增加或磁场增强(从而聚焦力变强)时球差系数皆下降,有些镜种有球差相对下降特别快的区段和较慢的区段,故从减小球差的角度,有比较适宜的电压比工作区,一般电压比应比较高(大于10).对于双圆筒浸没透镜,电压比足够高时圆筒相对间隙($\frac{s}{R}$)对球差的影响很小;如最大直径固定,其他条件不限,等径双圆筒(直径取最大值)的球差最小;如限制焦距与透镜区长度,不限最大直径,则高压筒直径为低压筒直径的$\frac{1}{2}\sim\frac{2}{3}$的不等径双圆筒球差最小.对等径三圆筒单透镜,在一定范围内增加中间电极长度、增加圆筒间隙、增加透镜总长度、增大圆筒直径,都有助于减小球差;如限制总长度,则中间电极长约为总长的$\frac{1}{3}$时球差最小.此外,减速型双圆筒透镜的球差小于加速型,起始加速型单透镜的球差小于起始减速型;可惜因对透镜的其他要求所限,这两种透镜几乎无法应用.

前已提及,将荧光屏从高斯像平面略向物点移动,可得"最小弥散圆".用此法虽不能消除球差,但可明显缩小光点尺寸,提高分辨率.移动量当视实际用法而定.

例如,考虑粒子轨迹平行入射时高斯焦平面(当物距无穷大时的像平面)的移动量.其几何关系如图3.10所示.b是光阑允许的最远轴入射线,α_b是它的上屏

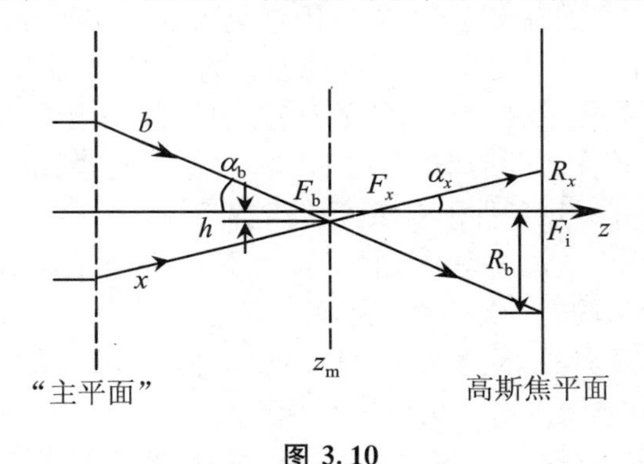

图 3.10

角,F_b为其焦点,R_b为焦平面上弥散圆半径;x为另一入射线,有关量的定义仿之.则有:

比值

$$C_s = \frac{R_b}{{\alpha_b}^3}$$

为由上屏角定义的“球差系数”.

距离

$$D = F_b F_i \text{ 线段长度 } = \frac{R_b}{\tan\alpha_b} \approx C_s \cdot \alpha_b{}^2$$

为“纵向最大球差”.

由有关几何关系可计算出:当荧光屏移动量为纵向最大球差的$\frac{3}{4}$时,可得最小弥散圆,其半径仅为$\frac{R_b}{4}$.收益不可谓不丰.

推导要点 对任意入射线 x,同样有 $R_x = C_s\alpha_x{}^3$,线段 F_xF_i 长度$\approx C_s\alpha_x{}^2$.令两射线相交处到轴线的距离为 h,则

$$F_b F_x \text{ 线段长度 } = C_s(\alpha_b{}^2 - \alpha_x{}^2) = h\left(\frac{1}{\alpha_b} + \frac{1}{\alpha_x}\right)$$

得

$$h = C_s\alpha_b\alpha_x(\alpha_b - \alpha_x)$$

求极小值,使$\frac{\mathrm{d}h}{\mathrm{d}\alpha_x} = 0$,得

$$\alpha_x = \frac{\alpha_b}{2}$$

及

$$h = \frac{C_s\alpha_b{}^3}{4} = \frac{R_b}{4}$$

此时,相交处与焦平面相距为

$$C_s\alpha_b{}^2 - \frac{h}{\alpha_b} = \frac{3}{4}D$$

任意射线在该处的截距为

$$\alpha_x\left|\frac{3}{4}D - C_s\alpha_x{}^2\right|(\text{在 } |\alpha_x| \leqslant \alpha_b \text{ 范围内}) \leqslant h$$

作此计算的目的在于有助于对各种系数的理解. □

对其他像差亦可用类似方法研究.但它们之间显然有(尤其用实验法)不易区分的不便,不像球差当物点在轴上时可单独研究.它们也受到光阑位置选取的影响.有人特别研究了光阑位置如何选择优化的问题.在一定条件下,移动光阑相当于像差的各项重新排列组合,各系数随之变化;光阑所在位置亦影响其孔径对远轴轨迹加以限制的有效性.理论研究指出存在“最佳光阑位置”.彗差系数随光阑位置变化近似为线性且可过零点,故光阑选在某处可使彗差消失;像散与场曲系数近似

为二次曲线,可在某处有极小值.对于较大面积的物,畸变应在以标准图形成像时的测量结果基础上加以矫正或补偿.像散亦可在一定程度上矫正.场曲已提到可用凸形成像曲面补偿,也可等效地将物(如面积较大的光电阴极)做成凹面以进行补偿.

计算像差的方法很多,有些像差系数可用不同方法定义,更加剧了计算的复杂性.好在已有人做了许多工作,有关计算公式——大多复杂繁琐——均可查得.本节之所以有所触及,是因为这是用微扰假设探求线性理论的不足的好例子,其思想方法与入手的数学手段皆有启发性,故不妨略作介绍.浅尝辄止,无意深究.仅以静电场的球差计算为例.

回到未作近轴、旁轴假设的运动方程(对低能电子):

$$r'' = \frac{1 + r'^2}{2V}\left(\frac{\partial V}{\partial r} - r'\frac{\partial V}{\partial z}\right)$$

其中,$V = V(z,r)$仍可用 V 对 r 的谢尔赤展开式,但多取一项(到 r^4 项);式中 3 处用到 V 时皆以该式对 r 展开$\left(包括\frac{1}{V},注意含 r 的项勿留在分母中\right)$;将几个多项式相乘,只留 r 和 r' 的 3 阶以下项,应能得到

$$r'' + \frac{V'}{2V}r' + \frac{V''}{4V}r = f(r, r', V)$$

所有 r 的一次项在左边,正是高斯线性方程的全部项(当然);右边为很复杂的许多项,每项皆有一 r 或 r' 的高次因子,其系数是有 V 及其 1~4 阶对 z 的微商参加的算式.因为轴对称静电场 V 是 r 的偶函数,$\frac{\partial V}{\partial r}$是奇函数,故函数 f 中不包括 r 的偶次幂,只有 4 个 3 阶项:r^3, r^2r', rr'^2, r'^3.

上式即三级几何像差方程,须求其特解.

对于球差计算,可运用微扰法,设特解形如

$$r = P_o\alpha \cdot r_S(z) + \varepsilon(z)$$

此处设物点在轴上,α 是轨迹出射角,函数 r_S 是原高斯方程的似正弦特解.所求特解对应的轨迹初始条件为 $r_o = 0, r_o' = \alpha$;故"微扰项"$\varepsilon(z)$应满足 $\varepsilon(z_o) = \varepsilon'(z_o) = 0$.微扰法的特点之一是总可认为微扰项 ε 是一高阶小量;事实上,本问题中应视 α 为一阶小量(r 与其同阶,请注意 r_S 作为一数学函数并非小量),ε 则是与 α^3 成正比的"三阶微扰".所研究方程到 3 阶为止,故可忽略 ε 的 2 次以上乘幂.微扰法的特点之二是可尽量利用原线性方程的解.把上式代入三级运动方程,因为 r_S 是高斯方程的解,它代到左边后有关项为 0,必得

$$\varepsilon'' + \frac{V'}{2V}\varepsilon' + \frac{V''}{4V}\varepsilon = (P_o\alpha)^3 f(r_S, r_S', V) + (P_o\alpha)^2[f_1 \cdot \varepsilon' + f_2 \cdot \varepsilon]$$

此方程左边与高斯方程完全相同；右边则出现一不包含 ε 的“常数项”，其 f 函数与前一式完全一致，只是用 r_S 置换了 r，故可认为它完全是 z 的已知函数；另两项来自将 r^3 等高阶项展开后只保留 ε 的一次项，函数 f_1 与 f_2 中可以有 $r_S{}^2$ 等项，也是 z 的已知函数. 方程左边是有关微扰 ε 变化规律的主要项，它们和右边的常数项都是3阶项；而右边另外两项已经是5阶项，对三级像差研究可以略去. 严格说来，这两项是 ε 变化规律的修正项，存在于包括高阶修正的新齐次线性方程中，且对研究诸如“横向振荡”受到的微扰时有用，但对三级像差问题并无影响.

总之，微扰项 ε 满足的方程除右边另有一已知函数“3阶驱动项”外，与高斯轨迹方程并无二致. 对于已知齐次线性方程的两个特解，但右边加上一个 z 的函数的非齐次线性方程求特解的问题，总可以利用“拉格朗日待定系数法”，设解的形式为

$$\varepsilon = C_1(z) \cdot r_C(z) + C_2(z) \cdot r_S(z)$$

此式仅将齐次线性方程通解中的两个常数以两个未知函数替代，与之何其相似. 则可得

$$C_1(z) = -(P_o\alpha)^3 \int P r_S f(r_S, r_S', V) \mathrm{d}z$$

$$C_2(z) = (P_o\alpha)^3 \int P r_C f(r_S, r_S', V) \mathrm{d}z$$

式中，积分为从物点 z_o 到任意点 z. 易验证此解确实满足方程及初始条件，而且所得微扰项 ε 确与 α 的3次方成比例.

推导要点　对于一个特解问题设了两个待定系数函数，即多了一个自由度，故可令 C_1，C_2 满足附加限制条件

$$C_1' \cdot r_C + C_2' \cdot r_S = 0$$

则

$$\varepsilon' = C_1 \cdot r_C' + C_2 \cdot r_S'$$

C_1，C_2满足的初始条件是

$$C_1(z_o) = \varepsilon(z_o) = 0$$

$$C_2(z_o) = P_o\varepsilon'(z_o) = 0$$

再求导数得 ε''. 因为 r_C 与 r_S 是齐次方程的解，原方程即变为

$$C_1' \cdot r_C' + C_2' \cdot r_S' = (P_o\alpha)^3 f(r_S, r_S', V)$$

恰与上述附加条件构成未知函数 C_1'，C_2'的二元方程组.

再注意到不变量关系 $r_C r_S' - r_C' r_S = \frac{1}{P}$ 和初始条件，解之已无困难.　□

按一般习惯,把似正弦解写成量纲为长度的形式 $r_1 = P_o r_S$,把 P 写成$\sqrt{V}$,则已求得的特解(包括微扰项)是

$$r = \alpha r_1(z) + \frac{\alpha^3}{\sqrt{V_o}}\left[- r_C(z)\int_o^z r_1 \sqrt{V} f(r_1, r_1', V) dz + r_1(z)\int_o^z r_C \sqrt{V} f(r_1, r_1', V) dz \right]$$

在高斯像平面 z_i 处,$r_1(z_i) = r_S(z_i) = 0$,$r_C(z_i) = M_r$ 是单向放大率,故轨迹落点是

$$r(z_i) = -\frac{\alpha^3}{\sqrt{V_o}} M_r \int_o^i r_1 \sqrt{V} f(r_1, r_1', V) dz$$

根据本特解问题的给定条件,此落点径向位置 $r(z_i)$就是三级球差 $W = AR^3$.

光阑截点半径 R 总可看作一个正比于 α 的量,所以只要认为似正弦解已知,球差系数 A 的积分解析式已唾手可得.一般给出的公式还经过一些数学处理,如将 f 式中的 V 的 3 级和 4 级微商通过分部积分(设物点、像点处 $V'' = 0$,$V''' = 0$)去掉,但 V''项只好保留了.

此例显示了如何利用线性方程的已知解和微扰法求得高阶方程的近似解,它作为一种研究手段是常用的.请读者结合前文中若干论断仔细品味,不难举一反三.

3.3 色差和其他像差

1. 色差

在几何光学中,因波长不同(颜色不同,或光子能量不同)的光经过透镜时折射率略有不同而产生的像差称为色差.仿此,因电子能量不同而造成透镜折射率差异产生的像差在电子光学中也叫做色差,有时又称“色散”.

推导高斯轨迹方程时,假设电子的初能量一律为 0,初速差异自然被忽略,所以电子在透镜场中的轴向速度、动量全都一样,透镜对其的折射率亦一视同仁.实际上,电子离开阴极时有热运动,其初速按麦克斯韦分布,与阴极温度有关,常用“最可几动能”描述(阴极温度 $T = 1000$ K 时,最可几动能约 0.1 eV),有一分布区

域.如电子很快进入高压区,显然初速差异的影响甚小;但如在低压区即有透镜作用(如浸没物镜),此影响常不可忽略.在一些"次级电子发射"的器件中,电子初速与初级粒子能量和作用过程有关,初速分布往往更广,色差更为突出.

如静电透镜系统中部分电极电压有微小变动,磁透镜的励磁电流有起伏,也造成电子所受折射率有不同,产生像差,使观察到的图像模糊.这些变动可等效地看作电子能量变化的后果(聚焦力变强与电子能量偏低大致等效),故常归入色差类,以便研究,可称为"广义色差".

色差会造成分辨率下降,广义色差还可能造成失真(如电压漂移)和图像的抖动.按对图像的影响分类,色差可分为像位色差、放大色差和转角色差.

(1) 像位色差.

又称轴上色差,表现为成像位置沿纵向的散开.

如图3.11所示的成像系统中,z_i 为高斯像平面位置.如电子初动能与理想粒子有一标为 $e\Delta V_\varepsilon$ 的差异,以致透镜焦距有一增量 Δf,将使像距即成像位置也有所改变;初动能参差不齐的许多电子的落点在原来的像平面上形成一个弥散圆,使像点模糊.弥散圆的大小决定于最大的 ΔV_ε 和光阑孔径.初能量较高的电子通过

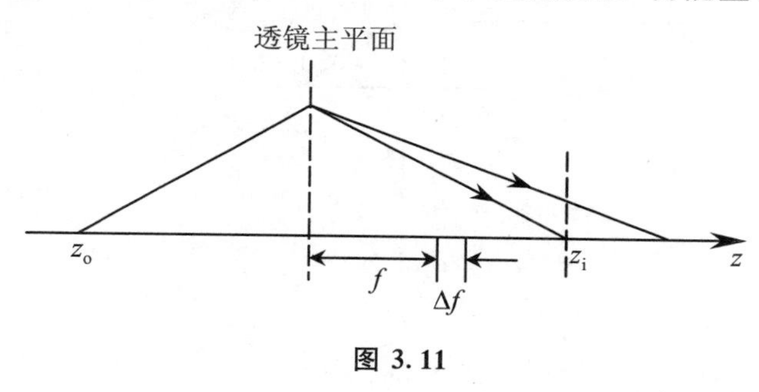

图 3.11

透镜时间较短,所受折射力较弱,故$\dfrac{\Delta f}{\Delta V_\varepsilon}$总是大于0.由成像原理(高斯公式)可知,物距不变时,像距 S_i 的增量亦与 ΔV_ε 同号.如果 $\Delta V_\varepsilon>0$,则像点右移,尚未聚于一点的光锥被像平面所截,成为一个圆环;某种条件下亦可能 $\Delta V_\varepsilon<0$,则像点左移,光锥过像点后呈发散形锥,在像平面上形成的圆环图像与 $\Delta V_\varepsilon>0$ 时相仿.实际上,初速有一分布,造成像点的分布,它又与光阑最大孔径允许的束张角分布共同决定了弥散圆的亮度分布.由图中几何关系可见,可以用弥散圆半径与最大 ΔV_ε(或 Δf)和光阑孔径 R(或最大束张角、最大上屏角)二者之积的比值定义"像位色差系数".

显然,如电子能量单一而透镜聚焦力随电位变化波动,其物理图像与上述情形

类似.

无论物点是否在轴上,皆有像位色差.但当物点在轴上时,像位色差是唯一的色差.所以,对于轴上或极靠近轴的物点,仪器的“轴上分辨能力”决定于球差和像位色差.

(2) 放大色差.

表现为离轴物点的像沿径向的散开.

物点在轴外时,由于 Δf 随 ΔV_ε 变化,不仅有成像位置的移动,而且有单向放大率的变化,后者即是放大色差,如图 3.12 所示.ΔV_ε 较大的电子,不仅成像较远,而且像也更大,本应聚于一点的光束为像平面所截而成一偏向外侧的线段;ΔV_ε 为负的电子反之,成像偏近、偏小,会聚后的光束到像平面时散开,并偏于内侧. 放大色差的存在使高斯像平面上的像点变成一沿径向的模糊线段. 该线段长度与 ΔV_ε(或 Δf)和 r_o(物点到轴距离)二者乘积之比可用来定义“放大色差系数”.显然,r_o 越大,像点越不清晰.

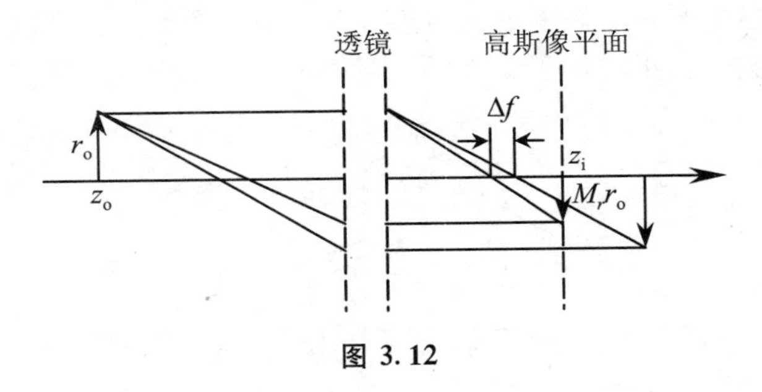

图 3.12

(3) 转角色差.

表现为有磁场时离轴物点的像沿角向的散开.

如果有磁透镜,电子能量差还将表现为像转角 $\Delta\phi_t$ 的差异,使像点沿角向模糊或有一拖尾.ΔV_ε 较大的电子,像转角总是较小,而像点的沿弧位移是 $r_i\Delta\phi$ 或 $M_r r_o\Delta\phi$.故“转角色差系数”可用角向模糊弧线段的长与 ΔV_ε 和 r_o 的乘积之比定义.也是 r_o 越大,模糊越甚.转角色差总与放大色差同时出现,形成一模糊光斑,好似将无转角色差时的放大色差模糊线沿角向“展开”.

以上仅为一种粗糙的描述.各种色差系数也可以通过微扰法和考虑了色差因素(ΔV_ε,或部分电源电位变动 ΔV、磁场变动 ΔB)的运动方程列出积分算式,它们都是一个标志色差结果(模糊区域尺度)的量与色差因素本身及另一标志物点处某一轨迹“不理想程度”的量(r_o 或 r_o'等)的比.如把色差因素看作一级小量,在一定意义上可以说色差是一种“二级像差”.

用轴对称电子透镜不可能完全消除色差.提高加速电压$\left(\text{减小}\frac{\Delta V_\varepsilon}{V}\right)$总是使色差的影响减小.提高电源稳定度、减小束张角等措施总是可减小“模糊区域”.调整某些透镜的一些参数(如三膜片单透镜的中间电极长度、孔径),可找到色差相对较小的工作区域.

2. 机械误差

讨论几何像差、色差时皆假设场仍是理想的轴对称场.实际的场往往并非如此.原因可能是:机械加工引入的误差,如电极的椭圆度、偏心度、端面不垂直度,乃至存在毛刺等;安装误差,如元件间的不同轴度、不平行度等;还可能来自磁场异常,如材料(磁极靴、屏蔽材料、永磁体)的磁性不均匀,局部磁化(可能因不合理的加工工艺或误置入磁场内造成)和剩磁,有时甚至地磁场已足以造成场的不对称.这些统称为“机械误差”.

机械误差对电子运动,尤其对屏上光点形状、图像质量的影响常很严重.分析几何像差时,曾指出由于场的轴对称性,不存在二级几何像差,最大为三级像差.而机械误差带来的像差可以属于各种级别,甚至可能使中心轴上理想粒子的轨迹都被偏移(或可称为一级像差);也可能产生某种很不均匀的、区域性畸变.

例如,电极有椭圆度会使像点由一光“点”变成椭圆形斑,在椭圆度不及1%时就很明显.此现象是二级像差:椭圆尺寸正比于电极椭圆度和束张角.其原因是此时电场无轴对称性,而在椭圆长、短轴方向有两个对称面,透镜系统在此两个面内有不同的折射率,或者说有不同的像点,其他子午面的像点介于其间.这正和几何像差中分析“像散”的图像类似.于是,物点——即使在轴上——发出的光锥与高斯像平面的交点成椭圆形.这种现象被称为“轴上像散”.其光路如图3.13所示,垂直方向设为电极的椭圆长轴方向,其像点较远;而水平方向(短轴方向)较近.

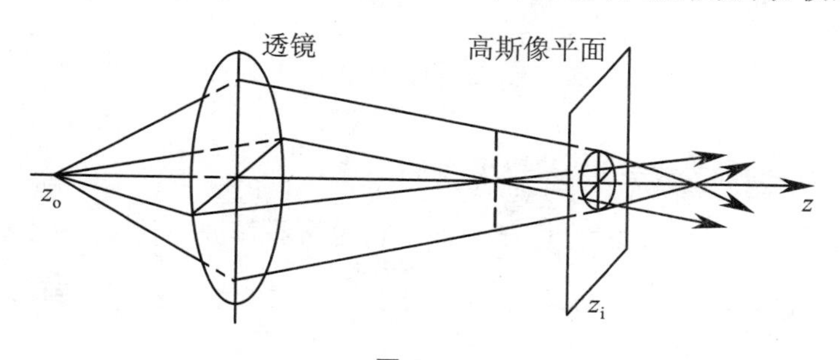

图 3.13

此种像差的存在使电子光学系统的制造从材料选用、处理到加工、安装都必须严格把关，谨慎从事，务使现实不偏离理想太远. 此种严格也应有“度”，其合理性依赖于定量的加工、安装允差分配计算或估算.

3. 空间电荷误差

束流电子之间的库仑排斥力总会造成束流的“扩散”，使像点模糊. 此现象又称为“空间电荷效应”. 电流密度越大，束流能量越低，此效应越严重. 对于多数“弱流电子光学”问题，包括大多数有“成像”要求的电子束器件，这一影响可忽略. 本书第5章将谈到与之有关的一些概念和涉及“强流电子光学”的其他问题.

4. 衍射像差

衍射像差也限制系统的分辨率，但其产生机理与其他像差完全不同，在于电子也具有波动性. 以研究光学成像系统为业者对此倒不觉陌生. 波动光学早有定论：如光阑为一圆孔，所谓像点处被波长为 λ 的光照亮的区域不是一点，而是一个中心圆斑（称弥散圆）和一系列越来越弱的同心圆环（称干涉条纹）；其相对亮度分布比与贝塞尔函数 J_1 有关. 此论推导过程并不复杂，只要把向一点会聚的光看作向该点收敛的球面波，该凹形球面上的每个面积元都发出波长、相位皆一致的光波，再用积分计算其会合到像平面的干涉结果. 显然，当光的波长与物的尺寸和光阑孔径相比都小到可忽略时，衍射像差并无关紧要. 上述理论的定量结论如下.

像点弥散圆半径

$$\Delta r_{\mathrm{i}} = \frac{0.61\lambda}{\alpha_{\mathrm{i}}}$$

式中，α_{i} 是光阑孔径限制的最大上屏角，常数0.61来自 $J_1(x)$ 的第一个零点3.832除以 2π. 如转换到物方，由拉格朗日公式的近似式（$\Delta r \cdot \alpha \cdot n$ 为常数），则物方分辨率为

$$\Delta r_{\mathrm{o}} = \frac{0.61\lambda n_{\mathrm{i}}}{\alpha_{\mathrm{o}} n_{\mathrm{o}}}$$

式中，α_{o} 是物点的最大束张角，$\dfrac{n_{\mathrm{i}}}{n_{\mathrm{o}}}$ 为相对折射率.

既然电子具有波粒二象性，电子束的飞行也可看作波的传播. 以上公式对电子光学同样适用. 因为电子的德布罗意波长 $\lambda = \dfrac{h}{P}$，在物点与像点又皆可取 P 为等效折射率，故衍射像差公式如下.

像方弥散圆半径

$$\Delta r_{\mathrm{i}} = \frac{0.61h}{\alpha_{\mathrm{i}} P_{\mathrm{i}}}$$

或物方分辨率

$$\Delta r_{\mathrm{o}} = \frac{0.61h}{\alpha_{\mathrm{o}} P_{\mathrm{o}}}$$

其机理的特殊性也表现在：它是唯一的随光阑孔径（束张角）增大而减小的像差.可类比于光学天文望远镜的越做越大，正是为克服衍射像差，提高分辨率.

对于大多数电子束器件，可算出衍射分辨率约为 0.1 nm 量级或更小，完全可以忽略.但对于电子显微镜，一方面设计分辨率也许就在零点几纳米（可能不足 0.2 nm），另一方面系统的束张角往往很小（可能小于 1°），以缩小球差和色差，则衍散像差竟成一大敌，必须认真对付.所以，电镜常采用 100～200 kV 的阴极负高压，以缩短电子的波长（有关电子波长的数值计算式见绪论），而且电镜的设计和操作皆以抑制球差和衍射像差，在二者对系统的相互对立的要求中权衡取舍，以求综合效果最佳为一大目标.

关于像差的简单介绍到此为止.有些概念在下文中还会提及.

第 4 章　非轴对称电子光学器件

第 4 章和第 5 章将研究以其他方式不同于轴对称场高斯轨迹的电子运动.

本章介绍的几种电子光学器件产生的电磁场不是轴对称的，但一般有平面对称. 很自然地，本章采用直角坐标系，仍以 z 轴为“前进方向”，以 x，y 轴分别指向水平、垂直(或任意的)两个横向. 设其中至少一个轴与 z 轴共同确定的平面是场的对称面. 这种平面对称型的场及适用的坐标系将在束流传输理论部分再仔细讨论. 好在直角坐标系是一种最简单、直观的坐标系，下文谈到的场型仍各有“理想的”简化模型，故处理起来并无困难. 一般而言，描述平面对称型场，只有场的沿轴分布(如轴上电位及对 z 的各阶微商)是不够的，至少还需要场对一个横向(x 或 y)的微商的沿轴分布，后者仍在 z 轴上，例如 $\left.\frac{\partial V}{\partial x}\right|_{x,y=0}$，仅是 z 的函数；而场在另一横向上的变化率由拉普拉斯方程和对称条件限定.

4.1　偏转系统

本节所谈的偏转系统与束流传输理论中将重点介绍的“弯转”有所不同，在某种意义上属于轴对称电子光学系统的“附属系统”，目的在于使束流在一个不大的范围内被偏移，以进行扫描或形成图像，其最大偏转角很有限. 故称为偏转，意指其具有“有限性”和某种“临时性”. 所以，本节中仍将 z 轴固定在该偏转系统“不工作”时的理想粒子直线前进方向，于是 x，y 坐标随 z 的变化(即轨迹)就描述了偏转的效果——此时它们并非“不理想”程度的标志. 这当然不同于束流传输中粒子理想轨道“弯转”，坐标系随之的情况.

此种偏转的功能容易想象. 在示波管、显像管、扫描电子显微镜以及许多束流加工装置和粒子加速器的应用中,临时但要准确、高质量的束流偏转举足轻重,不可或缺.

定义"屏上"偏转位移量与偏转信号之比为偏转灵敏度 k. 所谓"好"的偏转系统,应该:偏转灵敏度较高,不用太强的信号即可得到足够的位移;k 与信号大小无关,此称为良好的偏转线性;k 与轨迹初始条件无关,故聚焦情况即"光斑"的形状大小不随偏转量变化. 后两项要求若未予满足,将分别造成偏转畸变(偏转线性不良)或偏转散焦,二者统称为偏转像差. 其分类与研究手段和前一章相仿,本节略加讨论. 其存在一般不可避免,"好"的偏转系统只要求它足够小.

偏转系统依手段不同,分类为静电偏转系统和磁偏转系统. 两者都依靠与 z 轴垂直的横向场实现偏转. 前者一般用两对相互垂直的"金属板电容器",靠板间电位差控制偏转. 后者多为两组相互垂直的线圈,靠电流激励磁场产生偏转. 从对偏转系统的要求可知,两者产生的电场、磁场都应尽可能均匀,使所有电子的偏转程度尽量相同. 作为"临时偏转",此电场或磁场会随时间变化,但变化周期远大于电子渡越时间,故对电子运动可认为是"恒定"场.

电子光学偏转系统因光束经棱镜会偏转而得别名曰"电子棱镜".

用与处理轴对称场问题相似的方法,易得到偏转系统中电子的运动轨迹方程:

$$v_z(P_z x')' = e\left(\frac{\partial V}{\partial x} + v_z B_y\right)$$

$$v_z(P_z y')' = e\left(\frac{\partial V}{\partial y} - v_z B_x\right)$$

推导要点 此二式不过是 x,y 方向的洛伦兹力公式将 $\frac{\mathrm{d}}{\mathrm{d}t}$ 用 $v_z\frac{\mathrm{d}}{\mathrm{d}z}$ 代换的结果.

式中用到电子 $q=-1, \boldsymbol{E}=-\nabla V$;所用的唯一假设是此类系统中 $B_z=0$. □

方程的自变量是 z,变量是 x 和 y. 因为是偏转系统,方程右边应出现变量为 0 时并不等于 0 的"常数项",它是 z 的函数. 如果偏转系统"好",该项应该不随 x 或 y 变化,至少它对 x 和 y 的一阶微商应该为 0,故不改变高斯聚焦性能;且可在包括等于 0 的某一范围内调变,故可使理想粒子呈正、负偏转或仍沿 z 轴前进. 至于静电偏转或磁偏转的分野,则显然在于右边分别只有方程中的第一项或第二项. 此外,对任一类偏转系统,两个方向应彼此无关,可相互独立地调节.

方程左边的简化牵涉到旁轴条件. 该条件成立意味着 $x'^2 \ll 1$, $y'^2 \ll 1$,因此 $v_z \approx v$ 和 $P_z \approx P$. 再加上偏转系统可认为位于 $\frac{\partial V}{\partial z}=0$ 的等位区$\left(虽然\frac{\partial V}{\partial x}或\frac{\partial V}{\partial y}可不为0\right)$,

故 P_z 和 v_z 不随 z 变化. 应该承认,这一假设用在此处颇感勉强. 标志不理想程度的 x' 或 y' 一般是小量,而人为加上的偏转——此坐标系中也标为 x' 或 y',常常未必很小;偏转中 P_z 的变化也许不可忽略. 如果一丝不苟,当偏转相当大时,必须用坐标系"跟着转"以保持旁轴条件的束流传输理论处理(例如束流输运线);偏转较小而非很小时,仍可用上述两个方程,但不忽略 x'^2 和 y'^2 项,将方程的解"分级"展开,先求一级解即高斯轨迹,再逐级逼近. 作为最简单的例子(如示波管等),本节假设偏转角足够小,旁轴条件在偏转系统工作区仍成立.

以 u 代表 x 或 y;偏转力标为 G_u,其量纲是 L^{-1},单位多用 m^{-1}. 方程可简化为

$$u'' = G_u(z)$$

当 $u = x$ 时,对静电偏转

$$G_x = \frac{e}{Pv}\frac{\partial V}{\partial x} = \frac{1}{2V}\frac{\partial V}{\partial x} \quad (\text{对低能电子})$$

对磁偏转

$$G_x = \frac{e}{P}B_y = \sqrt{\frac{e}{2mV}}B_y \quad (\text{对低能电子})$$

当 $u = y$ 时,对静电偏转

$$G_y = \frac{e}{Pv}\frac{\partial V}{\partial y} = \frac{1}{2V}\frac{\partial V}{\partial y} \quad (\text{对低能电子})$$

对磁偏转

$$G_y = -\frac{e}{P}B_x = -\sqrt{\frac{e}{2mV}}B_x \quad (\text{对低能电子})$$

偏转系统的工作区取为 $z_o \leqslant z \leqslant z_L$,工作长度 $L = z_L - z_o$,工作区以外设 $G_u(z) = 0$.

下面以 x 方向为例说明偏转系统的具体实现.

对于静电型偏转系统,用一对与 x 轴垂直,其间距离为 b,对中心 yoz 平面平行等距的金属板,中心平面是 $V(z) = V_c$ 的等位面,两板电位分别取为 $V_c \pm \frac{V_D}{2}$,沿 z 轴的"板长"近似等于 L,沿 y 轴的"板宽"设足够大,使 $\frac{\partial V}{\partial y}$ 大约为 0. 所以 $\frac{\partial V}{\partial x} = \frac{V_D}{b}$ 在工作区近似为常数.

对于磁型偏转系统,用一对轴线在 y 轴方向,对中心 xoz 平面平行对称放置的线圈(置于管颈之外),线圈沿 z 轴长度近似为 L,沿 x 轴宽度足够大,使 $\frac{\partial B_y}{\partial x}$ 大约

为0.线圈通电时产生的磁场 B_y 在一定范围内近似为均匀场.所在区域是等位区(设 $V=V_c$).

以上安排皆使 G_u 近似满足场的"区间常数假设",可认为它在工作区内为常数,在工作区界面上则"突降"至0.检视可知,至少在工作区内该假设并不违反拉氏方程.而当分析偏转像差问题或考虑界面附近的"边缘场"以修正计算结果时,要引入 V,B_y 或 B_x 的更高阶微商以描述"实际场",就必须考虑拉氏方程对场的高阶微商的限制.

实用的电子束偏转系统大多有两套,分司水平、垂直两个方向的偏转.因空间限制,即间距 b 不可能太大,两套静电偏转板大多先后错开;而两套磁偏转线圈的工作区可以重叠.当只分析线性偏转时,无论何种布置,其结果均可叠加,故总可认为两个方向相互独立.

当区间常数假设成立时,前述方程的求解易如反掌.此处从一般出发,先假设 G_u 可随 z 变化,给出该方程——名为"理想偏转方程"或"高斯偏转轨迹方程"的解:

$$u(z)=u_o+u_o'(z-z_o)+\int G_u(z^*)(z-z^*)\mathrm{d}z^*$$

式中,u_o,u_o' 为 $z=z_o$ 时的初始条件;右边第3项是偏转带来的附加项,名曰"高斯偏转",其中积分为从起点 z_o 到"观察点" z.附加项形式上即表现为偏转效果的叠加.

推导要点　不难验证此解满足初始条件和原微分方程,不论 G_u 取何种形式.求解则只需将原微分方程积分两次,而对附加项做一次分部积分.请读者试求之.

□

当 $G_u(z)$ 为区间常数时,高斯偏转项极其简单.最令人感兴趣的区间总是偏转系统之后的 $z\geqslant z_L$ 段.因为当 $z>z_L$ 时 $G_u=0$,式中的积分只在 z_o 到 z_L 间进行,于是高斯偏转

$$\begin{aligned}\Delta u&=G_u\int(z-z^*)\mathrm{d}z^*\\&=G_u\left[zL-\frac{1}{2}(z_L{}^2-z_o{}^2)\right]\\&=G_uL\left(z-z_L+\frac{L}{2}\right)\end{aligned}$$

偏转力 G_u 与某一外加信号 V_D 或 B 成正比.当信号为0时,高斯偏转为0,轨迹 $u(z)$ 只由初始条件确定.而且高斯偏转与初始条件完全"互不干涉",说明所有电子在外加场中受到同样的偏转,在"屏"上有同样的位移量;电子束截面等特性也

不因偏转而改变.高斯偏转是线性的,表现为屏上位移与信号成正比,其比值即偏转灵敏度 k.

设 L_s 为偏转系统出口到屏的距离,则屏的纵坐标 $z_s = z_L + L_s$,于是对于静电偏转

$$k_E = \frac{\Delta u(z_s)}{V_D} = \frac{L}{2V_c b}\left(L_s + \frac{L}{2}\right)$$

对于磁偏转

$$k_M = \frac{\Delta u(z_s)}{B} = \sqrt{\frac{e}{2mV_c}}L\left(L_s + \frac{L}{2}\right)$$

几点评论:其一,计算过程表明,静电偏转与磁偏转的光学特性完全相似,虽然二者的机理(静电场中有横向加速,磁场中只有旋转)颇不相同.此种相似性有一定范围,局限于"旁轴条件不受破坏",或曰偏转量是小量.其二,在"小偏转"的条件下,如场型亦"理想",高斯偏转确具有良好的线性,偏转灵敏度与信号大小和轨迹初始条件都无关,偏转无畸变,亦无散焦.其三,静电偏转位移与荷质比即粒子种类无关,磁偏转则有关.其四,二者的偏转灵敏度与所处等位区电位 V_c 亦即电子能量的关系不同,分别与 V_c 和 $\sqrt{V_c}$ 成反比;故能量较高时用磁偏转更有效.其五,对"区间常数场",二者皆可看作电子束在偏转系统的几何中心$\left(\text{称为"偏转中心",坐标为 } z_L - \frac{L}{2} \text{ 或 } \frac{z_o + z_L}{2}\right)$处"突然"产生一偏角 $\Delta u' = G_u L = \tan\alpha$($\alpha$ 称为偏转角),然后又成直线飞出.

仔细分析上述最后一点,有助于理解两种偏转的不同.静电场中,电子受横向力加速,轨迹是抛物线,出口处有偏转角 $\alpha = \Delta u' = G_u L$ 和位移 $\Delta u = \frac{1}{2}G_u L^2$;将出口处轨迹的切线反向延长,与 z 轴相交处为偏转中心,其位置在从 z_L 前推 $\Delta z = \frac{\Delta u}{\Delta u'} = \frac{L}{2}$ 处.磁场中,电子得向心力而旋转,轨迹是圆弧,曲率半径 $\rho = \frac{P}{eB} = \frac{1}{G_u}$;则出口处旋转角即偏转角 α 满足 $L = \rho\sin\alpha \approx \frac{\alpha}{G_u}$, $\Delta u = \rho(1 - \cos\alpha) \approx \frac{1}{2}\rho\alpha^2 \approx \frac{1}{2}G_u L^2$,偏转中心到 z_o 的距离为 $\rho\tan\frac{\alpha}{2} \approx \frac{\rho\alpha}{2} \approx \frac{L}{2}$.所以,$\alpha$ 非小量时前述关系不甚可靠.

静电偏转有一特殊问题:因为过大的 V_D 会影响偏转后电子"见到"的电位分布,形成像差和带来其他技术困难,设计者希望偏转灵敏度足够高.从其表达式可

见，这意味着需要 V_c 较低，L_s 较长，或“平行板尺寸比”$\frac{b}{L}$较小. 这些要求的物理意义是明显的. 但如实施，则分别会带来图像分辨率变坏（加速电压降低有一系列不利后果）、总体尺寸太大或极限偏转角过小之弊（极限偏转角为 $\arctan \frac{b}{L}$，偏转角达此值时束流即被偏转板截断）. 可采取的改进措施有几种：其一，将偏转板做成“张开形”（喇叭口状），使板的走向与轨迹相近，得到较大的极限偏转角和较高的灵敏度. 两板仍对中心面对称，其半边即一板与偏转轨迹所在平面的交线可取为斜线、圆弧或折线几种. 后一种称为单折板型，最为常见. 其中的电场不可避免有纵向分量，但折板倾角不大时可忽略；其横向分量即 G_u 可近似认为仍与两板间随 z 变化的间距成反比，故灵敏度仍可由类似前式的公式计算，此处不予列出. 其二，采用“先偏转后加速”，在低电位区偏转，以保证高灵敏度；有足够偏转量后再行加速，以得到小光斑、高亮度. 但加速时聚焦不宜很强，以免抵消偏转效果. 其三，设法对偏转进行“放大”，可以通过加设发散透镜、“过聚焦”以形成反向偏转的强会聚透镜或起发散作用的四极透镜（见下一节）实现.

边缘场（又称散逸场）对偏转的影响可分为两部分：一部分与像差有关，另一部分只影响线性结果. 对于后者，可将场沿 z 轴的分布（有非零场的区间必超出元件的长度）代入前面的公式中进行计算；它不改变高斯偏转的主要特点，计算结果相当于用一“有效长度”代替元件长度的修正. 一般计算用的有效长度比偏转板或线圈的实际尺寸略大，如约为板长的1.1倍.

偏转像差是电子实际偏转轨迹与高斯偏转之差的统称. 也可仿照像差进行分类，研究方式亦相似. 严格的处理当将偏转运动方程展开，取足够多的高阶项（与像差“级别”对应），场的分布要考虑高阶微商彼此的依赖关系，得到偏转像差方程；其解应是高斯偏转项 u_G 加上一个微扰项. 由此可求出偏转像差对场的分布、粒子初始条件和 u_G（偏转大小）的依赖关系. 本节只作一些定性的、概念性的讨论.

偏转像差中的几何像差主要项为：偏转畸变——只与偏转量（以3次幂为主）有关，与入射斜率或上屏角无关，造成图像失真，而不影响清晰度；偏转像散、场曲与彗差——统称“偏转散焦”，分别与偏转量的2次方、1次方及入射斜率的1次方、2次方成比例，主要造成图形模糊. 由于偏转量一般不很小，畸变、像散和场曲常是主要项. 此外，正如偏转系统的别名“电子棱镜”所暗示的，偏转色差总归存在，因为能量较高的电子总是偏转得较少. 各种机械制造、安装误差，磁性材料不均匀等造成的像差是容易想象的.

偏转畸变可分为两项. 其中一项与两个方向的偏转量有关，称为“光栅畸变”，其得名来自:如按理想偏转欲在屏上扫描而成一矩形方格光栅(一如电视台播放的标准光栅),而实得图形与之有差异,即是此项.它来自场型空间分布造成的两个方向偏转的耦合.对静电偏转,主要表现为先产生的偏转位移影响后加的另一方向偏转;对磁偏转,则是两种偏转磁场共存,两种偏转力分量的合成与场型有关.按实得光栅的形象,可分为枕形畸变和桶形畸变两种,如图 4.1 所示.

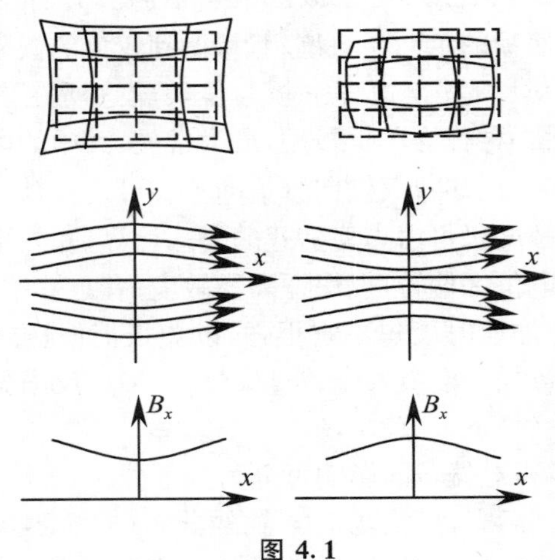

图 4.1

枕形畸变表现为:如轨迹在某一方向偏转量较大,它在另一方向的偏转亦较预想值为多.如因场分布造成,大体是由于场在中心对称面较弱,而在边缘区较强.如为磁场,则磁力线走向及轴上场分布略如图 4.1 所示(电场可自行想象),磁力线在中心面较稀疏,而在边缘区收拢;假设场仍关于中心平面对称,则此现象来自 B 对 x 和 y 的 2 阶偏微商不等于 0.此种场称为"桶形场".而桶形畸变与之相反,生成它的场型为"枕形场".

另一个偏转畸变项只和该方向自身的偏转量有关,称为"非线性畸变",源于偏转量较大时灵敏度随偏转量变化.即使场型完全均匀,一般也存在偏转量越大、灵敏度也越大(偏转增加比"正比"更快)的非线性畸变,使光栅呈弱的"枕形".其原因主要是:偏转增加时,场强本已成比例增加,同时轨迹在有效场区内停留的时间也增长,故偏转角的增加略比正比为多;另一方面,如屏为平面,离中心越远,同样大的角位移差对应的位置位移差越大(α 增加时,$\tan\alpha$ 比其增加更快).

偏转像散与场曲的机理容易理解.偏转既然发生,场的轴对称性已遭严重破坏,电子在偏转平面(设为 xoz 平面)及与之垂直的弧矢平面(则为 yoz 平面)中的折射率间出现差异.或曰偏转常附有非轴对称的聚焦作用,往往使某一平面内的焦点及像点移近.

对于静电偏转,中心轨迹内侧的电子因偏转电压而获得较高的动能,所以偏转角比中心电子小,外侧则偏转更大,束流有会聚倾向,所以偏转平面内有附加聚焦.磁偏转则比较复杂,与边缘场的作用有关(详见束流传输理论中有关弯转的讨论),一般在弧矢平面中有附加聚焦.结果有如第3章讨论过的图形,原来的像点沿轨迹径向散开,偏转平面的像面与弧矢像面成为互不重合的曲面,屏上的光点变成椭圆.这种像散与场曲总是同时存在.彗差则是因为不同纵切面内的轨迹受到的偏转作用不尽相同,所以偏转量不等,使光点变成一系列不同心的椭圆.彗差对清晰度的影响一般小于像散.

偏转色差虽然总归存在,但一般因为相对能量差$\frac{\Delta V_\varepsilon}{V_c}$在电子束器件中总是很小,影响也很小,故并非大患.对于初始动能偏差为 ΔV_ε 的粒子,运动方程的左边项中的 P_z 或 v_z 要考虑 ΔV_ε 带来的不同,结果使高斯偏转项 u_G 要乘以一个修正因子.假设粒子为低能电子,初始动量的相对变化等效于 V_c 的变化,则此因子对静电偏转大约为 $1-\frac{\Delta V_\varepsilon}{V_c}$,对磁偏转大约为 $1-\frac{\Delta V_\varepsilon}{2V_c}$,即可得偏转色差的计算值.

克服偏转像差是电子光学偏转系统设计中的重要问题.采用的方法包括:使屏面有一定曲率,以减少非线性畸变和像散、场曲的影响(此法诸君应不陌生);改变线圈绕组的线匝密度分布,以获得较理想的场型,减少光栅畸变;使扫描信号如线圈电流的变化有某种“智能”,以非线性的变化规律对畸变预加补偿,以获得线性图形;使透镜的聚焦力亦随偏转扫描幅度呈智能性变化(又名“动态聚焦”),调整像距,使像点固定在屏上,等等.

相关技术的发展曾使高保真度、高分辨率的电视显像管在千家万户大放异彩,老一辈人或许还记得电视机从球面圆角屏发展到柱面直角大屏幕的历程.尽管显像管基本退出历史舞台,在“定点清除”式放射医疗、电子束加工、扫描式电镜等需要精密控制束流横向位置的应用领域,相关技术仍有广阔的用武之地.

4.2 四极透镜

四极透镜由4个绕 z 轴各相隔90°对称放置的电极或磁极构成,产生横向的四极电场或磁场.这种场使偏离轴线位移为 u(x 或 y)的粒子受到的横向力与 u 成正比,故束流被聚焦或被发散.它的最大特点是:4 个极的“极性”总是相邻者相反,故相对者相同;在它的 2 个工作平面(xoz 平面、yoz 平面)内,总是在一个平面内聚焦,而在另一个平面内散焦,而其聚焦力与散焦力在某种意义上可形容为“大小相等,符号相反”.

四极透镜是控制束流横向运动最为有力、也最灵活的元件,在束流传输理论所描述的种种复杂的束流传输、匹配系统中成为“戏份”很重的主角,在高能粒子束流的聚焦与传输中可谓“方今天下,舍之其谁”.而在电子光学中虽然也有应用,多半不过担负扫描放大器、像散消除器、球差矫正器等配角任务.故本节初步介绍之后,在束流传输理论中还要谈到.

四极透镜能比前文介绍的各种轴对称电子透镜具有更强的会聚能力,故又名“强聚焦透镜”.其所以更强容易理解.轴对称场的最强方向(主要力线)沿纵向,故并无“直接”的聚焦作用.静电透镜的主场有加速之责,靠 V'' 或 E_r 分量(正比于 $-E_z'$)分管聚焦;磁透镜则须靠 B_r 分量(正比于 $-B_z'$)起转,然后主磁场 B_z 方能有所作为.好比主力用于他途,聚焦仅由偏将弱旅任之.不但力量有限,调节的灵活性亦受限制.其次,正如前文所介绍的,种种轴对称静电透镜的聚焦往往体现为在某段(低速段)聚焦、在另一段(高速段)又散焦的“效力差”;磁透镜则利用前段 B_r 起转、后段 B_r 减转的时间差.力量本不强,又非齐心协力,更难望其高效.所以,轴对称电子透镜用于低能电子犹可,当束流能量较高时即因其自身的技术困难(高压击穿、磁场饱和等问题)而“力不从心”.四极透镜则不然,它以主要力线置于横向,使与轴线偏离的粒子直接受其横向力的作用(轴上粒子应“看不见”四极场).既然以“主力”专司聚焦,就无怪其可以称“强”了.

前一节中推得的直角坐标系中 $B_z=0$ 时的横向运动方程对四极透镜完全适用.为照顾一般性,保留电荷量 q,再写一次:

$$v_z(P_zx')' = -qe\left(\frac{\partial V}{\partial x} + v_zB_y\right)$$

$$v_z(P_zy')' = -qe\left(\frac{\partial V}{\partial y} - v_zB_x\right)$$

和偏转系统一样,四极透镜可以是静电四极透镜或者磁四极透镜.理想的四极透镜在其工作区长度 L 之内 $B_z=0$,$\dfrac{\partial V}{\partial z}=0$(故轴上电位 $V(z)=V_c$ 不变),而上述方程右边的有效项分别与位移 x 或 y 成正比.以 x 方向为例,这就要求或者 $\dfrac{\partial V}{\partial x}=Kx$(静电),或者 $B_y=Kx$(磁),K 在工作区内近似为区间常数.方程左边则仍用旁

轴条件与假设 $P_z \approx P$ 不随 z 变化处理；因为此时轴上的理想粒子不偏转，旁轴条件的满足程度远较偏转系统为佳.

（1）静电四极透镜.

上述要求即设法使其中 $\boldsymbol{B}=0$，而 $\frac{\partial^2 V}{\partial x^2}=$ 常数 K. 由拉普拉斯方程 $\nabla^2 V=0$ 可知，此时必有 $\frac{\partial^2 V}{\partial y^2}=-K$. 上面两个方程揭示，这种静电场与偏转场不同，一定同时影响两个横向的运动；K 在方程中扮演的角色决定，无论它取何种符号，透镜在 x 与 y 两个方向的作用总是相反.

欲达到以上条件，将两个包含 K 的2阶微分式积分，可得透镜中的场型应使等位面方程为 $V=V_c+\frac{K}{2}(x^2-y^2)=$ 常数. 这是与 z 轴平行的双曲面族，它们与 xoy 平面的交线是顶点在 x 轴或 y 轴上、两两相对、以 $x \pm y=0$ 为渐近线的 $\frac{\pi}{2}$ 张角双曲线族. 欲求力线，将上式对 x 和 y 分别微分，得到 $E_x=-Kx$，$E_y=Ky$；故力线方程是 $\frac{\mathrm{d}y}{\mathrm{d}x}=-\frac{y}{x}$，其解是 $xy=$ 常数. 所以，此型电场中的电力线是另一双曲线族，它们与等位线族正交，又称“共轭”，其形状犹如将等位线族绕 z 轴旋转 45°.

要形成这样的静电场，必须安放与场的等位面同形的电极面，其沿 z 轴的长度大约为 L，横剖面如图4.2所示. 设电极到 z 轴的最近距离为“透镜孔径” a（电子横向活动区域为 $r \leqslant a$），易知电极面方程是 $x^2-y^2=\pm a^2$. 4个电极上所加电位为 $V_c \pm V_Q$. 这样的场是不难（近似地）实现的. 从图中不难分析，当电位差 $V_Q>0$ 时，x 方向有偏离的电子受到左、右电极的引力差而被散焦，偏离更甚，y 方向的偏离电子则因上、下电极的斥力差而被聚焦；$V_Q<0$ 时则反之；轴上的粒子不受横向力；两个方向皆有偏离的粒子所受的力仍可分解为一个方向的聚焦力与另一个方向的散焦力.

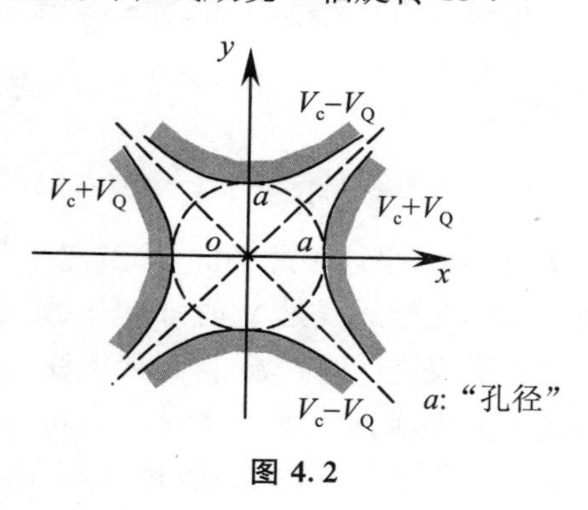

图 4.2

对这一静电场，易得参数定量关系为

$$K=\frac{\partial^2 V}{\partial x^2}=-\frac{\partial^2 V}{\partial y^2}=\frac{2V_Q}{a^2}$$

为简化运动方程，再引入参量

$$F_x = \frac{qe}{Pv}K$$

$$F_y = -F_x$$

对于低能电子，简单地有

$$F_x = -\frac{V_Q}{V_c a^2}$$

对于非低能电子，则可取分母为 $Pv = \beta^2 \gamma m_0 c^2$. 符号的选取是为了在 u 方向上当 $F_u > 0$ 时有聚焦作用.

(2) 磁四极透镜.

前述要求即设法使其中 $V = V_c$，是等电位区，而$\frac{\partial B_y}{\partial x}$ = 常数 K. 由麦克斯韦方程可知，此时$\frac{\partial B_x}{\partial y}$也等于$K$. 乍看起来似乎磁场与电场不同，两个方向的对应偏微商同号，但二者在方程中由洛伦兹力规定的角色却使二者殊途同归. 总之，这种磁场也一定同时影响两个横向的运动；而且与静电四极透镜一样，无论 K 取何种符号，透镜在 x 与 y 两个方向的作用也总是相反.

此种磁场可表达为 $B_y = Kx, B_x = Ky, B_z = 0$. 它的磁力线在 xoy 平面内，满足方程$\frac{\mathrm{d}y}{\mathrm{d}x} = \frac{x}{y}$，其解即前面描述的电场等位线族 $x^2 - y^2$ = 常数. 而与之处处正交的曲线族的方程是$\frac{\mathrm{d}y}{\mathrm{d}x} = -\frac{y}{x}$，读者已熟悉其解为 xy = 常数，正是前述四极电场的力线族. 该解描述了此场的“等磁位面”族，它与四极电场等位面族相似，但绕 z 轴旋转 45°，其渐近线是 x 轴和 y 轴，顶点在各象限中间的角平分线上，两两相对.

要形成这样的磁场，假设磁极铁心的磁导率均匀，且与真空（或空气）相比可认为是无穷大，则磁极面应制成与场的“等磁位面”同形，其沿 z 轴的长度大约为L，如图 4.3 所示. 与静电四极透镜相仿地定义其孔径为 a，则磁极面方程是 $xy = \pm\frac{a^2}{2}$. 4 个磁极上各绕有 N 匝线圈，励磁电流 I 的取向使相邻磁极的极性相反. 这样的场是不难（近似地）实现的. 场中磁力线的走向与静电四极透镜的“等位线”相仿. 图中磁极 N,S 的标志使此时 $K = \frac{\partial B_y}{\partial x} > 0$. 从图中不难分析，当 $K > 0$ 时，设电子沿 z 轴（从书页内向外）飞行，x 方向有偏离的电子所受磁力向外侧而被散焦，y 方向有偏离者则被聚焦；$K < 0$ 时反之；轴上的粒子也不受横向力；两个方向皆有偏

离的电子的情况与前述静电四极透镜相同.

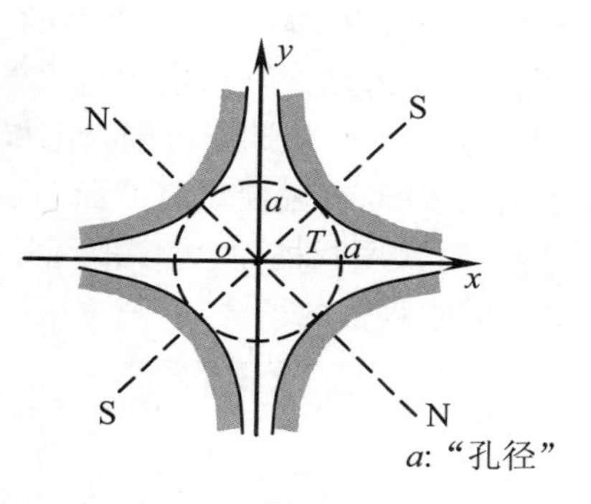

图 4.3

磁场参量 K 与励磁电流等参数的关系不像电场那样简单,因为材料的 μ 值、漏磁等因素不易估计.但可给出一近似式.假设铁心的 μ 值可认为无穷大,则其中 $\boldsymbol{B}$ 有限而 $\boldsymbol{H}\approx 0$,"磁轭"背面亦无漏磁.对 $\boldsymbol{H}$ 作封闭曲线积分,曲线始于图 4.3 中 z 轴的原点 o,到一磁极的顶点 T,穿过铁心、磁轭至无穷远,又由无穷远处绕至 $z=-\infty$,最后沿 z 轴回到原点 o.此路径上,除 x 轴、y 轴的 45°角平分线即 oT 段以外,$\boldsymbol{H}$ 皆为 0;在 oT 段上则 $\boldsymbol{B}=\mu_0\boldsymbol{H}$,其方向恰沿 oT 即矢径 $\boldsymbol{r}$ 方向,其大小为 Kr.整个封闭曲线包围的电流就是一个磁极的安匝数,即

$$NI=\int \boldsymbol{H}\cdot \mathrm{d}\boldsymbol{l}=\frac{1}{\mu_0}\int_{oT} Kr\,\mathrm{d}r$$

故所求的参数定量关系是

$$K=\frac{\partial B_y}{\partial x}\approx\frac{2\mu_0 NI}{a^2}$$

事实上,若考虑铁中损耗和漏磁,K 比此值略小.

类比于静电四极透镜,引入参量

$$F_x=\frac{qe}{P}K=\frac{qe}{P}\frac{\partial B_y}{\partial x}$$

$$F_y=-F_x$$

对于低能电子,则可写出

$$F_x\approx-\sqrt{\frac{2e}{mV_{\mathrm{c}}}}\frac{\mu_0 NI}{a^2}$$

电流 I 的符号以图 4.3 中磁极方向为正,反之为负.F_u 符号选取的含义同前.

实际上,无论是电极还是磁极都不可能做成无穷大的双曲面,必有一定的"电(磁)极宽度"b,如图 4.4 所示,才能避免电、磁场在远轴区过强(以致击穿或饱和)及留下线圈空间.理论上,这样做将使场不是纯四极场,而形成高阶场误差.如果 4 个极对称良好,与该对称性矛盾的高阶场是被"禁戒"的,误差高阶场只能是 12 极(正比于 x,y 的 5 次幂的电、磁力)、20 极(正比于 x,y 的 9 次幂),依次类推.在束流经过的近轴区间,此类误差的影响一般甚小.为克服其不良影响,透镜设计时要计算高阶场,制成后要测量高阶场,必要时要对极面形状加以修正(对磁场称为"垫补”).具体做法由实际情况和对场的质量要求而定，与要求高阶分量在某区间内的上限允许值、“好场区”(指场相对误差不大于某值的区域，可达 $r \leqslant 0.9a$)大小、动态要求(指场的 K 值调变范围)、磁极不均匀饱和程度、用何手段“垫补”等皆有关系.采用较多的有“截断双曲极面”，可取 $b = 1.6a \sim 2a$，双曲面到该宽度处截止；要求稍松时常用圆柱面，大多取圆柱半径 $R = 1.15a$，因为测量表明其 12 级分量很小；在要求很低的场合，甚至可用平面极面.

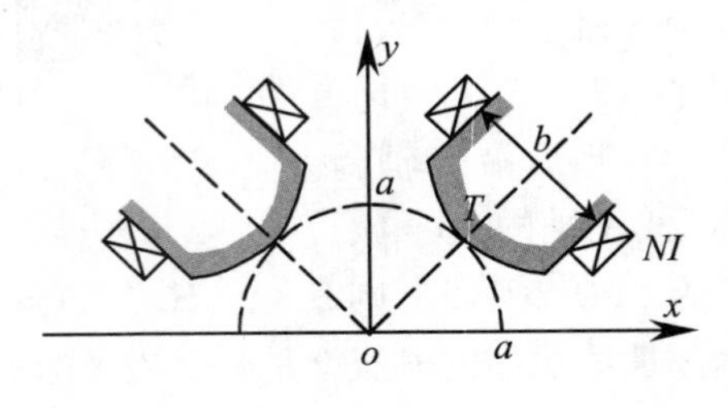

图 4.4

作为实物的极面沿 z 轴也不可能无穷长.有限长度的影响与偏转系统中“边缘场”的情况类似，可以用“有效长度”修正.如极面实长为 L_Q，测得场沿 z 轴的分布如图 4.5 所示，可取有效长度 L，使图中矩形与场对 z 的积分的面积相等，在计算中使用. L 一般比 L_Q 略长，约为 $L_Q + (0.9\sim1.1)a$.

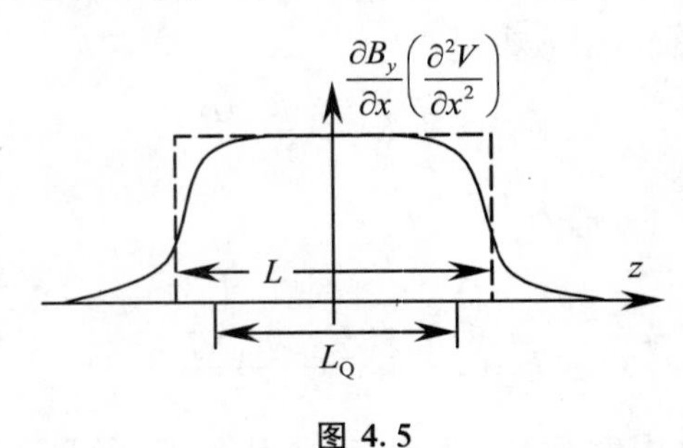

图 4.5

综合上述讨论，在采用的各种假设条件下，四极透镜中粒子的运动方程是

$$u'' + F_u u = 0$$

式中，u 代表 x 或 y；F_u 的量纲是 L^{-2}，单位多用 m^{-2}.

对于静电四极透镜

$$F_x = \frac{qe}{Pv}\frac{\partial^2 V}{\partial x^2}$$

对低能电子

$$F_x = -\frac{V_Q}{V_c a^2}$$

对于磁四极透镜

$$F_x = \frac{qe}{P}\frac{\partial B_y}{\partial x}$$

对低能电子

$$F_x \approx -\sqrt{\frac{2e}{mV_c}}\frac{\mu_0 NI}{a^2}$$

无论何种透镜,恒有

$$F_y = -F_x$$

透镜的工作区取为 $z_o \leqslant z \leqslant z_L$,有效长度 $L = z_L - z_o$,在工作区之外设 $F_u(z) = 0$.方程成立的假设条件除旁轴条件、小量假设、理想场假设外,在静电场中还有 $|V_Q| \ll V_c$,故电极间电位差引起的电子能量差可忽略.聚焦或散焦由方程中 F_u 的正负决定.上式中,F_x 的符号以在 x 平面聚焦为正,可随 V_Q,I 的正负变号(亦可另行定义).故 F_x 与 F_y 皆可正可负,甚至可为0——相当于无场漂移段.

几点评论:静电四极透镜与磁四极透镜的光学特性完全相同;它们总是在一个平面内(或称在一个方向上)使束流会聚,而在另一个平面内以同一力量使之发散——世间诸事大抵利弊并生、福祸相倚的哲学规律在此表现得淋漓尽致;它们的聚(散)焦作用有极好的线性,横向力在很大范围内既与横向位移成正比,又与外加场成正比;与偏转系统相似,静电透镜与粒子种类无关,而磁透镜与粒子种类有关,能量(以 V_c 为标志)越高,则磁四极透镜越比静电透镜"有效".

区间常数假设成立时,上述运动方程是常系数二阶齐次线性微分方程,求解并无困难.常引起困扰的是 F_u 的或正或负造成解的表达形式不同,或曰有关参数的数值计算方法不同.有些文献将 F_u 写成 $\pm k^2$,解的写法有所简化,而此点并无改善.作者偏爱另一种"统一的"数学表示法,留待第8章介绍.无论如何,这个方程的解可写成与第1章所述类似的矩阵形式,两个方向各用一个传输矩阵描述粒子状态 u,u' 从 z_o 到 z_L 所发生的变化.

为使书写简洁,以下借用参数 $k = \sqrt{|F_u|}$.上述四极透镜对应的 u 方向传输矩阵使

$$\begin{pmatrix} u \\ Pu' \end{pmatrix}_{z_L} = \begin{bmatrix} m_{11} & m_{12} \\ m_{21} & m_{22} \end{bmatrix} \begin{pmatrix} u \\ Pu' \end{pmatrix}_{z_o}$$

其中,矩阵元

$$m_{11}=m_{22}=\begin{cases}\cos(kL) & (F_u>0)\\ 1 & (F_u=0)\\ \mathrm{ch}(kL) & (F_u<0)\end{cases}$$

$$m_{21}=\begin{cases}-Pk\sin(kL) & (F_u>0)\\ 0 & (F_u=0)\\ Pk\,\mathrm{sh}(kL) & (F_u<0)\end{cases}$$

$$m_{12}=\begin{cases}\dfrac{1}{Pk}\sin(kL) & (F_u>0)\\ \dfrac{L}{P} & (F_u=0)\\ \dfrac{1}{Pk}\mathrm{sh}(kL) & (F_u<0)\end{cases}$$

式中，P 是透镜所在等位区对应的粒子等效动量，此时物方、像方等位，$P_o=P_i$. 对于到工作区内任一点 z 的传输矩阵，只要将式中 L 用 $z-z_o$ 替换即可.

矩阵元的写法因 F_u 的符号而异. 本来，此种常系数方程的解可写成 $C\exp(\lambda z)$ 的形式，当 λ 为实数或纯虚数时，该形式可分别以双曲函数或三角函数取代. 方程的似余弦解和似正弦解都容易得到（当 $F_u>0$ 即聚焦时，这两个"似"字恰可免去），其在 $z-z_o=L$ 点的函数值分别对应于矩阵元 m_{11} 和 m_{12}. 此处所给四极透镜的传输矩阵与一般文献不同，因为它是物理相空间矩阵，式中有因子 $P=P_o=P_i$；如在几何相空间中，P 可略去$\left(\text{实际上，两种相空间公式的转换应为 } m_{12} \text{ 乘以 } P_o，m_{21} \text{ 除以 } P_i，m_{22} \text{ 乘以 } \dfrac{P_o}{P_i}\right)$.

以矩阵形式给出的上述方程的解具有典型性. 四极透镜对应于恒定的"纯"聚（散）焦力，其作用下的粒子轨迹值得读者再加品味. 当无外加力即 $F_u=0$ 时，它在两个横向的表现相同，都是漂移空间. 否则，总是在一个方向以三角函数曲线形会聚，在另一个方向则以双曲函数曲线形发散，以上公式中的两种形式各得其用. 无论各参数取何值，两个方向的矩阵的行列式都恒等于 1.

用第 2 章 2.2 节介绍过的公式，可以毫不困难地给出四极透镜的"基点"：焦距 f，边缘到主点的距离（向内为正）Δz_H 和边缘到焦点的距离（向外为正）Δz_F. 各式中皆列出两个值，分别对应于会聚平面（$F_u>0$）和发散平面（$F_u<0$）.

$$\frac{1}{f} = k\sin(kL) \qquad 或 \qquad -k\,\mathrm{sh}(kL)$$

$$\Delta z_H = \frac{1}{k}\tan\frac{kL}{2} \qquad 或 \qquad \frac{1}{k}\mathrm{th}\,\frac{kL}{2}$$

$$\Delta z_F = \frac{1}{k}\cot\frac{kL}{2} \qquad 或 \qquad -\frac{1}{k}\mathrm{cth}(kL)$$

此时不必区分物方、像方.节点与主点重合.会聚平面的 Δz_H 略大于$\frac{L}{2}$,故有物方、像方"主平面交叉";发散平面的 Δz_H 则比$\frac{L}{2}$略小.在两个横向上,透镜可分别等效于两个长度为 Δz_H的漂移空间夹着焦距为 f 的薄透镜;但两个薄透镜所在位置并不重合.发散透镜的焦距和 Δz_F 是负数.

当四极场较弱时,kL 较小,如将各有关函数展开,并只取到 L 的 2 阶项,则两个横向传输矩阵的表达式是"统一"的.如:$m_{11} = m_{22} = 1 - \frac{1}{2}F_u L^2$,$m_{12} = \frac{L}{P}$(相当于长为 L 的漂移空间),$m_{21} = -PF_u L$;基点则有 $f \approx \frac{1}{F_u L}$,$\Delta z_H \approx \frac{L}{2}$.这一有趣现象提示,看来颇不相同的两种函数,其内涵自有共性.此外,乘积 $F_u L \approx \frac{1}{f}$是聚焦力大小的标志;此式与用薄透镜近似计算的焦距等效,亦说明了以积分求透镜有效长度 L 的合理性.对于乘积 $kL < 0.2$ 的"弱透镜",薄透镜近似相当近真,可认为两个方向的主平面重合于透镜中点,两个方向的焦距绝对值相等、符号相反,数学处理大为简易.

还用第 2 章 2.2 节的公式,亦可给出当物到透镜入口距离为 Δz_o 时,像到其出口的距离 Δz_i 及单向放大率 M_r、角放大率 M_θ.请注意,会聚平面内得实像,发散平面为虚像.

$$M_\theta = \frac{1}{M_r} = \begin{cases} \cos(kL) - \Delta z_o k\sin(kL) & (F_u > 0) \\ \mathrm{ch}(kL) + \Delta z_o k\,\mathrm{sh}(kL) & (F_u < 0) \end{cases}$$

$$\Delta z_i = -M_r(\Delta z_o m_{11} + P m_{12})$$

四极透镜对 x,y 两个横向的作用如此截然不同,显然它长于对束流横向运动的综合控制,而不长于聚焦成像;故多用于束流传输系统中,而在电子光学中表现机会不多.

一般希望束流在两个横向都受到约束,所以四极透镜常成对使用.如果两个透镜的 F_u 大小相近、符号相反(电极或电流反接,也可形容为两个透镜相对旋转

90°),相距不远,其总体作用在两个横向都是聚焦的.

图 4.6 所示为一"二重四极透镜对"的光路图.左侧 z 轴上、下方分别表示两个横向对应的平面.设 x 方向"先聚后散",y 方向"先散后聚",图中所示皆为物方主轨迹.由于聚焦(或发散)力正比于粒子到 z 轴的偏离,而此轨迹被发散时的偏离总是比会聚时小,所以总效果都是会聚.此说可验之以薄透镜近似下的计算:总聚焦力 $\frac{1}{f}=\frac{1}{f_1}+\frac{1}{f_2}-\frac{d}{f_1 f_2}$,其中 d 为两透镜间距;当两透镜的 F_u 大小相等、符号相反时,$\frac{1}{f}=\frac{d}{{f_1}^2}$,此透镜对在两个方向都聚焦,且焦距近似相等.然而,尽管总聚焦能力相近,两个横向的主平面与焦点位置不同,单向放大率也不一样;换言之,如真的让透镜对充当成像系统,将产生"轴上像散",这也已在图 4.6 中显示(即使可调节有关参数使像点重合,因放大率不一样,也会产生畸变).

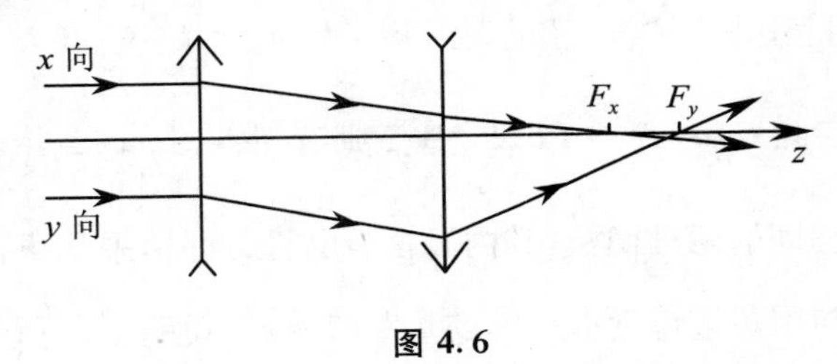

图 4.6

三重四极透镜组具有更好的光学特性,图 4.7 所示为其光路示意图.3 个透镜一般关于中央透镜对称,两侧的两个透镜电流(或电极)同向、强度相等,到中央透镜等距;中央透镜的电流反向,"聚焦力"($|F_u|L$)则凭借电流更强和/或透镜 L 更长而大约为两侧透镜的两倍.三重透镜组不仅可以两个横向都聚焦,也可以消像散,其另一优点是调整聚焦力时整个系统的光学中心和主平面几乎不移动.

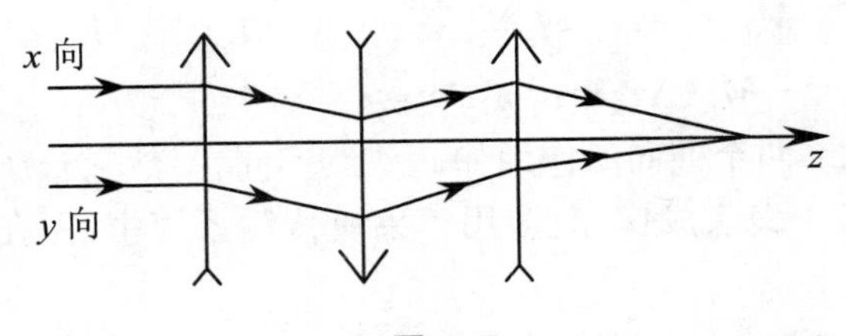

图 4.7

4.3　静电柱面透镜

静电柱面透镜与圆孔膜片透镜原理相同，但膜片上不开圆孔，而开一矩形狭缝；所以其不是轴对称透镜，宜采用直角坐标系．一光路示意图如图 4.8 所示．该狭缝可认为在 x 方向“无穷长”，故位场 V 的偏微商$\frac{\partial V}{\partial x}=0$，轨迹在 x 方向不受聚焦；但在 y 方向表现出聚焦力．在纵向，则因为轴上 $V'\neq 0$，有加速运动，对 x 方向位移产生影响．因此，从一个物点发出的所有轨迹，将被此透镜聚焦成一平行于 x 轴的“像线”，而非一像点．几何光学中有柱面透镜（又名线焦透镜，见图 4.8 右下侧，注意其不同于球面透镜之处），能将点光源发出的光聚成一条亮线；此种透镜的性能与之颇相似，故得其名．

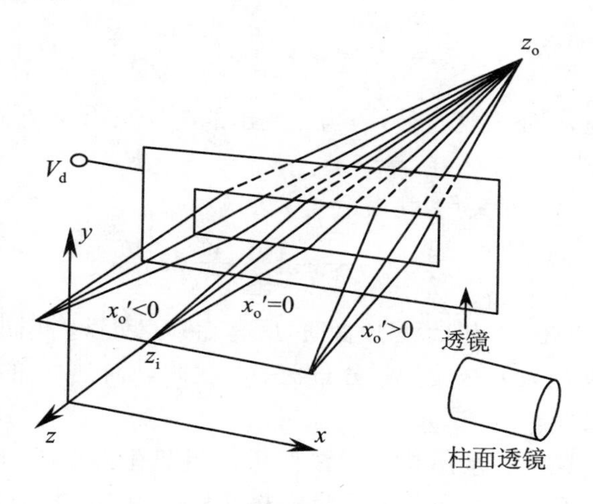

图 4.8

静电柱面透镜的位场分布、聚焦（或发散）特性等的定性讨论易于想象．本节简略地进行定量分析，仿佛在新条件下重复前文对轴对称场及膜片透镜的分析过程．

此时场分布非轴对称，但关于 $y=0$ 平面对称，而且不依赖于 x 坐标．符合拉普拉斯方程的电场解可展开成

$$V(z,y) = V(z) - \frac{1}{2}V''y^2 + \cdots + (-1)^n V^{(2n)}(z)\frac{y^{2n}}{(2n)!} + \cdots$$

请注意，y^2 项(最重要者)的系数因对称程度降低而与轴对称场不同.

高斯轨迹方程为

$$(P_z x')' = 0$$

$$(P_z y')' = -\frac{qe}{v_z}\frac{\partial V}{\partial y}$$

低能电子在静电柱面透镜中的运动方程为

$$(\sqrt{V}x')' = 0$$

$$(\sqrt{V}y')' + \frac{V''}{2\sqrt{V}}y = 0$$

各种讨论可仿照轴对称场，但两个横向的运动规律不同.作为非聚焦段，x 方向运动的解是

$$\sqrt{V}x' = 常数 = \sqrt{V_o}x_o'$$

或

$$x = x_o + \sqrt{V_o}x_o'\int_o^z \frac{dz}{\sqrt{V}}$$

由于横向动量守恒，x'不改变符号，一物点发出的电子束沿 x 方向不断展宽，但总张角随 V 升高而减小.

y 方向则当 $V''>0$ 时聚焦，其焦距可用公式

$$\frac{1}{f_i} = \frac{1}{2\sqrt{V_i}}\int_{-\infty}^{+\infty}\frac{V''}{\sqrt{V}}dz$$

近似计算.当电子束在 y 方向聚焦成像时，所有在物点处 x_o'相同的电子聚集于一个像点，与 y_o'的初值无关；初始 x_o'分布于一个区间，所有像点的集合构成一个沿 x 方向展开的线段.

矩形孔膜片透镜的位场解析式求法亦可仿照圆孔膜片场.此次设电位为 V_o 的无穷大平面上开有 y 方向宽为 $2a$、沿 x 方向无穷长的狭缝.求解过程完全类似，用的正交曲线坐标也完全同貌，只需用 y 和 a 取代 r 和 R 即可；但要注意到场并不依赖、方程中也不出现的“第三个坐标”是位移 x，而不是旋转角 ϕ，所以拉氏方程的形式不同.位场的全空间解是

$$V(z,y) = V_o + \frac{1}{2}(V_a' + V_b')z + \frac{1}{2}(V_b' - V_a')\,|z|\sqrt{1+\frac{1}{\mu^2}}$$

μ 的表达式和 V_a'，V_b'等的含义见第2章2.3节.

当透镜坐标位于 z_{m}、膜片电位为 V_{d} 时,轴上电位为

$$V(z)=V_{\mathrm{d}}+\frac{1}{2}(V_a{}'+V_b{}')(z-z_{\mathrm{m}})+\frac{1}{2}(V_b{}'-V_a{}')\sqrt{(z-z_{\mathrm{m}})^2+a^2}$$

各量的定义亦参见第2章2.3节.

各种讨论皆可仿前文进行.许多结论,如膜片电位低于自然电位时 y 方向才聚焦,等位面的走向,V'和 V''曲线的大致形貌等,都很相似.

值得注意的不同点是:由于 V''的表达式不同(此时其形式与单线圈磁场类似),其场作用区比圆孔膜片长——当$|z-z_{\mathrm{m}}|\geqslant 4.53a$时,才有$|V''|\leqslant 0.01|V_{\mathrm{m}}''|$.在中心对称面 xoz 平面附近的等位面是双曲柱面,它们与 yoz 平面的交线是双曲线形等位线,渐近线与 z 轴的交角是45°.如果 $V_a{}'$与 $V_b{}'$异号,轴上 V 有极值,也出现鞍点,等位线是与 z 轴45°相交的直线.这些区别表明:虽然"第三个坐标"x 不出现在位场中,但由于平面对称异于轴对称,拉普拉斯方程的解是不同的.此点应不致造成混淆或困惑.

第5章 宽束、强流及射频加速结构中的电子光学简介

前4章的内容基本上皆属于恒定电磁场作用下的弱流细束电子光学范畴，本章将探讨3个此前未涉及的领域——宽束电子光学器件、强流电子束和射频加速结构，对其特有的问题依次作一简介.

5.1 宽电子束及其聚焦成像

本节讨论“宽电子束”的聚焦成像.顾名思义，宽电子束仍是弱流，但物与像的横向尺寸很大，多见于以光-电子转换即光电效应为基础的电子光学器件.在此类器件中，某种光(常为非可见光)照射到(成像在)光电阴极上，发出光电子束，经电子光学系统聚焦，再在荧光屏上实现电子-可见光转换，或以其他形式显示原来光的像.例如红外摄像管、夜视管、X射线成像管及像增强器、像放大器等，大抵皆凭此原理为人所用.中心议题仍是聚焦成像.用到的“宽束成像系统”可算作一种浸没物镜，因为大面积光电阴极处于透镜电场中.

宽电子束的特殊性在于颇有些电子的 r 和/或 r' 不太小，近轴条件、旁轴条件都不成立，不能用第1章中的高斯轨迹方程处理.解决的途径有两种：

其一，对阴极上每一“物点”，将研究对象仅限于从此点发射的所有电子及其成像规律，取其中一条轨迹(一般该轨迹自物点垂直于阴极发出，成直线飞行，达于屏上对应的像点)为主轨迹，讨论其他轨迹与此轨迹的偏差，而不是到器件中心轴的距离.在一定条件下可认为此偏差很小，近轴条件仍然满足.所谓“一定条件”，一般

指阴极附近的纵向加速场足够强，电子在横向“跑不远”.

其二，光电子离开阴极时有热初速分布，它们相对于主轨迹的偏角可能很大；最极端的情况是初速与阴极相切，则偏角为90°，r'为无穷大.虽然因加速作用r'迅速变小，所以全程中r始终不大，轨迹确是“近轴”的，但整个轨迹不能称为“旁轴”的，运动方程中的v_z不能简单地以v取代.为此，引入考虑电子初速分布的“近轴轨迹方程”代替高斯方程（对比之下，高斯方程可称为“旁轴轨迹方程”）.

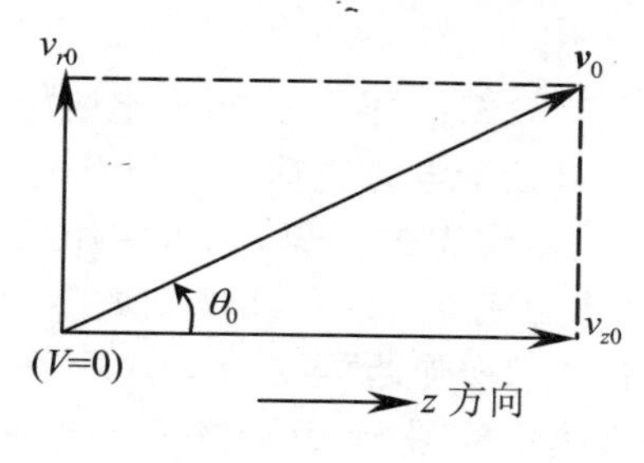

图 5.1

本节的公式与讨论只适用于低能电子.设一电子的初速度如图5.1所示，则其初动能为$\frac{1}{2}mv_0{}^2 = e\varepsilon_0 = e\varepsilon_z + e\varepsilon_r$，其中，$\varepsilon$代表初动能，单位为伏，对不同电子，其大小和在纵向、横向的分配都可能不同.解运动方程的条件是：r很小，r'则未必，不计角向运动.运动方程可写成

$$v_z(mv_z)' = eV'$$

$$v_z(mv_zr')' = -\frac{1}{2}eV''r$$

式中，r的高阶小量已略去，另一假设为无磁场.

前一式是纵向运动方程，此时可解，得到

$$v_z = \sqrt{\frac{2e}{m_0}(V(z) + \varepsilon_z)}$$

注意：在阴极上（$z=0$，$V=0$），纵向运动速度满足初始条件.代入后一式，得

$$\sqrt{V+\varepsilon_z}\left(\sqrt{V+\varepsilon_z}\,r'\right)' + \frac{1}{4}V''r = 0$$

上式即所谓“近轴轨迹方程”.它未采用$v_z \approx v$的旁轴假设.但方程中亦未明显出现r'的高阶量.在某种意义上，它用初态动能的不同代替了r'的差异.ε_z因电子而异，但对每个电子而言是不变的，所以在同一物点发出、ε_z相同的电子群看来，此方程仍是“高斯方程一般形式”的一种.如假定阴极电位不是0，而是“初始纵向

动能对应电位”ε_z，其形式与高斯方程无异.但其物理意义与根据旁轴条件推出的高斯方程不同.后者认为电子的初始总动能皆为0，故总动量P与电位V有确定的关系，而上式中的V充其量只能确定纵向动量.从成像角度言之，旁轴方程认为初始总动能与理想粒子一致的粒子应准确成像（高斯像），总动能不一致者产生色差，初速度方向不一致者产生球差；近轴方程则认为初始纵向动能一致者可准确成像（称为“近轴高斯像”），不一致者产生“色球差”，常不再区分纵向动能的不一致是因为总动能不同还是速度方向不同.

现在具体分析有实用性的一例：大面积平板光电阴极处于强而均匀的加速电场中.此机制称为“近贴聚焦”，见于电力线垂直于阴极表面，亦垂直于阳极的平面阴极宽束成像系统.可直接观察屏上的光斑，亦可用作后续聚焦成像系统的前级（在后续系统中旁轴条件可认为成立）.应用实例则如X光透视机，某些摄像管前级的“移像段”和“像转换器”、“像增强器”等.

图5.2是一近贴聚焦系统示意图.平面阴极K到平面阳极A之间相距为d，有匀强电场.以阴极上任一点为物点，过之作z轴（其所有平行线有同等资格）.则位场

$$V = \frac{V_A}{d} z$$

近轴轨迹方程有解析解，它是过物点即坐标原点的任一电子的轨迹：

$$r = \frac{2d}{V_A}\sqrt{\varepsilon_r}\left(\sqrt{\frac{V_A}{d}z + \varepsilon_z} - \sqrt{\varepsilon_z}\right)$$

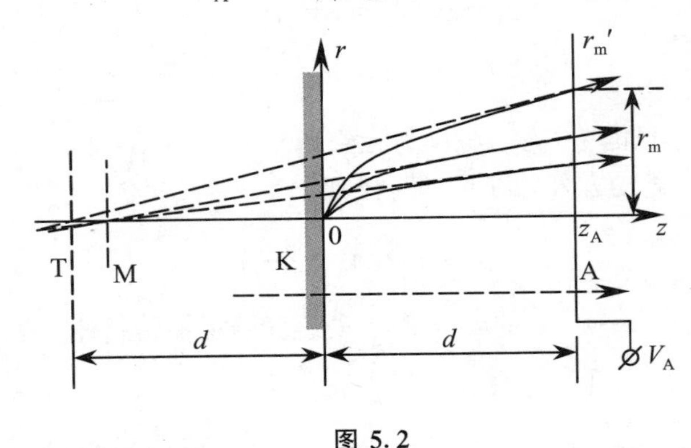

图 5.2

推导要点　因 $V''=0$，方程变成

$$\sqrt{V + \varepsilon_z}\, r' = 常数 = \sqrt{\varepsilon_z}\,\frac{v_{r0}}{v_{z0}} = \sqrt{\varepsilon_r}$$

其含义是:横向动量守恒,保持初值不变.

过物点的轨迹在 $z=0$ 时 $r=0$,故

$$r=\sqrt{\varepsilon_r}\int_0^z \frac{\mathrm{d}z}{\sqrt{V+\varepsilon_z}}$$

代入位场表达式即得. □

此轨迹是旋转 90°的一段抛物线.本来,匀强电场似谈不上聚焦成像作用.但如果电场 $V'=\dfrac{V_\mathrm{A}}{d}$足够强,或者说 d 不太大而$\dfrac{V_\mathrm{A}}{\varepsilon_0}\gg 1$,此场可将轨迹“拉平”,使 r'迅速减小,所有轨迹都被限制在主轨迹即所设 z 轴附近(故满足近轴条件).于是,每个物点发出的电子在阳极平面上形成一个不大的“散射圆”.此称为“投射成像”,是近贴聚焦的特色.加之,如在阳极之后进一步聚焦成像,可认为所有轨迹仿佛来自阴极之前某处的一个“虚像点”.此虚像平面到阴极面的距离比 d 略小,近似等于 d.

从方程解不难得到有用的定量推论.为了有数量的概念,可设各量的“典型值”为:光电子 $\varepsilon_0=1\ \mathrm{V}$, $V_\mathrm{A}=10\ \mathrm{kV}$, $d=1\ \mathrm{cm}$.读者可代入以下各关系式.

先看一般轨迹.在阳极即 $z=d$ 处,落点为

$$r=2d\sqrt{\frac{\varepsilon_r}{V_\mathrm{A}}}\left(\sqrt{1+\frac{\varepsilon_z}{V_\mathrm{A}}}-\sqrt{\frac{\varepsilon_z}{V_\mathrm{A}}}\right)$$

斜率

$$r'=\sqrt{\frac{\varepsilon_r}{V_\mathrm{A}+\varepsilon_z}}$$

其虚像点坐标为

$$d-\frac{r}{r'}=-d\left(\sqrt{1+\frac{\varepsilon_z}{V_\mathrm{A}}}-\sqrt{\frac{\varepsilon_z}{V_\mathrm{A}}}\right)^2$$

在 $-d$ 附近.主轨迹有 $\sqrt{\varepsilon_r}=0$, $r\equiv 0$,就是 z 轴,无须讨论.

值得研究的是“极限轨迹”,或称边缘轨迹,它发射时与阴极相切,在 $z=0$ 处 $r=0$, $\varepsilon_r=\varepsilon_0$, $\varepsilon_z=0$, $r'=\infty$, $\sqrt{V}r'=\sqrt{\varepsilon_r}$有限.令 $k=\sqrt{\dfrac{\varepsilon_0}{V_\mathrm{A}}}$,则 k 是一个小量.极限轨迹 $r=2k\sqrt{dz}$, $r'=k\sqrt{\dfrac{d}{z}}$;在阳极处有 $r_\mathrm{m}=2kd$,此即阳极平面的散射圆半径,可能比 d 小两个量级;阳极处斜率 $r_\mathrm{m}'=k$,所以 k 就是束流到阳极后的最大发散角;虚像点坐标为 $-d$,所有极限轨迹虚像点的集合称为极限虚像面 T,正是阳极关于阴极的对称平面.

近贴聚焦过程不改变粒子的横向动量，与一般的成像不同，各轨迹的虚像点并不重合. 其投射成像的单向放大率 M_r 恒为 1. 也可如前文一样讨论其像差，即认为散射圆的大小、虚像位置的差距、虚像平面上"弥散圆"的大小来自像差. 如果场是理想均匀场，每个物点都可看作轴上的点，无所谓"轴外像差"，只有轴上像差，包括因 ε_0 不同的色差与因初速度角 θ_0 不同的球差. 可以用 $\varepsilon_z = \varepsilon_0 \cos^2\theta_0$ 和 $\varepsilon_r = \varepsilon_0 \sin^2\theta_0$ 代入以上各式，分别讨论这两种像差. 也可合并之，称为色球差，以 k 的幂次分为一阶、二阶. 阳极平面散射圆的半径是一阶色球差. 称虚像点沿轴的散开为纵向色球差，其一阶项也与 kd 同量级. 称各轨迹反向延长线在虚像平面上构成的弥散圆半径为横向色球差，它与 k^2d 同量级，数值更小. 理论上可推算出(过程略)：在极限虚像面上，弥散圆半径来自 $\theta_0 = \pm\dfrac{\pi}{4}$ 的轨迹，此半径等于 k^2d；在其附近(见图 5.2)有弥散圆半径最小的最佳虚像面 M，该处弥散圆半径为 $0.6k^2d$.

在实际的近贴聚焦系统中，场不可能是理想均匀场. 使场变形的因素之一是：如果有后续聚焦系统，阳极面必须开孔，以允许电子束通过(如用栅网作阳极，网丝的散射会对成像产生不良影响). 如图 5.3 所示为阳极孔处等位面的形状与中心轴

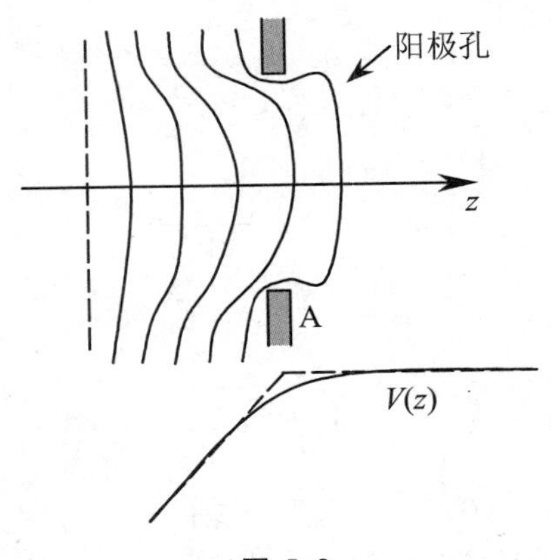

图 5.3

上的 $V(z)$ 分布. 显然，阳极孔附近的场有发散作用，称为"阳极孔效应"，又称"阳极孔折射". 用第 2 章 2.3 节中膜片透镜的原理分析，可将阳极孔看作一个 $V_a' > 0$，$V_b' = 0$ 的发散型膜孔透镜，并按薄透镜近似计算其焦距等参量，估计此透镜产生的折射和使束流发散角增大、虚像点移近等效应. 这种估计对孔中心轴附近的轨迹已是较好的近似，但对离该轴较远、到阳极孔边缘较近的轨迹则不然. 由图中可以看出，远轴处等位面有明显畸变，发散作用大为增加. 使场变形的因素之二是阴

极不会是“无穷大平面”，也必使场不均匀．试想象阴极是有限大的圆板，也会使等位面向右凸起，阴极边缘附近畸变更甚，产生发散作用．

这两个因素使阴极平面的不同物点成像的表现不同，换言之，近贴聚焦也有轴外像差：畸变，像散与场曲，彗差等．其图像与分析方法和第3章相似．由于物面较大和远轴场有明显畸变，轴外像差可能相当严重．此类器件的中心分辨率决定于轴上色球差，边缘分辨率多决定于像散和场曲；像在边缘区的畸变往往也较突出．

近贴聚焦毕竟得不到实像．从上述等位面不利于聚焦的畸变容易联想到，如果改变极面形状，使等位面向左凹，可以使束流发散角小于0，会聚到某一像面上．这一思路的结晶是如图5.4所示的宽电子束“球形电容器聚焦成像”，其特点是物面、阳极面、像面皆为球面，这种成像机制在实用器件中最为多见．

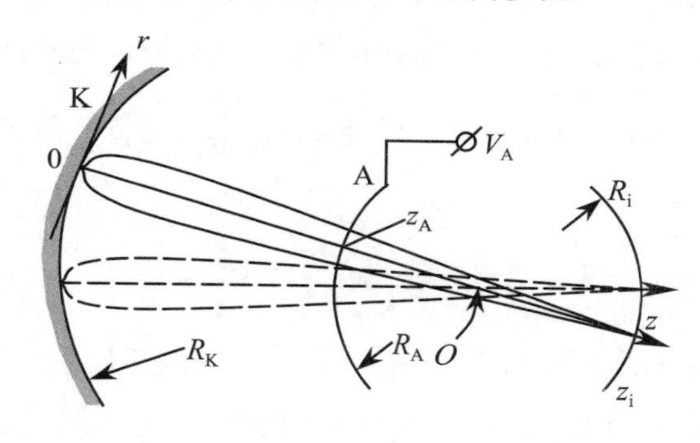

图 5.4

“球形电容器聚焦成像”相当于将阴极K、阳极A皆“弯曲”而成为有共同球心O、半径分别为R_K和R_A（$R_K > R_A$）的球面，其间电力线皆沿径向．阴极任一物点发出的轨迹中，取沿径向的主轨迹为z轴，其余轨迹在电场作用下皆向其聚拢；在一定条件下，这些轨迹“穿过”阳极后可在一个同球心的“像球面”上成一实像．

沿任一半径作z轴，如图5.4所示，原点在阴极上．位场仍呈轴对称，等位面是同心球面，由$V' = -E_z$和奥高定理可知$V'R^2 = V'(R_K - z)^2 =$常数．常用“半径比”$n = \dfrac{R_K}{R_A}$作为球形电容器的几何参数，$n > 1$；令$V_1 = \dfrac{V_A}{n-1}$．由边界条件积分，即得轴上位场分布．位场是

$$V(z) = V_1 \frac{z}{R_K - z}$$

$$V'(z) = V_1 \frac{R_K}{(R_K - z)^2}$$

$$V''(z) = 2V_1 \frac{R_K}{(R_K - z)^3}$$

适用区间是 $0 \leqslant z \leqslant R_K - R_A$. 在 $z > R_K - R_A$ 处 $V = V_A$.

只考虑近轴区. 将场的表达式代入近轴轨迹方程,加上关于 ε_z 和 ε_r 的初始条件,方程有解析通解. 求解过程须用变量代换,其实质是将半径与圆弧围成的扇形区变成矩形区域、圆心变成无穷远点的保角变换,此处略去. 读者不妨将下式代入轨迹方程验证:

$$r = \frac{2}{V_1}\sqrt{\varepsilon_r}(R_K - z)\left(\sqrt{\frac{V_1 z}{R_K - z} + \varepsilon_z} - \sqrt{\varepsilon_z}\right)$$

与近贴聚焦情况相似,我们最感兴趣的是初速度与阴极相切的极限轨迹,其初始条件是 $\varepsilon_z = 0, \varepsilon_r = \varepsilon_0$. 再次令小量 $k = \sqrt{\frac{\varepsilon_0}{V_A}}$. 极限轨迹的解析式是

$$r = 2k\sqrt{(n-1)z(R_K - z)}$$

$$r' = k\sqrt{\frac{n-1}{z(R_K - z)}}(R_K - 2z)$$

此轨迹满足 $z = 0$ 时 $r = 0, r' = \infty, \sqrt{V}r' = \sqrt{\varepsilon_r}$ 有限.

极限轨迹 r 的表达式中有两个含 z 的因子. 为了满足初始条件, r 有因子 $\sqrt{z}$ 是容易猜想的,此与平板电容近贴聚焦相同. 另一因子 $\sqrt{R_K - z}$ 为球形电容系统所独有,其所起作用有两种:如 R_K 和 $R_A \to \infty$,用 d 代替 $R_K - R_A$,球形电容器及其场将被"展平"成为平板电容,轨迹公式亦随之成为近贴聚焦轨迹;如阳极收缩到一点, $R_A \to 0$,则球心处 V' 趋于无穷大,任何轨迹都被强行送达 O 点.

解析解描述的是理想的球形电容器. 理想情况下的主要定量参数为:在阳极球面上,从物点发出的所有电子的散射圆半径 $r_m = 2(n-1)kR_A$,极限轨迹发散角 $r_m' = (2-n)k$. 如确能在阳极的右侧有实像,显然必须有 $r_m' < 0$,故要求 $n > 2$,即 $R_K > 2R_A$. 此时的 n 称最小半径比. 另一说法是因场的聚焦作用使极限轨迹 r' 渐减,在 $z = \frac{R_K}{2}$ 处 $r' = 0$, r 达极大值;如欲成实像,必须此时阳极尚未到达,会聚趋势仍在持续. "穿过"阳极面之后,电子直线行进. 极限轨迹与 z 轴交点处的位置坐标是 $z_i = R_K - R_A - \frac{r_m}{r_m'} = R_K + \frac{R_K}{n-2}$,所以像点的集合是像球面,其半径为 $R_i = \frac{R_K}{n-2}$,该球面与阴极、阳极共心. 易知单向放大率是 $-\frac{1}{n-2}$. 各式中可见几何参数

n 的重要性.作为半径比的 n 事实上也是系统聚焦力的量度，$n<2$ 时只能成虚像；n 越大，聚焦越强，像越近而小.

对球形电容成像系统的种种讨论大意与对近贴聚焦相仿.实用的球形电容器中，等位面不可能都是同心球面.最突出的问题仍是阳极必须开孔，故必有阳极孔折射效应.对中心轴附近轨迹，亦可用膜孔发散薄透镜估计其影响.结论为：总聚焦力比理想模型弱；能成实像的条件约为 $n>4$；像面位置明显右移，像的尺寸亦远比不考虑此折射时大.

推导要点　设膜片的焦距近似为

$$\frac{1}{f_{\mathrm{i}}}\approx\frac{V_b{}'-V_a{}'}{4\sqrt{V_{\mathrm{i}}V_{\mathrm{d}}}}\approx-\frac{V'(z_{\mathrm{A}})}{4V_{\mathrm{A}}}=-\frac{n}{4(n-1)R_{\mathrm{A}}}$$

阳极孔折射使 $r_{\mathrm{m}}{}'$ 有增量 $\Delta r_{\mathrm{m}}{}'\approx-\dfrac{r_{\mathrm{m}}}{f_{\mathrm{i}}}$，故折射后

$$r_{\mathrm{m}}{}'\approx-\frac{n-4}{4(n-1)}\frac{r_{\mathrm{m}}}{R_{\mathrm{A}}}=-\frac{n-4}{2}k$$

$$z_{\mathrm{i}}\approx R_{\mathrm{K}}+\frac{3}{n-4}R_{\mathrm{K}}$$

□

此种焦距计算公式很不准确，故所得定量关系不甚可信.但实验表明，能聚焦成像的最小半径比 n 等于4这一条件基本正确.另一与实际相符的结论是：球形电容器聚焦成像时，系统的电子光学性质主要取决于几何尺寸，阳极电位的影响很小，是一种“定焦系统”.一般而言，在系统中心轴附近，球形电容器成像系统的图像质量较高，有关特性与计算符合程度较好，当然，亦有色球差和弥散圆最小处即最佳像面等问题.阴极表面场强越高，中心分辨率越高.边缘区域内则有轴外像差，如畸变和像散、场曲等问题，实用器件设计时要加以注意.

如图5.5所示为几种实用的球形电容器宽束聚焦成像系统示意图，自上而下依次为二电极、三电极、四电极系统，第一图中画了等位面.各系统的光电阴极K皆呈凹球面形，被某种(在其上成像的)光照射，产生初速度方向分散的光电子；电子被近似的球面形电场加速、聚焦后，在荧光屏S上成像.阳极A皆做成圆锥形，中央开孔不大，等效半径很小，以确保足够的半径比；这一结构亦有利于减弱阳极孔效应，改善阳极附近的场分布，使等位面保持近似为球面，并可减少自荧光屏反照到阴极背面的散射光，以免降低对比度.V_{A} 为1 kV或10 kV量级.

图5.5中的二电极系统在远轴区加设了钩形辅助电极，以改善阴极边缘区场分布，减少轴外像差.此种像管结构、电源简单，图像质量由加工精度保证，无需调焦，广泛应用于夜视器件.

图 5.5 所示三电极、四电极系统则用作 X 射线像增强器. 此类器件体积较大, 常采用玻壳结构, 在阴极和阳极之间加有圆筒形控制电极 G. 电压 V_G 可调, 图像的良好聚焦赖以实现, 故对加工公差的要求可降低. G 上加负压时可阻止光电子达到荧屏, 成为"电子快门", 用于摄影. 四电极系统有两个阳极, 第二阳极 A_2 电压恒

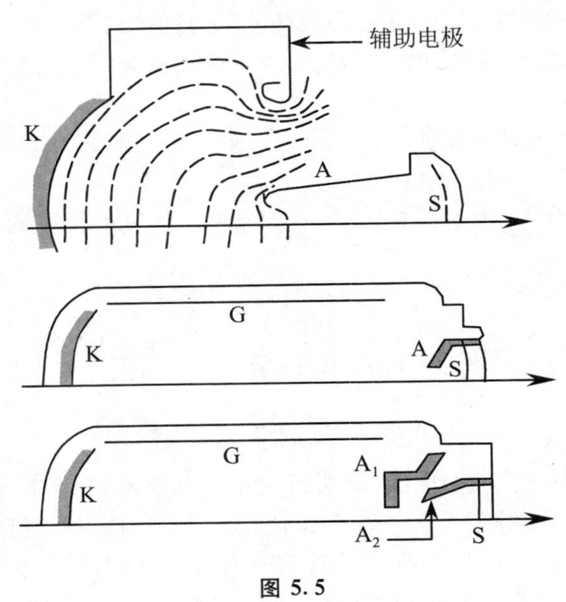

图 5.5

定, 使电子着屏速度不变; 第一阳极 A_1 的电压可取为若干"挡", 通过 V_G 对各挡的配调, 可以使成像面位置维持于屏上不变, 但改变系统的放大率和"视野"的大小. 此称为可变倍或视野可调的像增强器, 在诊断时可选择用大视野搜索病变部位, 或用小视野进行放大倍数、分辨率皆较高的局部仔细观察.

5.2 强流中的空间电荷效应

本节及下一节的讨论内容属于强流电子光学. 其研究对象是电荷密度较大的电子束, 有人称之为"电子注".

在多种加速器、微波电真空器件、电子束加工(或处理)设备中要用到强流电子

束.产生这种束流并使之以某种形状输出的器件称为强流电子枪.对于这一类器件,常无所谓聚焦成像问题,而是侧重于电子束的"成形"和"维持".此时不能使用高斯轨迹方程的主要原因显然在于电子束本身的空间电荷效应,或曰不满足"单粒子假设".

电子束中正在运动的电荷会改变空间电磁场,这些场反过来又影响电子运动和电荷的空间分布,空间电荷效应是对这一内涵相当复杂的物理过程的统称.其之所以复杂,不仅因为电荷运动状况和场分布互为因果,还因为:影响空间电荷分布的难以预知因素很多;"环境"即器件管壁可能在强流的作用下产生镜像电荷及电流,成为外加场和电子束之外的"第三者",也影响空间场;束流可能是均匀分布、轴对称的,也可能不是,使场也不再具有理想场的性质;束流可能是相对恒定的稳流,也可能不是,造成场随时间的快速变化,等等.空间电荷的存在使位场不再满足拉普拉斯方程,而是满足泊松方程.以直接后果而言,空间电荷引起所在处电位降低,使电子束趋于发散,在纵向亦会阻碍束流的流通.本章不可能概括束流空间电荷效应的各个方面,只在束流是均匀分布的稳流的条件下进行一些初步讨论,几个主要话题是:空间电荷对最大流强的限制;空间电荷效应的线性近似处理方法;有关强流电子束的成形与维持的一些概念和手段.

我们首先说明两个概念:

其一,在计算电子运动时考虑空间电荷效应,可以说电子之间有库仑斥力,电子受到向外的横向力;也可以说电子群体改变了位场,场强有了附加横向分量,作用到单个电子上,并使束流发散.这两句话是等效的.计算中用一个模型即可,两者皆用即为重复.

其二,空间电荷效应正比于电流密度而增强是易于理解的.它同时随电子能量增加,尤其当电子相对论性程度增强时迅速减弱.这里有几个因素的影响:第一,能量增加意味着电子纵向动量增加,前已述及,后者在横向运动中的角色与质量相当,动量较大的电子较不易被横向力推动.第二,由电荷连续性方程,稳流时电流密度 $\boldsymbol{J}=\rho\boldsymbol{v}$ 近似为常数;非相对论性时,电子速度增加伴随着电荷密度 ρ 的下降.第三个因素似不如前两个"直接",但对高能粒子最为重要.考虑束流中两个电荷相等、以等速平行同向飞行的粒子,其间既有库仑斥力 F_{E},又有电荷运动产生磁场而形成的电磁引力 F_{M}.就此简单模型稍加计算可知,此引力等于库仑斥力的β^2倍(请读者试算).当电子能量低时,引力 F_{M} 可忽略不计;而当电子为相对论性时,引力与斥力近于相互抵消,其差为库仑斥力 F_{E} 的 $1-\beta^2=\gamma^{-2}$倍.等效说法是:电子间净斥力 $\boldsymbol{F}$ 随能量增加而与 γ^2 成反比.所以,一般情况下只有非相对论性的低能强流才需考虑空间电荷效应,并且此时不考虑电荷运动产生的磁场.这种情况以"强流电子枪”最为典型.——严格地说,高能强流亦有其“非单粒子”条件时的空间电荷效应,但机理与本节所讨论的不同,一般与电荷运动并非稳流(常是彼此断开的“束团”)、会产生快变电磁场并与环境相互作用有关.

本节从“空间电荷限制流”入手,读者当能从中认识空间电荷所起的作用.

在由阴极与阳极组成的“二极管型”电子枪中,如阴极发射电子,阳极有电压 V_A,电子流将流向阳极.极间空间出现了空间电荷密度 ρ、速度 $\boldsymbol{v}$ 的分布,它们与静电场 V 和 V'(即 E_z)的分布应共同满足位场的泊松方程(联系 V 和 ρ)、电子的运动方程(联系 V 和 $\boldsymbol{v}$)和电荷连续性方程(联系 ρ 和 $\boldsymbol{v}$).在一定条件下,此电子流达到稳态即动态平衡.稳态的总电流强度 I 是一个既依赖于外加电位,又被空间电荷效应限制的、确定的数值;此种电流称为空间电荷限制流.

理论与实验都表明,此时 I 与 V_A 的$\frac{3}{2}$次方成正比,写作 $I = C_P V^{\frac{3}{2}}$,称为:空间电荷限制流服从“二分之三次方定律”.比例系数 C_P 称为导流系数,它只与二极管的几何形状与尺寸有关;其单位是朴($AV^{-\frac{3}{2}}$),这是一个很“大”的单位,实用单位是微朴,即 10^{-6}朴.

此定律的意义应从动平衡角度理解.稳流时$\frac{\partial \rho}{\partial t} = 0$,连续性方程成为$\nabla \cdot \boldsymbol{J} = 0$,或者说沿电流方向 $I = \int \boldsymbol{J} \cdot \mathrm{d}\boldsymbol{S} \approx \rho v S$ 是常数,其中,S 是电子流横截面积,$\mathrm{d}\boldsymbol{S}$ 为面积元.在阴极附近,v 很小,故 ρ 极大,大量积累的空间电荷引起电位严重下降.在阴极表面处,V' 仍大于 0 时,电子不断被电场“拉出”阴极,使 ρ 再增大;而一旦使 $V' < 0$,电子又被电场“推回”阴极.故达到平衡态时,阴极表面必有 $V = 0$ 且 $V' = 0$,对应的电流不可能再增加,而向阳极流走的电子将自然地由阴极表面电子补充,以维持这一平衡.所以,此种限制与阴极发射能力、是否用栅极控制电流大小皆无关系,是理论上能达到的最高流强.

下面以无限大平面“平板二极管”为例,进一步阐明以上概念.

如图 5.6 所示为该系统,极间距离为 d,平面的“有效面积”为 S,坐标系的 z 轴垂直于极面.在无限大平面假设下,有关方程是一维的(对于电子,式中电荷密度 $\rho < 0$):

$$V'' = -\frac{\rho}{\varepsilon_0}$$

$$eV = \frac{1}{2} m v^2$$

$$-\rho = \frac{I}{vS}$$

将三元联立方程合并成 $V(z)$的一元方程,即为

$$V'' = \frac{C}{\sqrt{V}}$$

其中,常数 $C = \dfrac{I}{\varepsilon_0 \sqrt{\dfrac{2e}{m_0}} S}$,边界条件 $V(0) = 0, V'(0) = 0, V(d) = V_A$. 因为总流强 I 正比于 C,空间电位 V 皆正比于 V_A,由此式已可判断 I 正比于 $V_A^{\frac{3}{2}}$,并了解到此关系成立的原因之一是 ρ 与 v 成反比.

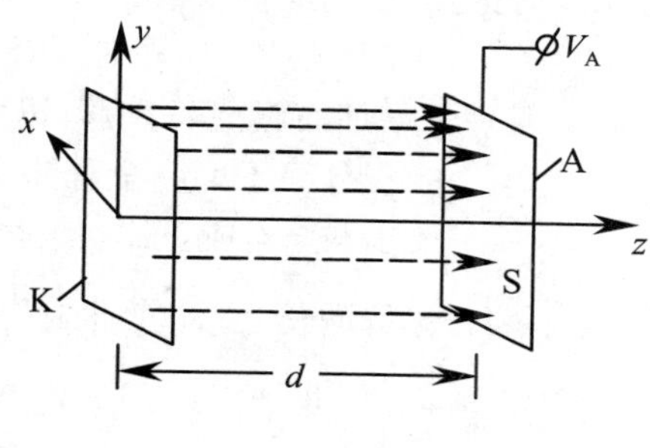

图 5.6

所列方程的解是

$$V(z) = V_A\left(\frac{z}{d}\right)^{\frac{4}{3}}$$

而流强与阳极电位的关系是

$$I = K_I \frac{S}{d^2} V_A^{\frac{3}{2}}$$

其中,普适常数 $K_I = \frac{4\varepsilon_0}{9}\sqrt{\frac{2e}{m_0}} \approx 2.334$ 微朴.

推导要点 根据方程和初始条件,可简单地设方程的解为

$$V(z) = az^b$$

代入后,易得 $b = \dfrac{4}{3}$和 $a = \dfrac{V_A}{d^b} = \left(\dfrac{9C}{4}\right)^{\frac{2}{3}}$.

或利用

$$V'' = V' \cdot \frac{dV'}{dV} = \frac{C}{\sqrt{V}}$$

和初条件 $V=0$ 时 $V'=0$，积分一次，得

$$V' = 2\sqrt{C}V^{\frac{1}{4}}$$

再积分一次，得

$$V = \left(\frac{9C}{4}\right)^{\frac{2}{3}} z^{\frac{4}{3}}$$

□

在这种空间电荷限制流强的条件下，电流（及电力线）互相平行，充满系统，电流密度 $J=\dfrac{I}{S}$ 到处相等；各量随 z 变化的规律为：V 正比于 $z^{\frac{4}{3}}$，V' 正比于 $z^{\frac{1}{3}}$，电子速度 v 正比于 $z^{\frac{2}{3}}$，$-\rho$ 正比于 $z^{-\frac{2}{3}}$，如图 5.7 所示. 图中，虚线是无空间电荷时的位场，场强 V' 是常数. 由图 5.7 可见到：空间电荷造成了 V 的降落，尤以阴极附近为甚；当其达于极限时，阴极表面 $V'=0$，但 V' 随 z 增加而“急起直追”，以维持在长度 d 之内 V' 的积分等于 V_A；全程中 $V''>0$，按泊松方程的要求与 $-\rho$ 成正比，使 V 虽有空间电荷存在仍保持增长，应注意此时 $\dfrac{\partial V}{\partial x}=\dfrac{\partial V}{\partial y}=0$，并无横向聚焦，此情况勿与无空间电荷的轴对称系统中 $V''>0$，故 $E_r\neq 0$，并有聚焦相混淆；电子速度 v 正比于 $\sqrt{V}$ 而反比于 ρ；阴极表面附近积累了密度 ρ 达“无穷大”，速度 v 极小，近乎静止的“电子云”. 此中物理意义值得仔细体会.

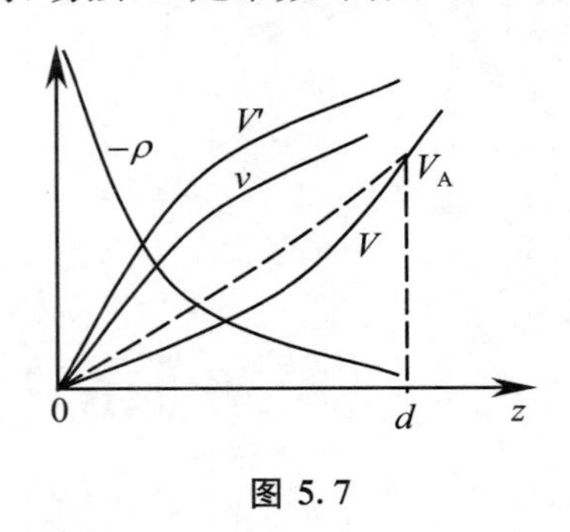

图 5.7

对于平板二极管电子枪，最大导流系数 $C_P=\dfrac{K_I S}{d^2}$，正比于阴极面积，反比于极间距离的平方.

与平板二极管相似，可考虑“同心球二极管”和“同轴无穷长双圆筒二极管”系统的空间电荷限制流. 这两种情况都可用图 5.8 表示其横截面，电流自阴极流向阳极，流线与电力线皆沿径向（多自外向内，如图 5.8 所示），且可简化为以半径 r 为变量的一维问题.

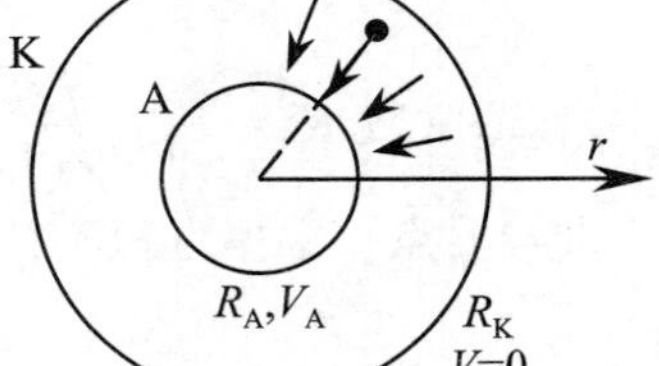

图 5.8

（1）同心球二极管系统.

其泊松方程是

$$\frac{1}{r^2}\frac{\mathrm{d}}{\mathrm{d}r}\left(r^2\frac{\mathrm{d}V}{\mathrm{d}r}\right) = -\frac{\rho}{\varepsilon_0}$$

连续性方程是

$$I = -\rho v \Omega r^2 = 常数$$

其中，Ω 是电子流占据的立体角，其所起作用大致与平板型的面积 S 相当，"全球"皆有电流时 $\Omega = 4\pi$. V 与 v 的关系不变. 故联立方程合并后为

$$\frac{\mathrm{d}}{\mathrm{d}r}\left(r^2 \frac{\mathrm{d}V}{\mathrm{d}r}\right) = \frac{C}{\sqrt{V}}$$

式中，常数 C 正比于$\frac{I}{\Omega}$. 边界条件为 $r = R_{\mathrm{K}}$ 时 $V = 0$, $\frac{\mathrm{d}V}{\mathrm{d}r} = 0$; $r = R_{\mathrm{A}}$ 时 $V = V_{\mathrm{A}}$.

和平行板相仿，由此方程已可看出 I 正比于阳极电位 V_{A} 的$\frac{3}{2}$次方. 但此处无解析解. 数学处理的困难之一是边界上 $r \neq 0$，故引入变量 $x = \ln \frac{r}{R_{\mathrm{K}}}$，利用关系式 $\mathrm{d}x = \frac{\mathrm{d}r}{r}$，方程可化为

$$\frac{\mathrm{d}^2 V}{\mathrm{d}x^2} + \frac{\mathrm{d}V}{\mathrm{d}x} = \frac{C}{\sqrt{V}}$$

边界条件为 $x = 0$ 时，$V = 0$, $\frac{\mathrm{d}V}{\mathrm{d}x} = 0$.

再进一步，引入新函数 $\alpha(x)$，用 α 标志到阴极的距离，使它与平行板中的坐标 z 相当，说到底，它是半径 r 的函数. 令 V 与其的关系取 $V = \left(\frac{9C}{4}\right)^{\frac{2}{3}} \alpha^{\frac{4}{3}}$ 的形式，可得到 $\alpha(x)$满足的方程为

$$3\alpha\left(\frac{\mathrm{d}^2\alpha}{\mathrm{d}x^2} + \frac{\mathrm{d}\alpha}{\mathrm{d}x}\right) + \left(\frac{\mathrm{d}\alpha}{\mathrm{d}x}\right)^2 = 1$$

初始条件为 $\alpha(0) = 0$.

$\alpha(x)$可展开成 x 的幂级数求数值解，所得级数是

$$\alpha = x - \frac{3}{10}x^2 + \frac{3}{40}x^3 + \cdots$$

也可借助前人的计算，即通过查表求值. 所以，空间位场 $V = V_{\mathrm{A}}\left[\frac{\alpha(x)}{\alpha(x_{\mathrm{A}})}\right]^{\frac{4}{3}}$ 已得. 而 I 和 V_{A} 的关系可写成

$$I = K_{\mathrm{I}} \frac{\Omega}{[\alpha(x_{\mathrm{A}})]^2} V_{\mathrm{A}}^{\frac{3}{2}}$$

其中，$x_{\mathrm{A}} = \ln \frac{R_{\mathrm{A}}}{R_{\mathrm{K}}}$，$C_{\mathrm{P}}$ 的表达式无须列出.

(2) 同轴双圆筒二极管系统.

其泊松方程是

$$\frac{1}{r}\frac{\mathrm{d}}{\mathrm{d}r}\left(r\frac{\mathrm{d}V}{\mathrm{d}r}\right)=-\frac{\rho}{\varepsilon_0}$$

连续性方程是

$$I=-\rho v\Phi rL=\text{常数}$$

其中,Φ 是电子流的平面张角,"全方位"有电流时 $\Phi=2\pi$;L 是圆筒沿轴的有效长度;ΦL 的作用与平板型的面积相当.合并有关方程,得

$$\frac{\mathrm{d}}{\mathrm{d}r}\left(r\frac{\mathrm{d}V}{\mathrm{d}r}\right)=\frac{C}{\sqrt{V}}$$

式中,常数 C 正比于$\frac{I}{\Phi L}$.边界条件与同心球相似.同样,二分之三次方定律的成立已无疑问.

套用上述引入新函数、新变量的方法对付这一无解析解的问题.仍取变量 $x=\ln\frac{r}{R_{\mathrm{K}}}$,方程变为

$$\frac{\mathrm{d}^2V}{\mathrm{d}x^2}=\frac{C}{\sqrt{V}}r$$

再引入到阴极的"距离函数"$\beta(x)$,使 $V=\left(\frac{9C}{4}r\right)^{\frac{2}{3}}\beta^{\frac{4}{3}}$,则得到 β 满足的方程为

$$3\beta\frac{\mathrm{d}^2\beta}{\mathrm{d}x^2}+\left(\frac{\mathrm{d}\beta}{\mathrm{d}x}\right)^2+4\beta\frac{\mathrm{d}\beta}{\mathrm{d}x}+\beta^2=1$$

初始条件为 $\beta(0)=0$.

β 的值可通过查表得到.并有位场

$$V=V_{\mathrm{A}}\left(\frac{r}{R_{\mathrm{A}}}\right)^{\frac{2}{3}}\left[\frac{\beta(x)}{\beta(x_{\mathrm{A}})}\right]^{\frac{4}{3}}$$

和

$$I=K_{\mathrm{I}}\frac{\Phi L}{R_{\mathrm{A}}[\beta(x_{\mathrm{A}})]^2}V_{\mathrm{A}}^{\frac{3}{2}}$$

其中,$x_{\mathrm{A}}=\ln\frac{R_{\mathrm{A}}}{R_{\mathrm{K}}}$,$C_{\mathrm{P}}$ 的表达式从略.

上述两种类型的导流系数 C_{P} 与几何参量的关系显然和平行板的情形相似.

以上讨论仅针对纵向运动,分析形成稳流时空间电荷造成纵向电位分布的改

变及其对流强的限制，全未触及空间电荷的横向发散作用．讨论中假设空间中“充满”了流动的电荷，在横向完全均匀分布，于是横向斥力抵消，电子向阳极直线前进．事实上，束流的横向尺寸总是有限的．可以想见，束中心附近的电子受到的斥力还能基本平衡，越靠近边缘，则电子受到的总斥力越大．束流从阴极向阳极行进的同时会在横向散开．在许多情况下，强流电子光学的中心问题如前几章一样，是电子的横向轨迹，空间电荷的横向效应成为研究的重点．

假设电子流在一轴对称场中运动，仍用柱坐标系 $z—r—\phi$，z 轴既是场的对称轴，又是束流的中心轴；设束流也呈轴对称分布，故位场、空间电荷密度皆与 ϕ 无关．对任一 z 坐标，有关函数包括电子所受横向力都可展开成 r 的幂级数．前已谈及，当电子在中心轴上，即径向位置 $r=0$ 时，空间电荷产生的横向力亦为0；此种横向力可能很复杂，含有若干 r 的高阶项，但在近轴区 r 的一次项总是最重要的．换言之，在一定条件下可认为空间电荷的横向作用力与 r 成正比，且恒为发散力．这就是空间电荷横向效应的线性近似．

主要公式的推导仿佛第1章的重复，不过用泊松方程代替了拉普拉斯方程，读者当可驾轻就熟．若上述假设成立，则位场 V、电荷分布 ρ 都是 r 的偶函数，对 r 展开时除轴上项 $V(z)$ 外最低项为 r^2 项．先考虑空间电荷的存在对电位分布的影响，即变形的谢尔赤公式．

利用泊松方程

$$\nabla^2 V = \frac{\partial^2 V}{\partial z^2} + \frac{1}{r}\frac{\partial}{\partial r}\left(r\frac{\partial V}{\partial r}\right) = -\frac{\rho}{\varepsilon_0}$$

易得到

$$V(z,r) = V(z) - \frac{1}{4}r^2\left(V'' + \frac{\rho(z)}{\varepsilon_0}\right) + \cdots$$

其中，$\rho(z)$ 为沿轴上的 ρ 分布．在近轴区内略去 r 的高阶项，认为 $\frac{\partial V}{\partial r}$ 正比于 r，即可写出与高斯方程类似的运动方程，只是原方程中的 V'' 用 $V''+\frac{\rho}{\varepsilon_0}$ 代替．方程的一种形式是

$$\sqrt{V}(\sqrt{V}r')' + \frac{1}{4}\left[V'' + \frac{e}{2m}B_z{}^2 + \frac{\rho}{\varepsilon_0}\right]r = 0$$

或写成

$$r'' + \frac{V'}{2V}r' + f_F r + f_e r = 0$$

第二式中，f_F 代表外场施加的横向聚焦力，f_e 是空间电荷产生的附加横向力，

下面的讨论将围绕 f_e 的表达式进行. 在前述近似下, $f_e=\frac{\rho}{4\varepsilon_0 V}$. 注意到电子的电荷密度 $\rho<0$, 故空间电荷项 f_e 是恒散焦项; 散焦力正比于 ρ 而反比于 V. 在上式的推导中, 如本节开始时所述, 忽略了空间电荷运动产生的角向磁场及其提供的径向聚焦力, 且包含有空间电荷是轴对称稳态分布的假设. 该式看来仍属于"高斯方程的一般形式". 但应注意到, 此时纵向电位分布 V 与 ρ 有关, ρ 又依赖于束流的运动情况和横向分布, 如包络的大小等, 所以横向力不是独立的"外界量", 只有在稳态时可看成完全是 z 的函数, 而且须通过粒子运动计算才能得到. 这可谓考虑空间电荷效应的计算的特点.

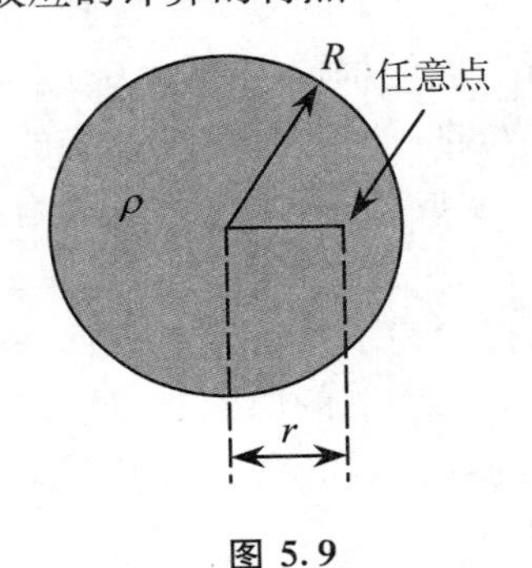

图 5.9

换一种方式讨论空间电荷的横向力. 假设束流在某一段的包络为 R, 空间电荷可看作以 z 轴为中轴、半径为 R、电荷均匀分布的"无穷长圆柱", 如图 5.9 所示. 则电流 $I=-\rho v\pi R^2$ 是常数. 空间任一点径向坐标为 r 处有束流产生的径向电场 E_r 和回转磁场 B_ϕ. 由奥高定理和安培定律易得到

$$E_r=\frac{\rho}{2\varepsilon_0}F(r)$$

$$B_\phi=\frac{1}{2}\mu_0\rho vF(r)$$

式中, 函数 $F(r)$ 等于 r(如 $r\leqslant R$)或 $\frac{R^2}{r}$(如 $r>R$).

处于圆柱内一点的某个电子受到的静电斥力场是 $-E_r=-\frac{\rho}{2\varepsilon_0}r$. 此斥力对应于运动方程中 $\frac{\partial V}{\partial r}$ 的附加项, 由此得到的附加横向力 f_e 与前法所得完全一致. 可见位场变化和静电斥力这两种模型等效, 电荷轴对称稳态分布、近轴区 r 的高阶项可忽略等假设和"无穷长圆柱假设"也是等效的. 在这一假设下, 束流横截面尺寸沿纵向变化缓慢, 可取电荷密度 $\rho=-\frac{I}{v\pi R^2}$, 其中 $v=\sqrt{\frac{2eV}{m_0}}$.

如此替代后, 空间电荷散焦项的近似表达式是

$$f_e=-\frac{I}{4\pi\varepsilon_0\sqrt{\frac{2e}{m_0}}V^{\frac{3}{2}}R^2}=-\frac{I}{9\pi K_I V^{\frac{3}{2}}R^2}$$

散焦力的大小正比于 $C_P=\frac{I}{V^{\frac{3}{2}}}$, 反比于束流包络的平方. 由此可知束流的导

流系数 C_P 有两个物理意义:其一是反映了二分之三次方定律,此系数属于一个电子枪,描述了其结构尺寸特点,给出了在空间电荷限制流条件下它输出电子流的能力.其二是对于一个束流,此系数反映了空间电荷横向效应的强弱,它随流强 I 正比增大,随电位 V 的 $-\frac{3}{2}$次方减弱.因为 $9\pi K_I$ 约为66微朴,一般当束流 $C_P<10^{-2}$微朴时,空间电荷效应可以忽略,除非在对像差等的要求特别高的场合.

应用上式的前提之一是束流包络作为 z 的函数即 $R(z)$已知.事实上,常常仅已知外部电场等条件,而 R 需要计算.为此,可用第1章1.5节介绍的包络微分方程进行数值计算,常与若干电子轨迹方程联立同时求解.在 R 的方程中,空间电荷散焦项 $f_e r$ 被 $f_e R$ 替代,相当于考虑束流柱边缘电子受到的斥力及其使 R''上升的趋势.该式中,此散焦项不是正比于、而是反比于 R,反映了空间电荷发散效应随 R 下降而增强,尤其当 R 接近0时极强,以抗拒聚焦趋势并使包络不能为0.计算所得 R 应是一有圆滑起伏并保持为正值的连续曲线,不排除有时 R 变化较剧烈、以致无穷长圆柱假设颇显勉强的可能.

假设无外场作用,又设与空间电荷效应的作用相比,束流发射度的影响小到可以忽略,然后讨论"纯空间电荷作用"下束流包络的变化规律.在有关公式中忽略 ρ 引起的位场变化,取电位 $V=$常数,则 $A=\frac{C_P}{9\pi K_I}$也是常数;取 $B_z=0$;发射度 $\varepsilon=0$;设包络之内 ρ 横向均匀分布.则仅在空间电荷发散作用下的包络 R 满足的方程很简单:

$$R''=\frac{A}{R}$$

此方程可解.初始条件设为 $z=0$ 时,$R=R_0$,$R'=R_0'$.其解的形式为

$$z=\int_{R_0}^{R}\frac{\mathrm{d}R}{\sqrt{\frac{2}{9\pi K_I}C_P\ln\frac{R}{R_0}+R_0'^2}}$$

用此式可根据不同初值 R_0 和 R_0'计算 R 对 z 的依赖关系.所得 R 的曲线颇似抛物线.

有文献根据此式进行了许多讨论,诸如:通过某种归一化画出包络在无场区如何变化的"普适曲线",可根据初始条件查值;讨论束流包络有极小值即"束腰"存在的条件、其位置与尺寸对导流系数和初始条件的依赖关系;讨论束流成像、"汇于一点"时,空间电荷效应产生的像差,即此时束流最小截面的大小和位置,

以及在何种条件下空间电荷效应可忽略;讨论无外场时某一“系统”如等径长圆筒因孔径所限允许通过的最大束流或最大导流系数;还讨论了外界无任何约束时束流自身电荷密度对最大束流的限制,该限制来自横向电位因空间电荷而降落,但最低点(中轴处)V 不得小于 0,据说束流的最大导流系数因此为 32.4 微朴.本节不一一介绍.

作者以为,用线性近似处理空间电荷效应问题只是相当粗糙的一级近似.对聚焦成像一类问题,ρ 的实际分布显然是复杂的;一旦涉及最大包络,r 的高次项也未必可忽略.能使用线性近似的理由之一在于:与外场 f_F 相比之下,空间电荷效应 f_e 是一个较小的项;考虑此一“修正项”,总是能使结果更稍近真.所以,在无外场的假设下用线性近似进行过多讨论,意义似乎有限.遇到此类实际问题时,也许应该用更精细的数值计算法,以免某些勉强的假设引入不可忽略的误差.

线性近似公式在某些情况下应予修正.兹举 3 例:

其一,设仍是轴对称场,但电场电压或加速后的电子能量较高,使电子已近相对论性.虽然高能电子的空间电荷效应一般不强,计算中有时仍有考虑的必要.此时电流自身磁场的聚焦作用不可忽略.前文介绍 E_r 时也写了 B_ϕ 的计算公式,正是为用于此时.称静电斥力减去该磁场形成的引力之差为等效斥力,由洛伦兹公式易得

$$
\begin{aligned}
E_{r\text{等效}} &= E_r - vB_\phi = E_r(1 - v^2\varepsilon_0\mu_0) \\
&= E_r(1 - \beta^2) = \frac{1}{\gamma^2}E_r
\end{aligned}
$$

等效斥力随 γ^{-2} 下降,与本节前文所述两个电子相互作用相似.

回到 f_e 的表达式.考虑到其分母中组成 $V^{\frac{3}{2}}$ 项的 3 个 $\sqrt{V}$ 有 2 个来自电子速度 v,另一个来自动量 P,代入 $v = \beta c$,$P = \beta\gamma m_0 c$,并化简后,相对论性电子的空间电荷散焦项是

$$
f_e r = -\frac{eZ_0 I}{2\pi m_0 c^2}\cdot\frac{r}{(\beta\gamma)^3 R^2}
$$

其中,$Z_0 = \mu_0 c \approx 120\pi\ \Omega$ 是“真空阻抗”.

作者曾在电子直线加速器理论设计计算中用过此式,式中电子束的纵向能量 γ(和 β)、横向包络 R 都来自数值计算,经验算 f_e 比 f_F 小约两个数量级,所以可放心地使用线性近似.还值得一提的是,不论电子是否相对论性,总能正确量度空间电荷效应强弱的量应是$\dfrac{I}{P^3}$,再次证实动量 P 具有能跨越相对论性藩篱的性质.非相对论性时 $\gamma\approx 1$,仍回到未修正的表达式.

其二,设束流非轴对称,横截面为椭圆.设其两半轴在 x,y 轴方向,长度分别为 a_x和a_y.如果近似认为 ρ 在椭圆内均布,可用积分计算(利用复变函数的残数定理)得到"无穷长椭圆柱"内电子受到的横向斥力.设电子的坐标为(x,y),不超出椭圆边界,此斥力与 x,y 有线性关系.令 x 方向的线性散焦力项为$f_{ex}x$,其形式与$f_e r$ 相仿,只需将 r 换成x,分母上的 $2R^2$换成 $a_x(a_x+a_y)$即可;y 方向仿之.此修正与相对论性与否无关,适用于多数束流输运线.a_x 和a_y 分别是束流在两个横向的包络,每一个都对另一横向的斥力也有影响,二者中较小者所在方向的斥力较大.当然,如果 $a_x=a_y=R$,就回到圆截面束流公式.

其三,束流亦呈非轴对称,但截面近似为厚度有限、而"宽度无限"的扁带状.设其半厚度为 a_y,在 y 方向;x 方向的宽度L 很大,故在 x 方向无斥力.y 方向的斥力可用线性近似,正比于 y.当束流厚度 $2a_y \ll L$ 且横截面内ρ 均匀分布时,不难算得束流内电荷产生的 y 方向静电场和y 的运动方程分别是

$$E_y=-\frac{I}{2\varepsilon_0 Lva_y}y$$

$$y''=\frac{C_P}{9K_I L}\cdot\frac{y}{a_y}+\cdots$$

方程中只列出了附加散焦项.在计算此种带状束流的包络 a_y 时,y 用a_y 代之,此散焦项成为常数项;因为在"无穷大电子流平面"的边缘,电子所受总斥力与电荷总量有关,而与电子流厚度无关.

束流的空间电荷效应是一个正被深入研究的课题,线性理论只是一种粗糙的近似.复杂的考虑涉及:束流纵向有能散,呈束团状分布(有长度);束流横向呈高斯分布或其他非均匀分布;束流在管壁激发电磁场的影响;束流运动非稳态,或非层流(轨迹可能交叉);其他非线性问题等.最典型的困难是有些假设常未必能得到"自洽"的结果,给出的解并不能同时满足泊松方程、运动方程和连续性方程.例如,假设电荷密度呈某种分布,可以算出位场和运动规律,但遵照该规律运动的电子并不能保证具有所假设的分布.

数值计算中可采用若干方法克服这一困难.如:将束流分成许多"小电流元",充分考虑其相互作用;沿前进方向又分成许多"步",逐点计算,求得位场、密度、包络等;如不自洽,回过头来以前次计算结果为基础"重走",以结果对前次进行修正,如此"迭代"到自洽为止.另一种方法是将电流也按一定量分成许多小量之和,先求零电流解,得到无空间电荷效应时的位场、轨迹、包络等,此时无所谓自洽与否;然后电流逐次递增,向各个小电流元分配,亦每次以结果修正前次,但并不"重算";只要分步合理,最终结果应基本自洽.这些方法供读者选择.

5.3 强流电子束的成形和维持

前一节介绍空间电荷限制流时曾以几种“二极管”型电子枪为例.理想情况下它们产生的电荷流都是“直线层流型”,电子束的外形相当规则,如图5.10所示.平

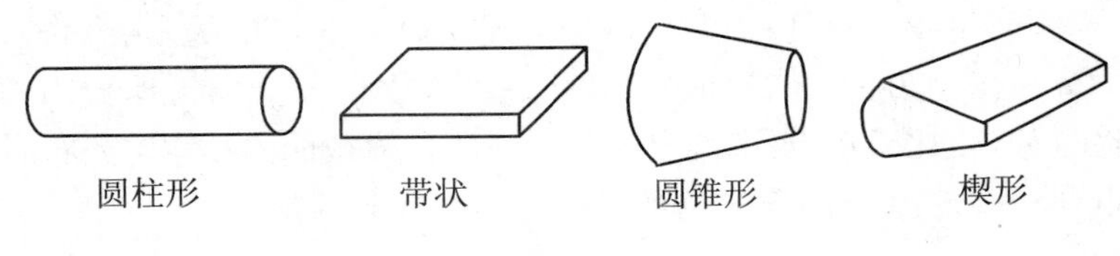

图 5.10

板二极管可产生平行圆柱形或平行带状的束流,导流系数 $C_{\mathrm{P}}=\frac{K_{\mathrm{I}}S}{d^2}$.同心球二极管能产生收敛圆锥形电子束,$C_{\mathrm{P}}=K_{\mathrm{I}}\frac{\Omega}{[\alpha(x_{\mathrm{A}})]^2}$,其中 $x_{\mathrm{A}}=\ln\frac{R_{\mathrm{A}}}{R_{\mathrm{K}}}$;也可用其圆锥的半锥角 θ 代替立体角 Ω,其关系为 $\Omega=2\pi(1-\cos\theta)=4\pi\sin^2\frac{\theta}{2}$.同轴圆筒二极管则生成收敛楔形束,$C_{\mathrm{P}}=K_{\mathrm{I}}\frac{\Phi L}{R_{\mathrm{A}}[\beta(x_{\mathrm{A}})]^2}$,其中 x_{A} 的表达式同前.

但是,正如讨论空间电荷的横向效应时所说,当空间未被均匀电荷充满时,束流受到空间电荷的发散作用,这种简单地将电子流截面减小的方法不能获得外形令人满意的电子流,或曰其直线层流性将被破坏.实用的强流电子枪必须有相应措施,才能使输出的电子注成形.束流离开电子枪后,多半要经过一段空间才到达其“工作区”(加速器入口、微波器件能量转换结构或束流加工对象表面等),必须有一定手段才能将电子注的形状维持在某一范围内.本节将对有关的概念和方法做一简介.

皮尔斯(J. R. Pierce)是强流电子束成形理论的开拓者.不妨设想原来有充满空间的均匀电荷流,并有因之而成的位场 V;然后以某种方式将所要求的形状以外的电荷流“切除”而使电子注成形.皮尔斯提出,如果切除之后在“注外空间”中外加电极,使其在电子注边缘上产生的位场与未切除时电荷流内的位场一样,则注外电流“虽去犹存”,电子束的直线层流性和外形皆可保持不变.这一理论称为皮尔斯原

理，它显然基于边界条件不变时泊松方程的解的唯一性，并获得很大成功. 用此法设计的电子枪遂得名为"皮尔斯枪".

下面以平板二极管产生平行带状电子注为例，说明皮尔斯原理的应用. 此问题有解析解. 设立坐标系 $z—y$ 如图5.11所示，各参数如极间距离 d、电子注半高 a_y 等的含义亦见图. 前已介绍，根据泊松方程，已知空间皆充满电荷流时图示空间区域 $0\leqslant z\leqslant d$ 内的位场是 $V(z)=V_{\mathrm{A}}\left(\frac{z}{d}\right)^{\frac{4}{3}}$，且 $\frac{\partial V}{\partial y}=0$. 得到"满空间"电荷流内部的位场是解此问题的第一步，称为皮尔斯理论的内命题. 现将 $|y|>a_y$ 部分的电荷流切去，求该部分无电荷空间中有何种场型、电极形状为何时，能使位场在电子束边界的分布与上式一致. 这是已知边界条件求解拉普拉斯方程，称为该理论的外命题.

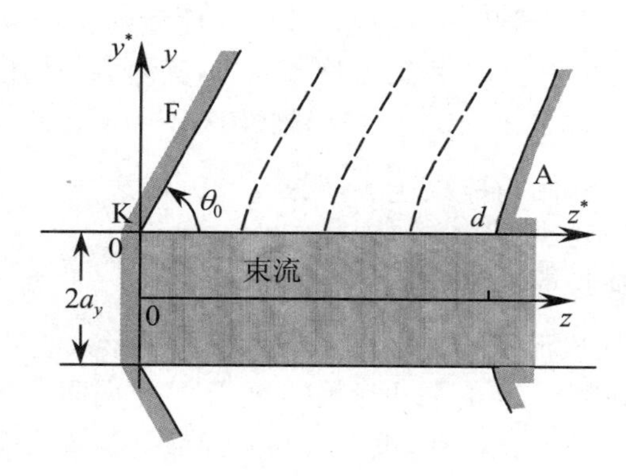

图 5.11

仅考虑 $y>0$ 的上半空间，另外半侧是对称的. 令 $y^*=y-a_y$，注外空间中 $y^*>0$.

此问题的解是

$$V(z,y^*)=\frac{V_{\mathrm{A}}}{d^{\frac{4}{3}}}(z^2+y^{*2})^{\frac{2}{3}}\cos\frac{4}{3}\theta$$

其中，$\theta=\arctan\frac{y^*}{z}$.

推导要点 如图5.11所示建立坐标系 $z^*—y^*$，其中 y^* 轴与 y 轴重合，z^* 轴似将 z 轴平移到电子注边界.

复变量解析函数的实部与虚部都满足拉普拉斯方程. 视上半区注外空间为以 z^* 轴为实轴的复平面的第一象限.

问题归结为求一解析函数 $W(z^* + iy^*)$，使 $V = \mathrm{Re}(W)$，且在实轴上，即当 $y^* = 0$ 时

$$V = V_A\left(\frac{z^*}{d}\right)^{\frac{4}{3}}$$

$$\frac{\partial V}{\partial y^*} = 0$$

易得

$$W = V_A\left(\frac{z^* + iy^*}{d}\right)^{\frac{4}{3}}$$

$$= V_A d^{-\frac{4}{3}} \mid z + iy^* \mid^{\frac{4}{3}} e^{i\frac{4}{3}\theta}$$

取 W 的实部，即为上式. □

图 5.11 中亦给出了此函数的等位面. 欲形成此型的位场，注外空间中应加设电极. 一电极 F 与阴极 K 等位，$V = 0$，常称聚束极，其内侧与阴极相接，外侧向阳极收拢，是倾角为 θ_0 的对称平板. 另一电极即阳极 A，$V = V_A$，是与电子注正交、向阴极微凸的柱面. 聚束极的倾角应满足 $\cos\frac{4}{3}\theta_0 = 0$，使之成为 $V = 0$ 的等位面，故 $\theta_0 = \frac{3}{4} \cdot \frac{\pi}{2} = 67.5°$. 这是最典型的皮尔斯枪.

平行圆柱形电子注成形系统与平行带状电子注成形系统有相似之处，聚束极是与阴极相接、半锥角为 67.5°的漏斗形旋转面，阳极是向阴极微凸的旋转面. 收敛圆锥形电子注成形系统稍复杂一些，聚束极与阳极都是旋转曲面，前者与阴极相接处倾角稍小于 67.5°，形状随圆锥收敛角不同而异. 图 5.12 所示即是一例. 有人通过实验法，将电极形状简化为简单形状几何体(如柱面)的组合，在一定条件下可得到足够好的锥形束.

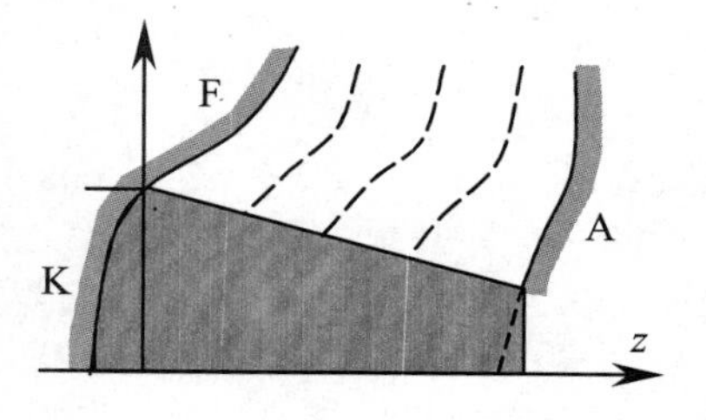

图 5.12

电子注在皮尔斯枪内确能理想成形，但刚"出枪口"就必定遇到我们已熟悉的、会使束流发散的阳极孔效应. 该效应可分为线性和非线性两部分. 设阳极右边是等

位区，不难设想阳极孔的存在必使其附近的等位面变形，不可能保持与阴极平行.

线性的阳极孔效应指沿孔的中轴的位场分布在近轴区的改变，可用读者熟知的膜孔发散透镜代表.透镜的焦距和折射作用可近似用薄透镜公式计算，其散焦力项称为阳极孔折射系数.平行型电子流因折射会产生一个发散角，收敛型电子流则收敛角将减小，也可能变成发散流.定量的折射系数与几何尺寸的关系可通过前人经计算或实验给出的图表得到，最终给出束流离开电子枪时的张角或收敛角，作为后续系统的初始条件.

阳极孔边缘附近的场型有严重的畸变，会使电子注边缘电子的轨迹受到更大的扰动，一部分电子被阳极截获.这对电子注的形状当然有很大影响.如阳极孔较大，离阴极又较近，还会使阴极附近的等位面形状也发生畸变.这些统称为阳极孔效应的非线性部分.由本节一开始列出的各种电子枪导流系数公式可知，如果要提高导流系数，在同一电位差下获得尽可能强的束流，无论何种枪都必须增大阴极发射面积、增大阳极孔和/或减小极间距离.此种尝试必将导致更严重的阳极孔效应，破坏电子轨迹的层流性，使电流分布内外不均匀和阳极截获电流增大，最终使总有效发射电流不能提高.所以，非线性阳极孔效应限制了电子枪的最大导流系数.一般而言，简单的皮尔斯枪只能是 $C_P<1$ 微朴的“低导枪”，其阳极孔效应以线性为主，计算中可以用薄透镜等效.

继皮尔斯之后，前人采取了一系列措施克服阳极孔效应，如改变聚束极形状，引入附加聚束极，对计算公式加以修正等.其中，缪勒(M. Müller)所做工作较多，故用此类方法制成的锥形束“高导枪”称为缪勒枪，其导流系数 C_P 可达1～3微朴.

有人另辟蹊径，设计了电磁复合场曲线层流电子枪，一个实例的示意图如图5.13所示.在阴极K与平板形阳极A之间有电场，横向又加以与电场垂直的均匀磁场 $\boldsymbol{B}$，这种正交复合场下的电子运动方程有解析解.首先推得其解者名叫卡诺

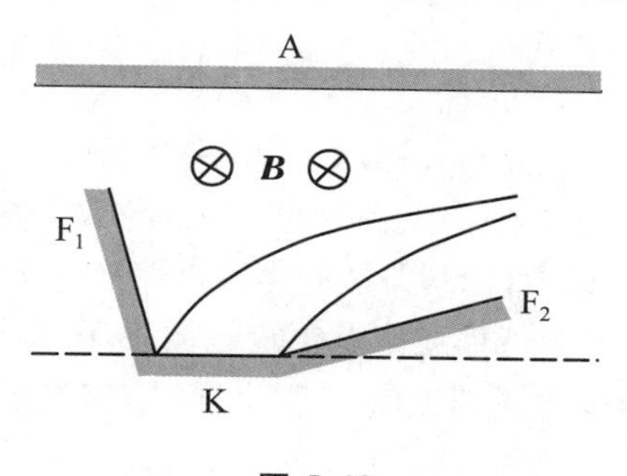

图5.13

(G.S.Kino),电子的轨迹是摆线型曲线,故此种电子枪被命名为卡诺枪.图5.13所示的卡诺枪在阴极两侧加有聚束极 F_1 和 F_2,其作用仍是代替被切去的电荷流,使电子束成矩形截面的带状.卡诺枪没有一般意义上的阳极孔,它的导流系数可以很高,形成的电子束可有不同的截面形状,还可用加磁场与否控制束流的输出.

欲在传输中维持强流电子束的形状,显然必须外加聚焦力,以抗衡束流内空间电荷的发散作用.最常用的手段是外加轴向磁场 $B_z(z)$.在若干近似假设下,电子在电子注传输中的运动方程不难推导,其基本思路读者早已熟悉.

设磁场和束流都是轴对称的,运动区间是等电位区;又假设束流保持为层流,即内外层电子轨迹不相交叉,各层电子皆沿螺旋线形轨迹前进.令电子束包络即最外层电子的径向坐标为 $R(z)$;并设在阴极处的轴向磁场为 B_K,任一电子离开阴极时的初始径向坐标为 r_K,热初速皆为0.因为电子所受径向力只与坐标 r 有关,所以初始 r_K 相同的电子在行进中保持 r 相等,构成电子流的"一层".在此条件下恰可应用第1章1.3节中介绍的布许定理.该节提到的花瓶形旋转曲面在此不仅是某一电子的轨迹绕轴旋转形成的曲面,也是它的所有"同层电子"的轨迹的集合.

根据布许定理,这些电子的动量矩的增量与"花瓶底面"的磁通量之差成正比,即

$$mr^2\dot{\phi} = \frac{e}{2\pi}\Delta\Phi \approx \frac{e}{2}(r^2 B_z - r_K{}^2 B_K)$$

这相当于第1章1.3节中的 $C = -\frac{e}{2m_0}r_K{}^2 B_K$.

利用轴对称磁场下的高斯轨迹方程,加上前一节引入的空间电荷线性近似项,即得所求电子运动方程:

$$r'' + \frac{e}{8mV}B_z{}^2 r = \frac{I}{9\pi K_I V^{\frac{3}{2}}} \cdot \frac{r}{R^2} + \frac{e}{8mV}B_K{}^2 r_K{}^4 \cdot \frac{1}{r^3}$$

$$\phi' = \sqrt{\frac{e}{8mV}}\left(B_z - B_K r_K{}^2 \cdot \frac{1}{r^2}\right)$$

前一方程是电子的径向轨迹方程.如果层流假设成立,电子保持"内外有别",最外层电子始终在外"固守",则将该式中的 r 以包络 R 替换,即为电子束的包络方程.既以维持强束流的外形为目的,关注的焦点自然是包络方程.

最简单的特例是在电子传输途中有恒定轴向磁场,即设在枪外 $B_z(z)=$ 常数 B.一般此种磁场由长螺线管线圈提供.为简化公式,定义量纲为长度的量 R_{Br},使

$$R_{Br}{}^2 = \frac{8m_0}{9\pi K_I e}\frac{I}{B^2\sqrt{V}} = \frac{2}{\pi\varepsilon_0}\left(\frac{m_0}{e}\right)^{\frac{3}{2}}\frac{I}{B^2\sqrt{V}}$$

则包络方程可写成

$$R'' + \frac{e}{8mV}B^2\left[R - \frac{1}{R}R_{\mathrm{Br}}{}^2 - \frac{1}{R^3}\left(\frac{B_\mathrm{K}}{B}\right)^2 R_\mathrm{K}{}^4\right] = 0$$

根据在上述种种条件下得到的这一方程,曾展开许多讨论,以下仅作概述.根据阴极表面 B_K 的大小,分为3种情况讨论:阴极处无磁场、$B_\mathrm{K}=0$ 者,称完全屏蔽型;长线圈将阴极完全笼罩、$B_\mathrm{K}=B$ 者,称浸没型;介于其间、$0<B_\mathrm{K}<B$ 者,称部分屏蔽型.

完全屏蔽时,方程中的 R^{-3} 项为0,最为简单.理论上,此时存在包络恒定、电子注外形完美地维持、注内永为平行层流的一个特解:$R\equiv R_{\mathrm{Br}}$,初始条件是 $R_0=R_{\mathrm{Br}}$,且入射束是平行束,$r_0{}'$皆等于0.此时,R 和所有电子的 r 都将保持不变.这一理想态因首先提出者之名而称为"布里渊(Brillouin)流".R_{Br}称为布里渊平衡半径.用磁场约束或维持某一特定束流,R_{Br}的大小指明了能合理地达到的尺度.R_{Br}正比于$\dfrac{\sqrt{I}}{BV^{\frac{1}{4}}}$,它理所当然地随流强增加、磁场减弱、电子能量降低而增大.从这一理想模型出发,前人分析了圆柱形布里渊流的种种特性,诸如:沿径向各层电子的旋转角速度分布,电位分布(即电子动能分布,呈抛物线形,中间电位最低),轴向速度分布,电荷密度 ρ 及电流密度J 分布等,对理解强流电子注的特点颇有益处.读者亦有能力进行这些分析,本节不加列举.遗憾的是,因为所用的假设不能严格成立,实际上无法产生真正的布里渊流.但是,由方程中可见,如果包络 $R>R_{\mathrm{Br}}$,则 $R''<0$,R 受聚焦而趋于减小;如果 $R<R_{\mathrm{Br}}$,R 则被散焦而将增大.所以,实际束流的包络常在 R_{Br}上下"脉动",初始条件合适时和布里渊流相差不大,可称为"准布里渊流".这是布里渊流和平衡半径 R_{Br}的物理意义.

部分屏蔽型电子注也可有能使包络方程变为 $R''=0$ 的平衡半径 R_c.其计算公式为

$$R_\mathrm{c}{}^2 = \frac{1}{2}\left[R_{\mathrm{Br}}{}^2 + \sqrt{R_{\mathrm{Br}}{}^4 + 4\left(\frac{B_\mathrm{K}}{B}\right)^2 R_\mathrm{K}{}^4}\right]$$

R_c 总比 R_{Br}大,其程度取决于比值$\dfrac{B_\mathrm{K}}{B}$和初始包络R_K.理论上,$R=R_\mathrm{c}$ 时包络方程变成 $R''=0$,电子束的包络也可以维持不变;但此时束流中任意电子的轨迹方程并不自动成为 $r''=0$,故更难形成半径不变的平行层流.常见的情形还是部分屏蔽流的包络围绕平衡半径脉动:当 $R>R_\mathrm{c}$ 时束流被聚焦,当 $R<R_\mathrm{c}$ 时则发散,如准布里渊流然.前人曾以微扰方程的形式讨论此种脉动的波长、振幅等及其与初始条件的关系.

令上式中的$\frac{B_K}{B}=1$，就得到浸没型电子注的平衡半径或脉动中心半径. 但浸没流即使在理论上也不存在包络呈圆柱形不变的理想解. 其原因是：对完全或部分屏蔽流，电子进入枪外均匀磁场前能被 B_r 分量“起转”；而浸没流必须有脉动，即只有当 r 变化时靠 v_r 分量与 B_z 配合起转，当电子转动后 B_z 才能提供聚焦力.

上述简化模型的一个实例是核物理研究中用强流电子束“冷却”离子束，电子注的维持和引导都靠连续的长螺线管线圈产生的基本均匀磁场实现. 一般情况下，磁场 $B_z(z)$ 常不是均匀的，例如传输管道上只套有几个线圈，电子运动和包络都只能由数值计算求解.

另一种简化轴向磁场模型是枪外 $B_z(z)=B\cos\left(\frac{2\pi}{\lambda}z\right)$ 型的周期性磁场，主要用于以永磁体环代替线圈提供轴向场的场合，因为永磁体不可能产生均匀的单向场. 磁极性交替的永磁体环形成的磁场近似可用此种周期场描述. 此时电子注包络半径必有起伏变化，它是外场的“波动”与自身的脉动的叠加. 前人讨论了此种运动的特点及运动稳定的条件等.

维持电子注也可采用其他方法，如用一串彼此间隔的静电透镜聚束，用多个四极透镜组聚束，用静电柱面透镜聚束等，特殊形状的束流可能亦须采用如电场、磁场正交的复合场或其他手段. 束流输运理论中的许多原理可用于强流电子束的传输，并使之在某些特定点满足一定的“匹配”条件. 在此不一一列举.

此处所谈的维持电子注的理论未考虑整个束流的发射度、相空间分布等，引入了层流维持不变等不甚可信的假设，所以是一种近似理论. 值得提醒的另一点是电子的热初速被完全忽略，包括电子束刚开始成形、能量还很低时. 事实上，热初速的存在和分布必造成电子轨迹的交叉，不会完全是层流，以及电子注边缘模糊，ρ 分布不均匀等. 故在某些电子枪设计时，应考虑热初速分布引入的修正. 强流电子光学始终视空间电荷的影响为主要矛盾，在各种简化模型中忽略了相对次要的因素，以形成比较清晰的物理图像，这无疑是正确的入门之径.

5.4　射频直线加速器中的电子横向运动

射频直线加速器是加速电子最常用的机型之一，能将阴极发射的低速电子持续加速，凭借不同特色的加速器整体设计，获得能量、流强、时间结构及品质(多用能散度与横向束流发射度衡量)等技术指标达到不同要求之电子束.顾名思义，带电粒子加速器以粒子受到加速、能量升高的纵向运动为主要关注点，因此本书第1版未以专节论述.修订再版时增加本节，旨在简介射频加速结构中电子横向运动的特点，原因一是此种加速方式应用甚广，二是电子在其中的横向运动与电子光学面对的问题多有相通之处，三是本书两位作者在相关科研工作中有一定的经验积累.本节末尾介绍的用传输矩阵法处理超导射频加速腔中的电子运动等内容，就是作者之一冯光耀近年出访德国期间新做的工作.

所谓射频，译自英文 Radio Frequency(RF)，在此指用交变电磁场(的电场)加速带电粒子，其频率 f_{RF} 一般为 0.1～10 GHz 量级，属于 RF 波段.输入电磁波功率后，具有射频加速结构的器件将产生设计者需要的电磁场，其电场大致沿粒子前进方向.按电磁能量是否沿该方向持续传播，加速结构分为行波型和驻波型.

图 5.14 是这种加速结构横剖面的示意图.它一般用良导体制成，除功率输入、输出耦合器外基本呈旋转对称性和周期性(每个周期称为一个单元)，其中能形成有轴向电场的射频电磁场.图中显示了产生交变电磁场的环境、某一时刻电场作用力的方向和粒子的平均运动轨迹.本书不讨论加速结构的细节.

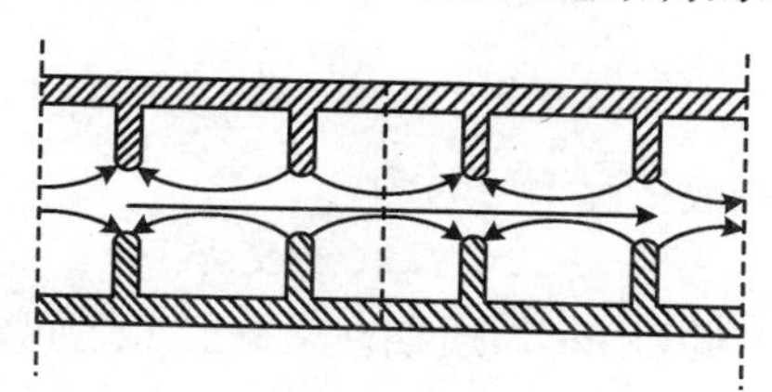

图 5.14

与其他章节相比，本节的电磁场有如下特点：

(1) 电磁场不是恒定的，它随时间快速变化，其变化可用三角函数因子 $\sin\phi$ 或 $\cos\phi$(或等效的虚指数函数因子 $\exp(\mathrm{i}\phi)$，i 是虚数单位)表示，与时俱增或减的 ϕ 称为场的相位.

(2) 正因此，电场 $\boldsymbol{E}$ 并不像静电场那样产生于空间电位分布，磁场 $\boldsymbol{B}$ 也不源于外加励磁电流，而在某种意义上“互为因果”：$\boldsymbol{B}$ 随时间变化催生 $\boldsymbol{E}$，而与 $\boldsymbol{E}$ 相联系、沿器件壁往复流动的壁电流激励 $\boldsymbol{B}$. $\boldsymbol{E}$ 与 $\boldsymbol{B}$ 有相位错开、空间方向大致正交的关系.

(3) 此种电磁场适于用 z 轴沿粒子束前进方向的 z—r—θ 柱坐标系(多数人习惯用 ϕ 代表相位，故本节用 θ 代表角向)描述.该电磁场具有旋转对称性，$\boldsymbol{E}$ 只

有子午面内的 E_z 和 E_r 分量，而 $\boldsymbol{B}$ 只有旋转的 B_θ 分量，所有分量对 θ 的微分为 0.

(4) 处理粒子运动时只需考虑 r 甚小的“近轴区”. 在 $r=0$ 的轴上只有电场 E_z；而在近轴区，若忽略 r^2 及更高阶项，E_z 与 r 无关，E_r 和 B_θ 皆与 r 成正比. 近轴区处于真空中，所以介电常数和磁导率分别是 ε_0 和 μ_0.

对于加速结构产生的电磁场，麦克斯韦方程中的二式可写作

$$\nabla \cdot \boldsymbol{E} = 0$$

$$\nabla \times \boldsymbol{B} = \varepsilon_0 \mu_0 \frac{\partial \boldsymbol{E}}{\partial t} = \frac{1}{c^2} \frac{\partial \boldsymbol{E}}{\partial t}$$

在选定坐标系中，只保留有意义的分量，此二式即

$$\frac{1}{r} \frac{\partial}{\partial r}(rE_r) = -\frac{\partial E_z}{\partial z}$$

$$\frac{1}{r} \frac{\partial}{\partial r}(rB_\theta) = \frac{1}{c^2} \frac{\partial E_z}{\partial t}$$

若仅计与 r 成正比的“主要成分”，容易给出近轴区内 E_r 和 B_θ 对 E_z 的依赖关系：

$$E_r = -\frac{r}{2} \frac{\partial E_z}{\partial z}$$

$$B_\theta = \frac{r}{2c^2} \frac{\partial E_z}{\partial t}$$

至于轴向电场 E_z，一般情况下可写为

$$E_z = E_{z0}(z)\cos\phi$$

式中，相位 ϕ 随时间改变并以 2π 为周期在 -1 到 1 之间确定余弦因子的数值，ϕ 的表达式与加速结构有关；E_{z0} 仅是位置 z 的函数，此式说明它等于该位置当 $\phi=0$ 时的轴向电场强度，其绝对值是当地 E_z 的最大值，可称为 z 点的电场峰值.

另一方面，作为电子光学部分的一节，本节仍限定以电子为被加速粒子. 虽然原理相通，但质子、离子的射频加速结构更为复杂，而作者的经验局限于电子加速，是这一限定的另一理由. 电子的特点之一是容易达到相对论性，所以本节以 β 与 γ 的乘积标志相对动量，可给出电子的纵向和横向（亦称径向或 r 向）运动方程分别为

$$m_0 c^2 \gamma' = -eE_z$$

$$\beta m_0 c^2 (\beta\gamma r')' = -e(E_r - \beta c B_\theta)$$

式中，采用了电子的 $q=-1$ 和旁轴近似，所以 $v_z \approx \beta c$. 前一式是洛伦兹公式两边点乘 z 方向路程元 $\mathrm{d}z\boldsymbol{e}_z$ 后的能量积分，说明电子能量的增长仅由 E_z 确定；后一式考虑了加速结构中电磁场的形态特征. 公式对低能或高能电子皆适用. 因为 E_r 和

B_θ都正比于r,后一式属于第1章所称高斯轨迹方程一般形式,是本节的重点.

以下分别针对几种情况深入讨论.

1. 行波型电子直线加速器

这种结构适于持续加速从非相对论性(例如阳极电压数十kV,故电子动能仅数十keV,β可能不足0.5)直到高度相对论性的电子或正电子束,是高能电子加速器的常规机型,一般由若干个几米长的多单元加速管构成,总长度在技术上不受限制.高功率电磁波从每个加速管入口端通过耦合器馈入加速结构中,建立电磁场,其能量沿z轴方向行进直到出口端,再经由耦合器引出.其特点是电磁场相位不仅随时间演变,也随空间位置递增,使相位也沿z轴向前传递,某时刻某点的相位在下一时刻移动到该点前方另一点.相位移动的速度称为相速度v_p,它是“信息转移”的速度,一般明显快于能量沿同方向的传播.

相位的时间周期性用频率f_{RF}或者该频率电磁波在真空中传播的波长λ表述,二者间的关系是$f_{RF}\lambda=c$;相位的空间周期由加速结构确定,称为相波长λ_p.所以相位可写作

$$\phi = 2\pi\left(\frac{z}{\lambda_p} - f_{RF}t\right) + \phi_0$$

式中,ϕ_0是初相位,因粒子而异;空间项与时间项之间的减号说明相位沿z轴向前传播,而所谓相速度v_p的含义,就是当dz等于$v_p dt$时$d\phi=0$(相位不变),可见

$$v_p = \lambda_p f_{RF} = \frac{\lambda_p}{\lambda}c$$

由此可定义“相对相速度”$\beta_p=\dfrac{v_p}{c}=\dfrac{\lambda_p}{\lambda}$,并将相位表达式改写为

$$\phi = \frac{2\pi}{\lambda}\left(\frac{z}{\beta_p} - ct\right) + \phi_0$$

至此,描述行波电磁场的公式体系已经完备.为了读者更好地理解电子运动的整个过程,先简单交代纵向加速运动的要点.

电子纵向运动以每个电子的相对能量γ和所处电场相位ϕ为两个状态变量,以z坐标为自变量,利用前述诸公式,不难得到行波直线加速器中电子的纵向运动方程:

$$\frac{d\gamma}{dz} = -\frac{e}{m_0c^2}E_{z0}(z)\cos\phi$$

$$\frac{d\phi}{dz} = \frac{2\pi}{\lambda}\left(\frac{1}{\beta_p} - \frac{1}{\beta}\right)$$

前一式描写电子如何得到加速.对于行波,式中的 E_{z0} 始终 $\geqslant 0$,单位多用 MV/m,是轴上电场峰值,又称加速梯度,取决于结构尺寸和当地的电磁波功率;因为存在壁电流焦耳热损耗和电子束吸收能量,功率向前传输时衰减,随着 z 增加,电场峰值会缓慢下降,但通过“等梯度”结构设计,使各单元的束流通道孔径依序略为减小,也可令该峰值大致保持不变.相位 ϕ 则确定该电子在此位置实际受到的电场作用力的方向和大小,按本节采用的公式体系,当 ϕ 处于第二、三象限时电子得到加速,ϕ 等于 π 时的加速效率最高.

后一式推导中用到该电子的速度 $v_z = \dfrac{\mathrm{d}z}{\mathrm{d}t} = \beta c$,而 $\beta = \sqrt{1 - \dfrac{1}{\gamma^2}}$.电子以此速度前进,而电场波形以相速度向前移动,两个速度不相等时,标志两者相对位置的相位 ϕ 在行进中改变,仿佛电子在波形上“滑动”,称为“滑相”.该式描述电子如何滑相:当 β 小于 β_{p} 时,电子逐渐落后,ϕ 减小,称为向后滑相;反之则电子向前滑相.

两式联立,综合考虑加速和滑相及其相互影响,电子纵向运动问题可通过数值计算求解.该计算应针对有不同初相位(或不同初始能量)的电子分别进行.此过程中,可能有些初相位不合适的电子因为严重减速而在中途损失,其余电子则称为被行波电磁场“俘获”.

电子加速过程有两个重要特点:

一是电子静止能量 m_0c^2 小,当加速梯度足够大时,相位较合适的电子只需前进不足 1 m 就初步达到相对论性;此后 β 始终约等于并越来越逼近 1,如果加速结构的 β_{p} 也取为 1,电子的滑相即基本终止.所以,除了开始部分不长的一段,大部分加速管可具有同样的单元长度,其 $\lambda_{\mathrm{p}} = \lambda$,或相速度等于光速.

二是在电子尚未达到相对论性、仍存在滑相的那一段内,电子速度明显因能量高低而不同,电子群(称为“束团”)的相位以处于第三象限为佳.该象限使相对落后、相位 ϕ 较小的电子得到更多的能量增益,速度提高较多,有追上原来位置领先、但提速较慢者的趋势,于是束团长度减小,相位分布宽度 $\Delta\phi$ 在滑相的同时收缩,这称为纵向“聚相”.与其对比,第二象限虽也能加速,却会造成“散相”.

所以,理想的设计应使电子束在滑相结束时聚集成若干个束团,每团电子的 ϕ 都在 π 附近,$\Delta\phi$ 较小,相邻束团相位差 2π,间隔距离就是 λ.电子逐渐达到相对论性并减慢滑相直至停止的那一段加速器因此称为“聚束段”,区别于后面的“主加速段”.电子束的性能主要由聚束段决定,聚束段优化是行波型电子直线加速器设计的精髓所在.

有了纵向运动的基础,电子横向运动也可以计算求解.

仍用 z—r—θ 柱坐标系并以坐标 z 为自变量,以径向位置坐标 r 和 $r' \doteq$

$\mathrm{d}r/\mathrm{d}z$为状态变量(与坐标 θ 有关的角向运动描述电子绕 z 轴的旋转,一般并不是关注的对象),射频直线加速器中电子的横向运动方程可写成:

$$\frac{\mathrm{d}}{\mathrm{d}z}(\beta\gamma r') + \frac{e}{m_0 c^2}Q^*(z)r = 0$$

式中,$Q^*(z)$是 z 的函数,可称为径向聚焦力系数,它大于0时起聚焦作用,小于0时散焦,可视为三项之和,即 $Q^* = Q_1^* + Q_2^* + Q_3^*$.这三项分别代表射频电磁场的径向作用力、空间电荷散焦力和外加轴向磁场聚焦力.

先分析射频电磁场.根据行波加速器 E_z 和 ϕ 的表达式,对 z 和对 t 分别微分即得

$$E_r = \frac{r}{2}\left(\frac{2\pi}{\beta_{\mathrm{p}}\lambda}E_{z0}\sin\phi - \frac{\mathrm{d}E_{z0}}{\mathrm{d}z}\cos\phi\right)$$

$$B_\theta = \frac{\pi r}{c\lambda}E_{z0}\sin\phi$$

而从前文公式已可得出关系

$$Q_1^* r = \frac{E_r}{\beta} - cB_\theta$$

所以,有

$$Q_1^* = \frac{\pi}{\lambda}E_{z0}(z)\left(\frac{1}{\beta_{\mathrm{p}}\beta} - 1\right)\sin\phi - \frac{1}{2\beta}\frac{\mathrm{d}E_{z0}}{\mathrm{d}z}\cos\phi$$

请注意,求解横向运动时,认为电子参数如 γ,β 和 ϕ 随 z 变化的规律已通过纵向运动计算得到,故皆可视为 z 的函数.

此式的两项都与相位有关.$\sin\phi$ 项是两个代数式的差:电场 E_r 分量的主要部分对电子施加与 r 成正比、与 E_z 相差 90° 相位的径向力,遗憾的是,当电子处于纵向聚相的相位(第三象限)时 $\sin\phi$ 小于0,该力必是散焦力,这与在某一横向聚焦的四极场必在另一横向散焦有类似的哲学寓意;同时,磁场的 B_θ 与该部分电场力同相位,对电子施加的横向力总与它方向相反而总是小于它,两者的合力使散焦作用减弱.由公式可知,E_r 的方向取决于 E_z 随 z 的增减(电力线由疏渐密还是由密渐疏),绕 z 轴旋转的 B_θ 则正比于 E_z 随时间的变化率,当 E_z 的强度如三角函数般起伏而且其波形以相速度向前移动时,处于聚相相位的横向电磁力必定具有这样的性质.读者不妨试画相应的电力线走向与磁力线旋向,以考查自己对物理图像的想象力.

有趣的是,对非相对论性电子,由于与电子速度 v_z 成正比的磁力很小,电场散焦力不容忽视;而在 $\beta_{\mathrm{p}}=1$ 而 v_z 接近 c 的主加速段中,$\dfrac{1}{\beta}-1\approx\dfrac{1}{2\gamma^2}$,这个 $\sin\phi$ 项反

比于 γ^2 而越来越小——换言之，一旦纵向几乎不再聚相，电磁场横向散焦力也近于消失.

该式的 $\cos\phi$ 项仅当电场峰值随 z 变化时存在，"等梯度"加速管该项为 0；相应的 E_r 分量与 E_z 同相位.因为加速相位 $\cos\phi<0$，如果峰值随 z 缓慢衰减，该项提供不大的散焦力，对低速电子影响稍更大些.值得注意的是加速管两端的耦合器腔，E_{z0} 在入口腔从无到有，在出口腔从有到无，处于加速相位的电子在入口受到聚焦，在出口被散焦.在聚束段设计中一般应考虑此项的作用，以实测或理论估计的 E_{z0} 随 z 变化规律代入公式计算.

其次，考虑束流自身电荷的作用.采用 5.2 节介绍的"无穷长圆柱假设"及适于较高能电子的修正公式，容易得到

$$Q_2^* = -\frac{Z_0}{2\pi}\frac{I}{(\beta\gamma)^2R^2}$$

式中，$Z_0=\mu_0c\approx377\ \Omega$ 是被称为"真空阻抗"的常数，I 是束流强度，R 是束流的包络半径，即径向偏离最大的电子的 r 坐标.

此式假设束流中的电荷在半径为 R 的类圆柱体内均匀分布，代表空间电荷效应的线性部分.由符号可知其恒为散焦力，正比于 I 而反比于 $\beta\gamma R$ 的平方.从 5.2 节推导过程可知，与射频电磁场的正弦项散焦力类似，Q_2^* 也是同号电荷间的库仑斥力减去同向电流间的磁场引力的差，电场力总大于磁场力；同样类似的是，其总效果正比于 $(1-\beta^2)=\dfrac{1}{\gamma^2}$，低能电子速度低，磁场引力弱，斥力占压倒地位，相对论性电子间的磁引力却几乎将电荷斥力抵消，使 Q_2^* 反比于 γ^2，随 γ 提高渐趋消失.分母中的 β^2 因子说明，即使对尚未达到相对论性的电子，Q_2^* 也随电子能量升高而迅速减小，两个 β 因子之一来自横向动量对 t 微分到对 z 微分的转换，另一则反映电荷密度随 v_z 增加而下降（电荷连续性定理）.

此式另一特点是包络 R 虽也可视为 z 的函数，却并非事先预知的，必须在电子横向运动计算中逐步得到.

电子束在射频直线加速器中被聚成若干个不长的束团，这使"无穷长圆柱假设"的可信性受到置疑.有人指出，由于相对论的"洛伦兹缩短"效应，束团在与电子同速飞行的坐标系中的"实际长度"是该长度实验室测量值的 γ 倍，这一说法似能使置疑稍有缓解，但并未根本解决问题.另有人为此提出不同的电荷密度分布假设，例如轴对称椭球模型，似更接近实际情况，但计算中要结合纵向聚相效果考虑束团椭球的形状，公式繁杂得多.作者的看法是，空间电荷效应是十分复杂的非线性现象，Q_2^* 计算式充其量可看作它的一级近似或对仅考虑外场的公式的修正，其

适用条件应该是它并非径向力的主要项，或者说以绝对值相比较，Q_2^* 明显小于 Q_1^*.

第三，分析外加聚焦磁场.显然，Q_1^* 和 Q_2^* 都有散焦作用，对聚束段的低能电子尤为严峻，这增大了处理电子横向运动问题的难度.因为聚束段本身不长，受轴向空间位置所限，很难安装有一定长度的聚焦元件，一般的应对措施是在加速管外面套上螺线管线圈，用轴向磁场 B_z 实施聚焦，约束电子轨迹.

B_z 产生聚焦力的原理见1.3节对布许定理的讨论.假设电子离开电子枪阴极时初始条件是其绕 z 轴旋转的角向运动可忽略和该处并无轴向磁场，所以1.3节公式中的常数 $C=0$，将电子质量 m 写为 γm_0，该公式等效为

$$Q_3^* = \frac{e}{4m_0}\frac{B_z^2}{\beta\gamma}$$

式中，B_z 是外加轴向磁场的强度.

Q_3^* 恒大于等于0，说明此项是聚焦力.1.3节解释了电子角向运动如何受局部轴向磁场径向分量 B_r 的推动而经历起转、加快、达到极大值、然后减慢、直至停转的过程，旋转角速度始终正比于 B_z；速度 v_θ 与 B_z 垂直，产生的磁场力是径向聚焦力，正比于 ${B_z}^2$.这种靠旋转电子束而形成的聚焦力并不很强，但已足以约束尚不够相对论性的低能电子.

有了 $Q^*(z)$ 的表达式，可以计算任意电子的横向运动.但设计者最关心的一般不是单个电子的轨迹，而是整个束流的包络 $R(z)$.根据1.5节公式，R 满足微分方程：

$$\frac{\mathrm{d}}{\mathrm{d}z}(\beta\gamma R') + \frac{e}{m_0 c^2}Q^*(z)R = \frac{{\varepsilon_r}^2}{\beta\gamma R^3}$$

式中，ε_r 是电子束的径向束流发射度，其数值等于 $\beta\gamma$ 乘以几何相空间发射度，单位是 m・rad 或其派生单位如毫米毫弧度 mm・mrad(或 μm・rad).因为单个电子遵循的运动方程属于高斯轨迹方程一般形式，对于纵向初始条件(初相位 ϕ_0 和初始能量)相同的一群电子，尽管横向初始条件千差万别，描述它们集体性质的 ε_r 是常数，在运动中保持不变.

此方程与电子横向运动方程的左边相同，系数 Q^* 用同样的公式计算；不同之处是方程右边有恒大于0的“驱动项”，束流既然有不等于零的发射度，R 就不能降低到0，而且当 R 很小时有强烈的“反弹”.

在纵向运动计算完成之后，利用此方程数值计算聚束段的 $R(z)$ 曲线是行波电子加速器横向运动物理设计的关键环节.为此必须先得到电子枪出口处的 ε_r(计算中视为不变量)，R 和 R' 的初始值.由于初相位不同的电子在途中的 ϕ 和 γ 等参

量并不相同，计算必须针对各种初相位分别进行，整个束流的包络是所得 R 的最大值；还应注意到 R 也出现在 Q_2^* 式中. 计算的主要目的是优化聚焦线圈参数（位置、尺寸和电流安匝数），以便形成大小、分布合宜的磁场 $B_z(z)$，克服 Q_1^* 和 Q_2^* 的散焦作用，将 R 始终约束在足够小的范围内.

聚束段之后，主加速段的电子运动计算相对简单. 但有两点应注意：

一是因电子能量较高，横向聚焦需要更强的约束力，一般由安装在加速管与加速管之间的磁四极透镜承担. 如 4.2 节所述，四极透镜在一个横向聚焦，必在另一与其正交的横向散焦，全面的横向聚焦要求两种透镜交替设置. 由此，应以第一个四极透镜为界更换坐标系：它之前束流横截面基本为圆形，用轴对称的 $z—r—\theta$ 柱坐标系；它之后则用 $x—y—z$ 直角坐标系，x（水平）方向和 y（垂直）方向的束流尺寸明显不同，束流横截面大致为椭圆形.

二是有必要计算确定束流整体在聚束段出口处的发射度. 除了电子枪输出束有初始发射度，此时还必须考虑聚束过程中的发射度增长. 初相位不同的电子虽殊途同归，相位最终被聚拢，但它们途中“遇到”的 Q^* 不同，在横向相空间中的椭圆分布面积相等却互不重合，束流最终在相空间占有的区域用包含所有被俘获电子的“外包椭圆”描述，对应的 ε_r 必定明显大于初始值. 初始相位差越大，发射度增长一般越严重. 但在此后的继续加速中，束流发射度 ε_r（等于 ε_x 或 ε_y）基本上可视为不变量（虽然还可能因为加速结构高阶场作用、弯转时的辐射效应等复杂因素而有所增长，但相对次要）. 换言之，当纵向聚相完成时，横向发射度也基本确定，成为束流横向品质优劣的主要标志和后续计算的依据.

主加速段的纵向运动容易计算. 因为电子不再滑相，其在每个加速管内的相位 $\phi = \phi_0$ 不变；能量增益则仍服从前述微分方程，γ' 正比于 $-E_{z0}\cos\phi_0$ 仅随 z 缓慢变化，对等梯度加速管甚至可视为常数. 总之，加速管中的电子能量可用积分计算：

$$\gamma(z) = \gamma_{\mathrm{i}} - \frac{e}{m_0 c^2}\cos\phi_0\int_{\mathrm{i}}^{z} E_{z0}(z^*)\mathrm{d}z^*$$

式中，字母 i 标志加速管入口，γ_{i} 是加速管入口处的电子相对能量.

主加速段电子横向运动是非轴对称的，与 4.2 节类似，用 u 代表 $x—y—z$ 坐标系的 x 或 y，以电子位置坐标 u 和轨迹斜率 u' 为 u 方向的两个状态变量.

在磁四极透镜中，如 4.2 节所述，电子横向运动方程是 $u'' + F_u u = 0$，而

$$F_x = -\frac{e}{\gamma m_0 c}\frac{\partial B_y}{\partial x}$$

$$F_y = -F_x$$

写出 F_x 表达式时，用到电子的 $q = -1$ 和 $\beta \approx 1$. 已于 4.2 节介绍如何得到对应的

传输矩阵.

在加速管中,电子的 γ 在变化,因为 $\mathrm{d}(\beta\gamma)=\dfrac{\mathrm{d}\gamma}{\beta}$ 而 $\beta\approx1$,可以仅用 γ 代替 $\beta\gamma$ 的乘积作为等效动量.只需将变量由 r 换成 u,不难写出包含 $(\gamma u')'$ 和 $Q^*(z)$ 的运动方程,用于轨迹计算;不同点只是此时无外加轴向磁场,故 $Q_3^*=0$.计算包络时,则以 $U=X$ 或 Y 作为 u 方向的包络半径(横向偏离最大的电子的 u 坐标),将公式中的 R 用 U 代替,而 Q_2^* 表达式分母中的 $2R^2$ 用 $U(X+Y)$ 代替,后一替换相当于用"无穷长椭圆柱假设"处理空间电荷效应,以 X 和 Y 为横截面椭圆的两个半轴.

对于相对论性电子,Q_1^* 和 Q_2^* 的散焦力皆反比于 γ^2 而随加速趋于0,若予以忽略,可认为电子在行波加速管射频电磁场中的运动不承受径向力,相当于1.4节中 $Q=0$ 的特例,用进一步简化的近似公式估算电子的轨迹和束流的包络.

如也用积分公式,因为 $\gamma u'$ 近似为常数,对每个加速管(或无电磁场的漂移段)皆有

$$u_{\mathrm{f}}=u_{\mathrm{i}}+\gamma_{\mathrm{i}}u'_{\mathrm{i}}\int_{\mathrm{i}}^{\mathrm{f}}\frac{\mathrm{d}z}{\gamma}$$

$$u'_{\mathrm{f}}=\frac{\gamma_{\mathrm{i}}}{\gamma_{\mathrm{f}}}u'_{\mathrm{i}}$$

式中,字母i和f分别标志加速管的入口和出口.

回顾1.4节,以 u 和 $\gamma u'$ 构成二维状态列向量 U,此二式可合并成一个矩阵公式,即

$$U_{\mathrm{f}}=\begin{pmatrix}u\\ \gamma u'\end{pmatrix}_{\mathrm{f}}=M_{\mathrm{i}}^{\mathrm{f}}U_{\mathrm{i}}=\begin{pmatrix}1 & \int_{\mathrm{i}}^{\mathrm{f}}\dfrac{\mathrm{d}z}{\gamma}\\ 0 & 1\end{pmatrix}\begin{pmatrix}u\\ \gamma u'\end{pmatrix}_{\mathrm{i}}$$

式中,$M_{\mathrm{i}}^{\mathrm{f}}$ 就是从加速管入口到出口的传输矩阵,因为忽略径向力,矩阵的 $m_{11}=m_{22}=1$,$m_{21}=0$,唯一标明其特征的矩阵元 m_{12} 代表加速管"等效长度",积分算式的分母 γ 意味着电子能量越高,等效长度越短.如加速管的 γ' 视为常数,该积分可写为

$$m_{12}=\frac{1}{\gamma'}\int_{\mathrm{i}}^{\mathrm{f}}\frac{\mathrm{d}\gamma}{\gamma}=\frac{1}{\gamma'}\ln\frac{\gamma_{\mathrm{f}}}{\gamma_{\mathrm{i}}}=\frac{1}{\gamma'}\ln\left(1+\frac{\gamma'}{\gamma_{\mathrm{i}}}L\right)$$

式中,$L=z_{\mathrm{f}}-z_{\mathrm{i}}$,是加速管的实际长度.

严格地说,这个矩阵只代表加速电场完整建立的多单元加速管主体部分,不包括其两端的耦合器腔,两腔内的电场峰值迅速上升或下降,在较短的 Δz 区间内形成较强的 E_r 分量,使电子束在入口端得到聚焦,在出口端被散焦.这种作用可用1.4节介绍的薄透镜传输矩阵近似体现.为此,须在该电场迅变区间将 $Q^*(z)$ 对 z

积分,并在 Δz 趋于 0 时求极限,只有与电场峰值随 z 变化率成比例的 Q_1^* 表达式 $\cos\phi$ 项是该积分的唯一有效项.

用 M_{en} 和 M_{ex} 分别代表入口端和出口端耦合器对应的薄透镜矩阵,它们的 m_{11} 和 m_{22} 都等于 1,m_{12} 都是 0,特征矩阵元是 m_{21}. 以入口端为例:

$$m_{21} = -\frac{e}{m_0c^2}\int Q_1^*\,\mathrm{d}z = \frac{e}{2m_0c^2}\cos\phi(\Delta E_{z0}) = -\frac{1}{2}\gamma_i'$$

式中,下标 i 表示 γ_i' 是稳定加速段起点 i 处的相对能量增长率.

同理,出口端矩阵的 $m_{21} = \frac{1}{2}\gamma_f'$."薄透镜近似"用"轨迹折转"形容粒子通过电场迅变区间的运动,u 和 γ 来不及变化而 u' 有与 u 成比例的增量,m_{21} 的符号说明该透镜的聚散焦性质. 加速($\gamma'>0$)电场入口聚焦、出口散焦的效应得到明白无误的体现,其原因归根结底是麦克斯韦方程规定的 $E_r \sim E_z$ 关系,或者说电力线在该区间的走向.

所以,整个加速管对应的传输矩阵:

$$M_T = M_{ex}M_i^f M_{en}$$

当加速管内全程的 γ' 可视为常数时,矩阵元计算更简单. 令参数 $\mu = \ln\frac{\gamma_f}{\gamma_i}$,可得

$$M_T = \begin{pmatrix} 1 & 0 \\ \frac{\gamma'}{2} & 1 \end{pmatrix}\begin{pmatrix} 1 & \frac{\mu}{\gamma'} \\ 0 & 1 \end{pmatrix}\begin{pmatrix} 1 & 0 \\ -\frac{\gamma'}{2} & 1 \end{pmatrix} = \begin{pmatrix} 1-\frac{\mu}{2} & \frac{\mu}{\gamma'} \\ -\frac{\gamma'\mu}{4} & 1+\frac{\mu}{2} \end{pmatrix}$$

利用各区段的传输矩阵顺序接续,既能以单个电子在主加速段起点的 u 和 u' 等为初始条件近似计算其状态变化,也能以在该起点的发射度 ε_u,包络 U 和 U'(此处 $U = X$ 或 Y)等为初始条件,估算束流整体的包络演变. 矩阵计算法隐含确认 ε_u 是不变量.

至此,本节对行波型直线加速器中电子运动计算的介绍告一段落. 现有多种计算机程序如 Elegant,Parmela 及 Astra 等,能更精细地计算直线加速器中的电子运动,包括束流发射度的变化. 但对于一般应用,本节介绍的计算公式已可基本满足要求.

2. 驻波型加速单腔

驻波单腔结构在应用型低能加速器领域因体积较小、能耗较低而被广泛采用.

这种驻波腔内的射频电磁场也具有本节开始时概括的特点,但它的相位只以频率 f_{RF} 随时间变化,没有纵向传播,全腔的场在任何时刻居于同一相位,可理解为

相速度无穷大. 图 5.15 是电场峰值 $E_{z0}(z)$ 在驻波腔内分布的一个实例，它关于中点基本对称，在前半部和后半部有明显的上升段与下降段，该分布可由实验测量或电磁场模拟计算获得.

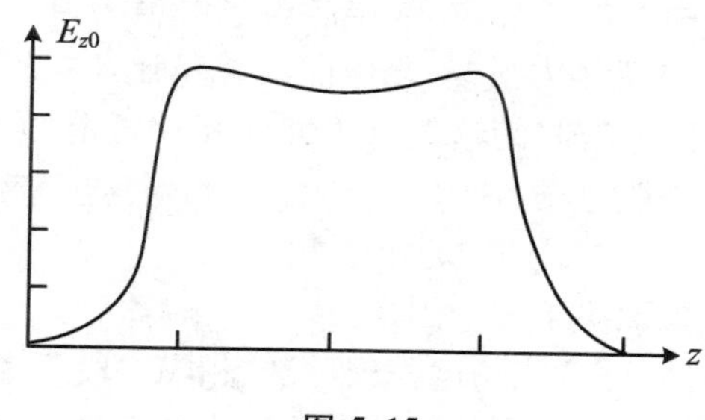

图 5.15

与行波的最大不同点是驻波场的相位表达式：

$$\phi = 2\pi f_{RF} t + \phi_0 = \frac{2\pi c}{\lambda} t + \phi_0$$

式中，ϕ_0 仍是因粒子而异的初相位.

因此产生两个直接后果：

首先，仍以 γ 和 ϕ 为状态变量写出电子纵向运动方程时，γ 的微分方程与行波加速时相同，但 ϕ 的变化规律变成：

$$\frac{d\phi}{dz} = \frac{2\pi}{\beta\lambda} \quad \left(\beta = \sqrt{1 - \frac{1}{\gamma^2}}\right)$$

可见电子行进始终伴随着相位的增加，非相对论性电子的能量提高时，相位增长减慢，或者说同样的时间间隔里电子走的距离加长.

其次，相位表达式影响电磁场径向力与 E_{z0} 分布的关系. 由于相位与 z 无关和式中 t 的符号改变，虽同是 E_z 对 z 或对 t 微分，此时却得到：

$$E_r = -\frac{r}{2}\frac{dE_{z0}}{dz}\cos\phi$$

$$B_\theta = -\frac{\pi r}{c\lambda} E_{z0} \sin\phi$$

利用径向聚焦力系数 $Q^*(z)$，驻波腔的电子横向运动方程仍可写成与行波加速器相同的形式；如果有必要考虑空间电荷散焦和外加轴向磁场聚焦，Q_2^* 和 Q_3^* 的计算公式也与前文相同，唯一不同的是射频电磁场的作用.

对于驻波腔，从以上两式容易给出：

$$Q_1^* = \frac{\pi}{\lambda} E_{z0}(z)\sin\phi - \frac{1}{2\beta}\frac{dE_{z0}}{dz}\cos\phi$$

依据此式,不难分析驻波腔横向作用的特点.前提是电子全程处于加速相位,ϕ 虽不断增长,但 $\cos\phi$ 始终小于 0,或者说 ϕ 属于第二、三象限;$\phi=\pi$ 时加速效率最高,多数电子应到达腔中部电场峰值最高的区域. Q_1^* 有两项,$\cos\phi$ 项是电场力,正比于如图 5.15 峰值曲线的微分,在前半腔电场峰值上升段起聚焦作用,在后半腔下降段散焦;$\sin\phi$ 项是磁场力,它与峰值曲线成正比,在 $\phi=\pi$ 时为 0,此前有聚焦作用,此后散焦.因此,驻波腔的这两种力并无互相抵消的关系,而是大体同步,先聚后散,就强度而言一般电场力明显强于磁场力,对速度较低的非相对论性电子尤其如此.

所以,聚散焦总效果取决于三个因素:

其一,如 4.2 节所述,强度相仿但先聚后散、相隔一段距离的两个透镜,其总体作用是聚焦的,原因是聚焦时粒子的 r 比散焦时大,“净径向力”指向 z 轴.

其二,因为电子通过腔时得到加速,它在前半腔的动量较小,也可能(不够相对论性时)用时较长,所以在前半腔受的聚焦应强于后半腔的散焦.

其三,聚散焦力对比还与电子束进入腔的时刻或初相位有关,如果束团中心到达腔中点时 ϕ 小于 π,加速场还在随时间增强,走在后面的电子得到的能量更多,有助于纵向聚相,但是多数电子在后半腔受到的散焦就比前半腔的聚焦更强,不利于横向聚焦;同理,假如束团中心到腔中点的时间推后,ϕ 已大于 π,加速场已开始减弱,对聚相和聚焦的利弊关系将逆转.

综合这些相互影响制约的因素,结论是驻波单腔结构对电子束有一定的聚焦作用,尽管对每台装置还应通过计算具体分析.很多情况下,驻波腔不必外加聚焦磁场.

总之,依靠上述诸公式,计算驻波腔中任意电子的能量增益或运动轨迹已无困难.如有必要,计算束流包络 $R(z)$ 的公式和原则与行波加速器相同或类似,不必赘述.

3. 驻波型多单元电子加速结构

近年,欧洲几家大型科研单位开发了这种结构,多在低温超导状态运行,用于高能电子持续加速,优点是加速梯度高、能耗低、抑制不良强流效应的能力较强.

这种结构中某一时刻的电场方向大致与图 5.14 所示类似,当某单元的轴向电场方向能加速电子时,下个单元的电场与之反向,或称为相邻单元的相位差等于 π(称之为 π 模结构);但电子继续行进,当它进入下一单元时,如果其速度与该结构的电场频率、周期长度有谐振关系,该处电场恰好转向,于是电子仍得到加速;前方其他单元以此类推.显然,对于相对论性电子,加速结构的尺寸可以保持不变.

图5.16是德国DESY实验室FLASH装置超导驻波直线加速器的一段中某时刻如 $\phi=0$ 时的 $E_z(z)$ 曲线.该段包含8个9单元驻波腔结构,工作频率 f_{RF} 为1.3 GHz,所以真空光速波长 λ 约为23 cm,π 模结构的每单元长度为 $\lambda/2$,最高加速电场接近40 MV/m.

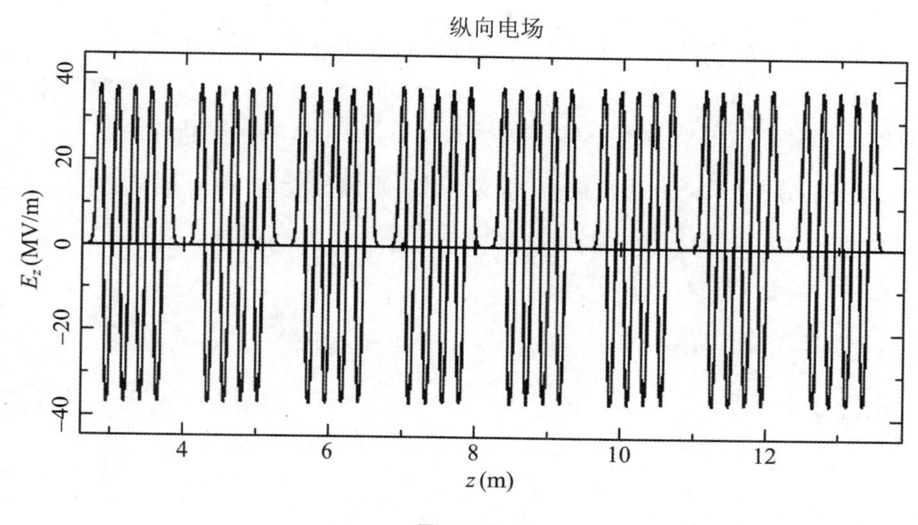

图5.16

图中曲线展现了驻波型多单元结构中 $E_{z0}(z)$ 准周期性起伏的形态,它以 λ 为变化周期,所以可展开成傅里叶级数.为以下公式书写简洁,对电场 E_z 作所谓"归一化"处理,将该级数的形式写为

$$\frac{e}{m_0c^2}E_{z0}(z)=\sum_{n=1}^{\infty}a_n\cos\left(\frac{2n\pi}{\lambda}z\right)=\sum_{n=1}^{\infty}a_n\cos(nkz)$$

式中,$k=\dfrac{2\pi}{\lambda}$ 是该频率电磁波的波数,系数 a_n 称为 n 次模的幅值,$n=1$ 的模频率最低,称为基模,其他模称高次模,k 与 a_n 的单位都是 m^{-1}.对于大多数此类结构,正如图5.16所示,基模幅度占压倒性优势,a_1 远大于其他 a_n 的绝对值.展开式不包括常数项和正弦项,隐含 E_{z0} 对 z 的平均值为0,以及将电磁场的某个对称点(基模最大值点,类似于驻波单腔的中点)定义为 z 轴零点,这并不损害以下讨论的一般性.

相位 ϕ 只随时间变化,其表达式与驻波单腔相同:

$$\phi=2\pi f_{RF}t+\phi_0=kct+\phi_0$$

式中,ϕ_0 因粒子而异.

由此，通过 E_z 对 z 或对 t 微分，该射频电磁场的 E_r 和 B_θ 也用级数表述：

$$\frac{e}{m_0 c^2}E_r = \frac{k}{2}r\cos\phi\sum_{n=1}^{\infty}na_n\sin(nkz)$$

$$\frac{e}{m_0 c^2}B_\theta = -\frac{k}{2c}r\sin\phi\sum_{n=1}^{\infty}a_n\cos(nkz)$$

描述多单元结构驻波电磁场的公式至此准备就绪.

为了简化并与应用此类加速结构的多数实际情况相符，本节余下部分限定研究对象为相对论性电子，$\beta\approx1$，以 γ 为等效动量. 还是从纵向运动开始.

电子前进中，$\frac{d\phi}{dz}=k$ 是常数，与能量无关，所以任意电子的相位 $\phi=kz+\phi_0$. 此式隐含 ϕ_0 是近似匀速飞行的该电子到达 z 轴零点时的相位.

电子的能量增益则服从下式：

$$\frac{d\gamma}{dz} = -\cos\phi\cdot\frac{e}{m_0 c^2}E_{z0} = -\cos(kz+\phi_0)\sum_{n=1}^{\infty}a_n\cos(nkz)$$

用符号〈〉代表对长度为 λ 的一个周期平均. 由于三角函数的正交性，对上式右边进行平均时，除了 $\langle\cos^2(kz)\rangle$ 之外其他项的平均值皆为 0，所以，有

$$\langle\gamma'\rangle = -\frac{a_1}{2}\cos\phi_0$$

此式说明，所谓谐振关系就是电子的 $v_z=f_{RF}\lambda$，或者说标志加速结构空间周期的 k 与标志电子前进中相位周期的 k 相等；谐振仅对基模成立，基模以外的高次模对加速无贡献；加速效果与电子的 ϕ_0 有关，束团中心的 $\phi_0=\pi$ 时效果最佳；唯一有效加速项的三角函数因子 $\cos^2(kz)=\frac{1}{2}[1+\cos(2kz)]$，所以实际的 γ' 在其平均值上下有波长为 $\frac{\lambda}{2}$ 的周期性起伏，频率是基模的 2 倍，这符合电子前进速度与电磁波谐振的物理图像.

电子横向运动方程可以写成高斯轨迹方程一般形式，即

$$\frac{d}{dz}(\gamma r') + \frac{e}{m_0 c^2}(E_r - cB_\theta) = (\gamma r')' + Q(z)r = 0$$

根据该电磁场 E_r 和 B_θ 的表达式，式中的聚焦力系数 Q 写为级数：

$$Q = \frac{k}{2}\sum_{n=1}^{\infty}a_n[n\sin(nkz)\cos(kz+\phi_0) + \cos(nkz)\sin(kz+\phi_0)]$$

这样的 Q 能提供一种比较少见、读者可能不熟悉的 ponderomotive focusing，标准翻译为“有质动力聚焦”，似与力学有些渊源；作者以为也可称为“脉动力聚焦”.

有质动力聚焦发生的条件是粒子所受径向力与 r 成正比，比例系数的符号和大小周期性变化.该力迫使粒子作频率较高的小幅径向振荡，其轨迹围绕 $\langle r\rangle = r_c$ 如水面波纹般起伏.该力向内（聚焦）和向外（散焦）的时间大致相等，但效果并不完全抵消，因为它向内时 $r > r_c$，向外时则 $r < r_c$，否则这种振荡无法维持；正比于 r 的特性使向内的聚焦力倾向于更强，一个周期的横向动量总增益 $\Delta P_r = \int F_r \mathrm{d}t$ $\left(\text{正比于} -\int Q r \mathrm{d}z\right)$ 因此小于0.这一过程将逐周期重复上演，粒子的 P_r 不断减小，从而实现聚焦.

聚焦强度可用横向动量每周期的平均减少量与 r_c 之比衡量，用 $\langle Q\rangle$ 标记，其实际含义是 $\langle Qr\rangle / \langle r\rangle$.它正比于"径向外力幅度" F 与"波纹振幅" b 的乘积，而 b 又正比于 F 而反比于粒子质量 $m = \gamma m_0$，所以该强度应大致与 $\dfrac{F^2}{m}$ 成正比.

相关公式的推导基于假设：径向力脉动频率（或波数）明显快于在这种聚焦力作用下电子将产生的横向振荡的频率，这一点基本等效于振幅 b 明显小于 r_c；一个周期的 γ 增量明显小于 γ 自身.对于实际的驻波加速器，这两条假设是成立的.

在假设成立的条件下，可得到：

$$\langle Q\rangle = \frac{f(\phi_0)}{32}\frac{a_1^2}{\gamma}$$

式中，$\langle Q\rangle$ 恒大于0，代表聚焦力."修正系数" $f(\phi_0)$ 依赖于加速结构，又与 ϕ_0 有关：

$$f(\phi_0) = 1 + \frac{2}{a_1^2}\left(\sum_{n=2}^{\infty} a_n^2 + \cos 2\phi_0 \sum_{n=1}^{\infty} a_n a_{n+2}\right)$$

推导要点　先处理 Q 的级数展开式.利用"积化和差"公式，级数第 n 项的两个三角函数乘积可转换为 $\sin[(n+1)kz + \phi_0]$ 与 $\sin[(n-1)kz - \phi_0]$ 的和或差，即得到

$$Q = \frac{k}{4}\sum_{n=1}^{\infty} a_n\{(n+1)\sin[(n+1)kz + \phi_0] + (n-1)\sin[(n-1)kz - \phi_0]\}$$

注意到每个空间变化频率 mk 以 $m\sin(mkz \pm \phi_0)$ 的形式出现两次，将此级数拆开成两个级数，分别重新定义序号后再相加以利于同频率项合并.为形式简洁，定义 $a_0 = 0$，得到

$$\begin{aligned} Q &= \frac{k}{4}\sum_{n=1}^{\infty} n[a_{n-1}\sin(nkz + \phi_0) + a_{n+1}\sin(nkz - \phi_0)] \\ &= \frac{k}{4}\sum_{n=1}^{\infty} nA_n \sin(nkz + \phi_n) \end{aligned}$$

最后一步合并两个同频率项，两项之相位差为 $2\phi_0$. 合成振幅 A_n 满足：

$$A_n{}^2 = a_{n-1}{}^2 + a_{n+1}{}^2 + 2a_{n-1}a_{n+1}\cos 2\phi_0$$

合成相角 ϕ_n 的表达式也不难给出，但对后续工作并无必要.

至此，Q 已成功地改写为傅里叶级数标准形式，处理过程不含近似.

在这种径向力作用下，预期电子轨迹出现与外力同频率的周期性波纹，可写成

$$r = r_c + \sum_{n=1}^{\infty} b_n \sin(nkz + \psi_n)$$

显然 $\langle r\rangle = r_c$. 此式对 z 微分两次，得

$$r'' = -k^2 \sum_{n=1}^{\infty} n^2 b_n \sin(nkz + \psi_n)$$

前面提出的两个假设成立时，横向运动方程可近似写成 $\gamma r'' + Qr_c \approx 0$，这是联系电子轨迹与外力 Q 的纽带. 代入 r'' 和 Q 的级数展开式，比较后可知

$$b_n \approx \frac{r_c}{4\gamma k}\frac{A_n}{n}$$

$$\psi_n \approx \phi_n$$

逐项比较的合理性基于三角函数正交性，b_n 正比于 A_n 说明 n 次波纹由同次径向力推动而形成，电子能量越高，外力频率越高，振幅越小；相位关系则确定波纹上半周（$r > r_c$ 时）推力基本向内而下半周推力向外.

所以，电子轨迹近似为

$$r \approx r_c\left[1 + \frac{1}{4\gamma k}\sum_{n=1}^{\infty}\frac{A_n}{n}\sin(nkz + \phi_n)\right]$$

此式与 Q 的展开式相乘，对一个波长周期平均并再次利用三角函数正交性，即得到

$$\langle Qr\rangle = \frac{r_c}{32\gamma}\sum_{n=1}^{\infty} A_n^2$$

代入前面 $A_n{}^2$ 的表达式，重新组织——弃去本没有的 a_0 相关项，注意到仅有一个 $a_1{}^2$ 而高次 $a_n{}^2$ 都出现两次，不难将该求和式写作 $f(\phi_0)a_1{}^2$.

然后令 $\langle Q\rangle = \langle Qr\rangle / r_c$，即得前述结果. □

系数 $f(\phi_0)$ 反映高次模对聚焦的贡献，假如只存在基模，其值为 1，与 ϕ_0 无关；任何高次模都使其增大. 尽管对电子加速并无建树，每种高次模都驱动有其频率特征的小幅振荡，同时消耗电子的横向动量，使聚焦增强. 各高次模幅值与基模之比和输入功率无关，是加速结构重要的技术特性，设计与调试优化时一般以减小高次模为目标，以降低其对电子运动的扰动和（非超导装置）无益的壁电流功率损耗. 所以，该系数一般稍大于但近似等于 1.

只存在基模是一种理想状态，这种状态下外力以单频率脉动，公式推导简单，无须复杂的处理．此时从 $E_r - cB_\theta$ 的三角函数式直接得出

$$Q = \frac{ka_1}{2}\sin(kz + \phi) = \frac{ka_1}{2}\sin(2kz + \phi_0)$$

通过横向运动方程近似式，在 Q 推动下形成的振荡轨迹则是

$$r \approx r_c\left[1 + \frac{a_1}{8\gamma k}\sin(2kz + \phi_0)\right]$$

计算 $\langle Qr\rangle$ 易如反掌．值得注意的是由于电子在前进并与驻波电磁场谐振，Q 脉动的频率是基模的2倍，波长为 $\lambda/2$，与纵向 γ' 起伏的情况类似．

另一种有趣的分析法是将驻波看作顺向、逆向两个行波的合成．就基模而言，两者的相速度是 $\pm c$，前者与电子并肩前进，相位 $\phi_1 = k(z - ct) + \phi_{01}$，类似于行波加速器的情况；后者则迎电子面而来，相位 $\phi_2 = k(z + ct) + \phi_{02}$．若电子 $\beta \approx 1$，$\phi_1' = 0$，顺向波相位保持不变，逆向波则 $\phi_2' = 2k$，频率倍增．两个波的电场峰值都是驻波场的一半，但"分工明确"，作用不同．纵向，顺向基模波加速电子，事实上它承担全部加速任务；逆向波只造成能量增长率时快时慢的起伏，功过相抵，总贡献为零．横向，两个波的电场力与磁场力都相位一致，大小相近，但顺向基模波两力方向相反，几乎抵消，无功亦无过；逆向波则因相位 ϕ 表达式不同，对 t 微分后 B_θ 的符号改变，两力方向始终相同，效果加倍，共同驱动电子振荡，成为有质动力聚焦的主力．有实验证实，向行波加速管反向注入电子束使之逆电磁波而行，束流受到与驻波结构等效的横向聚焦．"两波分工"的这一物理图像值得品味．

每个高次模驻波同样可分解成相波长 λ_p 为 λ/n，相速度为 $\pm c/n$ 的顺向行波与逆向行波，总体上，它们都不能实施有效加速，却都参加横向聚焦．因为 E_z 随 z 变化更快，横向电场力是磁场力的大约 n 倍；合力的作用反映在 Q 尚未实行同频率项合并的级数展开式中，系数为 $(n-1)a_n$（后来变成 na_{n+1}）的项来自顺向波，系数为 $(n+1)a_n$ 或 na_{n-1} 的项来自逆向波．最终，除了所谓交叉项可能造成区别，两种波对总聚焦力的贡献大体相同．

回到横向运动方程．利用 $\langle\gamma'\rangle$ 与 a_1 成正比的关系，有质动力聚焦强度可写成

$$Q_{pf} = \frac{f(\phi_0)}{8\cos^2\phi_0}\frac{\langle\gamma'\rangle^2}{\gamma} = K^2\frac{\langle\gamma'\rangle^2}{\gamma}$$

这一写法与如何定义基模 a_1 无关．$\langle\gamma'\rangle$ 在此既是周期平均值，也可理解为整个加速结构的平均能量增长率，视为描述加速电场强度的常数．含 $f(\phi_0)$ 的分式是无量纲常数且必大于0，为后续公式书写简洁，用 K^2 代替．Q_{pf} 的最大特点是它反比于 γ，随加速而减小．

只存在基模且 $\phi_0=\pi$ 时，系数 $K^2=\dfrac{1}{8}$，有高次模和/或当 ϕ_0 偏离 π 时 K^2 都增大. 为避免歧解，有的文献用“与最高加速相位的相位差”$\Delta\phi_0$ 描述每个电子的相位，就本节而言，相当于定义 $\phi_0=\pi+\Delta\phi_0$；有趣的是，因为 K^2 表达式中只出现 $\cos^2\phi_0$ 和 $\cos2\phi_0$ 因子，式中的 ϕ_0 都可换成 $\Delta\phi_0$，不改变 K^2 值.

总之，多单元驻波加速结构的电子横向运动方程可写为

$$\frac{\mathrm{d}}{\mathrm{d}z}(\gamma r')+K^2\langle\gamma'\rangle^2\frac{r}{\gamma}=0$$

这一形式简明的公式可胜任各种必需的计算任务，包括经过与行波加速器类似的处理后计算束流包络 $R(z)$. 驻波直线加速器可能很长，如有必要在加速结构之间安装磁四极透镜以加强横向聚焦，在透镜之后应改用 x—y—z 坐标系，以 $u=x$ 或 y 代替式中的 r. 如果束流很强，有必要考虑空间电荷效应，处理方式可参见行波加速器部分.

假设 γ' 的起伏可忽略，近似认为电子的 γ 随 z 线性增长，或者说 γ' 可视为常数，上述简明公式存在高斯型轨迹解析解. 这是以传输矩阵形式给出轨迹通解的一个好例.

不失一般性，仍采用柱坐标系. 此时粒子所到之处的 γ 由 z 唯一确定，可以把方程自变量由坐标 z 变换为与 γ 有关联的 $z^*=\ln\gamma$，于是得到(后一式推导用到 γ' 为常数的假设)：

$$r'=\frac{\mathrm{d}r}{\mathrm{d}z^*}\frac{\mathrm{d}z^*}{\mathrm{d}z}=\frac{\gamma'}{\gamma}\frac{\mathrm{d}r}{\mathrm{d}z^*}$$

$$\frac{\mathrm{d}}{\mathrm{d}z}(\gamma r')=\left(\gamma'\frac{\mathrm{d}r}{\mathrm{d}z^*}\right)'=\frac{\gamma'^2}{\gamma}\frac{\mathrm{d}^2r}{\mathrm{d}z^{*2}}$$

整个方程随之简化为读者熟悉的简谐振动方程：

$$\frac{\mathrm{d}^2r}{\mathrm{d}z^{*2}}+K^2r=0$$

方程通解当然是 $r=C_1\sin(Kz^*+C_2)=C_1\sin(K\ln\gamma+C_2)$.

以 r 和 $\gamma r'$ 构成二维状态列向量，通解可按 1.4 节介绍的方法用传输矩阵表示. 用字母 i 标志驻波加速结构入口，该处 $\gamma=\gamma_\mathrm{i}$，容易得到方程的似余弦解 r_C 和似正弦解 r_S：

$$r_\mathrm{C}=\cos\left(K\ln\frac{\gamma}{\gamma_i}\right)$$

$$r_\mathrm{S}=\frac{1}{K\gamma'}\sin\left(K\ln\frac{\gamma}{\gamma_i}\right)$$

用字母 f 标志加速结构出口,取参数 $\alpha = K\ln\dfrac{\gamma_f}{\gamma_i}$,从 i 点到 f 点的传输矩阵是

$$M_i^f = \begin{pmatrix} \cos\alpha & \dfrac{\sin\alpha}{K\gamma'} \\ -K\gamma'\sin\alpha & \cos\alpha \end{pmatrix}$$

该段结构的聚焦性能可用 $-m_{21} = K\gamma'\sin\alpha$ 的大小标志.

与行波加速管相似,驻波结构两端也因为电场迅变(从无到有建立或者从有到无消失)而形成入口端聚焦、出口端散焦的效应,电子束受到的作用可以用薄透镜矩阵近似体现.仍是源于 $E_r = -\dfrac{r}{2}\dfrac{\partial E_z}{\partial z}$ 的基本关系,入口端和出口端对应的矩阵 M_{en} 和 M_{ex} 的特征矩阵元同样分别是入口的 $m_{21} = -\dfrac{1}{2}\gamma_i'$,出口的 $m_{21} = \dfrac{1}{2}\gamma_f'$.

加速结构内全程的 γ' 视为常数时,包含两端的加速结构整体对应的传输矩阵是

$$M_T = M_{ex}M_i^f M_{en} = \begin{pmatrix} \cos\alpha - \dfrac{\sin\alpha}{2K} & \dfrac{\sin\alpha}{K\gamma'} \\ -\left(K + \dfrac{1}{4K}\right)\gamma'\sin\alpha & \cos\alpha + \dfrac{\sin\alpha}{2K} \end{pmatrix}$$

本书作者之一冯光耀用这样的矩阵对图 5.16 所示超导驻波直线加速器的电子横向运动进行了估算,结果与精细模拟计算电子运动的大型计算机程序符合得很好.所得以下数据可帮助读者对相关量的大小有所了解:该段 8 个多单元驻波腔中,第 1 腔的入口处 $\gamma_i = 9.8$,出口处 $\gamma_f = 49.1$,$\langle\gamma'\rangle = 28.6\ \text{m}^{-1}$,$\alpha = 0.57$,$m_{21} = -0.3336\ \text{m}^{-1}$,说明该腔的聚焦能力相当强;此后电子能量越来越高,各加速腔结构的 $-m_{21}$ 值逐腔减小,从第 2 腔的 $0.071\ \text{m}^{-1}$ 一直下降到第 8 腔的 $0.0043\ \text{m}^{-1}$.

前文所称行波加速器主加速段相对论性电子在射频电磁场中 $Q=0$ 也属于理想状态,实际上,行波场并不只有"纯的"顺向基模行波,往往包含占比例很小的驻波成分,或者说有少量顺向波在末端遭反射成为逆向波;也可能存在某些高次模.加速器设计与调试优化的标准要求驻波所占比例及高次模足够小,合格的行波加速管的反射系数一般不大于 2.5%.依据前文分析,这样的逆向基模波和高次模也产生有质动力聚焦,尽管聚焦力很弱.该力反比于 γ,而前文所述顺向行波场及空间电荷的散焦力皆反比于 γ^2,虽然都随加速而减小,对高能电子,聚焦力占有相对优势.定量计算必须根据反射系数重新定义 $f(\phi_0)$,可推测所得 $f(\phi_0)$ 与 K^2 都是远小于 1 的正数,然后所得 K 值可用于计算行波加速管对应的矩阵.

假如 K 趋于 0,显然 $\cos\alpha \to 1$,$\dfrac{\sin\alpha}{K} \to \ln\dfrac{\gamma_f}{\gamma_i}$ 即参数 μ,本节行波加速器部分最后给出的传输矩阵可视为此处 M_i^f 和 M_T 当 $K \to 0$ 时的特例.

第6章　场与轨迹方程的数值解

本章介绍电、磁场方程和粒子轨迹方程通过计算机计算或实验测量求数值解的方法，作为读者解决前5章种种遗留问题的途径和电子光学部分的结束.

场方程——已知边界条件，求解拉普拉斯方程或泊松方程.

轨迹方程——已知初始条件，求解二阶线性或非线性微分方程.

它们在边界条件或初始条件完备时都是有唯一解的定解问题.

方程解析求解的天地非常窄小，常使爱好者有无所施其技之叹；偶有用武之地，为简化问题所必需的假设又常与实际情况相抵触，不得不另加修正. 而数值计算求解原则上几乎"无所不能"，如正确使用，加上物质条件包括经费允许，理论上可达到任意精度. 实验测量法简捷直观，常可快速地得到电极参数稍作变化的结果(设计时)，在某些场合如质量检验、安装前的准备等亦必不可少. 在设计中，应用最广泛、前途最广阔者，当属计算机模拟计算，这是不言而喻的.

计算法求解电、磁场已属专门课题，以差分法和有限元法最为常用. 由于计算机相关科学技术在处理速度、信息容量、计算方法研究等方面巨大而持续的进步，电磁场模拟计算的精度、复杂程度(比如从两维近似过渡到三维精确计算)与可靠性大幅提高.

在许多情况下，有现成的程序可用. 作为课程内容，只能介绍计算法的原理与某些要点. 其目的是：了解计算方法的能力和局限；知道如何更好地利用现成的计算程序——由使用者进行的边界条件的选取、输入数据的组织、输出数据的分析等；以及必要时对特殊问题自己能编制程序进行计算. 特别有兴趣者应选学专门课程.

6.1　差分法计算场分布

场方程是空间连续函数的偏微分方程，轨迹方程是粒子轨迹作为位置的连续函数的常微分方程，它们描述的是自变量的增量无穷小时函数的变化规律．而计算机只能在自变量以某种有限间隔分断的若干点上求得函数的近似值．因此，各种计算法的第一步都是把原连续函数精确满足的方程化成多个间断点上的函数值近似满足的方程，此步骤称为(连续函数的)离散化．

差分法发展最早，概念最直观，应用很广．本节介绍稍详细一些，有助于了解计算法的特点．作为近似计算法，它以许多不连续点组成的“网格”代替连续点组成的空间来实现离散化；以各点函数的差与间距之比即“差分”代替微分(微分是差分的间距趋于0的极限值)，或者说以差分方程代替偏微分方程；而以迭代法求解．故又名为网格法．

假设仍对一轴对称系统，方程可在子午面内作为2维问题求解．电场满足泊松方程

$$\frac{\partial^2 V}{\partial z^2}+\frac{1}{r}\frac{\partial V}{\partial r}+\frac{\partial^2 V}{\partial r^2}=-\frac{\rho}{\varepsilon_0}$$

首先建立网格．其中一点(z_i, r_j)及其“邻近点”的位置关系如图6.1所示．其中，i, j代表网中的经、纬线标号，经、纬线分别与r轴和z轴平行，该处经、纬线网格的间距如图所示；下标0～4代表该点及其最近的4个邻点，亦如图所示．则邻点

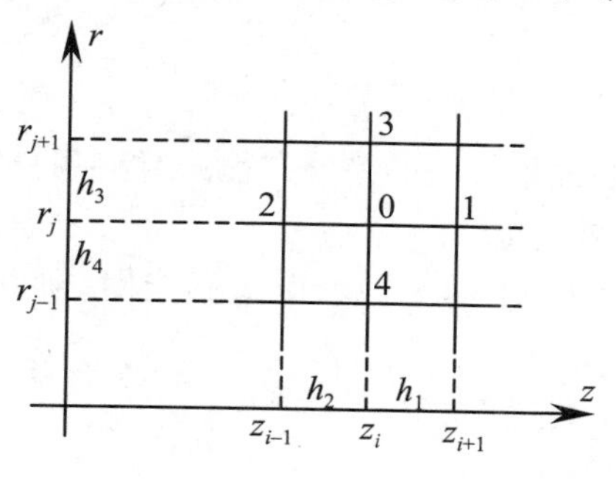

图 6.1

的位场 $V(i\pm1,j\pm1)$可用中心点的 V 及各阶偏微商表示,为

$$V_1 \text{ 或 } V_2 = V(i \pm 1, j) = V_0 \pm \left(\frac{\partial V}{\partial z}\right)_0 \Delta z + \frac{1}{2}\left(\frac{\partial^2 V}{\partial z^2}\right)_0 \Delta z^2 \pm \frac{1}{6}\left(\frac{\partial^3 V}{\partial z^3}\right)_0 \Delta z^3 + \cdots$$

$$V_3 \text{ 或 } V_4 = V(i, j \pm 1) = V_0 \pm \left(\frac{\partial V}{\partial r}\right)_0 \Delta r + \frac{1}{2}\left(\frac{\partial^2 V}{\partial r^2}\right)_0 \Delta r^2 \pm \frac{1}{6}\left(\frac{\partial^3 V}{\partial r^3}\right)_0 \Delta r^3 + \cdots$$

先考虑最复杂或最一般的情况:各间距皆不相等,但应为同阶小量(以 h 代表其量级);电荷密度 $\rho\neq0$. 由复杂再到简单的特例,则将如顺流而下,了无遮碍. 利用从此二式中消去低一阶项之法,易将中心点 V 的偏微商用相邻点的电位表示:

$$\left(\frac{\partial^2 V}{\partial z^2}\right)_0 = \frac{2}{h_1 + h_2}\left(\frac{V_1}{h_1} + \frac{V_2}{h_2}\right) - \frac{2V_0}{h_1 h_2} + O(h^2)$$

$$\left(\frac{\partial^2 V}{\partial r^2}\right)_0 = \frac{2}{h_3 + h_4}\left(\frac{V_3}{h_3} + \frac{V_4}{h_4}\right) - \frac{2V_0}{h_3 h_4} + O(h^2)$$

$$\left(\frac{\partial V}{\partial r}\right)_0 = \frac{V_3 - V_4}{h_3 + h_4} - \frac{1}{2}(h_3 - h_4)\left(\frac{\partial^2 V}{\partial r^2}\right)_0 + O(h^2)$$

$$= \frac{1}{h_3 h_4}\left[\frac{1}{h_3 + h_4}(h_4{}^2 V_3 - h_3{}^2 V_4) + (h_3 - h_4)V_0\right] + O(h^2)$$

各式中,最后一项 $O(h^2)$代表 h^2阶小量.

代入泊松方程,并略去小量 $O(h^2)$后,经整理,得到

$$V_0 = \frac{1}{K}\left\{\frac{1}{h_1 + h_2}\left(\frac{V_1}{h_1} + \frac{V_2}{h_2}\right) + \frac{1}{h_3 + h_4}\left[\left(1 + \frac{h_4}{2r_j}\right)\frac{V_3}{h_3} + \left(1 - \frac{h_3}{2r_j}\right)\frac{V_4}{h_4}\right] + \frac{\rho}{2\varepsilon_0}\right\}$$

式中,几何参量

$$K = \frac{1}{h_1 h_2} + \frac{1}{h_3 h_4}\left(1 - \frac{h_3 - h_4}{2r_j}\right)$$

此方程即是替代了原泊松方程的差分方程. 方程中的半径 r_j 与电荷密度 ρ 皆在网格中心点即(z_i, r_j)处取值.

当网格中心点在轴上时,半径 $r_j=0$,此式不能用,须另辟门径. 然此时不难知道,因为 V 是 r 的偶函数,$\left(\frac{\partial V}{\partial r}\right)_0=0$;且"4"号点并不存在,而有

$$V_3 = V(z_i, r) = V_0 + \frac{1}{2}\left(\frac{\partial^2 V}{\partial r^2}\right)_0 r^2 + O(h^4)$$

此时,$r=h_3$. 于是得到

$$\left(\frac{\partial^2 V}{\partial r^2}\right)_0 = \frac{2}{{h_3}^2}(V_3 - V_0) + O(h^2)$$

和

$$\frac{1}{r}\frac{\partial V}{\partial r} = \left(\frac{\partial^2 V}{\partial r^2}\right)_0 + O(h^2)$$

后一式也可令 $r \to 0$,使用洛必达法则得到.

故代替泊松方程的差分方程对轴上点是

$$V_0 = \frac{1}{K_1}\left[\frac{1}{h_1 + h_2}\left(\frac{V_1}{h_1} + \frac{V_2}{h_2}\right) + \frac{2}{{h_3}^2}V_3 + \frac{\rho}{2\varepsilon_0}\right]$$

其中,几何参量

$$K_1 = \frac{1}{h_1 h_2} + \frac{2}{h_3^2}$$

至此,函数离散化或方程差分化的工作已经完成.前已提及,实用的差分方程形式一般比此二式简单.例如,如 r 方向分格是等间距的,$h_3 = h_4 = h_r$,而 z 方向有 $h_1 = h_2 = h_z$,则差分方程为

$$V_0 = \frac{1}{2({h_z}^2 + {h_r}^2)}\left\{{h_r}^2(V_1 + V_2) + {h_z}^2\left[\left(1 + \frac{h_r}{2r}\right)V_3 + \left(1 - \frac{h_r}{2r}\right)V_4\right] + {h_r}^2{h_z}^2\frac{\rho}{\varepsilon_0}\right\}$$

对轴上点

$$V_0 = \frac{1}{2(2{h_z}^2 + {h_r}^2)}\left[{h_r}^2(V_1 + V_2) + 4{h_z}^2 V_3 + {h_r}^2{h_z}^2\frac{\rho}{\varepsilon_0}\right]$$

最简单的是正方形网格,即当 $h_r = h_z = h$ 时,差分方程为

$$V_0 = \frac{1}{4}\left[V_1 + V_2 + \left(1 + \frac{h}{2r}\right)V_3 + \left(1 - \frac{h}{2r}\right)V_4 + h^2\frac{\rho}{\varepsilon_0}\right]$$

对轴上点

$$V_0 = \frac{1}{6}\left(V_1 + V_2 + 4V_3 + h^2\frac{\rho}{\varepsilon_0}\right)$$

对于不考虑空间电荷的拉普拉斯方程,则只要令各式中 $\rho = 0$ 即可,无须再列.

$\rho = 0$ 时,以上各式皆显示出 V 是"调和函数"的特点:一点的电位 V 是其各邻点的 V 的某种考虑了几何尺度因素的"加权平均".而当 $\rho \neq 0$ 时,则表现了该点邻近小区域(面积正比于 h^2)内的电荷使电位与无空间电荷时相比升高或降低(勿忘对电子 $\rho < 0$)的特点.

以上推导过程同时表明:一旦求得数值解,即各网格点上的 V 值,如何计算该

处的场强,即$\left(\frac{\partial V}{\partial r}\right)_0$和$\left(\frac{\partial V}{\partial z}\right)_0$,以用于运动方程计算.$\left(\frac{\partial V}{\partial r}\right)_0$的表示式前文已列,当$h_3=h_4=h_r$时为$\left(\frac{\partial V}{\partial r}\right)_0=\frac{1}{2h_r}(V_3-V_4)$;$\left(\frac{\partial V}{\partial z}\right)_0$与之完全相仿(下标用1,2替代3,4).

此处所列差分方程形式是用网格上最近的4个邻点的电位表达中间点的电位,称为“五点差分格式”,应用最广.亦有取不同形式如用对角四邻点或更多点者;取更多点时可消去更高阶微商,故近似程度更精细,但形式上复杂许多.

在不同的坐标系中,差分方程的形式自然不同,但原理并无差异.最简单的是直角坐标系,读者不妨自试推导之.对于2维问题,所得方程只需将前式中的r,z坐标用相应的直角坐标取代,并弃去所有$\frac{1}{r}$项,亦无所谓“轴上点”.直角坐标系的几何关系对空间是“不变形”的,故对于正方形网格的拉普拉斯方程,V_0就是4个邻点的V的平均值.

还有一种可能见到的情形是柱坐标系的横剖面——所用坐标变量为r和ϕ,不能包括轴上点($r\geqslant r_{\min}>0$).划分网格时,等ϕ线是射线,常取等角间距;等r线是圆弧,可取等间距,也可取为大致随r的增加等比放大的间距,以免网格从近轴区到远轴区间变形.当此比例系数与角的间距有一定关系时,网格可看来总像是“正方形”不变,差分方程的形式近似地与直角坐标系中相同.这些可参见有关差分法计算的参考书.

等间距划分网格可以使V的一阶偏微商表示式简单,计算二阶偏微商时三阶项自动消去,方程形式简明,故应尽量采用.但常须将空间分成不同区域,各区之内等间距,区与区的边界上则不等距,以收取最佳效果.由公式推导过程可知,间距愈密,差分方程与原微分方程的等效程度愈好,精度愈高;但网格点愈多,联立的方程愈多,计算所占空间、所用时间迅速上升.分区治之、不“一刀齐”的方法可以在保证精度的同时提高效率.原则上,场变化相对剧烈、研究者兴趣较浓的区域应该分格较密,否则可较疏.对一个实际问题,其合理疏密程度可能相差悬殊(其间也许要有“过渡区”),才能得到最佳网格划分.有些边界条件也要采用不等距网格方较易处理.计算求解场分布,网格划分法和边界条件处理是最需理论与经验结合、最有挑战性的部分,切勿等闲视之.

综合上述,就网格中一点的V已列出方程.以此类推,对网格中N个节点可列出N个方程.N可达“成千上万”,故方程数量很多,共同组成极大的N元线性方程组.每点的未知数V只与邻点有关;故方程组如写成矩阵形式,大多数元素为0,

少数非零系数亦不复杂，都是固定的几何因子，各点的方程的形式雷同. 此种方程组一般不宜用常规的线性代数法求解. 使用较广的方法是迭代法. 在介绍该法之前，先谈一下边界条件的处理.

场方程求定解的条件之一是必须有一个封闭空间，且未知函数在边界上满足已知的边界条件. 能确保有唯一定解的边界条件传统上分成3类：设边界为曲面 S，第一类边界条件是 $V|_S=f$；或第二类边界条件为 $\left.\frac{\partial V}{\partial n}\right|_S=f$；或第三类边界条件为 $\left.\left(\frac{\partial V}{\partial n}+kV\right)\right|_S=f$. 此处，$f$ 为一个 S 面上点的已知函数，$\frac{\partial V}{\partial n}$ 为 V 沿 S 面法线的变化率，k 是某一已知常数.

对网格法而言，边界条件意指网格的边界节点上的 V 本身或与其内侧节点 V 的关系已知，所以边界节点的方程与内部节点不同. 前文的轴上点，就是一种第二类边界点 $\left(r=0\text{ 处}\frac{\partial V}{\partial r}=0\right)$. 求解静电场，以第一类边界条件，尤其 f（在电极表面上）等于已知常数为最多；第二类边界条件多发生于某对称面上 $\left(\frac{\partial V}{\partial n}=0\right)$；第三类边界条件则少见.

如边界沿径向或轴向，总是让网格的边线与之重合最好；否则，例如边界是一圆锥面或其他旋转曲面，如能尽量使节点落在边界上亦佳（为此，可能采取不等距分网格）；如不便，则只有采取某些特殊处理方法. 对于第二、三类边界条件，应仿照前文写出 $\frac{\partial V}{\partial r}$ 与 $\frac{\partial V}{\partial z}$ 的近似式，利用边界与网格线的交角写出 $\frac{\partial V}{\partial n}$ 的表达式来给出该节点的特殊方程，大意与前文轴上点的处理方法类似. 以下主要谈第一类边界条件.

只要节点在边界上，该点的 V 值即为已知，无须多说. 现假设节点与边界稍有一距离 δ，如图6.2所示. 如此处已知电位变化不大，或其变化对电子运动影响不大，可用"直接转移法"，就取 $V_1=V_a$ 作为其近似值. 如欲稍更精确，当用"线性插值法"，取

$$V_1=\frac{1}{h+\delta}(h\cdot V_a+\delta\cdot V_0)$$

作为节点1的特殊方程. 此种线性插值法亦常用于网格密度不同的两个区域的分界线上：先用不等距网格的内节点方程求该界线上两区公用点的函数值，而对"插入点"（密格区的附加点，从疏格区看来是多余点），则由公用点按间

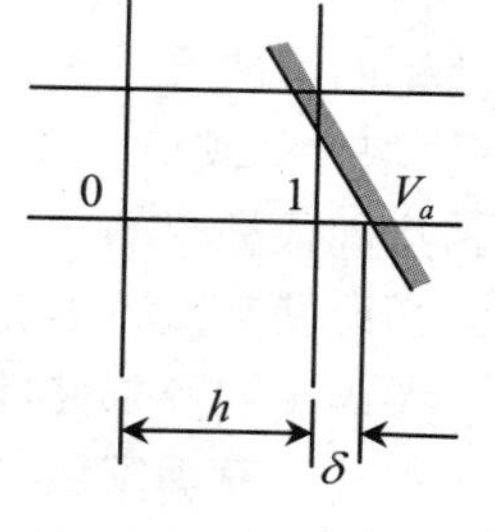

图 6.2

距插值.

在实际计算中,有时会遇到看似并不封闭的边界.如任其开放,所求问题无定解.常用办法之一是利用某种已知且基本可靠的场沿此边界变化的物理规律将开口"缝合",有关插值法称为"物理函数插值法".几个实例如图 6.3 依次所示.

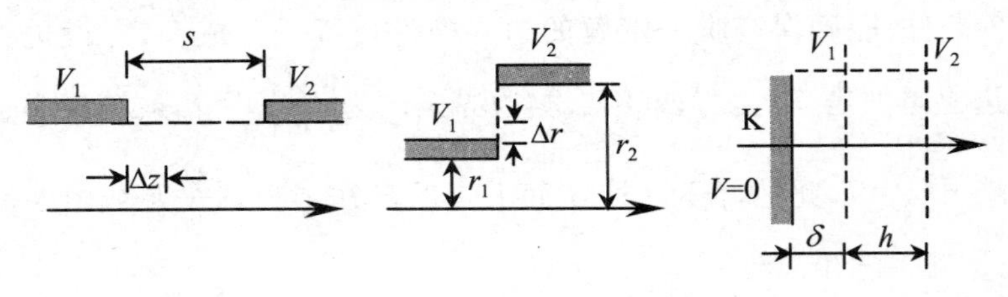

图 6.3

其一是等径双圆筒的轴向间隙,该处不能"封死",且电位变化剧烈,网格必须够密.可假定在边界上电位函数 f 大致随 Δz 线性变化,即用线性插值

$$f = V_1 + (V_2 - V_1)\frac{\Delta z}{s}$$

其二为不等径双圆筒的径向间隙,则根据径向电场规律,设电位 V 按对数规律变化,取

$$f = V_1 + (V_2 - V_1)\frac{\ln\dfrac{r}{r_1}}{\ln\dfrac{r_2}{r_1}}$$

其三是电子发射阴极附近的节点,则取

$$V_1 = V_2\left(\frac{\delta}{h+\delta}\right)^{\frac{4}{3}}$$

即利用空间电荷限制流中 V 正比于 $z^{\frac{4}{3}}$ 的规律,等等.

而对某些无穷长、无穷大开放边界的条件,则可用"拓宽封边法"封闭之.例如,对透镜两边的等位区,可在沿轴向拓宽到一定深度后作为 V 值给定的边界封闭(深度取 $3R$ 或稍多);对场的变化渐趋于 0 的无穷边界,可以在外围做范围够大、网格点却很稀疏的弱场区,并令最外边界上 V 或 V' 为已知定值,使包含的空间足够大而所费节点数不多.

考虑了边界条件,前述大线性方程组才能完全给出;其中,边界部分节点上待求函数常已有确定值.使用迭代法的条件已经具备.

所谓迭代法,可形象地比喻为一个计算能力颇强、精力几乎无穷、一往无前、不厌其烦、但理论上似有些不求甚解之人(扮演计算机的角色),给他一套公式和无论什么初始数据，他不管三七二十一代进公式就算，并不知疲倦、一遍一遍地重复这一数据代换(故名“迭代”)并计算的过程，直到有人叫停为止. 这是一种“试探—修正—再试……(直到满意)”的方法. 对某些问题，这种重复计算的结果有一极限，就是方程的解；并且对任意给定精度，可经过有限次的迭代使获得的数值解与极限解之差在此精度以内，这称为迭代收敛. 其优点是思路简单直观，程序设计方便，而且行之有效. 前面把差分方程写成 V_0 即 $V(i,j)$ 等于若干邻近点的 V 值的线性组合的形式，正是为了便于实施此法. 实行时，先给所有节点的 V 一套初值或曰初次猜测值(不管是否荒唐——例如除边界外全是 0)；逐个方程演算一遍，得到又一套新的节点 V 值；因为计算次序有先后，后算出来的值代入先求的点的方程自然并不成立，或者说所得结果并不自洽，但可作为第二次猜测值，并重复下去；多次重复，如果迭代收敛，每次对上一次的修正(即两次数据之差)将越来越少；直到某两次猜测值之差足够小，就构成了全部方程的一套自洽(不自相矛盾)的、满足边界条件的解. 每次迭代时，边界条件当然始终被保持，其他节点的 V 值则在被不断修正. 边界条件是一种“正确”的因素，差分方程代表了应有的关系，所以每一次迭代都是强调正确因素、逐步加强应有关系的步骤，终于使解的“正确成分”不断增加，应有关系逐渐成为实有关系. 很多文献都举出一两个简单的算例，以说明此法确可用来解线性方程组.

迭代过程是否收敛取决于差分方程的系数. 数学上可证明，对求电磁场的定解问题，迭代有一个唯一解，而且必然收敛. 所以，初值的选取可以任意(如能使其与合理解稍接近，可节省一些运算时间，但作用有限).

虽然计算机的能力在成数量级地增加，但人类求知的欲望——2 维到 3 维、复杂的边界、更广的空间、更高的精度——增长更快. 达到足够的精度与节省存储空间、增快收敛速度(更加经济)始终是计算科学的重要课题. 为此，已有人做了大量工作. 此处只介绍两点：

一是位移迭代法. 介绍迭代法的精神时总是假设：先完成第 m 次迭代，并记下所有结果，即各点的 V 值，记为 $V^{(m)}$；再用 $V^{(m)}$ 通过各点的方程算出新的一套 $V^{(m+1)}$，算完后用它们把 $V^{(m)}$ 全部换掉. 这种“大换班”式的迭代法称为简单迭代，它要求存储至少两次的所有节点 V 值. 但既然修正后的 V 值只会比原来的 V 值更近真，保留 $V^{(m)}$ 其实没有意义. 位移迭代是一种“不断吐故纳新”的方法，它每次按一定顺序——如从左至右，从下至上——用差分方程计算新值，一旦算出就立刻用该点的 $V^{(m+1)}$ 取代 $V^{(m)}$，其后各点的计算中如用到该值就已经是新值. 此法不仅少用存储空间，而且数学上可证明能使收敛速度加快一倍.

二是超松弛法或欠松弛法. 设某点两次计算的差即修正量(又名松弛量)为

$\Delta V = V^{(m+1)} - V^{(m)}$，而该点最终的解应为 V_F，并观察 $V - V_F$ 随迭代的变化.经验表明，有时这种矫正总是不够，如图6.4中左图所示，故 V 向 V_F 的逼近常在0线的同侧(图中实线)，且越来越慢；有时则矫枉总是过正，使 $V - V_F$ 表现为0线两侧

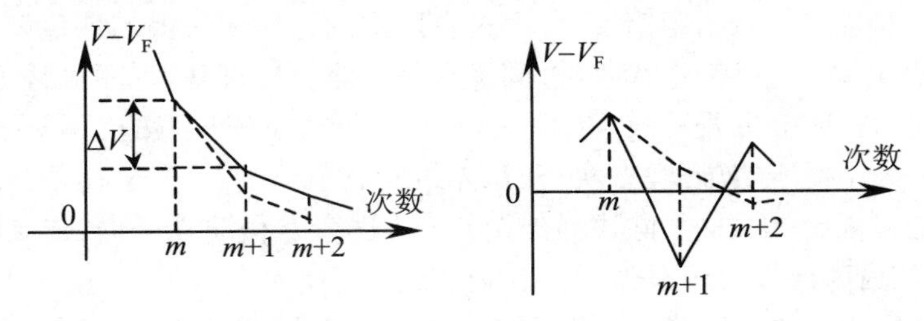

图 6.4

的大幅振荡，如图 6.4 中右图所示.克服之法是人为地稍加大修正量，称为超松弛法，以对付左图所示的情况；或对右图所示的情况，则稍减少修正量，称为欠松弛法；二者皆能使 $V - V_F$ 沿图中虚线下降而加快收敛.以公式表示，用 ω 代表所谓超(欠)松弛因子，迭代的新值为 $V^{(m+1)*}$，并取之为

$$V^{(m+1)*} = V^{(m)} + \omega\Delta V = \omega V^{(m+1)} + (1-\omega)V^{(m)}$$

ω 取为1就是普通迭代，$0<\omega<1$ 时称 ω 为欠松弛因子，$1<\omega<2$ 时称 ω 为超松弛因子.易想象 $\omega\leqslant 0$ 或 $\omega\geqslant 2$ 时迭代不收敛.

求解场方程时，一般如 $V^{(m+1)}$ 比 $V^{(m)}$ 小，$V^{(m+2)}$ 倾向于亦小于 $V^{(m+1)}$，呈同向逼近型，故宜用超松弛法.ω 的大小值得斟酌，太小则仍不够快，过大则产生振荡.对于一定的边界和节点数量，有最佳的 ω 值.好在 ω 取值只要在其附近，收敛速度变化不大，一般不必苛求.数学上可求出矩形区域边界内的 ω 最佳值，而一般区域内只有依靠经验或试算(有的程序可通过"自学习"过程为 ω 值选优).

对于等间距网格矩形区域，如两种节点数分别为 m 和 n，则

$$\omega_{\text{best}} = \frac{2}{1+\sqrt{1-\frac{1}{4}\left(\cos\frac{\pi}{m}+\cos\frac{\pi}{n}\right)^2}}$$

$$\approx 2-\sqrt{2}\pi\sqrt{\frac{1}{m^2}+\frac{1}{n^2}}$$

当 m 与 n 都大于15时可用近似式.有些程序要求使用者选定超松弛因子，此式可供参考.一般应取 $\omega>1.5$，节点越多，ω 越应较大.

当将泊松方程与粒子运动方程联立求自洽解时，多宜用欠松弛法.此时，根据已得的(上次猜测的)ρ 分布求解位场；由位场计算粒子流轨迹和电荷的 ρ，$\boldsymbol{J}$ 分布；

再回头进行“大循环”.一般求得的 ρ 分布有大幅振荡的趋势.以电子为例,如某点上一轮猜的 ρ 值过小,算出的 V 值就偏高,电子流被“吸引”而向此点会聚,此轮获得的 ρ 值就偏大;下一轮则算出的 V 值与四周相比偏低,得到的 ρ 值又偏小.常用的克服良方是取 $\omega=0.5$,即将每次算得的 ρ 值与上次所得平均,作为新值,能使收敛大为加快,数据平稳地向极限值靠近.

迭代总应在满足某一精度条件时停止,程序应设置一个判据,并在合格时“叫停”.精度条件总与本次计算的修正值的大小有关,修正量小于给定判据时计算即可停止.设第 n 个节点有 $\Delta V(n)=V^{(m+1)}(n)-V^{(m)}(n)$.可考虑的精度判据有:任一点的最大绝对修正量,即 $1\leqslant n\leqslant N$ 区间的 $\max[\Delta V(n)]$ 不大于给定的精度标志量 ε;相对判据则如最大相对修正量,$\max\dfrac{\Delta V(n)}{V^{(m+1)}(n)}\leqslant\varepsilon$;又如平均相对修正量,$\dfrac{\sum|\Delta V(n)|}{\sum V^{(m+1)}(n)}\leqslant\varepsilon$;还有均方根绝对或相对修正量等.用相对量的优点是不至于对高 V 区的要求过严,以致浪费计算时间;但式中可能用 V 作分母,要考虑对 V 接近0的低 V 区作修正处理,以免该区被过分强调.对最大修正量的要求显然比对平均修正量高,故实用时最大相对修正量常应小于 10^{-4},或平均相对修正量小于 $10^{-5}\sim10^{-6}$,可得满意的解.

实际计算误差有几个来源:

(1) 用差分方程代替微分方程时不可避免地引入误差,它因泰勒级数的高阶项被略去而产生,故称“截断误差”.它随节点增加(间距 h 减小)而下降.用数学方法可推测其大小的大致范围.

(2) 因边界划分、边界条件的近似产生的误差,对某些问题它可能较突出.

(3) 由边界向内部推算的过程中,因多次运算和计算机浮点数有效位数有限,重复地四舍五入产生的“舍入误差”.它随节点数增加而上升,所以网格划分并非越细越好,而是对具体问题有一最佳折中范围.

(4) 收敛尚未达到差分方程极限解而形成的误差.以上停止迭代的精度条件只对第(4)项起作用,用以判断继续迭代是否还有意义.显然,如不考虑其他误差的存在,仅把精度要求提得过严是徒费机时、并无益处的.

场的数值解一经获得,可用于运动方程计算,也可列表打印输出.仅就对场的了解而言,更值得留意的是其他较形象直观的输出方式——如绘出等位线图(常要用插值法)、力线(等位面的法线)图、运动轨迹图,乃至用动画方式等.有关技术的发展很快,相信读者也觉得比看浩浩几大张数据有趣.

以上所谈主要针对静电场.对于静磁场,其精神是一致的:列出差分方程,画网格,列边界条件,迭代求解.求解对象可以是标量磁位(当空间无电流时),磁场向量势的分量(轴对称磁场只有 A_ϕ 不为 0),有时亦可直接求 $\boldsymbol{B}$ 或 B_z.对于轴对称磁场,常用的一个描述场的标量名为"磁通函数"(在推导布许定理时已与它似曾相识,仅不知其名而已).空间任一点的磁通函数值是该点半径绕 z 轴旋转而成的小圆面内穿过的磁通量,其定义式为

$$\Phi(z,r) = \int_0^r B_z \cdot 2\pi r \mathrm{d}r$$

容易证明磁通函数有两个基本性质:

$$\frac{\partial \Phi}{\partial r} = 2\pi r B_z$$

和

$$\frac{\partial \Phi}{\partial z} = -2\pi r B_r$$

后一式利用在轴对称场中,且$\nabla \cdot \boldsymbol{B} = 0$,故

$$\frac{\partial B_z}{\partial z} = -\frac{1}{r}\frac{\partial}{\partial r}(rB_r)$$

因此,在 μ 均匀的介质中,由$\nabla \times \left(\frac{1}{\mu}\boldsymbol{B}\right) = \boldsymbol{J} = J\boldsymbol{e}_\phi$ 可推导出 Φ 满足的偏微分方程是

$$\frac{\partial^2 \Phi}{\partial z^2} - \frac{1}{r}\frac{\partial \Phi}{\partial r} + \frac{\partial^2 \Phi}{\partial r^2} = -2\pi r \mu J$$

此式与泊松方程仅其中一项的符号不同.它同样可转化成与前文极其相似的差分方程.函数 Φ 还有其他可贵性质:轴上点的 Φ 恒为 0,而且 Φ 关于 z 轴偶对称;在边界上和不同介质间的界面上,Φ 的梯度$\nabla \Phi$ 的切向分量为 $2\pi r B_\mathrm{n}$,正比于 $\boldsymbol{B}$ 的法向分量,故保持连续;而其法向分量为 $-2\pi r B_\mathrm{t}$,正比于 $\boldsymbol{B}$ 的切向分量,故 $\frac{1}{\mu}(\nabla \Phi)_\mathrm{n}$正比于 H_t 而保持连续,例如在高 μ 介质表面之外$\frac{\partial \Phi}{\partial n}$近似为 0.如系统有中心对称面 $z = z_\mathrm{m}$,则该面上的边界条件是$\frac{\partial \Phi}{\partial z} = 0$.这些性质可供磁场计算时参考.

磁场计算往往涉及无穷远空间(参见前文有关边界条件部分),高 μ 介质还可能有不均匀饱和,使 μ 值是$\boldsymbol{B}$ 或$\boldsymbol{H}$ 的函数,磁场计算往往比较复杂.有兴趣者请参考有关课程.

6.2 有限元法计算场分布

有限元法是近一二十年发展起来的一种计算场分布的方法，最早用于静力学中计算复杂边界条件下的应力场.其理论基础是一个基本物理原理：边界条件确定后，稳态场必对应于该条件下空间储能最小的场分布；所用手段是变分法.从数学角度看，它不是直接求解微分方程，而是求一积分方程如何能达到极值.有限元法将所研究的空间作为积分区域并划分之，使其成为有限个形状简单的“空间元”（离散化），再把此极值问题化成多元线性方程求解.此法的最大长处在于空间划分不必用死板的与坐标轴平行的网格，而可用灵活多变的方式，如三角形，所以在边界条件复杂、场的变化缓急相差悬殊的场合令差分法相形见绌.主要边界条件的“自动满足”亦是此法的一大特色.许多场计算程序采用有限元法，并根据输入的边界条件和用户的要求执行空间划分.此种划分技术上难度较大，故用此法编制程序要求有相当的经验.本节只简介其精神.

以拉普拉斯方程求解为例.在封闭曲面 S 所围的空间 D 内，有位场 V.设边界条件是：在 S 的一部分上 $V\mid_S = f$ 为定值，其余部分 $\left.\dfrac{\partial V}{\partial n}\right|_S = 0$.位场满足方程 $\nabla^2 V|_D = 0$.在此空间内，位场的储能是 $F = \dfrac{1}{2}\int_D \varepsilon_0 E^2 \mathrm{d}\tau$（$E$ 是电场强度，$\mathrm{d}\tau$ 是体积元）.

可以证明，空间每点的位场 V 皆满足拉普拉斯方程，等效于当空间任意点 V 有任意微小变化 δV（δ 是变分符号）时“泛函”$F(V)$的变分 $\delta F=0$，即 V 的分布使 F 有最小值.

推导要点

$$
\begin{aligned}
\frac{1}{\varepsilon_0}\delta F(V) &= \frac{1}{2}\delta\left[\int_D (\nabla V)^2 \mathrm{d}\tau\right] \\
&= \int_D [\nabla V \cdot \delta(\nabla V)]\mathrm{d}\tau \\
&= \int_D [\nabla V \cdot \nabla(\delta V)]\mathrm{d}\tau \\
&= \int_D [\nabla \cdot (\delta V \nabla V) - \delta V \nabla \cdot (\nabla V)]\mathrm{d}\tau
\end{aligned}
$$

$$= \oint_S (\delta V)\, \nabla V \cdot \mathrm{d}\boldsymbol{n} - \int_D (\delta V)\, \nabla^2 V \mathrm{d}\tau$$

$$= - \int_D \nabla^2 V (\delta V) \mathrm{d}\tau$$

式中用到：变分算符 δ 的功能与微分相仿，且可与微分算符 ∇ 互换；散度的微分关系公式 $\nabla \cdot (a\boldsymbol{b}) = a\nabla \cdot \boldsymbol{b} + (\nabla a) \cdot \boldsymbol{b}$ 和奥高定理 $\int_D (\nabla \cdot \boldsymbol{b}) \mathrm{d}\tau = \int_S \boldsymbol{b} \cdot \mathrm{d}\boldsymbol{n}$，其中，$S$ 面上的积分遍及封闭曲面 S，$\mathrm{d}\boldsymbol{n}$ 是曲面 S 上的面积元法向量.

也用到边界条件：面 S 上或者 V 固定，即 $\delta V = 0$；或者 $\nabla V \cdot \mathrm{d}\boldsymbol{n} = \dfrac{\partial V}{\partial n}\mathrm{d}n = 0$.

因为每点的 δV 任意，$\delta F(V) = 0$ 等效于 D 中每点的 $\nabla^2 V = 0$. 反之亦然. □

原理已证明，在此基础上将积分求极值问题变为线性方程组求解虽属于数学常规手段，仍非可一目了然者. 假设是轴对称场，仍用柱坐标. 在图 6.5 中，右边是空间划分成许多三角形单元的示意图；左边是其中一个三角形放大后的图形，其 3 个顶点的电位 V 和坐标 z，r 分别用下标 1～3 表示.

不管 V 在全空间如何变化，可假设它在一个三角形“单元”的区域内近似地是坐标的线性函数. 显然，只要三角形面积不太大，形状不“畸形”，此近似应该可行. 所以，有限元法划分空间时，除要求用三角形把空间铺满、不重叠之外，每个三角形三边中最长边与最短边之比不可过大，在场变化剧烈处划分应较密. 此可谓将场“分片线性化”，是有限元法的一个重要特点. 以下诸步，无非是按此假设，“老老实实”地计算一个三角形内乃至全空间中 $\delta F(V)$ 与三角形各顶点 V 值的关系.

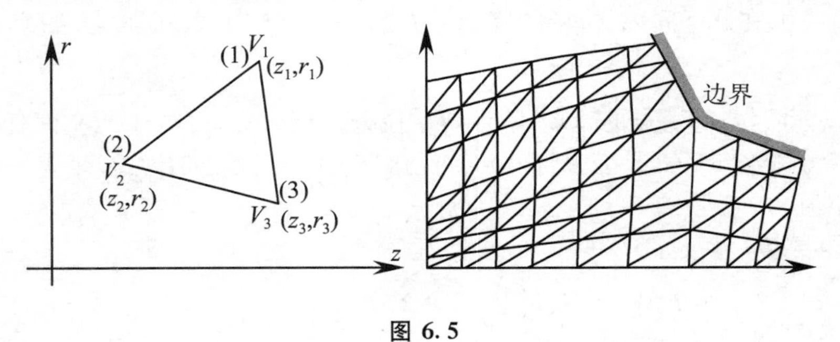

图 6.5

用数学语言描述，分片线性假设即：在任一三角形单元之内

$$V(z, r) = k_1 + k_2 r + k_3 z$$

其中，3 个待定系数 k_i 可用 3 个顶点的 V_j 值表示，其关系显然是：

$$\begin{pmatrix} V_1 \\ V_2 \\ V_3 \end{pmatrix} = \begin{pmatrix} 1 & r_1 & z_1 \\ 1 & r_2 & z_2 \\ 1 & r_3 & z_3 \end{pmatrix} \begin{pmatrix} k_1 \\ k_2 \\ k_3 \end{pmatrix}$$

解此方程，得

$$\begin{pmatrix} k_1 \\ k_2 \\ k_3 \end{pmatrix} = \frac{1}{2S} \begin{pmatrix} a_1 & a_2 & a_3 \\ b_1 & b_2 & b_3 \\ c_1 & c_2 & c_3 \end{pmatrix} \begin{pmatrix} V_1 \\ V_2 \\ V_3 \end{pmatrix}$$

其中，S 即该三角形的面积，它恰等于前一式右边的 3×3 阶矩阵的行列式值的一半（该行列式值为 $|(\boldsymbol{r}_2 - \boldsymbol{r}_1) \times (\boldsymbol{r}_3 - \boldsymbol{r}_1)|$，其中，$\boldsymbol{r}_j$ 是 j 号顶点的位置向量）；后一式中的各系数都是几何参量：$a_1 = r_2 z_3 - r_3 z_2$，$b_1 = z_2 - z_3$，$c_1 = r_3 - r_2$，余可类推，即让下标 1,2,3 依序旋转置换得到.

所以，在此三角形单元内任一点的电位为

$$V(z, r) = \frac{1}{2S}(1, r, z) \begin{pmatrix} a_1 & a_2 & a_3 \\ b_1 & b_2 & b_3 \\ c_1 & c_2 & c_3 \end{pmatrix} \begin{pmatrix} V_1 \\ V_2 \\ V_3 \end{pmatrix}$$

在分片线性假设下，一个单元内的电场 $\boldsymbol{E} = -\nabla V$ 近似为常数（此语与单元内 V 随坐标线性变化等效）；场强对各顶点电位的依赖关系为

$$\frac{\partial V}{\partial r} = \frac{1}{2S}(b_1, b_2, b_3) \begin{pmatrix} V_1 \\ V_2 \\ V_3 \end{pmatrix}$$

$$\frac{\partial V}{\partial z} = \frac{1}{2S}(c_1, c_2, c_3) \begin{pmatrix} V_1 \\ V_2 \\ V_3 \end{pmatrix}$$

此单元内的能量密度当然也是仅依赖于 3 个顶点 V 值的常数，其值（除以 ε_0）为

$$\begin{aligned} \frac{1}{2}E^2 &= \frac{1}{2}\left[\left(\frac{\partial V}{\partial r}\right)^2 + \left(\frac{\partial V}{\partial z}\right)^2\right] \\ &= \frac{1}{8S^2}(V_1, V_2, V_3) \begin{pmatrix} b_1^2 + c_1^2 & b_1 b_2 + c_1 c_2 & b_1 b_3 + c_1 c_3 \\ b_1 b_2 + c_1 c_2 & b_2^2 + c_2^2 & b_2 b_3 + c_2 c_3 \\ b_1 b_3 + c_1 c_3 & b_2 b_3 + c_2 c_3 & b_3^2 + c_3^2 \end{pmatrix} \begin{pmatrix} V_1 \\ V_2 \\ V_3 \end{pmatrix} \end{aligned}$$

而该单元对应的体积元是一个截面为此三角形（面积为 S）、绕 z 轴旋转一周而成的三角棱环；其体积是 $\int \mathrm{d}\tau = 2\pi \langle r \rangle S$，其中，$\langle r \rangle = \frac{1}{3}(r_1 + r_2 + r_3)$ 是该三角形重心

的 r 坐标.于是,容易给出此体积元的总储能 ΔF.

我们更感兴趣的是 ΔF 对任一顶点 V 值如 V_1 的微分,它是

$$\frac{\partial(\Delta F)}{\partial V_1} = \frac{\partial}{\partial V_1}\left(\frac{1}{2}\int E^2 \mathrm{d}\tau\right)$$

$$= \frac{\pi}{2S}\langle r\rangle(b_1{}^2 + c_1{}^2, b_1 b_2 + c_1 c_2, b_1 b_3 + c_1 c_3)\begin{pmatrix} V_1 \\ V_2 \\ V_3 \end{pmatrix}$$

一个顶点的 V 值不仅影响这一个三角形的储能,对区域内点,它可以影响四周多个(如图 6.5 中所示为 6 个)单元的储能,而与其他单元无关;若是边界点或轴上点,则影响的单元较少,大多只影响 3 个单元.所以,对于 V_i 点的电位取值使 $\delta F = 0$ 的要求,可归结为使

$$\frac{\partial F}{\partial V_i} = \sum_{\text{有关}}\left(\frac{\partial(\Delta F)}{\partial V_i}\right) = \sum_j d(i,j)V_j = 0$$

把 V_1 换成 V_i,意指为任意顶点 i. V_j 的 j 取值包括全部与 V_i 共单元的顶点,包括 V_i 本身在内.以图 6.5 为例,涉及的单元数最多为 6 个,顶点数最多为 7 个;顶点 i 自身当然在每个涉及的单元内都对式中系数有贡献;其他顶点则一般与之"共事"两次,除非它和顶点 i 都在边界线上,则为一次.元素 $d(i,j)$ 称为相关系数,它仅决定于两个顶点 i 与 j 共存的各单元的几何参数,不依赖于电场,并由每次共存的贡献相加而得.注意一下前述过程可见,$d(i,j) = d(j,i)$,即两不同顶点的互相影响完全相同,"彼此彼此";而且一个顶点的自身相关系数 $d(i,i)$ 必是正数.显然,如整个区域中有 N 个电位 V 未定的顶点(边界点 V 如有定值,无变分可言),共可列出 N 个这样的方程式.

有限元法程序进行计算前,先将(2 维)区间划分成顶点或节点构成的有限个三角形单元,再为之排序,包括节点排序和单元排序.这一工作必须做得很"明智",以利于后来的数据处理.然后逐单元列出使 $\frac{\partial(\Delta F)}{\partial V_i} = 0$ 的线性方程系数,将各系数向最终的方程组矩阵元素上叠加.最后得一 N 元联立方程组,形式为

$$\sum_j d(i,j)V_j = 0 \quad (i = 1,\cdots,N)$$

如上所述,N 是 V 未知的节点总数,不包括边界上可直接定值的节点,虽然后者会以 V_j 的形式出现.所以,j 的取值范围包括全部节点.将各式中已有确定值的 V_j 连同其系数移到方程右边,就得到只有 N 个未知数(及其系数)在左边的 N 个"标准形"方程,可用矩阵形式写为

$$D \cdot V = G$$

其中，D 就是由 $d(i,j)$ 组成的相关系数矩阵；V 是所有未知电位组成的列向量；列向量 G 中包含边界点的给定电位与其有关相关系数的乘积，凡与边界点不共单元的节点的方程在 G 中的相应元素为0.

此方程组的系数数量虽大，但由相关系数构成的 $N\times N$ 阶矩阵 D 有以下特点：对角线上的元素都必为正数；关于对角线对称（转置不变）；只有包含对角线的某一宽度内的元素可能不为0（这牵涉到对排序的要求，每行非0元素对应于共单元的顶点，至多7个）；各元素关于对角线对称，故只需存储对角线元素和其他非0元素的一半，所谓矩阵的“上三角”.所以，如方法得当，将有意义的相关系数存入一个数组时，数组体积并不惊人.

总之，有限元法将求空间场分布的问题以与差分法完全不同的方式实现了离散化，并同样归结为一个 N 阶联立方程组 $\boldsymbol{D}\cdot\boldsymbol{V}=\boldsymbol{G}$ 求解的问题.

此方程组求解是一个数学问题，原则上应该也可用迭代法.由于相关系数矩阵的特殊性质，用其他线性代数方法求解可能更为便利.比如，对于有上述特性的系数矩阵 D，能通过一系列对 D 和列向量 G 的初等变换，使 D 矩阵保持转置不变，而其非对角线元素的绝对值总和不断变小，渐趋于0；到所有非对角线元素的绝对值足够小时，方程组变成了 N 个简单的一元方程关系 $d(i,i)V(i)\approx G(i)$，自然已经得解.

无论如何求解，得解后不难确定全区域内的场，包括每个三角形顶点处的电位与相应的电场强度分布.注意：根据推导过程，有限元法得到的电场强度并非针对一个顶点，而是针对一个单元；不妨将其“定位”于单元三角形的重心，任意点的场则根据与相邻重心点的位置关系插值.至于如何以恰当的输出方式描述求得的场，则对读者已非新鲜问题.

以上论述皆以最简单的静电场拉普拉斯方程为例.对于泊松方程，则求变分的泛函有不同形式，取 $F=\int_D\left(\frac{1}{2}\varepsilon_0\boldsymbol{E}^2-\rho V\right)\mathrm{d}\tau$.此时，空间区域 D 内有已知电荷分布密度 ρ，此式中添加项 $\int_D(\rho V)\mathrm{d}\tau$ 有明确的物理意义，它是空间电荷在电位场中的势能，或称为有空间电荷存在时场的“负势能”.自然，稳态场分布要求全系统中电位场的总能量最小.回顾前面的推导过程，易知此时 $\delta F(V)=0$ 恰与泊松方程等效，即等效于 $\nabla^2V+\frac{\rho}{\varepsilon_0}=0$.泛函的改变当然使有关计算公式有所不同，但精神仍相似.由前文又可见，对第一类边界条件，只需令边界节点电位取定值而加之于求解过程，不对该点列变分方程，即可满足；边界上 $\frac{\partial V}{\partial n}=0$ 的第二类边界条件则作为泛函方程成立的条件将自动满足.如果边界条件是$\frac{\partial V}{\partial n}=f\neq 0$,或者有第三类边界条件,也可以通过构造新的泛函来自动满足.

这些新泛函构造问题及有限元法程序如何优化等问题已超出本课程的范围.

6.3 实验、测量法确定场分布

从书本学习知识之人,切莫以为“唯解析公式可靠”或“计算万能”.有些文献在介绍实验测量方法时,总会使用“虽然其精度不高”、“在某些特定条件下”、“可起一定辅助作用”一类短语,似乎只能算做二流手段.实际上,场的实验测量,包括最终束流运动轨迹的实测是一切公式或计算是否正确的最终检验标准;无论是解析公式还是数值计算,总要用到一些假设或“数学模型”,一旦与实测不符——尤其在3维场分布、磁场有饱和等情况下,唯一应做的事是对数学模型进行修正,不论它看来如何完美.没有充分的实测数据支持的任何理论总是显得苍白无力.在很多情况下,实测可能是了解场的最便捷、也最可靠的方式,有时甚至舍之并无他途,所以场的逐点数据测量和随后的插值成为据以进行粒子运动计算的必备的一环.实验测量也是人们发挥聪明才智和广博知识的用武之地.虽然随着科学的进步、电子学与计算机技术的发展,有些实验测量手段落后以至被淘汰,但这些进步也不断地使实验测量的新方法、新领域涌现出来.无论出自前贤或新秀,有些实验测量手段构思的合理与巧妙常令人叹服.电、磁场的实验测量与束流运动的监测“诊断”都已成为专门的学科.本节只能选择几项,略作沧海拾贝式的介绍.

1. 静电场的电解槽模拟测量法

这是轴对称静电场的传统测量方法,在电子光学课程中总要加以介绍,虽已颇“古老”,仍有其生命力.

静电场的电位、电场强度不容易直接测量.电解槽模拟法利用电解液中的电流场与静电场同样满足拉普拉斯方程的原理,在边界条件相同时它们的解是唯一解,所以其电位分布必然具有相似性.电解槽用绝缘材料制作,内有导电率σ不大的均匀液体(往往自来水即可),槽中放入电极模型,并加以一定电位,使边界条件与真空中的待测电场尽量一致.电解液中即形成一恒定电流场和相应的电位分布.其电

流密度 $\boldsymbol{J}$、电场 $\boldsymbol{E}$、电位 V 之间的关系为 $\boldsymbol{J}=\sigma\boldsymbol{E}=-\sigma\nabla V$,稳态时电解液中 $\nabla\cdot\boldsymbol{J}=0$,所以 σ 均匀时 $\nabla^2 V=0$. 测量此时的电位 V 分布,它与待测电场的 V 分布必定相似.

图 6.6 中左图所示为一电解槽,模拟的是轴对称场. 电极模型只需是实物的一半(如半圆筒),放置时使液面与其子午剖面相平. 空气是绝缘的,故液面上 $\boldsymbol{J}$ 和 $\boldsymbol{E}$ 都只有沿液面的分量,与轴对称场 $E_\phi=0$ 一致. 液面即相当于待测场的子午面. 因液面的镜像作用,可认为"空中"仿佛存在另一半电极和位场. 此图所示称为"深槽".

图 6.6 中右图所示为另一种简化模拟法,称为"浅槽"或"劈形槽". 此时以液面与槽底绝缘面为两个子午面,其相交线(称"水线")为 z 轴;当"劈"的倾角 θ 不大(多取 10° 左右)时,本应做成圆弧形的电极模型可做成平板. 此时边界条件仍与轴对称场一致,子午面上 $\boldsymbol{E}$ 无 ϕ 向分量,轴线处 $\boldsymbol{E}$ 只有沿 z 轴分量. 两个子午面皆有镜像作用,故平板电极经多次反射后与圆筒形的作用很相似(如 θ 过大,该镜像成为明显的多边形,造成误差). 故液面的电位分布亦与待测场的子午面 V 分布相似.

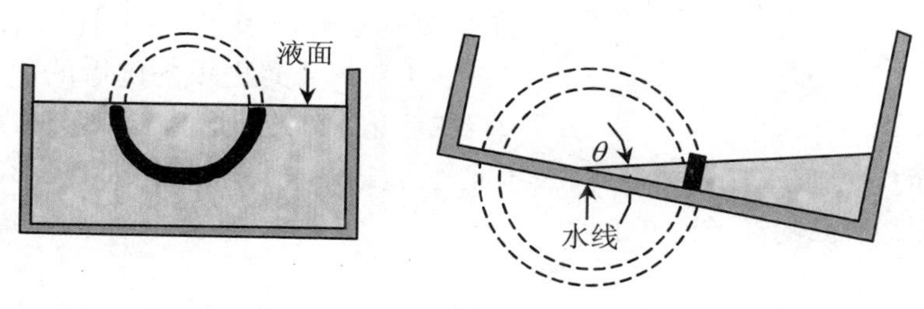

图 6.6

深、浅槽相比,深槽精度较高,而浅槽简便易行,应用更广.

无论何种槽,均可利用场方程的几何相似性定律与电压同比定律,一般将电极尺寸按同一比例放大,电压则可按另一比例降低,以便测量. 其电位场等位面的形状与电压差皆保持相似性.

测量时应注意:槽与电解液接触的四壁应离待测系统足够远,以免其镜像作用干扰测量,故槽应较大,电极应置于其中部. 一般采用频率为几百 Hz 的交流电源(故测量的电位是交流电位),以免电解液因极化作用而致离子浓度不均匀;频率也不能过高,以免造成分布电容干扰. 为了不因测量产生外加电流,影响电位分布,可使用"桥式电路":先经过校准,使被测电位为某值(取自分压器)时电桥毫安计读数为 0;可很容易地找到液面上保持电桥无电流通过的位置,即该电位等位面所在处.或反过来,将探头置于待测点,调可变电阻臂使毫安计读数为0,再由其电阻比确定待测电位.

电解槽法的测量误差约为1%~5%.其最大优点是设备简单,适用面广,使用方便,不仅可用于测量已知电极形状的场分布,而且可颇便捷地进行电极形状设计,使其满足所希望的场分布.

下面介绍电极形状设计的一个实例,即用浅槽模拟强流皮尔斯枪.槽中置放大的圆弧形(模拟球壳形)阴极、形状待定的阳极和聚束极的模型板,沿设计的电子注边界则放一介质条,其上按一定距离装有若干小探针,如图6.7所示.介质条的作用,一为隔开"有电流区"与"无电流区",使所求无电流区(图中介质条的左侧)的模拟场不被有电流区影响;二为使无电流区的 $\boldsymbol{J}$ 只能沿介质条方向流动,故等位面必与之垂直,自然地满足该处 $\dfrac{\partial V}{\partial \theta}=\dfrac{\partial V}{\partial \phi}=0$ 的边界条件.用毫伏表测量介质条上各探针与阴极间的电位差,不断修正聚束极与阳极的形状、位置,直到"注边缘电位分布"与解皮尔斯理论内命题所得的设计要求充分接近.前人用此种方法设计了若干种聚束极形状相对简单、工作却很有效的锥形注电子枪.

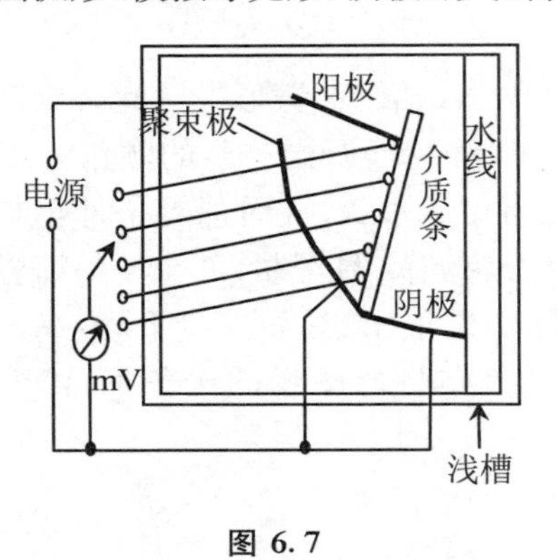

图 6.7

2. 磁场测量

本专业将另有课程讲授磁场测量.由于磁场计算往往有一定误差,同一设计的线圈或磁铁制成后其实际磁场亦往往互有差异,安装前必须测量方能取得必要的数据,磁场测量是束流加速、传输设备建造的重要环节.常用的几种方法分述如下:

(1) 霍尔片法.

此法利用某些半导体材料的霍尔(Hall)效应进行磁场测量.将一片此种材料置于磁场中,在与磁场垂直的一方向两端加一电位差 V,该片中电子即沿电场方向迁移,因受磁场作用,电子会"跑偏"而在与电场、磁场皆正交的方向的一端积累,因而该"第三方向"两端之间产生一个电动势;此电动势 ε 在颇大的幅度内与磁场 B 保持线性关系.这就是霍尔效应.理论上,设此小片半导体(称霍尔片)面对磁场,加电压 V 的方向宽为 a,测电动势 ε 的方向宽为 b,迁移率即电子迁移速度与外加电场之比为 α,则电子在迁移中因磁场导致的偏转及侧边(即 ε 测量边)的电荷积累当洛伦兹力与霍尔电动势的电场力相等时达到平衡,即$\frac{\varepsilon}{b}=\frac{\alpha V}{a}\cdot B$.测量$\varepsilon$,就可得到$B$.若电压$V$是交流电压,霍尔电动势也是交变的,可用放大器放大,以提高灵敏度.使用霍尔片法时,应事先以已知磁场定标,注意维持温度恒定,因为迁移率α随温度变化.测量磁场随位置的变化时,霍尔探头的对应测量点位置所在亦值得注意,应能准确定位并在移动中精确读数.

霍尔片法是磁场逐点测量的常规手段,使用方便,应用很广.

(2) 核磁共振法.

此法测量磁场的精度最高,常用作"标准磁铁"的绝对测量,以便为其他测量方法定标.其原理为:原子核的能级在均匀外加磁场内产生分裂,分裂的能级差正比于外磁场和核的磁矩(由于量子化,后者只能是一个单位磁矩的某个固定倍数);若在与此磁场正交的方向叠加一个交变电磁场,当电磁波频率调到一个光子的能量$h\nu$正好等于核的某两个邻近能级之差时,将产生"共振吸收".测得此时电磁场的频率,依据已知的该种原子核的性质,就可知道其能级分裂之差,求出外加磁场的强度.

(3) 线圈法.

此法利用电磁感应原理,使横截面积和匝数已知的线圈在磁场中的磁通量发生变化,测量感应电动势,以得到磁场强度.线圈法最具有灵活多变的妙处.

为了产生磁通量的变化,可以在待测的(空心)线圈中通以交变电流,测量线圈则置于其交变磁场中;对磁铁的直流磁场,则可以将测量线圈迅速翻转或"拉出"磁场,用冲击电流计测出感应电动势对时间的积分量;还可以使测量线圈匀速旋转;也可以使线圈振动或摆动.线圈可以是尺度足够小的"短"线圈,以测量所谓"一点"的磁场;也可以是轴向尺度很长的"长"线圈,以测得磁场沿该方向的积分;还可以长、短两种线圈并用,以同时测得磁场的积分和磁铁中部("均匀磁场"处)的磁场,获得二者的比值,即"磁场有效长度".旋转线圈法测得的信号如用傅里叶分析处理,可一举得到磁场各高阶分量的相对值.常采用两个线圈反接串联求差的方法进行相对测量,使数据的有效位数充分发挥作用,提高测量精度;所谓相对,可以是待测磁场与一标准磁场相比较,可以是两个待测磁铁互比,也可以是待测磁场中两个不同位置相比而得其差,此时数据即反映磁场某一偏微商的大小;如两线圈同在旋转,其接法可使磁场的某些分量被抵消,另一些分量被突出和强调.

原理人人会用,各有巧妙不同.线圈法和相应数据处理方法在不同情况下的运用给愿意动脑筋的实验者留下了很多发挥余地.请有兴趣者在听有关专门课程时领会.

还值得一提的是实验数据的处理,这是一门极有用的学问.它涉及:实验误差的分析和处理;如何发现并纠正系统误差;如何估算和(如通过重复测量)减小偶然误差;如何抑制或从结果中“扣除”噪音即杂散信号的干扰;以及获得了可能是大量的数据之后,如何存储、(利用图像处理等手段)显示、分析和利用,等等.

本节仅就一个将场的实测数据用于粒子轨迹计算前常用到的中间环节略加介绍.在很多情况下,希望以曲线的形式表现数据,这需要将一组离散的测量数据“连续化”,称为以曲线“拟合”数据,以便于显示或在后续计算中利用.

曲线拟合方法就大分类而言有两种:方法一是造一曲线,使之“准确地”经过每个“测量点”;方法二是用一已知类型的曲线,并选择参数,使之与所有测量点“相差最小”.下面分别评论各方法的特点,读者应针对不同的需要取舍.

方法一常采用“分段拟合”,其进行过程实与在方格纸上连接诸测量点而成曲线的手画法相似.各段连线可用折线(1 次)、抛物线(2 次)、3 次以至 n 次多项式曲线;每段 n 次多项式曲线要用$n+1$个条件限定,这些条件包括该段内所有已知测量点的值,也可以是前面已拟合的曲线在衔接点的斜率或二阶导数(曲率),以保证曲线充分“平滑”.此法尽可能地利用了每一次测量结果,充分体现了以测量数据为唯一可信的依据,当分点够密时,分段采用折线或抛物线拟合应已足够准确.其缺点是易受偶然误差的影响.如用低阶多项式,两段衔接处曲线可能因斜率或高阶导数不连续而不太平滑,但某一个错误数据的影响只囿于局部,且宏观上该曲线应无大误;相反,如用高阶多项式或过分地力图保持分段曲线衔接处平滑,可能造成曲线发生似乎不应有的、难以预期的振荡,任一偶然因素将波及全局,称为高阶曲线的“不稳定性”.以笔者的经验,分段抛物线拟合较为可靠而实用.

方法二则事先确定待定参数个数,可根据使用者认为应有的规律选用曲线类型,一般(可能通过坐标转换)也用 n 次多项式曲线,测量点则应远多于必要的 $n+1$ 个,才能得到较理想的拟合.多用最小二乘法获得各待定系数,并用实际测量点的值与曲线对应值的均方根差判断拟合的好坏.其优点是偶然误差的影响最小,可以用多次测量提高精度;所得曲线应反映某种全局性的自然规律,而待定系数的值从量上反映了该规律,体现某一函数关系的最本质的特点.其缺点是不宜用在某些要“精确”地使用测量结果的场合.

下面举几个例子来说明,例如:

利用方法一,各测量点处自变量 x 为 $x_0, x_1, \cdots$,间距相等,皆为 Δx;对应测得的函数值为 $y_0, y_1, \cdots$.改用 $t=\dfrac{x-x_0}{\Delta x}$为自变量,则在起点为 x_0 的分段内:

折线拟合(线性插值)公式为

$$y = y_0(1-t) + y_1 t$$

三点抛物线拟合(抛物线插值)公式为

$$y = y_0(1-t)\left(1-\frac{t}{2}\right) + y_1 t(2-t) + y_2 \frac{t}{2}(t-1)$$

“两点+斜率连续”抛物线拟合公式为

$$y = y_0(1-t^2) + y_1 t^2 + \left(\frac{\mathrm{d}y}{\mathrm{d}t}\right)_0 t(1-t)$$

利用方法二,用最小二乘法拟合,设共测量 N 次,各次测量点的自变量和函数值分别为 x_n 和 y_n,n 从 1 到 N;拟合曲线为 M 阶多项式 $y = \sum\limits_m a_m x^m$,$m$ 从 0 到 M,M 应明显小于 N. 则令

$$S = \sum_n \left(y_n - \sum_m a_m x_n{}^m\right)^2$$

系数 a_m 等应是 $M+1$ 元方程组 $\frac{\partial S}{\partial a_m}=0$ 的解. 方程为

$$\begin{pmatrix} N & \sum x & \sum x^2 & \cdots & \sum x^M \\ \sum x & \sum x^2 & \sum x^3 & \cdots & \sum x^{M+1} \\ \sum x^2 & \sum x^3 & \sum x^4 & \cdots & \sum x^{M+2} \\ \vdots & \vdots & \vdots & \ddots & \vdots \\ \sum x^M & \sum x^{M+1} & \sum x^{M+2} & \cdots & \sum x^{2M} \end{pmatrix} \begin{pmatrix} a_0 \\ a_1 \\ a_2 \\ \vdots \\ a_M \end{pmatrix} = \begin{pmatrix} \sum y_n \\ \sum y_n x_n \\ \sum y_n x_n{}^2 \\ \vdots \\ \sum y_n x_n{}^M \end{pmatrix}$$

式中,$\sum$ 代表对 n(n 从 1 到 N)求和. 解出各系数后,可以 $\sigma_y = \sqrt{\frac{S}{N}}$ 判断拟合的质量.

如拟合曲线不是多项式,例如高斯型分布

$$y = A\exp\left[-\frac{(x-x_0)^2}{2B}\right]$$

则可取辅助函数

$$y_1 = \ln y = a_0 + a_1 x + a_2 x^2$$

求出各系数后得到

$$B = -\frac{1}{2a_2},\quad x_0 = Ba_1,\quad A = \exp\left(a_0 + \frac{x_0{}^2}{2B}\right)$$

其余公式可类推. 这些当然并非束流光学内容,但可看作物理工作者的“基本功”. 熟练掌握并使用得当,受益之处良多.

6.4 电子运动轨迹的计算

电子运动方程的数值求解,即轨迹计算,是各种电子光学系统设计、电子光学特性参数(如似余弦解、似正弦解,或传输矩阵元)的定量确定几乎必不可少的一环,也是束流动力学工作者“武库”中必备的利器.已知场分布求解轨迹的方法,还有解析法、图解法、模拟实验法等.解析法只能在某些假设(如区间常数假设)下使用,对复杂系统常不能奏效;图解法和模拟实验法精度较差;实验测量(束流监测)对已完成的系统的意义已如前述,但很难在设计阶段采用.本节介绍的是已知以微分方程形式给出的运动规律、场分布和轨迹初始条件,求解轨迹的计算方法.

在数学上,此计算方法相当于求解联立的一阶多元常微分方程组

$$\frac{\mathrm{d}y_i}{\mathrm{d}x} = f_i(x, y_1, y_2, \cdots, y_n) \quad (1 \leqslant i \leqslant n)$$

在区间 $x_0 \leqslant x \leqslant x_\mathrm{f}$ 内,f_i 中各参量无一不是 $x, y_1, y_2, \cdots, y_n$ 的已知函数,各变量 y_i 最终又都是唯一的自变量 x 的单值函数,且已知各变量的初始条件 $y_i(x_0) = y_{i0}$,求区间内任意点 x 处的 $y_i(x)$ 值,直到 $y_i(x_\mathrm{f})$.或者说,相当于数值计算积分

$$y_i(x) = y_{i0} + \int_{x_0}^{x} f_i(x^*, y_1, y_2, \cdots, y_n)\mathrm{d}x^* \quad (1 \leqslant i \leqslant n,\ x_0 \leqslant x \leqslant x_\mathrm{f})$$

例如,所求轨迹方程为 $r'' = F(z, r, r')$.它显然可化成两个联立方程:令自变量 $x = z$,求解的函数 $y_1 = r$, $y_2 = r'$.写成上述形式,则有 $f_1 = y_2$, $f_2 = F(x, y_1, y_2)$.之所以用一阶多元微分方程组代替二阶微分方程,是因为前者普遍性更强,联立方程个数不限,容易把需同时求解的方程(因为相应变量在函数表达式中出现)兼收并蓄,统统包括在内,比如:纵向运动,另外一个横向的运动,大量其他粒子的轨迹,束流横向包络的方程等.对函数表达式 f 并无限制,方程可以是非线性的.所谓已知场分布,则表现为场是 x(即 z)的函数或 x 与某个变量 y_i(如另一横向坐标)的函数,其计算求值方法可能是解析函数表达式,或实验测定曲线插值,或数值解插值,已如前述.

为书写简便,以下除仍用 y_i 代表某一变量外,略去其下标时,用 y 代表从 y_1 到 y_n 的全体变量;其他符号如 f,下文要用的“预测斜率”K_1, K_2 等仿之;用 $y_{i,j}$ 代表 y_i 在 x_j 点已取定的值,y_j 则代表全体变量在 x_j 点的一组值.

轨迹方程求解也要将连续变化的函数“离散化”，所求是变量 y 在 x 从 x_0 到 x_f 之间的一系列间断点上的值．相邻两间断点之间形象地称为“一步”，仿佛计算者正与被研究、也可以叫被“跟踪”的粒子同行；两点间距 $x_{j+1}-x_j=h$ 自然称为“步长”，各步长可相等，也可不等．最常见的方法是一步一步向前逐步求解，从起点 x_0 和初始条件 y_0 开始，做一次计算得到一步以后 x_1 点的 y_1，再把 x_1 当作新的起点对待，继续前进．此法在每步的计算中用到、而不试图改变前一步的结果，每走完一步则该步的结果被“确定”，每一步是相对独立、计算方法重复且“权重”一致的，称为“单步法”．

最简单的单步法是欧拉（Euler）法，又称“折线法”．它在每一步的起点（第 j 点）利用 x_j 和已确定的 y_j，按 f 规定的函数关系计算出斜率 $\frac{\mathrm{d}y}{\mathrm{d}x}$ 在 x_j 的值；然后假定在此步之内即从 x_j 到 x_{j+1} 之间曲线 $y=y(x)$ 的斜率差不多保持该值不变，于是 y 在 x_{j+1} 的值可轻松地确定．欧拉法相当于将步长看作无限小量 $\mathrm{d}x$ 而直接使用“元传输矩阵”；其几何意义是明显的，它用以步长为单元分段的折线代替曲线 $y(x)$；从近似程度而言，可谓假定 y 随 x 的变化是线性的，如视步长 h 为小量，它略去了 h^2 以上项．用数学公式表示，欧拉法取

$$
\begin{aligned}
y_{i,j+1} &= y_{i,j} + \int_j^{j+1} f_i(x,y)\mathrm{d}x \\
&= y_{i,j} + hf_i(x_j,y_j)\ (+O(h^2))
\end{aligned}
$$

用计算机语言执行此种运算毫无困难．

上式中后面出现的略去项意味着因截去 y_i 的级数展开式中的高阶项而引入的误差，称为截断误差．除去场分布计算（包括测量或插值）、初始条件引入的误差外，轨迹方程数值求解的误差主要有两个来源：截断误差和多次计算结果叠加过程中的“舍入误差”．显然，h 越小，截断误差越小；但这使相应的步数与运算次数增加，故舍入误差随 h 减小而上升．因此，存在一个两种误差兼顾、折中的“合理步长范围”．这一点对欧拉法或其他方法都成立．一般先选用较大的步长，以节省计算时间；欲知此步长是否合理，可同时求解纵向运动，通过电子动能增量与电位差的关系是否遵从能量守恒定律$\left(\text{相对差}\left|\frac{\Delta E-e\Delta V}{e\Delta V}\right|\text{的大小}\right)$作为参考标准判断，也可以通过比较步长分别为 h 和 $\frac{h}{2}$ 的两次计算结果判断．无论用何种计算方法，程序都可以给出这种比较的结果供使用者参考，有的程序能自行判断并调整步长．

欧拉法是很粗糙的近似．无论从几何上多次折线与原曲线的差距，还是从前面的公式都可以看出，它的累积截断误差很大，有时起点处失之毫厘，到终点差以千

里,原因在于用起点的斜率代替一步内的平均斜率有些过于一厢情愿.很容易想到的一个改进办法是:用欧拉法算出 y_{j+1}后,为了走下一步,程序应算出曲线在 x_{j+1} 的斜率;不如将这一斜率与原起点的斜率平均,作为这一步的平均斜率来重新计算 y_{j+1},必比原法近真.这叫做"改进欧拉法".此法计算量的增加很有限,因为各种场在 x_{j+1}点的值本来就是要计算的.但每一步的截断误差成为 $O(h^3)$,大为缩小.

写成数学公式,改进欧拉法表现为

$$y_{i,j+1} = y_{i,j} + \frac{1}{2}h(K_{1i} + K_{2i})\ (+\ O(h^3))$$

式中用到两次斜率估计值

$$K_1 = f(x_j, y_j)$$
$$K_2 = f(x_j + h,\ y_j + hK_1)$$

用计算机语言将此式简练地写成一个利用循环累加的子程序也很容易.

思路再拓宽一些.能否用其他方法计算平均斜率,使公式更准确?改进欧拉法毕竟只用了两个近似斜率,精度只考虑到 h^2 项为止.答案是肯定的.可以在从 x_j 到 x_{j+1} 的区间内用其他方法作斜率值预测,再将若干次预测值的某一加权平均作为平均斜率,必能更加准确.正确的加权方法可以使计算精度随预测次数而提高.此思路的另一理解法是:展开成泰勒级数,变量 $y_i(x_{j+1})$ 可用 y_i 在x_j 点对x 的各阶导数与 h 的各次幂表示,这些导数又都可用 x_j 和y_j 的值表示.注意到"算子" $\frac{\mathrm{d}}{\mathrm{d}x}$ 要写成$\frac{\partial}{\partial x} + \sum_i f_i \frac{\partial}{\partial y_i}$,并利用已知在 x_j 点$\frac{\mathrm{d}y_i}{\mathrm{d}x} = f_i$,此展开式不难写出.各种预测斜率同样能展开成级数.预测斜率的加权平均是一种线性组合的方法,如取 M 个预测值,以一合适的关系选择 M 个加权因子计算平均斜率,可使两种展开式中直到 h^M 次幂的系数都相同,于是截断误差下降到 h^{M+1}.这样的方法显然可以有很多种.它们统称为龙格 - 库塔(Runge-Kutta)法,或RK法,整数M称为它的"阶".改进欧拉法是一种二阶 RK 法.

各种 RK 法的统一表示式为

$$y_{i,j+1} = y_{i,j} + h\sum_m \omega_m K_{mi}(+\ O(h^{M+1}))$$

其中,第 m 次预测斜率

$$K_m = f\left(x_j + c_m h, y_j + h\sum_p d_{mp}K_p\right)$$

因子 ω,c 和d 的下标m 和p 的取值与累加范围是$1 \leqslant m \leqslant M$,$1 \leqslant p \leqslant m-1$.系数 c_m 标志第m 次预测在这一步的何处进行,各 c_m 皆在0到1之间.其中,第一

次总取这一步的起点，所以 $c_1 = 0$，且 $K_1 = f(x_j, y_j)$ 就是起点的斜率. 加权因子之间必有约束关系 $\sum_m \omega_m = 1$ 和 $\sum_p d_{mp} = c_m$. 其他约束关系要从比较前述展开式得到.

$M=1$ 时的 RK 法当然就是欧拉法.

$M=2$ 时，有 4 个待定因子 ω_1, ω_2, c_2 和 d_{21}；其间共有 3 个约束：$\omega_1 + \omega_2 = 1$，$d_{21} = c_2$，$c_2\omega_2 = \frac{1}{2}$（后者来自展开式的比较）；所以还有 1 个剩余自由度，可形成不同的二阶 RK 法. 常采用的二阶 RK 法有 3 种：

改进欧拉法用两端点的预测斜率平均，即取 $\omega_1 = \omega_2 = \frac{1}{2}, c_2 = d_{21} = 1$.

"中点法"用起点斜率"走到"这一步的中点，然后只取中点一处的预测斜率代替平均斜率，所以它取的因子是 $\omega_1 = 0, \omega_2 = 1, c_2 = d_{21} = \frac{1}{2}$.

第三种名为"休恩(Heun)法"，取 $\omega_1 = \frac{1}{4}, \omega_2 = \frac{3}{4}, c_2 = d_{21} = \frac{2}{3}$.

同样可列出一批三阶、四阶 RK 法的例子，其品种显然更多.

最常用的是"四阶经典龙格-库塔法"，它取的各有关因子是 $M = 4, \omega_1 = \omega_4 = \frac{1}{6}, \omega_2 = \omega_3 = \frac{1}{3}, c_2 = c_3 = d_{21} = d_{32} = \frac{1}{2}, c_4 = d_{43} = 1$，其他 $d_{mp} = 0$. 公式为

$$y_{j+1} = y_j + \frac{1}{6}h(K_1 + 2K_2 + 2K_3 + K_4)\ (+O(h^5))$$

其中，4 个预测斜率为

$$\begin{aligned} K_1 &= f(x_j, y_j) \\ K_2 &= f\left(x_j + \frac{1}{2}h,\ y_j + \frac{1}{2}hK_1\right) \\ K_3 &= f\left(x_j + \frac{1}{2}h,\ y_j + \frac{1}{2}hK_2\right) \\ K_4 &= f(x_j + h, y_j + hK_3) \end{aligned}$$

四阶经典龙库法(简称龙库法)容易理解. 它用起点值求出第一个预测斜率；依此斜率走半步，再预测一次；用第二个预测斜率回头重走半步，好比"原地踏步"，但似比上次走得准一些，又算一次；第四次则用第三个预测斜率跨到终点，计算终点斜率. 4 个斜率预测值加权平均时，理所当然地中间预测值比两端的权重要大. 当计算斜率 K_m 时，每次只要用到 K_{m-1}；总让步长系数 $c_m = d_{m,m-1}$，预测点的变量 y 值构造简单；如果场仅依赖于 x，只比欧拉法多算一次"半步"处的场分布. 所以

计算量增加有限,中间数据存储量不多,程序显得清楚简洁,但精度已足够高.这是此法应用最广泛、值得向各位推荐的原因.程序编制者多利用一个赋值为(0.5,0.5,1,1,0.5)的数组存放“步长修正因子”,用两个与 y 相仿的 n 元数组分别存放 y 的初值和 $y + hc_m K_{m-1}$ 的中间结果,用子程序计算场分布和 $f_i(x, y)$,每次算出预测斜率后立即将其乘以修正步长向存放 y 的数组叠加.如此编成的使用此法的子程序能进行不论何种轨迹计算,简明扼要,所用语句不多,而功能很强.建议读者找到以任何计算机语言编写的一个龙库法子程序,认真读懂到自感不难效仿之,对理解本节极为有益.

其他四阶 RK 法中,还有一种“吉尔(Gill)法”有人使用,据说此法舍入误差较小.它取 $\omega_1 = \omega_4 = \dfrac{1}{6}$, $\omega_2 = \dfrac{1}{6}(2-\sqrt{2})$, $\omega_3 = \dfrac{1}{6}(2+\sqrt{2})$, $c_2 = c_3 = d_{21} = \dfrac{1}{2}$, $c_4 = 1$, $d_{31} = \dfrac{1}{2}(\sqrt{2}-1)$, $d_{32} = 1 - \dfrac{\sqrt{2}}{2}$, $d_{41} = 0$, $d_{42} = -\dfrac{\sqrt{2}}{2}$, $d_{43} = 1 + \dfrac{\sqrt{2}}{2}$.吉尔法也是算两次“半步”斜率,但加权因子与经典龙库法不同.

对多数用计算法求解电子运动方程者,这些知识已经够用.解的表达(数据或图形输出、各种特征量的计算)和解不尽如人意时如何改变场以寻求更佳设计,是计算者最应留意处.计算数学工作者则还在致力于如何减少误差、调整步长、改进算法等课题,提出了比以上方法精度更高的种种方法,无非是考虑到更高阶导数的单步法,或是多步法.后者不像前者那样“向前走,莫回头”,而是走了一段之后回顾曲线 y_i 在一个比 h 大的区间内的变化趋势,必要时将计算中用到的若干因子加以修正后回头重走,有的还牵涉到正、反向的迭代.截断误差的数值估计也有文章可做.有兴趣者可从专门课程或有关文献中了解.

本课程的电子光学部分到此结束.

下　篇

束流传输理论

第7章　束流传输理论的主要问题

本课程绪论的0.3节已大致介绍了束流传输理论的主要特点. 在学完电子光学部分之后,略加回顾与前瞻,读者当有进一步的体会. 应当说,束流传输理论的主要概念、有关物理过程的图像、可能面临的问题、分析并解决它们的途径,读者都已多少有所了解. 不同点主要在于:电子光学用到的种种假设中曾经很常用的两条——对象是低能电子,场是轴对称电磁场——被取消了,代之以对象可以是各种带电粒子,场基本上是与 z 轴垂直的磁场. 但用于构造数学模型的"精神",诸如小量假设、理想场假设、单粒子假设、微扰和冲量假设等仍被保持. 课程将讲授的,不过是前人对有关问题的分析与解决方法的例子而已. 针对某一特殊问题,读者做出有自己特色的工作的能力已基本具备,天地相当广阔.

7.1　概　　述

试设想某种带电粒子束流已从电子枪或离子源中产生,很可能经过前级加速而具备一定的初始能量,将要进入下一级加速器,或被直接利用("打靶",进行束流加工或作为探查手段,被测量以提供数据,等等),其间必须经过一段空间——也许几厘米,也许几百米,或以千米计. 这个空间中必须有真空管线,有使束流弯转和/或控制束流横向运动的磁铁,可能有对纵向运动参数进行调节的元件,还可能有一些测量元件、校正元件、对束流包络加以限制的元件(类似"光阑",可能依其用途或形状称为"刮束器"、狭缝等),等等. 所有这些,尤其是那些直接影响束流运动的元件,组成一个"束流传输系统",或称为束流输运线. 系统的设计者和使用者将关心的问题是什么?

用束流的“状态”一词指其质心的各种参数(位置、方向、动量等)和束流整体围绕质心的相空间椭球的各种参数(发射度、相椭圆形状、横向束斑大小(即包络)、发散角、变化趋势、纵向的动量分散,可能还有束团长度等)的总称.在传输系统起点的束流初始状态假定已知.特别的关心常给予束流在传输系统终点的状态.有时主要是质心位置和束斑的大小,有时关心方向和角度的发散,有时是粒子位置或方向与其动量的关系,有时则以上各项皆在关注之列——束流能否(或有多少能够)无损失地通过下一段传输线,或在下一级加速器中被“俘获”和被加速?

在整个输运线中,束流质心的轨迹与包络大小总是被关心的对象.这涉及输运过程中是否有束流损失.有时尤其关心动量略有不同的粒子在传输中的不同表现,这种不同称为色散.因为前一级加速后的粒子的动量分散可能比较大,远大于电子光学中的热运动初速差,色散常不容忽略.设计者会希望有些地方色散十分小,也可能有的地方希望它足够大.色散引起的纵向位置差偶尔令人关心.关心测量元件处的束流状态是自然的——测量结果总该与理论值比较.如有偏差——也许来自初始条件之差,或计算的误差、机械误差、电源波动等,使用者应知道如何调整可以克服此种偏差,或者这些调整、即校正元件的参数变化会在其“下游”产生何种效果.假如输运线中有光阑,那里的束流状态如何、装光阑的目的是否达到亦值得关心……所有这些,就是束流传输系统要解决的问题.

下文中,如不特别指明,假定束流传输中没有给粒子加速的问题;束流总处于等位空间中,所有粒子的动量保持不变.与此相应,如不特别指明,对束流横向运动产生影响的只是恒定磁场.磁场的主要方向一般与粒子前进方向垂直.

称理想粒子的轨道(称为理想轨道、标准轨道或参考轨道)在其中偏转的磁铁为弯转磁铁,简称弯铁.在其他元件中,理想轨道都是直线.我们将以理想轨道为 z 轴建立束流传输系统的坐标系,其特点将在下一节描述.横向坐标取为 x 和 y,行文中总是用 u 指其中之一.

因为动量不变,下文中一律使用几何相空间,不再谈物理相空间.希望读者在各章节中与电子光学部分常用的物理相空间比较,发现其异同之处与如何相互转化,而不致引起困惑.横向几何相空间的两个坐标轴是 u 与 u',其单位是 mm 和 mrad,其他长度单位皆用 m.这样,一般情况下各量自然地取所选单位,无须另加转换.

理想粒子的动量设为 P_0.一般粒子的动量为 P,而以 $\delta = \dfrac{P - P_0}{P_0}$ 为“不理想程度”的标志.δ 是一个小量,称为动量偏差,作者常用 10^{-3} 当作“单位”量度,以便使 δ 乘以单位为 m 的量后即自动转化为 mm 单位的位置差.

定义一个与 P_0 成正比的量为理想粒子的或此束流的"磁刚度",其标志和公式为

$$(B\rho)_0 = \frac{P_0}{|qe|}$$

其单位是T·m(特斯拉·米).其物理意义是有一定动量的带电粒子对磁场强迫弯转有所"抗拒"的能力,因为横向磁场 B 存在时粒子轨迹的弯转曲率(曲率半径的倒数)是 $\frac{1}{\rho} = \frac{1}{(B\rho)_0}B$.此量将被用于"规格化"磁场的参量,使其成为以长度量纲为单位的量.有关公式应无须证明.如用数量表示,且 P_0 用 MeV/c 为单位,则

$$(B\rho)_0 = \frac{P_0}{299.7925|q|}$$

本节所作的约定,视为本课程束流传输理论部分的"规则"(不是定律,亦非假设).

7.2　曲轴正交坐标系及磁场、轨迹方程表达式

束流传输系统和许多环形加速器采用一种以理想轨道为 z 轴的坐标系.其特点是:在弯转磁铁内它的 z 轴是"弯曲"的(有些文献称之为柱坐标系,但因为 z 是变量,曲率可以是 z 的函数,实际上它与柱坐标系相似而不完全相同),在其他段(可统称为直线段)则"退化"为正常的直角坐标系.此坐标系也有人称为"弯曲线性坐标系"或"自然坐标系".横向坐标 x 轴、y 轴与 z 轴保持正交.为了明确其指向,多数加速器物理学人总是尽量将 x 轴放在水平面内,指向某一定义为"外侧"的方向;而尽量使 y 轴在垂直方向,指向"上方";在弯转段与非弯转段衔接处,则尽量保持它们的指向是连续的(考虑到弯转平面的任意性而几次使用"尽量"一词,因为并非任何情况下都能做到.有时必须另行定义).

这样的 x—y—z 坐标系不一定是右旋的.为使用 $\boldsymbol{v}\times\boldsymbol{B}$ 之类的公式时不出现问题,规定:无论粒子电荷正或负、转向逆时针或顺时针,当 B_y 使之在 xoz 平面内转向 x 较小的方向(内侧)时,B_y 符号为正(不管此时的N,S极方向).由此,B_x 大于0时粒子在 yoz 平面内应转向 y 较大的方向.有此规定,尽可放心地使用有关 $\boldsymbol{B}$ 的种种公式.

假定当场是理想场时，理想轨道在每个弯铁中虽然有弯转，但总保持为平面曲线，或曰总处于一个平面内，称之为弯转平面．理想场关于此平面对称．为简化问题，假定弯转平面总是某一横向坐标轴（x 轴或 y 轴）与 z 轴共同确定的平面．下文中，如不特别指明，弯转平面总是 xoz 平面，弯转时的曲率中心在 x 轴上，曲率半径为 ρ；当曲率中心在 $x<0$ 侧时，称此弯转是"正的"$\left(曲率\dfrac{1}{\rho}>0，弯转角大于0\right)$，如图 7.1 所示．一般 xoz 平面是水平面，故此种弯转称为水平弯转．弯转平面是铅垂面（一般 yoz 平面）时称为垂直弯转，是其他平面时称为复合弯转．一般只讨论水平弯转．

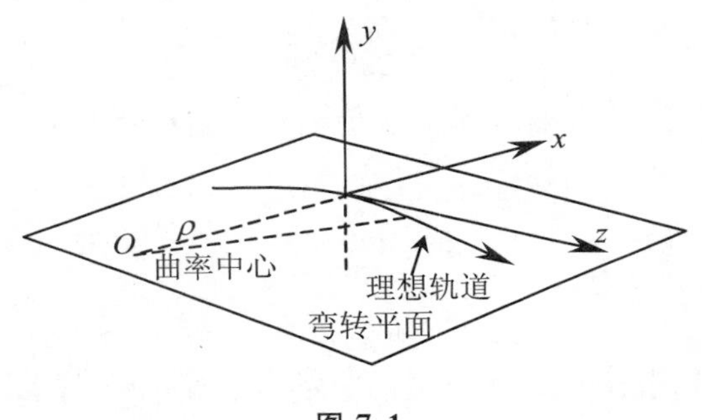

图 7.1

此坐标系的特点显然是：有弯转时，坐标轴元向量中 $\boldsymbol{e}_z$ 和 $\boldsymbol{e}_x$ 不是常量．场与运动方程因而与在一般坐标系下不同．设以空间中某点为参考点（向量原点），任一粒子的位置向量为

$$\boldsymbol{r} = \boldsymbol{r}_0(z) + x\boldsymbol{e}_x + y\boldsymbol{e}_y$$

其中，$\boldsymbol{r}_0(z)$ 为此粒子的 z 轴上"投影"点（此时的 3 个坐标轴交点）的位置向量．当"自变量"z 有一微小增量 $\mathrm{d}z$ 时，这个"z 轴上点"或"影子粒子"沿此时 z 轴的方向移动，同时 x 轴、z 轴皆旋转一个小角度 $\mathrm{d}\phi=\dfrac{\mathrm{d}z}{\rho}$．写成关系式，为

$$\mathrm{d}\boldsymbol{r}_0(z) = \mathrm{d}z\,\boldsymbol{e}_z$$

$$\mathrm{d}\boldsymbol{e}_x = \frac{1}{\rho}\mathrm{d}z\,\boldsymbol{e}_z$$

$$\mathrm{d}\boldsymbol{e}_y = 0$$

$$\mathrm{d}\boldsymbol{e}_z = -\frac{1}{\rho}\mathrm{d}z\,\boldsymbol{e}_x$$

或

$$(\boldsymbol{r}_0(z))' = \boldsymbol{e}_z$$

$$(\boldsymbol{e}_x)' = \frac{1}{\rho}\boldsymbol{e}_z$$

$$(\boldsymbol{e}_y)' = 0$$

$$(\boldsymbol{e}_z)' = -\frac{1}{\rho}\boldsymbol{e}_x$$

只需机械地使用这些公式和符号 $\tilde{v}_z = \frac{\mathrm{d}z}{\mathrm{d}t}$，不难得到此坐标系下的运动学关系：

$$\boldsymbol{v} = \frac{\mathrm{d}\boldsymbol{r}}{\mathrm{d}t} = \tilde{v}_z(\boldsymbol{r})' = \tilde{v}_z\left[\left(1 + \frac{x}{\rho}\right)\boldsymbol{e}_z + x'\boldsymbol{e}_x + y'\boldsymbol{e}_y\right]$$

$$v = \tilde{v}_z\left[\left(1 + \frac{x}{\rho}\right)^2 + x'^2 + y'^2\right]^{\frac{1}{2}}$$

$$\approx \tilde{v}_z\left(1 + \frac{x}{\rho} + \frac{1}{2}x'^2 + \frac{1}{2}y'^2 + \cdots\right)$$

（略去 3 阶小量）

$$(\boldsymbol{v})' = \left\{\tilde{v}_z\left[\frac{2}{\rho}x' + x\left(\frac{1}{\rho}\right)'\right] + \tilde{v}_z'\left(1 + \frac{x}{\rho}\right)\right\}\boldsymbol{e}_z + \left\{\tilde{v}_z\left[x'' - \frac{1}{\rho}\left(1 + \frac{x}{\rho}\right)\right] + \tilde{v}_z'x'\right\}\boldsymbol{e}_x + [\tilde{v}_z y'' + \tilde{v}_z'y']\boldsymbol{e}_y$$

请注意当有弯转即 $\frac{1}{\rho} \neq 0$ 时以上公式与直角坐标系的差异．本节中符号 $\tilde{v}_z$ 是与此粒子对应的“z 轴上点”移动的速度，而不是该粒子速度在 z 轴方向的分量 v_z，也不是理想粒子的速度．由公式可见，$\tilde{v}_z$ 和 v_z 的关系与粒子到弯转的理想轨道的距离即 $\frac{x}{\rho}$ 的大小有关，此中的物理意义应予注意．特别重要的是 $(\boldsymbol{v})'$ 的 x 方向分量中的 $-\frac{1}{\rho}\left(1 + \frac{x}{\rho}\right)\tilde{v}_z$ 项，它与柱坐标系中的“离心力”项相仿，其存在完全是因为采用有曲率的坐标系之故．

只有磁场时，粒子运动的洛伦兹方程为

$$\frac{\mathrm{d}\boldsymbol{P}}{\mathrm{d}t} = qe\boldsymbol{v} \times \boldsymbol{B}$$

此时 $P = mv$ 是常数，利用

$$P = (1 + \delta)P_0 = (1 + \delta) \cdot qe(B\rho)_0$$

方程可写成

$$(1 + \delta)\frac{\tilde{v}_z}{v}(\boldsymbol{v})' = \boldsymbol{v} \times \frac{1}{(B\rho)_0}\boldsymbol{B}$$

其3个分量为

$$\frac{2}{\rho}x' + x\left(\frac{1}{\rho}\right)' + \frac{\tilde{v}_z{}'}{\tilde{v}_z}\left(1+\frac{x}{\rho}\right) = \frac{v}{(1+\delta)\tilde{v}_z}\cdot\frac{1}{(B\rho)_0}(B_y x' - B_x y')$$

$$x'' - \frac{1}{\rho}\left(1+\frac{x}{\rho}\right) + \frac{\tilde{v}_z{}'}{\tilde{v}_z}x' = \frac{v}{(1+\delta)\tilde{v}_z}\cdot\frac{1}{(B\rho)_0}\left[-B_y\left(1+\frac{x}{\rho}\right)+B_z y'\right]$$

$$y'' + \frac{\tilde{v}_z{}'}{\tilde{v}_z}y' = \frac{v}{(1+\delta)\tilde{v}_z}\cdot\frac{1}{(B\rho)_0}\left[B_x\left(1+\frac{x}{\rho}\right)-B_z x'\right]$$

此推导无须提示，请注意至此未作任何近似，只用了有关坐标系和只有磁场的“规则”. 上述3式中，显然后两式给出的是 x 方向、y 方向的轨迹方程，第一式则给出在此坐标系与恒定磁场中的 $\tilde{v}_z{}'$，即对应的“z 轴上点”的速度的变化规律.

下一步工作是：给出此种坐标系下磁场的级数表达式（$\boldsymbol{B}$ 对 x，y 的依赖关系），把有关各项皆展开成级数，利用小量假设略去暂不感兴趣的高阶小量，即可得到准确到某一阶次的近似运动方程. 应注意的是，如果研究兴趣改变，或者磁场不是理想场，或者某一小量假设不成立，读者应该“回到”这3个未作近似的方程，以免被已加上的假设“误导”.

磁场 $\boldsymbol{B}$ 是空间坐标的函数，其空间变化率受到 $\nabla\cdot\boldsymbol{B}=0$ 和 $\nabla\times\boldsymbol{B}=0$ 的约束（9个一阶偏微商，4个约束）. 任一点的磁场可对横向坐标 x，y 展开，或曰全空间磁场可由沿理想轨道（z 轴上点所在处）上 $\boldsymbol{B}$ 的各阶偏微商完全描写.

例如，总可把磁场分量 B_u（u 是 x，y 或 z）展开成

$$B_u(x,y,z) = B_{u0} + x\left(\frac{\partial B_u}{\partial x}\right)_0 + y\left(\frac{\partial B_u}{\partial y}\right)_0 + \frac{1}{2}x^2\left(\frac{\partial^2 B_u}{\partial x^2}\right)_0 + \frac{1}{2}y^2\left(\frac{\partial^2 B_u}{\partial y^2}\right)_0 + xy\left(\frac{\partial^2 B_u}{\partial x\partial y}\right)_0 + \cdots$$

式中，各偏微商的下标0的意思是在 z 轴上点（$x=y=0$）处取值，所以它们仅是 z 的函数. 而在此坐标系下，麦克斯韦方程的形式为

$$\left(1+\frac{x}{\rho}\right)\left(\frac{\partial B_x}{\partial x}+\frac{\partial B_y}{\partial y}\right)+\frac{\partial B_z}{\partial z}+\frac{1}{\rho}B_x = 0$$

$$\frac{\partial B_y}{\partial x} = \frac{\partial B_x}{\partial y}$$

$$\left(1+\frac{x}{\rho}\right)\frac{\partial B_z}{\partial y} = \frac{\partial B_y}{\partial z}$$

$$\left(1+\frac{x}{\rho}\right)\frac{\partial B_z}{\partial x} + \frac{1}{\rho}B_z = \frac{\partial B_x}{\partial z}$$

推导要点 可利用 $r=\rho+x$ 和 $\mathrm{d}\phi=\frac{\mathrm{d}z}{\rho}$ 从柱坐标系的有关表达式转换而来.

也可直接从耐普拉算子在曲线坐标系中的变换关系(散度、旋度的数学意义)推导. □

至于高阶偏微商之间的关系,可对这些公式做微分运算而得到. 注意:$\frac{1}{\rho}$是z的函数,它不随x,y变化;在z轴上取值时,各式中的$x=0$;如对x做微分运算,要先微分,后赋值.

将磁场$\boldsymbol{B}$除以$(B\rho)_0$的规格化,可使$\boldsymbol{B}$及各阶偏微商的量纲都是长度的负若干次幂,给运算带来方便. 因子$(B\rho)_0$属于特定的束流或粒子,它正比于其"名义动量"(理想动量)P_0,反比于电荷量q,规格化的磁场参量反映了磁场对所处理的具体束流有多强的"驾驭能力". 有关磁场的公式两边皆除以因子$(B\rho)_0$后,所有比例关系形式上不变.

为书写方便,我们用符号b_y代表$\frac{1}{(B\rho)_0}B_{y0}$,用$(b_y)_x{}'$代表$\frac{1}{(B\rho)_0}\left(\frac{\partial B_y}{\partial x}\right)_0$,用$(b_y)_{xx}{}''$代表$\frac{1}{(B\rho)_0}\left(\frac{\partial^2 B_y}{\partial x^2}\right)_0$,用$(b_y)_{xy}{}''$代表$\frac{1}{(B\rho)_0}\left(\frac{\partial^2 B_y}{\partial x \partial y}\right)_0$,余可类推. 使用这些简化符号,麦克斯韦方程可写成

$$
\begin{aligned}
&(b_x)_x{}' + (b_y)_y{}' + (b_z)_z{}' + \frac{1}{\rho}b_x = 0 \\
&(b_y)_x{}' = (b_x)_y{}' \\
&(b_z)_y{}' = (b_y)_z{}' \\
&(b_z)_x{}' + \frac{1}{\rho}b_z = (b_x)_z{}'
\end{aligned}
$$

高阶微商之间的关系则有

$$
\begin{aligned}
(b_y)_{xx}{}'' &= (b_x)_{xy}{}'' \\
(b_y)_{xy}{}'' &= (b_x)_{yy}{}'' \\
(b_y)_{yy}{}'' &= -\left[(b_x)_{xy}{}'' + \frac{1}{\rho}(b_x)_y{}' + (b_z)_{yz}{}''\right] \\
&= -\left[(b_y)_{xx}{}'' + \frac{1}{\rho}(b_y)_x{}' + (b_y)_{zz}{}''\right]
\end{aligned}
$$

等等.

任意点的磁场(u可以是x,y或z)则为

$$
\begin{aligned}
\frac{B_u(x,y,z)}{(B\rho)_0} = &\ b_u + x(b_u)_x{}' + y(b_u)_y{}' + \frac{1}{2}x^2(b_u)_{xx}{}'' \\
&+ \frac{1}{2}y^2(b_u)_{yy}{}'' + xy(b_u)_{xy}{}'' + \cdots
\end{aligned}
$$

上述各式中,参量 b_u 等都只是 z 的函数,量 $(b_u)^{(n)}_{x\cdots xy\cdots y}$ 对应于 $x^m y^{n-m}$ $(n\geqslant 0,\ 0\leqslant m\leqslant n)$ 项,其量纲是长度的负 $n+1$ 次幂.

为便于想象磁场各阶分量的物理意义,考虑 B_y 在某点 z 处沿 x 轴($y=0$)的分布,它总可按 x 的幂级数展开:

$$\frac{1}{(B\rho)_0}B_y(x,0,z) = b_y + x(b_y)_x{}' + \frac{1}{2}x^2(b_y)_{xx}{}'' + \cdots$$

此分布可能如图 7.2 中上图所示.式中,x 的 n 次幂项称为磁场 B_y 的 $2(n+1)$ 极分量,因为如欲使磁场基本上只有这一分量,必须有 $2(n+1)$ 个磁极.$n=0,1,2,3$ 的“纯二、四、六、八极场”的 B_y 分布示意图见图 7.2.读者应已熟知,二极场使束流

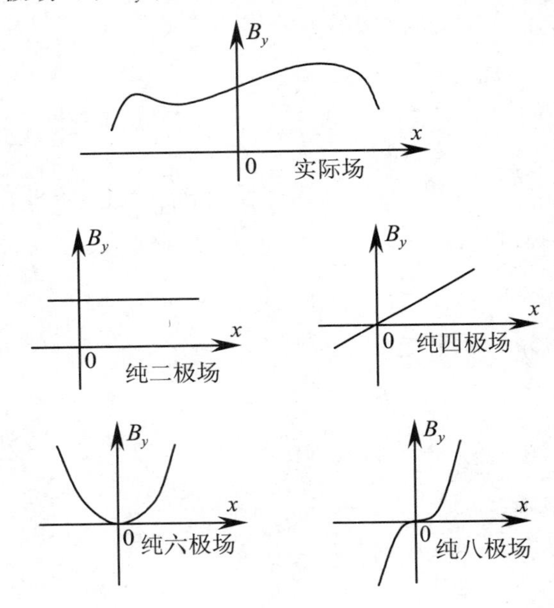

图 7.2

(在 xoz 平面内)偏转,四极场使束流(在两个横向平面内)聚焦或散焦.亦可等效地说,B_y 分布在 $x=0$ 处的“截距”有偏转作用,“斜率”依其符号有聚焦或散焦作用.此二项称为磁场的线性项.$n\geqslant 2$ 的各项称为高阶项或非线性项,其存在使束流中心或粒子在 $x\neq 0$ 的不同位置通过磁场时会“看见”不同的斜率,因此所受聚、散焦作用不同,此特性可能带来麻烦,亦可能在一定条件下为我们所用.该特性统称为非线性效应,此处不做深入讨论.各高阶分量的大小可通过对磁场测量数据的处理(如最小二乘法曲线拟合)获得,亦可用例如旋转线圈法直接测量.

至此,我们尚未对 $\boldsymbol{B}$ 加以任何假设或限制.有一点本应不言自明:既然认为理想轨道在此点的 xoz 平面内有曲率 $\frac{1}{\rho}$,此处的理想场必有 $b_y = \frac{B_{y0}}{(B\rho)_0} = \frac{1}{\rho}$.但作者宁可暂时不用 $\frac{1}{\rho}$ 代替 b_y,而以 b_y 作为磁场大小的标志,以免在某些情况下造成"磁场的 ρ"与"坐标系的 ρ"混淆.在此种需特别留意的例外情况中,场不是理想场,b_y 与坐标系的曲率无关,例如:磁场强度有误差时;校正元件(本应该无磁场)"工作"时;处理"边缘场"时;当粒子中心能量变化,即所谓偏能粒子的动量偏差引起 $B\rho$ 和 b_y 相对变化时,等等.

因为使用较频繁,与大多数加速器文献一样(但不同文献可能略有差别),我们定义参量

$$K = (b_y)_x{}' = (b_x)_y{}'$$

为场的规格化四极分量强度,或曰聚焦强度(量纲为 L^{-2});参量

$$\lambda = (b_y)_{xx}{}''$$

为规格化六极分量强度(量纲为 L^{-3}).

现在引入束流传输理论中多数元件的理想场假设.其一,假设磁场以弯转平面(此处的 xoz 平面)为其对称面,又称"中性面".在此平面内,$\boldsymbol{B}$ 只有 B_y 分量.其二,假设理想场在元件有效区间内是常数,即不随 z 变化.

由假设一,可得 $B_{x0} = B_{z0} = 0$,在 z 轴上,B_x 与 B_z 对 x,z 的各阶偏微商都为0.由前面的公式,可知同时有 $(b_y)_y{}' = (b_y)_{xy}{}'' = 0$ 等.由假设二,各量对 z 的偏微商皆为0,所以 $(b_y)_z{}' = 0$,等等.在此两个假设下,磁场可用 B_y 对 x 展开式中的各阶系数 $(b_y)_{x\cdots x}^{(n)}$ 完全描写,各阶分量只有一个独立的"区间常数"参量.此外,在理想场中,自然也有 $b_y = \frac{1}{\rho}$.

为了应付可能出现的非理想场情况(此种情况比电子光学中轴对称场的例外出现得较为频繁),我们分两种形式给出读者今后可能用到的磁场展开公式.第一种是理想场,假设对高阶分量的兴趣到二阶为止.第二种则是"任意场",但相应的兴趣只到运动方程的一阶小量,即线性方程.这使我们既不至于陷入过分复杂的推导(对某些本课程以外的问题可能是必要的),又保留了能处理非理想场的灵活性.

理想场公式为

$$\frac{1}{(B\rho)_0} B_y = \frac{1}{\rho} + Kx + \frac{1}{2}\lambda x^2 - \frac{1}{2}\left(\lambda + \frac{1}{\rho}K\right)y^2 + \cdots$$

$$\frac{1}{(B\rho)_0}B_x = Ky + \lambda xy + \cdots$$

$$B_z = 0$$

任意场公式为

$$\frac{1}{(B\rho)_0}B_y = b_y + Kx + (b_y)_y{}'y + \cdots$$

$$\frac{1}{(B\rho)_0}B_x = b_x + (b_x)_x{}'x + Ky + \cdots$$

$$\frac{1}{(B\rho)_0}B_z = b_z + (b_z)_x{}'x + (b_y)_z{}'y + \cdots$$

有关系数间的关系受到前述公式的约束.

带着磁场的近似公式回到前文尚未进一步处理的运动学方程.既然要利用小量假设,先将有关因子按变量的幂级数展开,如:

$$\frac{1}{1+\delta} = 1 - \delta + \delta^2 + \cdots$$

$$\frac{v}{\tilde{v}_z} = 1 + \frac{x}{\rho} + \frac{1}{2}x'^2 + \frac{1}{2}y'^2 + \cdots$$

粒子运动方程中关于 z 轴上点的速度变化率的第一式可解,得到其相对变化率

$$\frac{\tilde{v}_z{}'}{\tilde{v}_z} = \left(b_y - \frac{2}{\rho}\right)x' - b_x y' - \left(\frac{1}{\rho}\right)'x + \cdots$$

可见在本问题中,此式左边的量本身仅是一阶小量.所以,在处理 x,y 方向的运动方程时,此量所起的作用至多是二阶小量.

继续下去并无困难,只是需要耐心.视 x, x', y, y' 和 δ 为同阶小量,即可给出:

理想场的二阶运动方程

$$\begin{aligned} x'' = &-\left(K + \frac{1}{\rho^2}\right)x + \frac{1}{\rho}\delta - \left(\frac{1}{2}\lambda + \frac{2}{\rho}K + \frac{1}{\rho^3}\right)x^2 \\ &+ \frac{1}{2}\left(\lambda + \frac{1}{\rho}K\right)y^2 - \frac{1}{\rho}\delta^2 + \left(K + \frac{2}{\rho^2}\right)\delta x \\ &+ \frac{1}{2\rho}x'^2 - \frac{1}{2\rho}y'^2 + \cdots \end{aligned}$$

$$y'' = Ky + \left(\lambda + \frac{2}{\rho}K\right)xy - K\delta y + \frac{1}{\rho}x'y' + \cdots$$

任意场的一阶运动方程

$$x'' = \frac{1}{\rho} - b_y - \left[K + \frac{1}{\rho}\left(2b_y - \frac{1}{\rho}\right)\right]x + b_y\delta - (b_y)_y{}'y + b_z y' + \cdots$$

$$y'' = b_x + Ky - b_x\delta + \left(\frac{2}{\rho}b_x + (b_x)_x{}'\right)x - b_z x' + \cdots$$

式中，$(b_x)_x{}'$等参量满足麦克斯韦方程的约束.

这两组公式各有一定的用武之地.前者广泛见于有关环形加速器的文献，它是处理涉及非线性效应的诸多问题的基础.例如："色品"（此词指粒子受到的聚焦作用与其动量的关系，或者说粒子因被聚焦而具有的"横向振荡"频率随能量不同引起的差异）的产生与校正；"色散函数"（粒子轨道随能量不同而产生的差异，见后文）的畸变与校正；六极磁场的作用，等等（有时亦可能用到更高阶的运动方程，或场在某方面"非理想"时的二阶方程，根据以上精神，应不难得到）.后者则在处理各种"非理想场"情况如磁场误差、校正元件时显现其威力.

本课程主要针对的却是一种更简单的情况：理想场下的一阶运动方程.无论从上述两组公式中的哪一组出发，不难通过化简而得到

$$x'' + \left(K + \frac{1}{\rho^2}\right)x = \frac{1}{\rho}\delta$$

$$y'' - Ky = 0$$

以上两式是束流传输理论中的粒子横向轨迹标准方程，是束流传输理论和某些环形加速器（同步加速器与储存环）的理论基础，其重要性不亚于电子光学中的高斯轨迹方程.因为粒子不被加速，方程看起来比高斯方程还要简单.几点初步讨论如下：

标准方程只有两个主要磁场参量，即$\frac{1}{\rho} = \frac{B_{y0}}{(B\rho)_0}$和$K = \frac{1}{(B\rho)_0}\left(\frac{\partial B_y}{\partial x}\right)_0$.由于前者使轨道在 xoz 平面内弯转，两个横向的方程"不对称"，但当无弯转时归于对称.在 y 方向，当 $K<0$ 时聚焦，$K>0$ 时散焦，$K=0$ 时是"漂移段".在弯转面内即 x 方向，K 的作用与之相反，$K>0$ 时四极场起聚焦作用.弯转存在$\left(\frac{1}{\rho}\neq 0\right)$时，二极场有两个作用：在 x 方向有（往往较弱的）聚焦力，同时引入 x 方向轨迹随动量差 δ 的变化，该项称为"色散项"，非弯转时此项不存在.在线性近似下，x 方向与 y 方向没有耦合；但 x 方向有色散，即有纵向参量对此横向的耦合.细观前面的任意场方程可知，当场不是理想场时，x 方向与 y 方向很可能有线性耦合：一种可能通过$\frac{\partial B_y}{\partial y}$和$\frac{\partial B_x}{\partial x}$一类参量，称为"位置耦合"（耦合项是 x 或 y）；另一种可能是当 $B_z\neq 0$ 时的"速度耦合"（耦合项是 x'和 y'）.此类耦合一旦

产生，就是“双向”的互相、对等耦合．如考虑高阶场的作用，两横向间不同程度的互相耦合一般不可避免．

关于轨迹方程，还剩一个问题应予交代：如果弯转平面不是 xoz 平面，该如何处理？最简单的方法是：先进行坐标变换（坐标系旋转），使新坐标系内的 xoz 平面与弯转平面重合，再做轨迹计算，得到的轨迹（如有必要）再变换回来．一般情况下，如果弯转平面既非原来的 xoz 平面，也非 yoz 平面，此种复合弯转时新的坐标是原来的 x 与 y 的线性组合；所以，复合弯转对原坐标而言必定产生耦合．

一个例外是垂直弯转，弯转仅在 yoz 平面内，则显然两横向之间仍无耦合．垂直弯转时，称轨道向上弯转为“正的”$\left(\dfrac{1}{\rho}>0，弯转角大于 0\right)$．垂直弯转场中的运动方程为

$$x'' + Kx = 0$$

$$y'' + \left(\frac{1}{{\rho_y}^2} - K\right)y = -\frac{1}{\rho_y}\delta$$

式中，$\dfrac{1}{\rho_y}=\dfrac{B_{x0}}{(B\rho)_0}$，$K$ 的定义不变．ρ 加下标 y，以示弯转平面所在（类似地，前面公式中亦可用 ρ_x 代替 ρ）．推导方式可仿前文进行，也可进行坐标变换而得——此时新坐标系的 $x^*=-y$，$y^*=x$，使磁场的弯转作用与前面讨论类似，而且保持坐标旋向不变．列出 x^* 和 y^* 满足的方程，再变换回来即可．应注意到新坐标系中的 ρ 即此处的 ρ_y，而 $K^*=-K$．有关讨论亦与前文相仿．

为保持磁场中粒子运动线性微分方程的完整性，本节以纵向位置的变化规律结束．

前已提及，纵向运动的参量应该有两个：其一是位置变量，可取纵向相对位置差、时间差或相位差；另一个是动量变量，可以 δ 充任．前者本书取任意粒子与理想粒子的 z 坐标之差，称为 z_d，以免与 z 坐标混淆．于是，理想粒子的标志不仅是 $x=x'=y=y'=0$，还应有 $\delta=0$ 和 $z_d=0$．在弯转磁铁中，纵向参量 δ 影响了横向的 x 和 x'，δ 本身却不会变化．这并不意味着纵向对横向的耦合是“单方向”的．横向对纵向的影响体现于 z_d 在弯转时的变化与弯转平面内的位置 x 有关．

仍设弯转平面是 xoz 平面，粒子纵向位置 z_d 的变化满足一阶微分关系：

$$z_d' = -\frac{1}{\rho}x + \frac{1}{\gamma^2}\delta$$

推导要点 设理想粒子的速度为 v_{id}，沿 z 轴，v 是该任意粒子沿 z 轴的速度，

时间 dt 内它在 z 轴上的"影子点"移动距离为 dz.各展开式仅取一阶小量.则

$$d(z_d) = (\bar{v}_z - v_{id})dt = \left(1 - \frac{v_{id}}{\bar{v}_z}\right)dz$$

$$z_d' = 1 - \frac{v_{id}}{v}\frac{v}{\bar{v}_z}$$

而

$$\frac{v_{id}}{v} = 1 - \frac{\Delta v}{v_{id}} = 1 - \frac{1}{\gamma^2}\frac{\Delta P}{P_0}$$

$$\frac{v}{\bar{v}_z} = 1 + \frac{x}{\rho}$$

同法可得垂直弯转时

$$z_d' = \frac{y}{\rho_y} + \frac{\delta}{\gamma^2}$$ □

上式的物理意义明显.两项中,后一项无论弯转与否皆在,是因为 δ 大的粒子"跑得快",γ^2 因子反映了动量差与速度差的换算关系,当粒子呈相对论性时该项很小;前一项仅弯转时方有,是因为 x 大者"跑外圈"(垂直弯转时,y 大者在里圈).后一项是纵向运动的"内部事务",前一项是横向对纵向的耦合.此式说明了束流传输中 z_d 变化的规律.如束流是连续束流,我们可能对 z_d 毫不介意;当束流在纵向分成束团时,z_d 的变化将引起束团长度变化,或使加速相位改变,加速器物理工作者就必须给予一定的关注.

7.3 多维相空间和传输矩阵

在电子光学部分已对相空间和传输矩阵加以讨论.本节所谈的是在束流传输的一般条件下对这些概念的扩展.在轴对称电子光学中,相空间一般只考虑径向的两维(r 与 P_r,或 r 与 P_r'),而另一横向——角向的运动一般被忽略,或我们并无兴趣;纵向运动对横向的耦合也很小,只在讨论色差时有所提及.而在束流传输中,两个横向即 x 方向与 y 方向的运动同等重要,在轨道弯转时动量偏差 δ 的影响也不可忽视.所以,考虑多维相空间在所难免.另一不同点前已提及,即束流传输中粒子动量多保持不变,故采用几何相空间.

综合前述,粒子在6维相空间中的6个状态变量(标志)依次是:x, x', y, y',

z_d 和 δ.在束流传输系统中,它们的变化规律即"标准运动方程"为

$$u'' + F_u \cdot u = G_u \cdot \delta$$

$$z_d' = -(G_x \cdot x + G_y \cdot y) + \frac{1}{\gamma^2}\delta$$

式中,$u = x$ 或 y,且有

$$F_x = K + G_x{}^2$$

$$F_y = -K + G_y{}^2$$

$$K = \frac{1}{(B\rho)_0}\left(\frac{\partial B_y}{\partial x}\right)_0$$

$$G_x = \frac{1}{\rho_x} = \frac{1}{(B\rho)_0}B_{y0}$$

$$G_y = -\frac{1}{\rho_y} = -\frac{1}{(B\rho)_0}B_{x0}$$

方程满足约束条件 $G_x \cdot G_y = 0$,即弯转至多在一个坐标平面内,不是复合弯转.

重述方程成立的条件:认为所有状态变量都是一阶小量,二阶以上小量被忽略,所以方程呈线性;忽略空间电荷效应;空间中只有磁场作用,而且场是理想场——此处应理解为只要求理想场"假设一"成立,即:场以弯转平面(非弯转时则以任一坐标平面)为对称面,该平面只有法向磁场,而且 z 轴上该磁场的大小恰使理想粒子沿理想轨道前进$\left(b_y = \frac{1}{\rho_x}\text{或}\, b_x = \frac{1}{\rho_y}\right)$.回顾任意场的一阶方程,可知理想场"假设二"(区间常数假设)对略去其他线性项并不是必要的.所以,此式中除状态变量之外的参量 F_u,G_u 等是 z 的函数,可以是阶跃函数(区间常数假设成立时),也可以是连续函数.

这样的二阶线性方程有无穷多个解.确定的初始状态(6 个量)可唯一地确定一个特解,或曰一条粒子轨迹.根据以前的经验(有些话不必重述),读者应已确知:这一特解在任一点的状态必定是初始状态各参量的一个线性组合,而且因为理想粒子的各参量恒为 0 并满足运动方程,它必不含常数项.所以,从一点 z_0 到另一点 z_1 的运动可看作 6 维相空间中状态的一个线性变换,此变换在数学上可用一个 6×6 阶矩阵 M_0^1 代表,该矩阵名为传输矩阵,它完全代表了从 z_0 到 z_1 的传输系统对束流的作用.写成公式,就是

$$U_1 = M_0^1 \cdot U_0$$

其中,状态列向量

$$U = \begin{pmatrix} x \\ x' \\ y \\ y' \\ z_d \\ \delta \end{pmatrix}$$

这个 6×6 阶矩阵 M_0^1 有 36 个标志为 m_{ij} 的矩阵元，一般而言它们依赖于 z_0 到 z_1 间的整个系统. 但它们并不能任意取值. 例如，在只有恒定磁场的区间内，因为 δ 固定不变，不受其他量影响，所以 $m_{66}=1, m_{6j}=0\ (j\neq 6)$；因为 z_d 不影响所有变量(包括其自身)的变化，所以 $m_{55}=1, m_{i5}=0\ (i\neq 5)$. 如果 x, y 方向无耦合，则它们的"交叉项"，即下式中虚线方框内的各项为 0，出现横向耦合时则未必. 没有复合弯转时，有些项不可能同时取非零值，即下式中 (m_{16}, m_{26}, m_{51}, m_{52}) 组与(m_{36}, m_{46}, m_{53}, m_{54})组至少有一组全为 0. 此外，无耦合时，x, y 两个方向"内部"的各 4 个矩阵元还应受到拉格朗日不变量关系即行列式值等于 1 的约束.

于是，该矩阵在多数情况下应呈如下之形：

$$M_0^1 = \begin{pmatrix} m_{11} & m_{12} & 0 & 0 & 0 & m_{16} \\ m_{21} & m_{22} & 0 & 0 & 0 & m_{26} \\ 0 & 0 & m_{33} & m_{34} & 0 & m_{36} \\ 0 & 0 & m_{43} & m_{44} & 0 & m_{46} \\ m_{51} & m_{52} & m_{53} & m_{54} & 1 & m_{56} \\ 0 & 0 & 0 & 0 & 0 & 1 \end{pmatrix}$$

如果对 z_d 的变化毫无兴趣，可以将第 5 行、第 5 列去掉，使之成为 5×5 阶矩阵. 这不影响其他变量的运算. 无横向耦合时，还可以只用弯转平面对应的行、列与第 6 行、第 6 列的相应项，共同组成一个 3×3 阶矩阵来描述弯转平面内的运动；而用非弯转平面对应的行、列另组成一个 2×2 阶矩阵来描述该面内参量的变化；既然删去的元素都是 0，显然也不会有任何恶果. 这一"分而治之"的做法充分体现了 x, y 方向之间没有耦合、毫不相关的特点. 多数情况下，加速器物理工作者正是这样做的. 最经常的是，所有弯转都在 xoz 平面内，所以对 x 方向用 3×3 阶矩阵 $M[x]_0^1$，对 y 方向则用 2×2 阶矩阵 $M[y]_0^1$. 其形如

$$M[x] = \begin{pmatrix} m_{11} & m_{12} & m_{13} \\ m_{21} & m_{22} & m_{23} \\ 0 & 0 & 1 \end{pmatrix}$$

对应的列向量

$$X = \begin{pmatrix} x \\ x' \\ \delta \end{pmatrix}$$

其中矩阵元 m_{13},m_{23}就是 6×6 阶矩阵中的 m_{16},m_{26}.

$$M[y] = \begin{pmatrix} m_{11} & m_{12} \\ m_{21} & m_{22} \end{pmatrix}$$

对应的列向量

$$Y = \begin{pmatrix} y \\ y' \end{pmatrix}$$

其中,各矩阵元 m_{11}到 m_{22}对应于 6×6 阶矩阵中 m_{33}到 m_{44}的方块.

在各种复杂情况都会出现时,仍应考虑使用 6×6 阶矩阵.一个例子是出现复合弯转时,前已论及,应进行坐标转换.该变换也相当于乘以一个矩阵,它的左上 4 行、4 列元素都是 $\cos\phi$ 或 $\pm\sin\phi$ 或 0(ϕ 是旋转角),其他除 $m_{55} = m_{66} = 1$ 外皆为 0.显然,当 $\phi \neq \frac{n\pi}{2}$时,耦合必定出现,此后的状态与此次弯转的初态之间再也不能用 3×3 阶和 2×2 阶两个矩阵分别处理.所以,大型运算程序如 TRANSPORT 等都始终用 6×6 阶传输矩阵.

再回到横向运动"标准方程"$u'' + F_u u = G_u \delta$.这是非齐次二阶线性微分方程.在无弯转(只要 u 对应的不是弯转平面)时或 $\delta = 0$ 时,它成为齐次方程.该方程比读者对付过的高斯方程简单,因为动量 P 作为常数不出现在方程中.前文对这种齐次方程的讨论都依然成立,不同点仅仅是更为简化——当时已提到,可以把那些公式中的 P 看作单位 1.

齐次方程 $u'' + F_u u = 0$ 的通解是它的两个独立特解的线性组合;任意两个特解 u_1,u_2如存在,则量 $A = u_1 u_2' - u_1' u_2$ 不随 z 变化(拉格朗日不变量);可以找到方程的似余弦解 u_C 和似正弦解 u_S,它们满足方程而且满足特定初始条件:

$$u_C(z_0) = 1, \quad u_C'(z_0) = 0$$
$$u_S(z_0) = 0, \quad u_S'(z_0) = 1$$

u_C 仍无量纲,而 u_S 的量纲为长度(单位为 m),等等.

对于非齐次方程,即原来的标准方程,它的通解是齐次方程的通解加上一个非齐次方程的特解.该特解可以是任意的.为便于用矩阵处理,希望找到这样一个特解,它是 δ 的线性函数,可以写成 $\delta \cdot u_D$ 的形式,而且在系统的起点 z_0 满足初始条件 $u_D = u_D' = 0$.用数学语言表示,即:要寻找函数 $u_D(z)$,使

$$u_D'' + F_u \cdot u_D = G_u$$

而且

$$u_D(z_0) = u_D'(z_0) = 0$$

借助计算像差时用过的拉格朗日待定系数法,利用"已知函数"u_C 和 u_S,可给出

$$u_D(z) = u_S(z) \cdot \int_0^z G_u(z^*) u_C(z^*) dz^* - u_C(z) \cdot \int_0^z G_u(z^*) u_S(z^*) dz^*$$

推导要点　很容易验证此式满足所求,只要记住

$$u_C u_S' - u_C' u_S \equiv 1$$

即可.

推导时,假设

$$u_D = C_1(z) \cdot u_C + C_2(z) \cdot u_S$$

而且

$$C_1' u_C + C_2' u_S = 0$$

代入方程,得另一关系

$$C_1' u_C' + C_2' u_S' = G_u$$

即得到

$$C_1' = - G_u \cdot u_S$$
$$C_2' = G_u \cdot u_C$$

并从 u_D 与 u_D'的初始条件知道

$$C_1(z_0) = C_2(z_0) = 0$$

□

于是,方程的特解可写为

$$u(z) = u_0 \cdot u_C + u_0' \cdot u_S + \delta \cdot u_D$$

易知函数 $u(z)$满足非齐次标准运动方程和以起点变量值 u_0,u_0'和δ 表示的全部有关初始条件.它就是符合初始条件的唯一特解.而特解 u_D 的构造形式表示了(如束流进入此系统之前无色散)色散将如何发生,其量纲亦为长度(单位为 m).于是,对于弯转平面的 3×3 阶矩阵,矩阵元的表达形式已经找到:

$$M[x]_0^z = \begin{pmatrix} u_C & u_S & u_D \\ u_C' & u_S' & u_D' \\ 0 & 0 & 1 \end{pmatrix}$$

式中,u 在此可写为x.

而非弯转平面的 2×2 阶矩阵就是齐次方程通解的对应矩阵,形式上就是此矩阵的左上方 4 个元素(其中 u 可写为 y),那是读者早已熟悉的.

根据行列式计算法则,无论是 3×3 阶矩阵还是 2×2 阶矩阵,其行列式值都等于 u_C,u_S 的拉格朗日不变量,即恒等于1. u_D 和 u_D' 取何值对它并无影响.再看全部变量的 6×6 阶矩阵,第 5 行、第 5 列与第 6 行、第 6 列也不影响行列式值.在没有横向耦合的时候,一眼可看出总行列式值仍然恒为 1.事实上,有耦合时它也等于 1.这当然是刘维尔定理成立的必然结果.

仿照以前,也可以把运动方程改写成"元传输矩阵"的形式:

$$M_z^{z+dz} = \begin{pmatrix} 1 & dz & 0 & 0 & 0 & 0 \\ -F_x dz & 1 & 0 & 0 & 0 & G_x dz \\ 0 & 0 & 1 & dz & 0 & 0 \\ 0 & 0 & -F_y dz & 1 & 0 & G_y dz \\ -G_x dz & 0 & -G_y dz & 0 & 1 & \frac{1}{\gamma^2}dz \\ 0 & 0 & 0 & 0 & 0 & 1 \end{pmatrix}$$

此式表示元距离 dz 造成的状态变化.不妨体会一下其中 F_x,F_y 和 G_u 等参量的物理意义和"耦合项" $G_u dz$ 表现的某种对称性,或两个方向相互耦合的"对等性".至于 3×3 阶或 2×2 阶矩阵,不难"各取所需".前已提及,此种元矩阵写法与联立微分方程的"折线法"求轨迹有"异曲同工"的意味.

不难想象,当多个系统前后衔接,即 $z_0 \to z_1 \to z_2 \to \cdots \to z_n$ 时,总传输矩阵仍可用"后来居左"的链接乘法得到,即

$$M_0^n = M_{n-1}^n \cdots M_1^2 \cdot M_0^1$$

这正是矩阵表示法的优势之一.此说法未限定矩阵的行列数.但是,如果出现了有横向耦合的矩阵,只针对一个横向的 3×3 阶或 2×2 阶矩阵无法跨越此种耦合段进行链接,而只有 6×6 阶矩阵可畅通无阻.有的程序这样处理:遇复杂情况时用 6×6 阶矩阵应付,多数情况下则用低阶矩阵,以节省计算时间,必要时才把无横向耦合的低阶矩阵"装配"成高阶阵.所以,有人称高阶阵为传输矩阵,低阶阵为"装配矩阵"或"子矩阵".

单个粒子的运动在 x—y—z 实空间中绘出实轨迹,而在相空间内绘出连续的相轨迹.一群粒子(一个束流)的状态表现为相空间中许多点的集合,可认为它们占有相空间的一个连续区域.束流运动时,这个点集合的形状、位置不断变化.刘维尔定理指出,束流运动中这些点的密度保持不变,或者说所占区域的体积不变.传输矩阵的采用使束流整体的这种相空间运动可以更加方便地描述,这是矩阵法的另

一优势.

传统的做法是用一个6维空间相椭球来描述或"包容"束流对应的相空间体积.该体积的质心状态坐标为列向量 U_m,相椭球的形状则对应于一个转置不变、正定的6×6阶"束流矩阵"Σ.束流所占相空间体积的方程为

$$(U-U_m)^T \cdot \Sigma^{-1} \cdot (U-U_m) \leqslant 1$$

束流矩阵Σ的各个元素满足:$\sigma_{ii}>0$,$\sigma_{ij}=\sigma_{ji}$,$|\sigma_{ij}| \leqslant \sqrt{\sigma_{ii}\sigma_{jj}}$.它们与相空间各变量的关系可用表7.1显示.

表7.1中,左下三角诸元素未写,因为它们与右上三角完全对称.各矩阵元 σ_{ij} 的单位是参量 $x(i)$ 与 $x(j)$ 的单位相乘.束流传输系统计算程序如TRANSPORT多采用类似的矩阵和标识法,例如用"又名"栏内 $x(i)$ 的编号 i 指明变量的身份对文字叙述和程序编制常更为方便.不同点之一是TRANSPORT程序的 $x(2)$,$x(4)$ 不是 x' 和 y',而是两个另有定义的轨迹偏角 θ 与 ϕ,当坐标系变化复杂时它们与 x' 和 y' 可能略有不同.另一不同点是该程序的长度用cm为单位、动量偏差用 10^{-2}(即%)量度,而作者习惯于表7.1所列的单位,认为它们更"自然".

表7.1

变量	又名	输入量单位	x	x'	y	y'	z_d	δ
x	$x(1)$	mm	σ_{11}	σ_{12}	σ_{13}	σ_{14}	σ_{15}	σ_{16}
x'	$x(2)$	mrad		σ_{22}	σ_{23}	σ_{24}	σ_{25}	σ_{26}
y	$x(3)$	mm			σ_{33}	σ_{34}	σ_{35}	σ_{36}
y'	$x(4)$	mrad				σ_{44}	σ_{45}	σ_{46}
z_d	$x(5)$	mm					σ_{55}	σ_{56}
δ	$x(6)$	‰						σ_{66}

表中各元素的物理意义与第1章所介绍的相类似.所谓对角线元素,即 σ_{ii} 的含义是

$$\sqrt{\sigma_{ii}} = \max|x(i)-x_m(i)| = \frac{1}{2}[x(i)_{\max}-x(i)_{\min}] \quad (i=1,2,\cdots,6)$$

自然地,$\sqrt{\sigma_{11}}$ 与 $\sqrt{\sigma_{33}}$ 称为 x 方向、y 方向的(半)包络;$\sqrt{\sigma_{22}}$ 与 $\sqrt{\sigma_{44}}$ 是 x 方向、y 方向的(半)发散角;$\sqrt{\sigma_{55}}$ 叫做束团(半)长度;$\sqrt{\sigma_{66}}$ 名为束流的(半)动量散度.它们都是束团在相空间中某一单方向上分布的大小的量度.

元素 σ_{ij} 或量 $\frac{\sigma_{ij}}{\sqrt{\sigma_{ii}\sigma_{jj}}}$ 标志的则是变量 $x(i)$ 和 $x(j)$ 的"相互关系",当它们完全"无关"时 $\sigma_{ij}=0$.

如果将6维相椭球投影到 $x(i)$—$x(j)$ 相平面上，就得到一个与第1章1.5节所示相似的椭圆，其面积等于 $\pi\sqrt{\sigma_{ii}\sigma_{jj}-\sigma_{ij}^2}$. 该图中标明的各种关系仍旧存在，$\sigma_{ij}$ 仍是说明椭圆的“倾斜程度”和长轴的指向. 椭圆面积以 $\pi\varepsilon_{(i,j)}$ 标志，则 $\varepsilon_{(i,j)}$ 是这个平面上的发射度，又称为相椭球在 $x(i)$—$x(j)$ 相平面的投影发射度，它未必是恒定的.

以上各种关系的数学证明从略.

n 维空间相椭球的体积是 $\dfrac{\pi^{\frac{n}{2}}}{\Gamma\left(\dfrac{n}{2}+1\right)}\cdot\sqrt{|\Sigma|}$. 其中，$\Gamma$ 是 Γ 函数，$|\Sigma|$ 是对应的 $n\times n$ 阶束流矩阵的行列式值. 因为 $\Gamma(1)=1$，$\Gamma\left(\dfrac{1}{2}\right)=\sqrt{\pi}$，$\Gamma(x+1)=x\Gamma(x)$，所以对于 $n=1,2\cdots,6$，$\sqrt{|\Sigma|}$ 的系数依次是 $2,\pi,\dfrac{4}{3}\pi,\dfrac{1}{2}\pi^2,\dfrac{8}{15}\pi^2$ 和 $\dfrac{1}{6}\pi^3$. 一般称 $\sqrt{|\Sigma|}$ 或者这一椭球的体积为束流的总发射度. 它在满足刘维尔定理的条件下守恒.

当束流在相空间的分布没有明显边界线时，取其相空间密度分布函数 $\rho(\boldsymbol{U})$，总粒子数为 $N=\int\rho\mathrm{d}\tau$（对6维全空间积分）. 此时，如前文曾介绍，束流矩阵的各参数都来自对全部粒子的二阶平均值，质心坐标则取自一阶平均值. 用 $\langle f\rangle$ 代表变量 f 对所有粒子的平均，即 $\langle f\rangle=\dfrac{1}{N}\int f\rho\mathrm{d}\tau$，则有 $x_{\mathrm{m}}=\langle x\rangle$，$\sigma_{11}=\langle(x-x_{\mathrm{m}})^2\rangle$，$\sigma_{12}=\langle(x-x_{\mathrm{m}})(x'-x_{\mathrm{m}}')\rangle$，等等. 同样可得到统计模型下的 Σ 矩阵，以其对应的相椭球代表束流. 束流所占相空间的体积此时含义似不明确. 为计算方便，常定义此体积为 $\dfrac{N}{\rho^*}$，其中 ρ^* 是某一“名义密度”. 如果束流在相空间的分布呈高斯型，名义密度 ρ^* 可取为全空间的平均密度 $\langle\rho\rangle$，则束流相空间体积是 $(4\pi)^{\frac{n}{2}}\sqrt{|\Sigma|}$（$n$ 仍为维数）；如 ρ^* 取为质心处的密度，即最大密度，则此体积是 $(2\pi)^{\frac{n}{2}}\sqrt{|\Sigma|}$. 这些关系用高斯型分布函数求积分不难得到.

束流从 z_0 运动到 z_1，其质心状态与束流矩阵的变化仍可由 z_0 到 z_1 间的传输矩阵 $\boldsymbol{M}_0^1$ 完全描述，条件是忽略高阶小量. 计算公式仍然是

$$U_{\mathrm{m}1}=\boldsymbol{M}_0^1\cdot U_{\mathrm{m}0}$$

$$\Sigma_1=\boldsymbol{M}_0^1\cdot\Sigma_0\cdot(\boldsymbol{M}_0^1)^{\mathrm{T}}$$

证明过程亦与第1章1.5节所介绍的无异. 所以，质心轨迹必是运动方程的

解，Σ 矩阵保持转置不变性和行列式值不变.

束流矩阵的其他问题，尤其是形式上用所谓 Twiss 参数表示的问题，留待下一章.

建议读者此时对一群组成束流的粒子在相空间运动的图像稍加想象. 对于吾等生活在 3 维空间的"凡人"，想象 6 维空间中的运动诚非易事. 能想象的往往只是 6 维空间向 3 维或 2 维相空间的投影，投影关系则可通过 3 维向 2 维、2 维向 1 维的投影来比拟. 6 维空间椭球向 3 维、2 维和 1 维空间的投影分别是 3 维椭球、椭圆和线段.

利用前文介绍的元传输矩阵，可以想象单个粒子或一群粒子通过元距离 dz 后在相空间中的状态变化和轨迹，并分别考虑 F_x，G_x 等参量为正、为负或为 0 的情形. 当假设无横向耦合时，x—x'—δ空间、y—y'空间或 z_d—δ 空间中的运动图像可分别想象.

此种想象中很关键的一点是体会束流参量 σ_{ij} 的含义，因为 σ_{ii} 的物理意义更为明显. 量 $k_{(i,j)} = \dfrac{\sigma_{ij}}{\sqrt{\sigma_{ii}\sigma_{jj}}}$的取值只能在 -1 到 1 之间，可称之为变量 $x(i)$和 $x(j)$的相关系数，两个变量的相关必然对等. 容易理解，对任一变量 $x(i)$，比质心坐标 $x_m(i)$大或小的粒子应大约各半，$x(j)$如是. 则 $k_{(i,j)}$ 如大于 0，意味着 $x(i)-x_m(i)$与 $x(j)-x_m(j)$同符号的粒子较多；反之，则异号的粒子较多；等于 0，则两者仍大致各半(所以是正椭圆)，即至少从符号而言两变量"无关"；$k_{(i,j)}$ 等于 ± 1，则两者完全线性相关(所以相空间图形是一条线段).

如在任一横向或纵向的"内部事务"的 2 维相空间观察，在漂移段内位置变量恒有增量与速度变量的符号相同、故有与后者同号者渐多的趋势$\left(\text{纵向因为用相对动量差代替速度差，有一比例因子}\dfrac{1}{\gamma^2}\right)$，所以 σ_{ij} 有自然增大的倾向，且 σ_{ij} 小于 0 的束流呈"收敛"型，包络渐减小，σ_{ij} 大于 0 时呈发散型. 只有聚焦能变发散为收敛，抑制 σ_{ij} 的不断增加和包络的同时增大.

下面以有 δ 的相空间为例看横向与纵向的耦合. 此类相空间中，各粒子的 δ 保持不变，故只能在与 δ 轴垂直的平面内运动，可以想象为在一层层"切片"中运动. 3 维 x—x'—δ 空间中的椭球即由多层此种椭圆片叠成. 试看其在 x—δ 平面的投影，并设束流质心在坐标原点. 如 $\sigma_{16}>0$，则 δ 与 x 同号者居多，可想象为动量偏高的粒子倾向于有较大的径向位移，称为有正的色散；$\sigma_{16}<0$，则为负色散；$\sigma_{16}=0$，为无色散. 看 x'—δ 平面的情形相仿，只不过是 δ 与速度方向 x'的关系，而非与位置 x 的关系. 因为与方向的关系将转化为与位置的关系，严格的无色散应是 $\sigma_{16}=\sigma_{26}=0$. 有色散时，椭球"倾斜"，它在 x—x' 平面上的投影将比原先 $\delta=0$ 平面上的切

片椭圆大，这称为“投影发射度”因色散而增长.如图7.3所示.

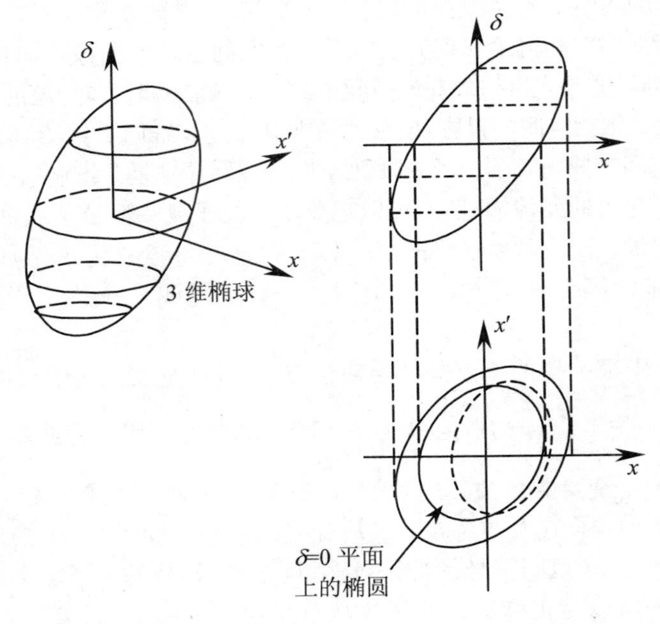

图 7.3

如果看 x—y 平面(这是实空间)，投影的椭圆即束流截面，也就是束流打在观察靶上看到的束斑.束斑的最大尺寸由两个包络 $\sqrt{\sigma_{11}}$ 和 $\sqrt{\sigma_{33}}$ 描述.如两个横向的分布彼此无关，所见应到处是正椭圆，即 $\sigma_{13}=0$；如 $\sigma_{13}\neq 0$，椭圆倾斜，则束流在两个横向的分布相关，可能是因为已有耦合发生，或因初状态，或因某种损失机制造成.

如果某一方向的运动与其他方向无耦合，则该方向的相椭圆面积不变，而且该方向的发射度是总发射度 $\sqrt{|\Sigma|}$ 的一个不变的因子.当粒子运动的3个方向之间皆无耦合时

$$\sqrt{|\Sigma|}=\varepsilon_{(1,2)}\cdot\varepsilon_{(3,4)}\cdot\varepsilon_{(5,6)}$$

总发射度等于水平方向、垂直方向和纵向3个发射度的乘积.

一般情况下，我们往往假设无横向耦合，不太关心 z_{d} 的变化，所以需要想象的相空间主要是 x—x'—δ 3维空间和 y—y' 2维空间.

第 8 章　束流传输元器件和对应的传输矩阵

8.1　概述及标准运动方程的解

前面谈了不少似乎抽象的概念，本章回到具体的束流传输系统.先列举束流传输系统的各类典型元器件，犹如看演出之前，先浏览一下演员表：

(1) 聚(散)焦用的四极透镜.在电子光学部分已经结识.能提供很强的聚焦力，故在束流传输中将担任控制束流横向运动的主角.此辈的习性为必在一个平面聚焦而在另一个平面散焦，无论使用者是否喜欢；故常成对使用，以达到双向聚焦的效果.系统中有多少四极磁铁，常意味着使用者有多少可随时调整的自由度.

(2) 弯转磁铁(又名二极铁).在电子光学中也打过照面，但当时在不同的坐标系环境中，现在有必要重新认识.弯转磁铁的边缘场对读者是陌生的，更有了解的必要.是将束流引向目的地的必不可少、不能随意更动的要角.除此辈外，其他元件都算是“直线型”的.重要特点之一是其中的两个横向不对称，坐标系 z 轴呈曲线形及引入纵向与弯转平面横向运动的耦合.色散因它产生，只能由它消灭.所谓“解铃还须系铃人”.

(3) 有加速作用的元件.不是本课程重点.可分成两类，其一是绝对的加速元件，束流质心动量 P_0 通过它后有所增加，此类实际上把系统分成两段粒子能量不同的传输系统，应分别处理(加速中的横向运动则应以电子光学中介绍过的物理相空间方法处理)；其二是质心动量不变、而对纵向运动参量 z_d 和 δ 进行调整的元件，第 9 章将稍作介绍.

(4) 漂移空间.各主要元件之间的无场空间.看似“群众演员”,往往不可缺少.其长度确定了其他元件的位置,常在设计一系统时作为可调参数.又是各种辅助元件的寄身之地.长的传输系统当然多半由漂移空间组成.在某种意义上,聚焦元件的功能就是为束流做好准备,使它能穿过前方的漂移空间.束流在其中的表现特点当然值得了解.

(5) 磁铁制造、安装误差造成的场偏差或非理想场.其存在非设计者所愿,但其影响不能忽视.是会形成中心轨道畸变、聚焦力偏差、各种耦合、高阶场非线性效应等“恶果”的反面角色.多极磁铁磁场和轴向磁场作为非理想场,亦归入此类.

(6) 测量元件和校正元件.本课程不可能对束流测量做详细介绍.这两种元件的作用、其相互关系及与上一项各种误差的关系是容易理解的.误差种类繁多,校正手法也不同.校正元件场与误差场的相似之处是进行理想设计时皆不存在,须根据误差情况因应设置,且非理想场误差多半只有非理想场方能矫正,所谓“以毒攻毒”.它们的另一共同点是往往皆被视为没有长度的薄透镜.

(7) 其他元件.例如限制束流的光阑(束流传输中称刮束器或限束狭缝)等.

这些典型元器件可分成两大类,以便进行数学处理.一类是“有限长度器件”,或称“厚器件”,其中的场假设满足“区间常数”条件,可逐元件地用解析法计算各元件对应的传输矩阵.另一类是“无长度器件”,即薄透镜,其中的场可用“冲量假设”处理,对应的传输矩阵就是“元传输矩阵”,但对若干可看作 δ-函数的量求积分.之所以如此,可能是因为其作用区间确实很短,也可能因为其相对强度较弱,可以把该场看作微扰,更准确的数学处理有难度或无必要.

大多数“有限长度器件”中的粒子运动方程就是上一章中的理想场标准运动方程:

$$u'' + F_u(z) \cdot u = G_u(z) \cdot \delta$$

$$z_{\mathrm{d}}' = -G_u(z) \cdot u + \frac{\delta}{\gamma^2}$$

式中,$u = x$ 或 y. F_u,G_u 在有效长度 L 内($z_0 \leqslant z \leqslant z_0 + L$)视为常数,其含义见前文.

上一章已论述过,前一方程的通解应能写成 $u = u_0 \cdot u_{\mathrm{C}} + u_0' \cdot u_{\mathrm{S}} + \delta \cdot u_{\mathrm{D}}$ 和这 3 个数学特解函数 u_{C},u_{S},u_{D} 的性质,包括它们满足的方程和初始条件.

为寻求各特解函数在区间常数条件下的数学形式,不妨根据其初始条件与参量 F_u 和 G_u 都不随 z 变化的特点,用级数展开法求解.其结果可写成如下 3 个特殊函数:

$$C_u(z,F_u)=\sum_{n=0}^{\infty}(-F_u)^n\cdot\frac{z^{2n}}{(2n)!}$$

$$=\begin{cases}\cos(\sqrt{F_u}\,z) & (F_u>0)\\ 1 & (F_u=0)\\ \mathrm{ch}(\sqrt{-F_u}\,z) & (F_u<0)\end{cases}$$

$$S_u(z,F_u)=\sum_{n=0}^{\infty}(-F_u)^n\cdot\frac{z^{2n+1}}{(2n+1)!}$$

$$=\begin{cases}\dfrac{\sin(\sqrt{F_u}\,z)}{\sqrt{F_u}} & (F_u>0)\\ z & (F_u=0)\\ \dfrac{\mathrm{sh}(\sqrt{-F_u}\,z)}{\sqrt{-F_u}} & (F_u<0)\end{cases}$$

$$D_u(z,F_u)=\sum_{n=0}^{\infty}(-F_u)^n\cdot\frac{z^{2n+2}}{(2n+2)!}$$

$$=\begin{cases}\dfrac{1-C_u(z,F_u)}{F_u} & (F_u\neq 0)\\ \dfrac{1}{2}z^2 & (F_u=0)\end{cases}$$

(也可用公式 $D_u=\dfrac{{S_u}^2}{1+C_u}$ 计算).

上述3个函数的命名与基本性质如下:

C_u 为“似余弦函数”,满足

$$C_u''+F_u\cdot C_u=0$$
$$C_u(0)=1$$
$$C_u'(0)=0$$

S_u 为“似正弦函数”,满足

$$S_u''+F_u\cdot S_u=0$$
$$S_u(0)=0$$
$$S_u'(0)=1$$

D_u 为“色散发生函数”,满足

$$D_u''+F_u\cdot D_u=1$$

$$D_u(0) = 0$$
$$D_u{}'(0) = 0$$

由此可见,这3个特殊函数都具有满足某一特定条件的最基本单元的意味.考虑到复变函数论中三角函数和双曲三角函数的关系及当 z 或 F_u 趋于0时求极限,每个特殊函数尽管当 F_u 取不同值时有不同写法,或曰需用不同的计算方法求值,事实上各是一个"统一"的函数,而且对 F_u 的变化都是连续的.

3个函数皆以 z 为第一自变量,F_u 为第二自变量或参变量,所以,如后面括号内只写一个自变量,就意味着它是 z,而且"′"代表对 z 微分. C_u 无量纲,S_u 与 D_u 的单位分别是 m 和 m^2(方程参量 F_u,G_u 的单位分别是 m^{-2} 和 m^{-1}).容易看到,C_u 与 D_u 是 z 的偶函数,S_u 是 z 的奇函数.它们还有以下性质.

基本恒等式:

$$C_u{}^2 + F_u \cdot S_u{}^2 = 1$$
$$C_u + F_u \cdot D_u = 1$$
$$S_u{}^2 = D_u(1 + C_u)$$

微分关系:

$$C_u{}' = -F_u \cdot S_u$$
$$S_u{}' = C_u$$
$$D_u{}' = S_u$$

求和(差)公式:

$$C_u(z_1 \pm z_2) = C_u(z_1) \cdot C_u(z_2) \mp F_u \cdot S_u(z_1) \cdot S_u(z_2)$$
$$S_u(z_1 \pm z_2) = S_u(z_1) \cdot C_u(z_2) \pm C_u(z_1) \cdot S_u(z_2)$$

与三角函数相类似的倍长公式、半长公式,例如

$$C_u\left(\frac{z}{2}\right) = \sqrt{\frac{1 + C_u(z)}{2}}$$

$$S_u\left(\frac{z}{2}\right) = \sqrt{\frac{D_u(z)}{2}}$$

以及和差化积、积化和差等公式都能给出.

这些函数也都是 F_u 的连续函数,所以有对参量 F_u 的微分:

$$\frac{\partial C_u}{\partial F_u} = -\frac{zS_u}{2}$$

$$\frac{\partial (F_u S_u)}{\partial F_u} = \frac{zC_u + S_u}{2}$$

$$\frac{\partial S_u}{\partial F_u}=\begin{cases}\dfrac{zC_u-S_u}{2F_u} & (F_u\neq 0)\\ -\dfrac{z^3}{6} & (F_u=0)\end{cases}$$

$$\frac{\partial D_u}{\partial F_u}=\begin{cases}\dfrac{zS_u-2D_u}{2F_u} & (F_u\neq 0)\\ -\dfrac{z^4}{24} & (F_u=0)\end{cases}$$

各种积分公式也大多能以统一的方式给出，这里不再罗列.

利用这3个函数，标准方程的通解可以写成

$$u(z)=u_0\cdot C_u(z-z_0)+u_0{}'\cdot S_u(z-z_0)+\delta\cdot G_u\cdot D_u(z-z_0)$$

$$u'(z)=u_0{}'\cdot C_u(z-z_0)+(\delta\cdot G_u-u_0\cdot F_u)S_u(z-z_0)$$

$$z_{\mathrm{d}}(z)=z_{\mathrm{d}0}-G_u[u_0\cdot S_u(z-z_0)+u_0{}'\cdot D_u(z-z_0)]$$
$$+\delta\left[\frac{z-z_0}{\gamma^2}-G_u{}^2\int_0^z D_u(z^*-z_0)\mathrm{d}z^*\right]$$

其中，积分

$$\int_0^z D_u(z^*-z_0)\mathrm{d}z^*=\begin{cases}\dfrac{z-z_0-S_u(z-z_0)}{F_u} & (F_u\neq 0)\\ \dfrac{(z-z_0)^3}{6} & (F_u=0)\end{cases}$$

L 是这个“厚器件”的有效长度.则该器件的3×3阶(或2×2阶、6×6阶)传输矩阵的有关矩阵元为

$$m_{11}(\text{或 }m_{33})=m_{22}(\text{或 }m_{44})=C_u(L)$$
$$m_{12}(\text{或 }m_{34})=S_L=S_u(L)$$
$$m_{21}(\text{或 }m_{43})=-F_u\cdot S_L$$
$$m_{13}(\text{或 }m_{16},m_{36})=G_u\cdot D_u(L)$$
$$m_{23}(\text{或 }m_{26},m_{46})=G_u\cdot S_L$$

如果用6×6阶矩阵，而且在 x 平面有弯转($G_x\neq 0$,一般 $F_x\neq 0$)，则

$$m_{51}=-m_{26}(\text{上式中 }m_{23})$$
$$m_{52}=-m_{16}(\text{上式中 }m_{13})$$

$$m_{56}=\begin{cases}\dfrac{L}{\gamma^2}+\dfrac{G_x{}^2(S_L-L)}{F_x} & (F_x\neq 0)\\ \dfrac{L}{\gamma^2}-\dfrac{G_x{}^2L^3}{6} & (F_x=0)\end{cases}$$

理想场的标准运动方程在有限长、区间常数场元件内的解至此已告解决.

使用这3个形式上统一的函数,给书写各种表达式和计算机程序计算带来很多方便.不仅粒子的轨迹,后文要谈到的色散函数 η、包络函数 β 等在这种有限长的区间常数场元件内的解析式都可以用这3个函数组成的统一表达式给出,计算它们的平均值(利用有关积分公式)也很方便.在磁铁系统设计计算时,常用到传输矩阵元对聚焦强度 F_u 或元件长度 L 的微商,前面已给出了它们的不依赖于 F_u 符号的统一表达式(对 L 的微商就是各函数对 z 的微商);这些函数和微商即使当 F_u 需要变符号时也是连续的.一个很短小精悍的子程序就能完成所有的"厚器件"传输矩阵或该矩阵对 F_u、对 L 的变化率的计算.只要告诉该子程序3个变量——F_u,G_u 和 L,矩阵行列数,以及使用者需要的是什么——传输矩阵本身还是它对变量 F_u 或对 L 的变化率,它就能完成任务,无论所处理的是弯铁(包括非弯转平面)、四极磁铁还是漂移段.

当 $G_u=0$ 时,意味着无弯转;$G_u>0$ 时是正弯转(水平面向内、铅垂面向上);$G_u<0$ 时是负弯转.当 $F_u>0$ 时为聚焦元件;$F_u<0$ 时为散焦元件;$F_u=0$ 时则在相应平面内是漂移段.L 一般自然大于0;如果 $L<0$,得到的是一个逆矩阵,相当于倒退一段距离的传输,也就是说,$M(-L)$ 总等于 $[M(L)]^{-1}$;当 $L=0$ 时,无论其他参数如何,给出的传输矩阵都是单位阵.

"无长度元件"的薄透镜传输矩阵是容易给出的.具体形式应针对不同的场(可能是非理想场)再"见景生情".一般而言,应该用 6×6 阶矩阵,它的所有对角线元素都是1;第1行、第3行的其他元素都是0(位置不变);其他则可能有若干个为数不多的非0项.

8.2 四极透镜和其他有恒定横向磁场的直线型元件

在第4章4.2节和上一节之后,纯四极透镜已是读者熟悉的角色.其特性综述如下:

四极磁铁有4个对称放置、极性相邻者相反的磁极.理想的磁极面形状是双曲柱面 $xy=\pm\frac{a^2}{2}$,a 为其孔径,以坐标平面 xoz 和 yoz 为渐近面和对称面,顶点在各象限中的45°角平分面上.磁场的$\frac{\partial B_y}{\partial x}\approx\pm\frac{2}{a^2}\mu_0 NI$(应比此值略小),$NI$是每个磁极的安匝数.而$K=\frac{1}{(B\rho)_0}\frac{\partial B_y}{\partial x}$.磁铁有效长度$L=L_Q+(0.9\sim1.1)a$,$L_Q$是极面实际长度.

四极磁铁中的粒子运动方程为

$$u''+F_u u=0$$

$$z_d'=\frac{\delta}{\gamma^2}$$

式中,$F_x=-F_y=K$.

四极磁铁中运动方程的解为

$$u(z)=u_0\cdot C_u(z-z_0)+u_0'\cdot S_u(z-z_0)$$

$$u'(z)=-u_0\cdot F_u S_u(z-z_0)+u_0'\cdot C_u(z-z_0)$$

6×6阶传输矩阵元为

$$m_{11}=m_{22}=C_x(L)$$

$$m_{12}=S_x(L)$$

$$m_{21}=-F_x\cdot m_{12}$$

$$m_{33}=m_{44}=C_y(L)$$

$$m_{34}=S_y(L)$$

$$m_{43}=-F_y\cdot m_{34}$$

$$m_{55}=m_{66}=1$$

$$m_{56}=\frac{L}{\gamma^2}$$

其余非对角线元素为0.

在聚焦平面上$F_u>0$,于是

$$C_u(z)=\cos(\sqrt{F_u}\,z)$$

$$S_u(z)=\frac{\sin(\sqrt{F_u}\,z)}{\sqrt{F_u}}$$

在散焦平面上$F_u<0$,于是

$$C_u(z)=\mathrm{ch}(\sqrt{-F_u}\,z)$$

$$S_u(z)=\frac{\mathrm{sh}(\sqrt{-F_u}\,z)}{\sqrt{-F_u}}$$

因为$G_u=0$,四极透镜的$u_D=0$,它不能产生色散,但束流已有的色散会因其聚散焦作用而变小或变大.下一章将谈到,它也不能把色散完全消除.

一般称 x 方向上聚焦的四极透镜为 F 透镜(常称为 QF),它在 y 方向上散焦;反之,则称为 D 透镜(QD),它在 x 方向上散焦,在 y 方向上聚焦.二者的区别仅在于电流反向,磁极极性皆相反;也可以说成是绕 z 轴旋转 90°.关于四极透镜的"基点",即焦距、主平面位置、焦点位置等,已在第 4 章 4.2 节中做过介绍.

这里,我们顺便进行一下电场型元件与磁场型元件的比较.读者知道,静电四极透镜(其结构和主要参数见第 4 章 4.2 节,极面是双曲柱面 $x^2 - y^2 = \pm a^2$,电极加电压 $\pm V_Q$)与磁四极透镜的光学性能相同.第 4 章 4.2 节中的 V_c 对应于电子动能.经过一番考虑到相对论性的推算,可知 V_Q 等效于 $\beta Z_0 NI$(其中 $Z_0 = \mu_0 c \approx 120\pi\ \Omega$);或者利用电场强度 E 等效于 βcB(洛伦兹公式),如 E 的单位用 kV/cm,B 的单位用 kG(千高斯),则 E 等效于 $300\beta B$.B 不难达到 10 kG 左右,而 E 很难做到 100 kV/cm;或者说,NI 容易达到 kA 量级,而 V_Q 达 10 kV 量级已有相当难度.所以,只有对 $\beta < 0.03$ 的低速束流,电场型聚焦元件才能与磁场型聚焦元件比强度,或等强度时认为"合算".

四极透镜可看作薄透镜.第一种方法是完全等效、不含近似,让透镜等效于一个焦距为 $\dfrac{1}{F_u S_u(L)}$ 的薄透镜,两边各有一长度为 L_H(主平面到边缘的距离)的漂移段:

$$L_H = \frac{1 - C_u(L)}{F_u S_u(L)} = \frac{S_u(L)}{1 + C_u(L)} = \frac{S_u\left(\frac{L}{2}\right)}{C_u\left(\frac{L}{2}\right)}$$

前已论述,此法与厚元件矩阵等效.其缺点是:令 $k = \sqrt{|F_u|}$,则聚焦平面的 $L_H = \dfrac{1}{k}\tan\dfrac{kL}{2}$ 比散焦平面的 $L_H = \dfrac{1}{k}\operatorname{th}\dfrac{kL}{2}$ 大.

第二种方法是近似的,不论对 x 或 y,皆取 $L_H = \dfrac{L}{2}$,而取薄透镜的焦距为 $\dfrac{1}{F_u L}$.于是,两个平面的薄透镜在同一位置上,只是焦距的符号相反.此法可用于粗略估计四极透镜的作用,在初步设计和强度估算时因计算简易常被应用.

读者可能有一个疑问:对四极透镜计算,区间常数假设究竟会带来多大误差?有人做过研究.如图 8.1 所示,上图中的实线是一个透镜的实际场分布.一般做法是测量中心场梯度得到 K_m,再测场积分,取有效长度 $L = \dfrac{1}{K_m}\int K\mathrm{d}z$,然后用图中虚线的同面积方波矩形代替实际场.研究者改用图 8.1 中下图所示的同面积等腰梯形曲线代替，以参数 a 和 b 表示中央等磁场区和边缘变磁场区的长度，它显然稍更接近于实际场．然后取不同数据，用轨迹计算法算出似余弦轨迹与似正弦轨迹，得到该梯形场对应的传输矩阵．也把它折合成等效的具有方波形的场（先折合成两个漂移段夹薄透镜，再反算求 F_u 与 L），并将折合结果与原方波"理想场"比较．如折合所得场梯度与有效长度分别为 K_1 和 L_1，则得到$\dfrac{\Delta K}{K}=\dfrac{K_1-K_m}{K_m}$，$\dfrac{\Delta L}{L}$仿之．结果大致如图 8.2 所示．

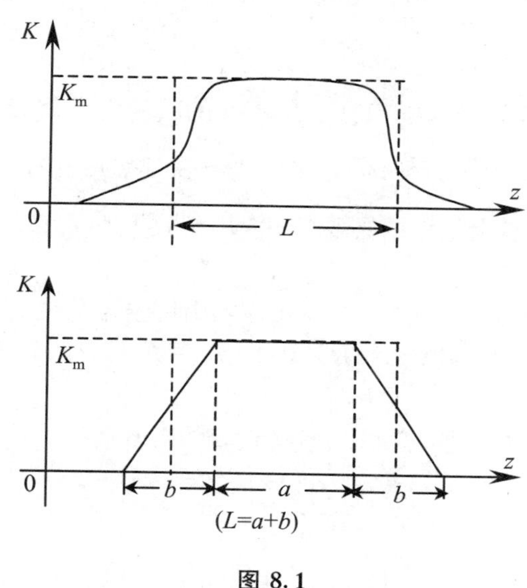

图 8.1

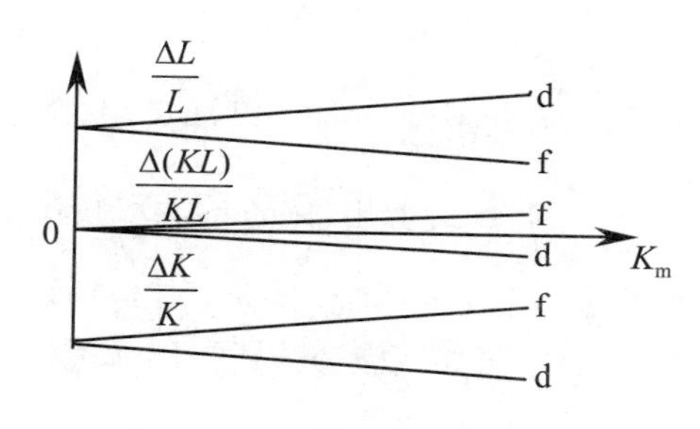

图 8.2

图 8.2 显示：当 a 与 b 固定时，相对误差是 K_m 的函数，且聚焦平面(f)与散焦平面(d)不同．$\dfrac{\Delta L}{L}$总大于 0，K_m 越大，散焦平面 ΔL 越大，聚焦平面的 ΔL 则减小；

$\frac{\Delta K}{K}$总小于0，K_m越大，两个平面的ΔK也越分开；各种误差基本上随K_m线性变化，而f平面和d平面的ΔL的平均或ΔK的平均几乎不随K_m改变；$\frac{\Delta(KL)}{KL}$的变化小得多.定量结果是：当比值$\frac{a}{b}$为7.6时，如$K_m \leqslant 4\ \mathrm{m}^{-2}$，$\frac{\Delta L}{L}$和$\frac{\Delta K}{K}$的绝对值大约为$(4.5\sim8.5)\times10^{-3}$；而当$\frac{a}{b}$为1.5时，此误差范围上升到约$(6.5\sim8)\times10^{-2}$；$\frac{\Delta(KL)}{KL}$的范围比此小一个量级左右.

此项研究的结论是：维持场积分KL不变的区间常数假设在一般情况下是很好的近似，当K_m可变时很方便.但如果四极磁铁很短或孔径过大$\left(\text{故}\frac{a}{b}\text{较小}\right)$，应研究"方波"数学模型有无修正的必要，如将$L$稍放大、$K$稍减小，甚至根据$K_m$值对两个平面分别修正.

在谈有其他型磁场的直线型元件之前，先用传输矩阵语言描述完全无场的厚器件——漂移段.数学上可视之为$K=0$、故$F_x=F_y=0$的四极磁铁，唯一有用的参量是有效长度L.

漂移段中的运动方程是$u''=0$，轨迹"走直线".其解是

$$u(z) = u_0 + u_0{}'(z - z_0)$$
$$u'(z) = u_0{}'$$

6×6阶传输矩阵元为：对角线元素为1，$m_{12}=m_{34}=L$，$m_{56}=\frac{L}{\gamma^2}$，其余非对角线元素为0.

如不考虑弯转与色散，x方向或y方向可以都只用2×2阶传输矩阵.漂移段对应的二阶矩阵$M_L=\begin{pmatrix}1 & L\\ 0 & 1\end{pmatrix}$，极为简单.读者应能对付由若干四极透镜、间以一定的漂移段组成的最初级的束流传输系统，会进行其传输矩阵运算、粒子轨迹运算和下文将谈到的束流包络运算.假如四极透镜皆采用薄透镜近似，应该能用手算法"手到擒来"(参见第2章).

下面举一个例子，估算前文所说四极磁铁薄透镜近似与"厚透镜"的差.前已提及，其近似程度取决于$\sqrt{|F_u|}L$或$|F_u|L^2$的大小，当它们很小时这一近似相当近真.此条件相当于透镜有效长度L远小于焦距，也就是透镜足够弱.用薄透镜时

$$
\begin{aligned}
\boldsymbol{M}_{\text{总}} &= \boldsymbol{M}_{\text{后半}} \cdot \boldsymbol{M}_{\text{薄透镜}} \cdot \boldsymbol{M}_{\text{前半}} \\
&= \begin{pmatrix} 1 & \dfrac{L}{2} \\ 0 & 1 \end{pmatrix} \begin{pmatrix} 1 & 0 \\ -\dfrac{1}{f} & 1 \end{pmatrix} \begin{pmatrix} 1 & \dfrac{L}{2} \\ 0 & 1 \end{pmatrix} \\
&= \begin{pmatrix} 1 - \dfrac{L}{2f} & L\left(1 - \dfrac{L}{4f}\right) \\ -\dfrac{1}{f} & 1 - \dfrac{L}{2f} \end{pmatrix} \\
&= \begin{pmatrix} 1 - \dfrac{F_u L^2}{2} & L\left(1 - \dfrac{F_u L^2}{4}\right) \\ -F_u L & 1 - \dfrac{F_u L^2}{2} \end{pmatrix}
\end{aligned}
$$

与厚透镜的矩阵元，即 C_u，S_u 等的级数展开式比较，可知 m_{11} 与 m_{22} 的相对误差为 $\dfrac{F_u{}^2 L^4}{24}$；m_{12} 的相对误差为 $\dfrac{F_u L^2}{12}$；而 m_{21} 的相对误差最大，约为 $\dfrac{F_u L^2}{6}$. 当 $|F_u| L^2 \leqslant 0.05$ 时，此项(相当于焦距)的相对误差小于1%.

以下介绍有任意恒定横向场的直线型元件. 此类场可能含有形式复杂的"误差项"、耦合项和高阶项. 本节所用的处理方法是薄透镜近似(冲量假设)，这是对付各种非理想场的有效武器.

假设该元件有一"有效长度"L. 考虑"名义磁场"$B_x{}^*$ 和 $B_y{}^*$，其定义为

$$
B_u{}^* = \frac{1}{L}\int_{-\infty}^{+\infty} B_u \mathrm{d}z
$$

如此定义的 $B_u{}^*$ 可以是 x，y 的函数，并可对之展开成级数，它显然已不依赖于坐标 z.

此法又称"场积分法". 薄透镜近似成立的条件是有效场区足够短，或场相当弱(来源于误差或校正，等等). 磁场必满足麦克斯韦方程

$$
\frac{\partial B_x}{\partial x} + \frac{\partial B_y}{\partial y} + \frac{\partial B_z}{\partial z} = 0
$$

$$
\frac{\partial B_y}{\partial x} = \frac{\partial B_x}{\partial y}
$$

两式都对 z 积分，已知在有效区外 $B_z = 0$，交换积分与微分符号，易知 $B_x{}^*$ 和 $B_y{}^*$ 满足微分关系

$$
\frac{\partial B_x{}^*}{\partial x} + \frac{\partial B_y{}^*}{\partial y} = 0
$$

$$\frac{\partial B_y{}^*}{\partial x} - \frac{\partial B_x{}^*}{\partial y} = 0$$

学过复变函数论的读者知道，在此种情况下用复数描述场型最为方便.“复数磁场”

$$B = \frac{1}{(B\rho)_0}(B_y{}^* + \mathrm{i}B_x{}^*)$$

在复变量 $Z = x + \mathrm{i}y$ 的复平面上满足柯西-黎曼条件，故必是 Z 的解析函数，可展开成 Z 的幂级数：

$$B = b_y{}^* + \mathrm{i}b_x{}^* = \sum_{n=0}^{\infty} A_n Z^n = \sum_{n=0}^{\infty} \frac{1}{n!}(b_n + \mathrm{i}c_n)Z^n$$

符号 $b_u{}^* = \frac{1}{(B\rho)_0}B_u{}^*$；$n$ 是磁场分量的“阶”；A_n 是 n 次幂的复数系数，可写成上面的形式；Z 则是复位置坐标 $x + \mathrm{i}y$ 或 $r\mathrm{e}^{\mathrm{i}\theta}$，其间关系是熟知的.按阶展开，得

$$\begin{aligned} b_y{}^* = \mathrm{Re}(B) &= \sum_{n=0}^{\infty} \frac{1}{n!} r^n (b_n \cos n\theta - c_n \sin n\theta) \\ &= b_0 + b_1 x - c_1 y + \frac{1}{2} b_2 (x^2 - y^2) - c_2 xy \\ &\quad + \frac{1}{6} b_3 (x^3 - 3xy^2) - \frac{1}{6} c_3 (3x^2 y - y^3) + \cdots \end{aligned}$$

$$\begin{aligned} b_x{}^* = \mathrm{Im}(B) &= \sum_{n=0}^{\infty} \frac{1}{n!} r^n (b_n \sin n\theta + c_n \cos n\theta) \\ &= c_0 + b_1 y + c_1 x + b_2 xy + \frac{1}{2} c_2 (x^2 - y^2) \\ &\quad + \frac{1}{6} b_3 (3x^2 y - y^3) + \frac{1}{6} c_3 (x^3 - 3xy^2) + \cdots \end{aligned}$$

实轴上 $y = 0(\theta = 0, r = x)$，可知系数 b_n 就是$\frac{1}{(B\rho)_0}\left(\frac{\partial^n B_y{}^*}{\partial x^n}\right)_0$，或第 7 章 7.2 节中的$(b_y)^{(n)}_{x\cdots x}$；其中，$b_0 = b_y$，$b_1 = K$，$b_2 = \lambda$.而 c_n 是$\frac{1}{(B\rho)_0}\left(\frac{\partial^n B_x{}^*}{\partial x^n}\right)_0$ 或 $(b_x)^{(n)}_{x\cdots x}$.各阶 b_n 与 c_n 都是独立的、与 x 和 y 无关的描述场的参数，每个系数对应于一种可单独存在的场型，不同场型可相互叠加，同一场型不能割裂.除零阶项 b_0，c_0 只在一个横向起作用外，其他所有项都在 x 与 y 方向皆有表现，不可能只影响一个横向.b_n 与 c_n 共同确定了场的 $2(n+1)$ 极分量的大小和方位（磁力线方向）.在以“水平面”为对称面的理想场中，所有 $c_n = 0$.在任意场中无此限制.可以

说 b_n 对应的是 $2(n+1)$ 极场的"正常分量"，c_n 是这种场的"斜置分量"，比值 $\frac{c_n}{b_n}$ 表现了该场的对称面的倾角或斜置程度.式中，x，y 的各阶乘幂必须以 r^n 乘以 $\cos n\theta$ 或 $\sin n\theta$ 的形式出现，不能任意组合；而且在 $b_y{}^*$，$b_x{}^*$ 两个展开式中都有，只是分别对应于 b_n 或 c_n，符号或有不同.这是直线型磁场满足麦克斯韦方程条件的必然结果.

有了描述此种任意横向磁场的手段，现在回到上一章未作近似的两个运动方程，并作薄透镜式积分.其特点是：积分区间无穷小，名义却为从 $-\infty$ 到 $+\infty$；u'' 的积分是 $\Delta u'$；因为是直线型元件，$\frac{1}{\rho}=0$；除 B_y 与 B_x 项的积分可不为0，即 $\int B_u \mathrm{d}z = B_u{}^* L$ 外，其他项皆无贡献.为考虑高阶场，将 x 与 y 的高次幂保留，但将 δ，x'，y' 看作小量，舍去其高阶项.就得到

$$\Delta x' = -L(1-\delta)b_y{}^*$$

$$\Delta y' = L(1-\delta)b_x{}^*$$

或用复数形式，Z^* 是复坐标 Z 的共轭复数，则此二式可合写为

$$\Delta Z^{*\prime} = \Delta x' - \mathrm{i}\Delta y' = -L(1-\delta)B$$

可见，作为薄透镜的任意场的作用结果总是使粒子运动方向产生一个增量，位置变量 x，y 和 δ 都不变，而轨迹有一个"折角".复数磁场的"实部"$\mathrm{Re}(B)$作用在 x 方向，正比于 $\Delta x'$；"虚部"$\mathrm{Im}(B)$则仅对 $\Delta y'$负责.当有非零阶场时，这两部分的大小与粒子经过该元件时所处的横向位置 x，y 有关.场的作用正比于场的纵向积分，表现为式中的有效长度因子 L.因子 $1-\delta$ 则说明此种作用同样有色散效应，δ 的高阶项已略去.

最简单的情况是场只有二极、四极"线性"分量(阶数 $n=0$ 或 1)，它们可能来源于某种误差，而非设计者的安排(所以才当薄透镜处理).此时，粒子运动仍满足线性方程，而

$$b_y{}^* = b_0 + b_1 x - c_1 y$$

$$b_x{}^* = c_0 + b_1 y + c_1 x$$

如果 b_0 或 c_0 不等于0，则理想粒子的轨迹也被偏转而成一个折角.这当然不是设计时预期的正常情况，而只发生在磁场有误差，或使用校正元件时.例如，x 方向的折角是

$$\Delta\theta_x = \Delta x' \mid_{x,y,\delta=0} = -b_0 L = -\frac{1}{(B\rho)_0}\left(\int B_y \mathrm{d}z\right)\Big|_{x,y=0}$$

而 $\Delta\theta_y = c_0 L$ 是 y 方向的中心轨道折角.写成传输矩阵形式，则问题的解是

$$U_1 = M_0^1 \cdot U_0 + \Delta U$$

其中,状态列向量的增量

$$\Delta U = \begin{pmatrix} 0 \\ \Delta\theta_x \\ 0 \\ \Delta\theta_y \\ 0 \\ 0 \end{pmatrix}$$

当 $\Delta\theta_x$ 或 $\Delta\theta_y$ 不等于 0 时,$\Delta U \neq 0$,此时粒子状态与初态的联系除矩阵相乘外,要另加增量 ΔU. b_0 和 c_0 在运动方程中是常数项,该增量是所有粒子共有的折角,可称为中心轨道畸变. ΔU 势必影响粒子以后的轨迹,此后左乘其他矩阵时它参加运算,使有关变量与无该折角时不同,但改变量对所有粒子一视同仁,反映在相空间内是一种平移.容易推论,对于形容束流的 U_m 和 Σ 矩阵,它改变质心状态 U_m,而不改变束流矩阵 Σ.

至于该线性磁场薄透镜的 6×6 阶传输矩阵 M,则其对角线元素皆为 1,且

$$\begin{aligned} m_{21} &= -b_1 L \\ m_{23} &= c_1 L \\ m_{26} &= -\Delta\theta_x = b_0 L \\ m_{41} &= c_1 L \\ m_{43} &= b_1 L \\ m_{46} &= -\Delta\theta_y = -c_0 L \end{aligned}$$

其余非对角线元素为 0.

此传输矩阵就是第 7 章 7.2 节中“任意场的一阶运动方程”在这种条件$\left(\dfrac{1}{\rho} = 0, b_z = 0, (b_x)_x' = -(b_y)_y' = c_1\right)$下使用薄透镜近似的结果.

从传输矩阵元可见,作为直线型元件,它的 m_{21} 与 m_{43} 都来自正常四极磁场分量 b_1,仍是大小相等、方向相反,在 x 与 y 方向上一聚一散;当斜置四极分量 c_1 不为 0 时,有横向位置耦合项 m_{23} 与 m_{41},其大小相等.横向受纵向影响的耦合项 m_{26} 和 m_{46} 则反映了当中心轨道有偏转时正常的色散关系.

磁场阶数 $n > 1$ 时,$2(n+1)$ 极场常称为“多极矩”.薄透镜法也是处理多极矩问题的有力武器.较简单的情况是只有一种多极场分量时,例如六极磁铁,各阶系数中仅 $b_2 \neq 0$ 和 $c_2 \neq 0$,则

$$b_y^* = \frac{1}{2}b_2(x^2 - y^2) - c_2 xy$$

$$b_x^* = b_2 xy + \frac{1}{2}c_2(x^2 - y^2)$$

通过六极磁铁时，任意粒子的轨迹在两个横向都被偏转，$\Delta x'$和 $\Delta y'$正比于位置变量的2次项.该关系可在形式上写成

$$\Delta x' = -\frac{1}{2}L(1-\delta)[x(b_2 x - c_2 y) - y(c_2 x + b_2 y)]$$

$$\Delta y' = \frac{1}{2}L(1-\delta)[y(b_2 x - c_2 y) + x(c_2 x + b_2 y)]$$

所以，六极场对束流的作用形式上也可以用传输矩阵代表，矩阵元

$$m_{21} = -m_{43} = -\frac{1}{2}(b_2 x - c_2 y)L$$

$$m_{23} = m_{41} = \frac{1}{2}(c_2 x + b_2 y)L$$

其他矩阵元与单位矩阵相同.

如果处理的是储存环中常用的“正常六极磁铁”，其 $c_2 = 0$，$b_2 = \lambda$.算式不必再列.

请注意，此时的传输矩阵只有形式上的意义，因为矩阵元中包括粒子的状态量 x 和 y，只适用于这一个粒子的轨迹，而不适用于初始条件不同的粒子.实际上，粒子所受力与 $x^2 - y^2$ 或 xy 成比例.此所以 $n>1$ 时称为非线性效应.研究非线性效应的方法之一是“粒子跟踪”，其含义就是用计算法逐个元件求解，一如“跟踪”粒子的行迹.

以上算法适用于求一个粒子的轨迹，也可用于束流质心轨迹的计算，如果因某种中心轨道畸变，质心已不在坐标轴上.有时，例如研究多极矩对系统聚焦性能的影响时，人们关心与质心坐标(x_m, y_m)相距一个“小间距”$(\Delta x, \Delta y)$的粒子受到的横向力有多大偏差.此种粒子的坐标为 $u = u_m + \Delta u$，Δu 很小，所求偏差与 Δu 近似成正比，偏差大小可能(在非线性时)与中心轨迹位置或参考坐标 u_m 有关.换言之，所求是横向力在 u_m 点对间距 Δx 和 Δy 的变化率.或曰前述算法考虑的是场在参考坐标的截距，而此时更关心的是该处的斜率，两法的区别只有在多极矩场中才变得明显.

既然求变化率，应计算 b_y^* 或 b_x^* 对 x 与 y 的偏微商，即$\frac{\partial b_u^*}{\partial u}$在$(x_m, y_m)$的值(共有4个，但要满足柯西-黎曼条件，故仅有2个独立量).对六极场，容易算得

$$\Delta(\Delta x') = -L(1-\delta)[\Delta x(b_2 x_m - c_2 y_m) - \Delta y(c_2 x_m + b_2 y_m)]$$
$$\Delta(\Delta y') = L(1-\delta)[\Delta y(b_2 x_m - c_2 y_m) + \Delta x(c_2 x_m + b_2 y_m)]$$

这种关系可写成一个“变化率矩阵”.六极场的变化率矩阵元是

$$m_{21} = -m_{43} = -\left(\frac{\partial b_y^*}{\partial x}\right)_m L = -(b_2 x_m - c_2 y_m)L$$

$$m_{23} = m_{41} = \left(\frac{\partial b_x^*}{\partial x}\right)_m L = (c_2 x_m + b_2 y_m)L$$

其他矩阵元仍与单位矩阵相同.

二者相比,各矩阵元看来完全相似,只相差一个2倍因子.

可以严格证明,上述算例引出的结论具有普遍性.凡是直线型元件,不论其中多极矩场 n 为何值,正常或斜置,也不论有无不同场型的叠加,其薄透镜型轨迹传输矩阵和变化率矩阵都有相似的特性:正常聚焦项 $m_{21} = -m_{43}$,在 x 与 y 方向上大小相等,聚散相反;耦合项 $m_{23} = m_{41}$,双方对等;当 $n>1$ 时,矩阵元中 n 阶项的算式出现位置坐标的 $n-1$ 次幂,x,y 及其乘积必定表现为 $r^{n-1}\cos(n-1)\theta$ 或 $r^{n-1}\sin(n-1)\theta$ 的形式,即出现方式与磁场式中完全相仿,只是降低一阶;变化率矩阵中的有关算式与轨迹传输矩阵亦相似,只是用参考坐标 u_m 代替 u,每个 n 阶项($2(n+1)$ 极场)要乘以因子 n.此分析的推论之一是:当 $c_1 \neq 0$ 或场有任何 $n>1$ 的多极分量时,两个横向间必有耦合.

推导要点 复数磁场可写成

$$B = A_0 + Z\sum_{n=1}^{\infty} A_n Z^{n-1} = b_0 + \mathrm{i}c_0 + (x + \mathrm{i}y)B_1$$

B_1 是另一个复解析函数,每个 n 阶项是 $A_n Z^{n-1} = A_n r^{n-1} \mathrm{e}^{\mathrm{i}(n-1)\theta}$.

与运动方程结合,即得轨迹传输矩阵元为

$$m_{21} = -m_{43} = -\mathrm{Re}(B_1)L$$
$$m_{23} = m_{41} = \mathrm{Im}(B_1)L$$

欲求变化率矩阵元,则有

$$\left.\frac{\mathrm{d}B}{\mathrm{d}Z}\right|_{Z=Z_m} = \frac{\partial b_y^*}{\partial x} + \mathrm{i}\frac{\partial b_x^*}{\partial x} = \frac{\partial b_x^*}{\partial y} - \mathrm{i}\frac{\partial b_y^*}{\partial y} = \sum_{n=1}^{\infty} A_n n Z_m{}^{n-1}$$

4个偏微商即为4个矩阵元.

其 n 阶项与 B_1 的相应项比较,仅用 x_m 与 y_m 代替 x 与 y,并乘以因子 n. □

仅当 $n=1$ 时，对于线性场，变化率矩阵和传输矩阵不必区分. $n=0$ 的常量场只改变轨迹，无聚焦作用，没有变化率矩阵. $n=2$ 已见于上例. 读者不妨就 $n=3$ 的八极矩场试算其各种表达式，当可加深对此问题的理解.

上述理论主要应用于计算非理想场元件(磁场误差、校正元件、多极矩)对粒子的作用. 此时场的各阶分量(系数 b_n, c_n 等)已知，视之为"无长度元件"；如果是有长度的磁铁中含此种分量，比如误差场测量结果，可将该长磁铁从中点"断开"，将误差场作为无长度元件"插入". 无长度元件总是使粒子的 x' 与 y' 获得一个增量，而其 x, y, δ 保持不变. 用程序计算此种增量并非难事. 场有许多复杂分量时，用复数运算(许多程序"会"做)更为简单. 因为场只与位置有关，而薄透镜作用不改变各种位置，所以各分量处理的先后次序不改变结果，即：薄透镜矩阵连乘，只需把有限的非0对角线外元素相加.

用本节所述的场积分法、复数表示法处理直线型元件的任意高阶场十分方便，请注意体会. 以下几例可资说明，不要求读者掌握，列出的公式备参考.

例 8.1　变化率矩阵的应用.

前面已谈到形式上的传输矩阵和变化率矩阵的异同，二者仅当 $n=1$ 时完全一样. 有两种场合(假设系统中有多极矩)必须用变化率矩阵而非前者. 其一，用传输矩阵计算束流中心轨迹，同时用一矩阵表示束流沿此轨迹前进时受到的等效聚焦力；后一矩阵应由所有变化率矩阵连乘而得，用于形容包络和其他束流参数的变化. 其二，计算环形加速器的闭合轨道时，要计算终状态对初状态的变化率，用于迭代求解. 此时，表达变化率的矩阵称为"雅可比矩阵"，即

$$M_J = \frac{\partial(x, x', y, y', \cdots)}{\partial(x_0, x_0', y_0, y_0', \cdots)}$$

根据微分学的定理，它等于全程的变化率矩阵连乘的结果.

作者曾见到有些颇有名气的程序没有区分这两种矩阵而造成计算错误，不仅等效聚焦力的计算不准确，有时声称算得的闭合轨道其实并不闭合，而且常在多极矩场较强时宣布找不到闭合轨道的解而失败. 作者稍加修改，只要把非线性元件(多为六极磁铁)的有关矩阵元乘以因子 n 变成雅可比矩阵，立刻"药到病除".

例 8.2　纯多极矩场的生成与性质.

利用复数表示法，各种多极场可用统一公式描述. 仅有 n 阶场时，不作规格化的复数磁场是纯 $2(n+1)$ 极场：

$$\begin{aligned} B_y^* + \mathrm{i}B_x^* &= (B\rho)_0 \cdot B = (B\rho)_0 A_n Z^n \\ &= (B\rho)_0 (b_n + \mathrm{i}c_n) \frac{Z^n}{n!} \end{aligned}$$

定义 $B_n=(B\rho)_0\cdot|A_n|$ 为 n 阶场系数的模.

在任何情况下,场中任一点处合成磁场强度 $B=B_nr^n$,随该点到中轴距离 r 的 n 次方增长,r 小时是 n 阶小量.如 A_n 是实数,该点的 $B_y{}^*=B_nr^n\cos n\theta$,$B_x{}^*=B_nr^n\sin n\theta$.

如果是"正常多极矩",则 $c_n=0$,A_n 是实数,$B_n=(B\rho)_0\cdot\dfrac{b_n}{n!}$.

场的"等位面"方程是

$$r^{n+1}\sin(n+1)\theta=C$$

场的力线方程是

$$r^{n+1}\cos(n+1)\theta=C$$

二者都是 x,y 的 $n+1$ 次曲线.

孔径为 a 的极面方程是

$$r^{n+1}\ |\sin(n+1)\theta|=a^{n+1}$$

极面以 $\dfrac{\pi}{n+1}$ 为周期,在全平面有 $2(n+1)$ 个极.每个极的顶点为

$$r_t=a$$

$$\theta_t=\frac{2k+1}{2(n+1)}\pi\quad(k=0,1,\cdots,2n+1)$$

磁极顶点处场强为

$$B_t=B|_{r=a}=B_na^n$$

方向与极面垂直.

$\theta_s=\dfrac{k\pi}{n+1}$ 处是极面的"缺口"或渐近面,$y=0$ 的水平面总是缺口.

设缺口对应角度宽为 $2\theta_g$,则磁极"尖角点"

$$\theta=\theta_s\pm\theta_g$$

尖角点

$$r=r_g=\frac{a}{|\sin(n+1)\theta_g|^{\frac{1}{n+1}}}$$

尖角点场强

$$B_g\approx B_na^n\ |\sin(n+1)\theta_g|^{-\frac{n}{n+1}}$$

极宽

$$b=2r_g\sin\left(\frac{\pi}{2(n+1)}-\theta_g\right)$$

每磁极线圈安匝数

$$NI \approx \frac{B_n a^{n+1}}{\mu_0(n+1)}$$

每极面磁通量

$$\Phi \approx \frac{2}{n+1} B_n a^{n+1} L \cot(n+1)\theta_g$$

其中，L 为磁铁长度.

当 $c_n \neq 0$ 时，只要把原坐标系旋转 $-\frac{1}{n+1}\arctan\frac{c_n}{b_n}$ 角，在新坐标系中该磁场就成为新的 $c_{n1}=0$、新的 $b_{n1}=\sqrt{b_n{}^2+c_n{}^2}$ 的正常多极矩场.

纯斜置多极场 $c_n \neq 0, b_n = 0$，相应的坐标系旋转角是 $-\frac{\pi}{2(n+1)}\mathrm{sgn}(c_n)$. 在原坐标系中，相当于前述各式中正弦、余弦符号互易，顶点与缺口互易，故斜置多极矩总有顶点在水平面内. 有关 B_t，NI 等式不变.

以上各式适用于任何多极场，包括 $n=0$ 的偏转校正磁铁和 $n=1$ 的四极磁铁.

推导要点　多数公式只需简单计算. 下面给出几点提示：

复数磁场的积分

$$W = \int B\mathrm{d}Z = \frac{A_n Z^{n+1}}{n+1} + C$$

W 的实部称为力函数，虚部是位函数. 因为磁力线的切线方向 $\frac{\mathrm{d}y}{\mathrm{d}x} = \frac{B_y{}^*}{B_x{}^*}$，$\mathrm{Re}(W)$ 正比于 $\int B_y{}^*\mathrm{d}x - B_x{}^*\mathrm{d}y$，$\mathrm{d}\,\mathrm{Re}(W)=0$ 与此方向关系等效，故曲线族 $\mathrm{Re}(W)=C$ 是力线方程. 曲线族 $\mathrm{Im}(W)=C$ 是“等位线”，因为 $\mathrm{Im}(W)$ 正比于 $\int B_x{}^*\mathrm{d}x + B_y{}^*\mathrm{d}y$，曲线的切线方向 $\frac{\mathrm{d}y}{\mathrm{d}x} = -\frac{B_x{}^*}{B_y{}^*}$，与磁力线垂直.

计算 NI 用安培定理，沿从原点到磁极顶点的半径(必为磁力线方向)对 $\boldsymbol{B}$ 积分.

计算 Φ 的面积元为

$$\begin{aligned}\mathrm{d}S &= L\sqrt{r^2 + \left(\frac{\mathrm{d}r}{\mathrm{d}\theta}\right)^2}\mathrm{d}\theta \\ &= \frac{aL\mathrm{d}\theta}{[\sin(n+1)\theta]^{1+\frac{1}{n+1}}}\end{aligned}$$

所以可得

$$\Phi = aLB_{\mathrm{t}}\int \frac{\mathrm{d}\theta}{\sin^2(n+1)\theta}$$

积分从 θ_{g} 到$\frac{\pi}{n+1}-\theta_{\mathrm{g}}$.

坐标系旋转时,如旋转角为 α,则新坐标系中的 $\theta_1=\theta-\alpha$,而新复数磁场

$$\begin{aligned} B_1 &= B \cdot \mathrm{e}^{\mathrm{i}\alpha} = (A_n r^n \mathrm{e}^{\mathrm{i}n\theta}) \cdot \mathrm{e}^{\mathrm{i}\alpha} \\ &= |A_n| \mathrm{e}^{\mathrm{i}\phi_n} \cdot r^n \mathrm{e}^{\mathrm{i}n\theta_1} \cdot \mathrm{e}^{\mathrm{i}(n+1)\alpha} \end{aligned}$$

复系数 A_n 的模$|A_n|=\frac{1}{n!}\sqrt{b_n{}^2+c_n{}^2}$,辐角 $\phi_n=\arctan\frac{c_n}{b_n}$.

当 $\alpha=-\frac{1}{n+1}\phi_n$时,新坐标系中的磁场只有正常多极分量. □

例 8.3 有关用旋转线圈法进行磁场测量的计算.

如图 8.3 所示,用长线圈旋转,将边缘场自动包括在内(犹如沿数轴积分),并对测得的电流信号进行傅里叶分析是一举获得各种高阶分量的良法.右图是线圈截面,原点 O 是转轴,A 与 B 对应于线圈切割磁力线的两臂.用图中坐标系分析,半径 OA 与 OB 的长度分别为 a 和 b,ψ 是两半径的固定夹角,θ 是旋转角.

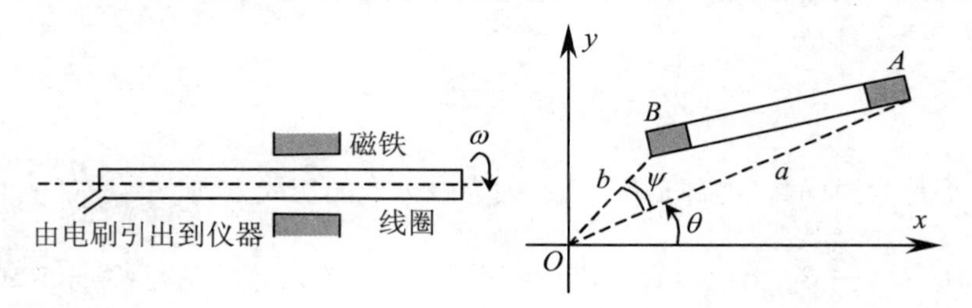

图 8.3

线圈电流测量信号中,每个分量 A_nZ^n 的贡献正比于

$$G_n \cdot |A_n| \sin((n+1)\theta+\phi_n+\phi_{Gn})$$

其中,"几何因子"

$$G_n = [a^{2(n+1)} + b^{2(n+1)} - 2(ab)^{n+1}\cos(n+1)\psi]^{\frac{1}{2}}$$

相角

$$\phi_{Gn} = \arctan\frac{-b^{n+1}\sin(n+1)\psi}{a^{n+1}-b^{n+1}\cos(n+1)\psi}$$

特别地,当 $\psi=0$ 时(A,B,O 共线,且 A 与 B 同侧)

$$G_n = |a^{n+1} - b^{n+1}|$$

当 $\psi=\pi$ 时(A,B,O 共线,且 A 与 B 异侧)

$$G_n = | a^{n+1} \pm b^{n+1} |$$

其中,当 n 是偶数时取"+"号,相应分量的信号被增强;n 是奇数则取"-"号,相应信号被削弱,甚至近似抵消.

作频谱分析,即可得其各阶磁场(常称为谐波分量)的相对强度 $|A_n|$.

推导要点　线圈中的磁通量等于夹在 A 臂与 z 轴之间、并与线圈等长的平面的磁通量 Φ_A 与 B 臂的相应平面磁通量 Φ_B 的差.

Φ_A 对应的面积元向量

$$\mathrm{d}\boldsymbol{S}_A = (-\sin\theta\,\boldsymbol{e}_x + \cos\theta\,\boldsymbol{e}_y)\mathrm{d}r\mathrm{d}z$$

所以

$$\boldsymbol{B}\cdot\mathrm{d}\boldsymbol{S}_A = (B_y\cos\theta - B_x\sin\theta)\mathrm{d}r\mathrm{d}z$$

正比于 $\mathrm{Re}(B\cdot\mathrm{e}^{\mathrm{i}\theta})$.

$\Phi_A = \int \boldsymbol{B}\cdot\mathrm{d}\boldsymbol{S}_A$ 正比于

$$\sum_n \left(|A_n| \cos[(n+1)\theta + \phi_n]\cdot\int_0^a r^n \mathrm{d}r\right)$$

同理,Φ_B 正比于

$$\sum_n \frac{b^{n+1}}{n+1} |A_n| \cos[(n+1)(\theta+\psi) + \phi_n]$$

两者相减,合并三角同类项,即可得到线圈磁通量 Φ 的 n 阶分量表达式.

线圈旋转时,测得信号正比于 $\frac{\mathrm{d}\Phi}{\mathrm{d}t}$. 式中唯一变化的量为 $\theta=\omega t$,或 $\frac{\mathrm{d}\theta}{\mathrm{d}t}=\omega$. 微分后各阶皆得一个 $(n+1)\omega$ 因子.

所以,信号(应考虑有效长度、匝数等因素)中 n 阶磁场的强度由旋转频率的 $n+1$ 倍频处的频谱强度反映,并正比于 $\omega G_n\cdot|A_n|$. □

四极磁铁制成后都应进行此种测量,以判断其质量优劣,并为安装使用获取数据.此法简便易行,迅速可靠,宜于用计算机分析处理数据;了解的是磁场的"全貌",而不是局部点.如测量区域(线圈半径)不小于要求的好场区,测量误差很小.当着重点为高阶场分量时,测量前无需仔细地"对中".对高阶分量的要求,一般为在好场区内高阶磁场分量不大于四极场($n=1$)分量的 10^{-3}.由于多重对称性的关系,主要误差场的阶数为 $n=5,9,\cdots$(十二极、二十极,等等).此测量已把边缘场包括在内,而且如测量结果不令人满意,可利用磁极边缘的修正垫补来改善.比如,在磁铁两端磁极头部的边缘稍做一"倒角",可以改变十二极分量的大小.

8.3 弯转磁铁及其边缘场

束流在弯转磁铁中的中心轨道是弯转的.作为符合区间常数假设的“厚元件”,一块弯铁中的中心轨道呈半径 ρ 为常数的圆弧形,坐标系随此圆弧转动一角度 θ_B. ρ 与 θ_B 显然是该弯铁最重要的参量.理想轨道总在一个平面内,称为弯转平面.不考虑复合弯转时,此平面总是一个坐标平面.本节设此平面为 xoz 面(水平弯转).

弯转磁铁又名二极铁,或简称弯铁.它有两个磁极,关于弯转平面呈上下对称,磁场强度 $\boldsymbol{B}$ 与弯转平面垂直,在此平面上只有 B_y 分量不为0.两极面大致与对称面平行,其间距离称为磁间隙.磁铁横截面如图8.4所示.因其磁轭在一侧或分居

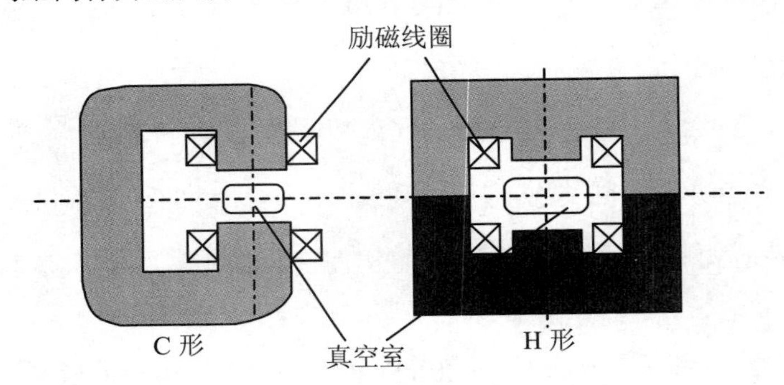

图 8.4

两侧,可有“C形”与“H形”之分.H形磁铁应做成上下可拆卸的,以便安装励磁线圈与真空室.为保证足够的好场区,磁极横向需有一定宽度,磁极的内外侧还常需加以垫补(略有凸起,以补偿磁场由中间向两侧的下降).

一般称磁铁中 $K=0$ 的弯铁为“分离作用型”弯铁,因为其基本功能仅是弯转,而非聚焦(聚焦以四极铁专管);反之,如 $K\neq0$,则是集弯转、聚焦两种功能于一身的“组合作用型”弯铁.$K\neq0$ 时,上、下极面不平行,B_y 较强处彼此更接近,但保持上下对称.严格地说,为保持 K 即 $\dfrac{\partial B_y}{\partial x}$ 不变,上、下极面应是双曲面的一部分,相当于四极磁铁双曲极面向外侧的延长(不包括中轴),但 K 不大时可以用斜平面代

替.历史上,一度组合作用型用得较多,尤其在环形加速器中,磁场皆有一定梯度以兼顾弯转与聚焦,以 K 的大小不同还有“弱聚焦”和稍晚的“交变梯度强聚焦”之分;后来则大多采用分离作用型,取其磁场均匀、工艺相对简易、控制大为灵活(调节聚焦时轨道不移动)的优点.但组合作用型仍有应用,如要求结构特别紧凑、电源数量最少的场合(某些商业用加速器的短输运线、磁场皆变化的同步加速器)和有些新型同步辐射光源中的弯铁.

磁铁设计时,首先应进行磁场计算,考虑好场区内磁场分布、磁轭内饱和程度等因素,确定磁铁横截面各部分尺寸,以及铁芯和线圈的材料、结构.铁芯主要分为整体型和叠片型两种.磁铁造价随好场区宽度即随磁极宽度上升,而随磁间隙的增大上升得更快.线圈的电流密度是另一个需慎重选取的参数,一般而言,电流密度较高,可减少线圈材料(总铜重),使结构较紧凑,磁铁造价较低,但将增加励磁功率消耗即运行费用,故选取时应有所折中.

如图 8.5 所示为磁铁顶视图(示意),可见到轨道呈圆弧形,在其两侧的磁铁应有足够宽度.以弯转半径 ρ、弯转角 θ_B 表示,主要尺寸的几何关系如下:

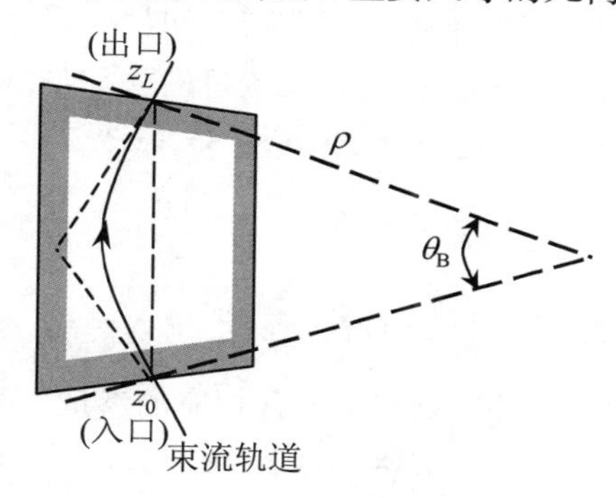

图 8.5

磁铁中轨道的长度(弧长)为

$$L = z_L - z_0 = \rho\theta_B$$

相应的弦长为

$$2\rho\sin\frac{\theta_B}{2}$$

直线段延伸相交“顶点”到入口、出口的距离为

$$\rho\tan\frac{\theta_B}{2}$$

弧与弦间最大距离,即“弦弧差”为

$$\rho\left(1-\cos\frac{\theta_B}{2}\right)$$

当 θ_B 较小时,弦弧差很小,磁极内、外两侧可以是平面;当 θ_B 较大时,此差影响好场区宽度,磁极内、外侧应为弧形曲面或分段相错开的阶梯形面.另一个需注意的问题是:磁铁的两个端面即轨道入口与出口边缘面可能与轨道有不同的交角,亦可有不同的形状,这些与边缘场对束流的作用关系很大,留待本节后半部分再加分析.

轨道的弯转有正、负之分.前已谈过,水平弯转以曲率中心在 $x<0$ 侧为正,即"向内为正,向外为负";垂直弯转以曲率中心在 $y>0$ 侧为正,即"向上为正,向下为负".各公式中,只要曲率半径 ρ、弯转角 θ_B 皆按此"正负"取号,公式皆通用.不同方向的弯转对色散的影响显然不同,只要记住:δ 大的粒子总倾向于弯转角小一些、尽量保持直线前进,有关符号即不易弄错.

弯铁磁场一般恒定,也可能随时间变化,后者见于使束流"扫描"或引向不同方向(磁铁好像"开关"或"道岔")等情况.其变化周期相对于束流渡越时间一般可认为很长,所以可看作"似稳场",不考虑参数随时间的变化.

弯转磁铁中粒子的运动方程就是前文谈过的"标准方程":

$$u''+F_u\cdot u=G_u\cdot\delta$$

$$z_d'=-G_x\cdot x+\frac{\delta}{\gamma^2}$$

本节中,$\rho=\dfrac{(B\rho)_0}{B_{y0}}$,$K$ 的定义不变;$G_x=\dfrac{1}{\rho}$,$F_x=K+\dfrac{1}{\rho^2}$;$G_y=0$,$F_y=-K$.

方程的解已在 8.1 节给出.只需代入各相应的参量,即得 6×6 阶矩阵元为

$$m_{11}=m_{22}=C_x(L)$$
$$m_{12}=S_x(L)$$
$$m_{16}=G_x\cdot D_x(L)$$
$$m_{21}=-F_x\cdot m_{12}$$
$$m_{26}=G_x\cdot m_{12}$$
$$m_{51}=-m_{26}$$
$$m_{52}=-m_{16}$$
$$m_{33}=m_{44}=C_y(L)$$
$$m_{34}=S_y(L)$$
$$m_{43}=-F_y\cdot m_{34}$$

$$m_{56}=\begin{cases}\dfrac{L}{\gamma^2}-\dfrac{G_x{}^2(L-m_{12})}{F_x} & (F_x\neq 0)\\[2mm] \dfrac{L}{\gamma^2}-\dfrac{G_x{}^2L^3}{6} & (F_x=0)\end{cases}$$

$$m_{55}=m_{66}=1$$

其他矩阵元素为 0.

由于历史上建造大磁铁回旋加速器留下的习惯，有人以 $n=-\dfrac{\rho}{B_{y0}}\left(\dfrac{\partial B_y}{\partial x}\right)_0$ 形容磁场在径向即 x 方向的变化，称之为磁场降落指数. 因为大磁铁靠外侧的场常比中心处略有下降，n 一般是不大的无量纲正数. 则各公式中的 K 可用 $-\dfrac{n}{\rho^2}$ 取代，而聚焦力的标志 $F_x=\dfrac{1-n}{\rho^2}$，$F_y=\dfrac{n}{\rho^2}$. 各矩阵元素无需再写. 唯一方便之处是各函数内磁铁长度 L 都以 $\dfrac{L}{\rho}$ 的形式出现，可代以 $\dfrac{L}{\rho}=\theta_{\mathrm{B}}$. 一个有用的推论是：当 $0<n<1$ 时，F_x 与 F_y 皆大于 0；此种弯铁在两个横向都聚焦，这是早期加速器理论的横向束流稳定性条件. 此种聚焦较弱，故束流包络较大，其优点是磁铁可以是相同的，亦无需四极铁；这种加速器称为弱聚焦加速器. 最有趣的是，人们制造第一个回旋加速器时并不知此理，但磁铁恰巧因“质量不良”而有略大于 0 的 n，故实现了稳定加速；而当专家们造出“完美的”均匀磁场磁铁以图改进时，反而因束流在垂直方向发散而失败. 自从库朗(E. Courant)和施奈德(H. Snyder)在 1958 年提出“交变梯度强聚焦”理论以来，加速器中采用强聚焦组合作用弯铁(其中，n 正负交替，$|n|$ 远大于 1)和分离作用型磁铁(四极铁中 n 无从定义)的越来越多，所以用 n 描述 $\dfrac{\partial B_y}{\partial x}$ 已渐渐失去意义.

以上讨论未涉及弯铁边缘场的情况以及束流轨道与弯铁出入口边缘面法线的夹角. 计算之先其实已“自然地”采用了两个假设：弯铁中场分布呈“方波型”，整个有效长度内有相等的磁场，其外则磁场为 0；有场区与无场区的分界面就是 z 坐标位于弯铁出入口时的坐标系 xoy 面. 前者即区间常数假设，用于弯铁又称硬边假设. 后者指出入口处轨道与磁铁边缘面相垂直. 由后文可知，只有这种情况下边缘场的作用可以忽略. 这种弯铁的顶视图呈扇形，所以上述传输矩阵公式适用于扇形磁铁.

分离作用(均匀磁场)扇形磁铁的各传输矩阵元的表达式最简单，而且较常用. 在前述各式中代入 $K=0$，$F_x=\dfrac{1}{\rho^2}$，$G_x=\dfrac{1}{\rho}$，$F_y=0$，并利用 $\dfrac{L}{\rho}=\theta_{\mathrm{B}}$，得

$$m_{11} = m_{22} = \cos\theta_B$$
$$m_{12} = \rho\sin\theta_B$$
$$m_{21} = -\frac{1}{\rho}\sin\theta_B$$
$$m_{16} = \rho(1-\cos\theta_B)$$
$$m_{26} = \sin\theta_B$$
$$m_{51} = -\sin\theta_B$$
$$m_{52} = -\rho(1-\cos\theta_B)$$
$$m_{33} = m_{44} = m_{55} = m_{66} = 1$$
$$m_{34} = \rho\,\theta_B$$
$$m_{56} = \rho\,\theta_B\left(\frac{1}{\gamma^2}-1\right)+\rho\sin\theta_B = \rho(\sin\theta_B - \beta^2\theta_B)$$

其他元素为 0.

此种扇形水平弯铁在垂直方向等同于长 $L=\rho\theta_B$ 的漂移段,在水平方向有弱聚焦.形成弱聚焦的解释是:平行注入的粒子以相同的曲率半径(故有不同的曲率中心)弯转,出口处不再平行而有会聚倾向,会聚点当在前方较远处.

此点由图 8.6 看得更清楚. z 轴是理想粒子轨道;考察入口处有径向偏移 x_0 的平行飞行($x_0'=0$)且具有理想动量($\delta=0$)的粒子轨迹,曲率中心在 O_1 点,出口在 D 点.看三角形$\triangle OO_1D$.线段 $OO_1=x_0$,$O_1D=\rho$,角$\angle O_1OD=\theta_B$.简单地利用正弦定理可解此三角形,舍去 x_0 的高阶小量,得$\angle O_1DO\approx\frac{x_0}{\rho}\sin\theta_B$,线段 $OD\approx\rho+x_0\cos\theta_B$.

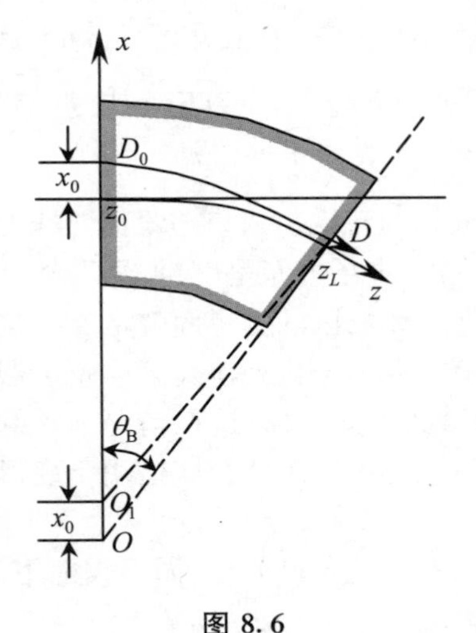

图 8.6

即出口处 $x\approx x_0\cos\theta_B$,$x'\approx-\frac{x_0}{\rho}\sin\theta_B$.这正是矩阵元 m_{11} 和 m_{21} 的含义.粒子轨道长度即弧长 $D_0D\approx\rho\theta_B+x_0\sin\theta_B$ 则为 m_{51} 作出解释,可见初始 x_0 较大的粒子因路程较长而似乎在"后退".

如另看一个在入口处 $x_0=0$,$x_0'\neq0$ 的粒子轨迹,用类似的平面几何知识可得到 m_{12},m_{22} 与 m_{52},读者不妨自行一试.

图 8.7 则可用来解释色散的发生和动量偏差 δ 的作用.与 z 轴不重合的轨道属于$\delta\neq0$ 而原轨迹无色散($x_0=x_0'=0$)的粒子,其曲率

半径为 $\rho(1+\delta)$，故曲率中心在 O_1. 同样解三角形 $\triangle OO_1D$，可得到 m_{16}，m_{26} 和 m_{56}. 像这样用纯粹初等数学的方法——而且知道应该和如何把小量的高次项"扔掉"——解决高等数学问题，不仅有"杀鸡焉用牛刀"的乐趣，而且有益于增加对物理图像的理解.

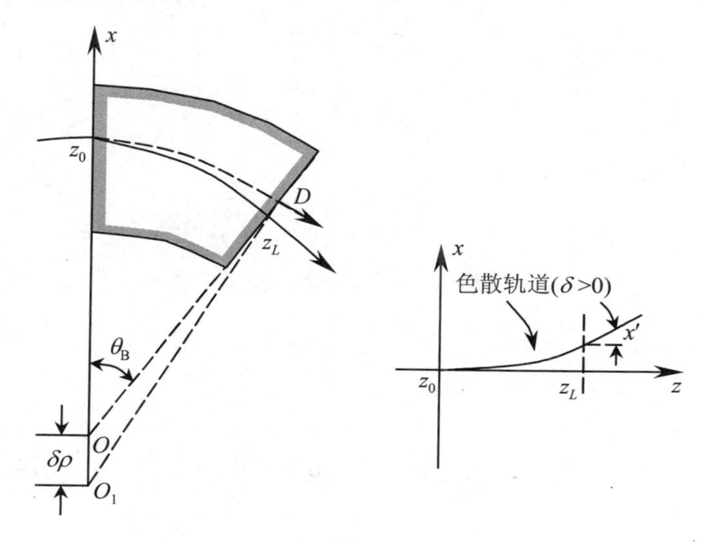

图 8.7

图 8.7 也形象地说明了本无色散的束流通过弯铁时色散如何发生，x 方向的偏离如何由小到大、呈负的余弦函数形或近似地呈二次曲线形在磁铁中逐渐增加，在出口处还保有一个等于 $\delta\sin\theta_B$ 的偏角，以至于在漂移段中 x 继续增长（$\delta<0$ 者反之）. 常"拉平"z 轴，将这一图像画成图 8.7 中右侧的小图，含义不变. 由 m_{56} 的表达式可见，对于非相对论性粒子束流（额定动量粒子的 $\beta\ll1$），动量大者超前，即"跑得快"是主要因素；而相对论性粒子则 $\beta\approx1$，$m_{56}<0$，动量大者因"跑外圈"而落后. 还可分析"负弯转"的情况：只有 m_{16}，m_{26}，m_{51} 和 m_{52} 四个矩阵元在负弯转时异号，从物理意义看当然合理.

有水平聚焦作用的扇形弯铁当然也能成像，并有巴柏尔（Barber）定理：均匀扇形弯铁水平方向成像时物点、像点与理想曲率中心三点共线. 这一点很容易证明.

推导要点　如图 8.8 所示，各点位置和符号不必说明.

传输矩阵

$$M_o^i = M_2^i \cdot M_1^2 \cdot M_o^1$$

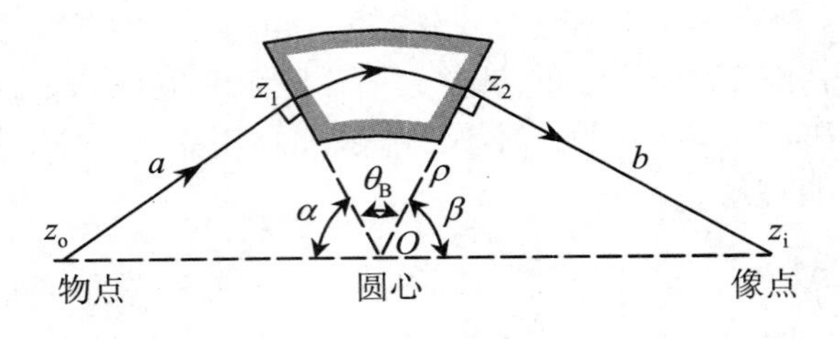

图 8.8

成像时,总矩阵 M_o^i 的

$$m_{12} = (a + b)\cos\theta_B + \left(\rho - \frac{ab}{\rho}\right)\sin\theta_B = 0$$

如图所示连线后,有 $a = \rho\tan\alpha$, $b = \rho\tan\beta$. 成像条件即

$$\tan\theta_B = -\frac{a + b}{\rho - \dfrac{ab}{\rho}} = -\tan(\alpha + \beta)$$

或

$$\tan(\alpha + \beta + \theta_B) = 0$$

所以

$$\alpha + \beta + \theta_B = \pi$$ □

以下分析磁铁边缘场对粒子运动的作用. 图 8.9 显示了磁铁边缘面与粒子轨道的关系(上图)和边缘场分布(下图). 前文分析弯铁的作用时没有考虑边缘的情况,该"情况"可能颇复杂,其中包含 3 个因素:其一,场分布不是"硬边";其次,理想粒子轨道可能与边缘面不垂直,即 z 轴与磁铁端面法线 $\boldsymbol{n}$ 不重合;第三,边缘面可能不是平面,是凸起或凹入的曲面.

设想可用一薄透镜代替边缘场. 整个磁铁被分解为"入口边缘 + 厚元件弯铁 + 出口边缘". 边缘场所占区域很短,这种分解法应可行. 中间的厚元件即视为扇形弯铁. 下面粗略分析前述 3 个因素的影响:

对于第一种因素,确定厚元件参数时已用到积分相等的条件,如 $B_{y0} \cdot L = \int B_y \mathrm{d}z$,所以在粒子总弯转角 $\theta_B = \int \frac{1}{\rho}\mathrm{d}z$ 上应不必再考虑边缘区的影响,有无其他影响待分析. 第二种因素,轨道如与边缘面法线有夹角 $\theta_e \neq 0$,必造成粒子在弯铁中路径长度和$\int B_y \mathrm{d}z$ 因 x 不同而异,且此差异大致与径向位置 x 成线性关系,是一个影响方向角 x' 的一阶量,显然不可忽视. 第三种因素,边缘面是曲面,有曲率

半径 $R_e \neq \infty$，会造成$\int B_y \mathrm{d}z$ 依赖于 x，但其差异大约正比于 x^2，是 x 的二次函数，所以是二阶量，即六极场分量，只考虑线性方程时可忽略$\left(\text{同理可推论，如磁铁中 } K \neq 0\text{，边缘角 } \theta_e \neq 0 \text{ 时相当于有} \dfrac{\partial^2 B_y}{\partial x^2} \neq 0 \text{ 的二阶量}\right)$.

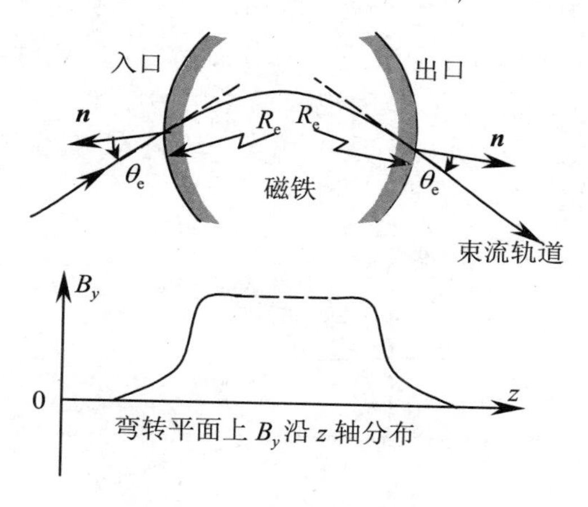

图 8.9

定义边缘角 θ_e的符号以图 8.9 中所见为正：θ_e 是磁铁外理想粒子轨道（z 轴）与边缘面法线的夹角；无论入口出口，以轨道在法线内侧（$x<0$ 侧）为正，故图 8.9 中 $\theta_e>0$（垂直弯转时，以上侧即 $y>0$ 侧为正）. 同时，规定端面曲率中心以在磁铁内（向外凸）时 R_e为正. 以后各公式依此规定计算，不会有符号错误.

磁铁边缘场中最重要的一项取决于角 θ_e. $\theta_e \neq 0$ 的弯铁与扇形弯铁的区别仿佛是从一侧切取一块楔形磁铁（θ_e 是楔形的尖角），补到另一侧. $\theta_e>0$ 时是“切外补内”. 因此，弯铁边缘在 $\theta_e \neq 0$ 时又名“磁楔”.

边缘场有多种分析方法. 当涉及二阶以上量，考虑实际场分布时，可以很复杂. 对于有些项，不同文献各执一词. 这些方法包括：根据场型，逐步计算 u_C 与 u_S 等，再写成传输矩阵形式；假设场型，用级数展开法；δ- 函数法等多种.

需要注意的一点是：用薄透镜代替边缘场，且中间的厚元件是扇形弯铁，无论用何种方法，都要考虑与厚元件的衔接问题. 或者说，薄透镜应能完全代表有边缘场时的粒子运动与理想扇形弯铁中运动的差. 比如，$\theta_e \neq 0$ 时，粒子中 $x \neq 0$ 者的轨迹与坐标系规定的边界交点和跨过边缘面的交点并不重合，可能先通过前者或先通过后者. 轨迹的 x_0，x_0'等应在“坐标系边界”上取值. 如图 8.10 所示.

如果先经过坐标系边界，可由此向前计算直线飞行轨迹，直到跨过边缘、进入磁铁，然后要在假想的均匀弯转磁场(与磁铁内部一样的场)中计算“退回去”的轨迹，退到坐标系边界再求 x,x' 与原值的差.如果后通过坐标系边界，则要先在假想的漂移段(与磁铁外面一样)中计算倒退的轨迹，退到磁铁外再反转，跨过边缘场区，进入磁铁，回到坐标系边界，此时求差.细心领会此中意味，方能明白所谓“衔接”的含义.以作者看来，有些考虑高阶项的边缘场分析就在这里出现差错.此外，考虑高阶项时，粒子的各个参量不能分而治之，x,x',y,y' 和 δ 皆不能假设为0，否则会丢失一些乘积项；作为边缘场作用的结果，不仅 $\Delta x',\Delta y'$ 不是0，即轨迹有折转，而且 $\Delta x,\Delta y$ 亦可不是0，相当于轨迹有“错位”，这一点从以上求差的考虑应不难理解.

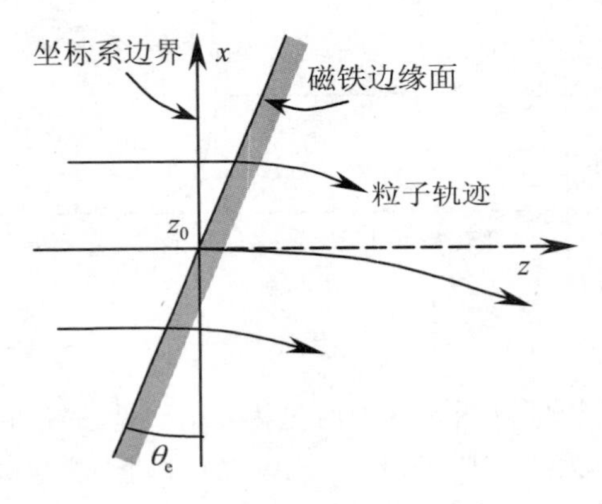

图 8.10

不论何种方法，关于边缘场的最重要项并无分歧：弯铁边缘酷似一薄四极透镜，其

$$K \cdot L = -\frac{1}{\rho}\tan\theta_e$$

在硬边假设下，这是唯一的线性项.二阶分量则有许多项，最主要的是一个六极分量项

$$\lambda L = -2K\tan\theta_e - \frac{1}{\rho R_e \cos^3\theta_e}$$

关于其他项，尤其当非硬边时，诸说略有不同.

下面用一个简单模型说明上述线性项何以存在.设 $\theta_e > 0, K = 0, \frac{1}{R_e} = 0$.见图8.11，图中所示为弯铁入口.建一辅助坐标系，N 轴沿边缘面法线，指向粒子前进的方向，T 轴沿该面切线．磁场 $\boldsymbol{B}$ 在 T 方向无变化，也没有 B_T 分量；但沿 N 方向有明显改变，在硬边假设下是从0到弯铁额定磁场 B_y 的阶跃变化．边缘场在水平方向的作用主要是：与扇形磁铁的情况相比，$x>0$ 的粒子"少走一段弯路"，所以弯转角比理想轨道上的粒子小，相当于获得一个大于0的 x' 角增量；$x<0$ 者反之；是为水平散焦作用．而在 y 方向，$y>0$ 的粒子"看见"磁场变化区域内的 B_N 分量一度不为0，此分量当 $\theta_e=0$ 时在粒子的前进方向，不影响横向运动，而当 $\theta_e>0$ 时有负的 B_x 分量，因此会使该粒子轨迹向下弯；$y<0$ 者所见磁场方向相反，故 θ_e 为正时向上弯；此正是垂直聚焦作用．

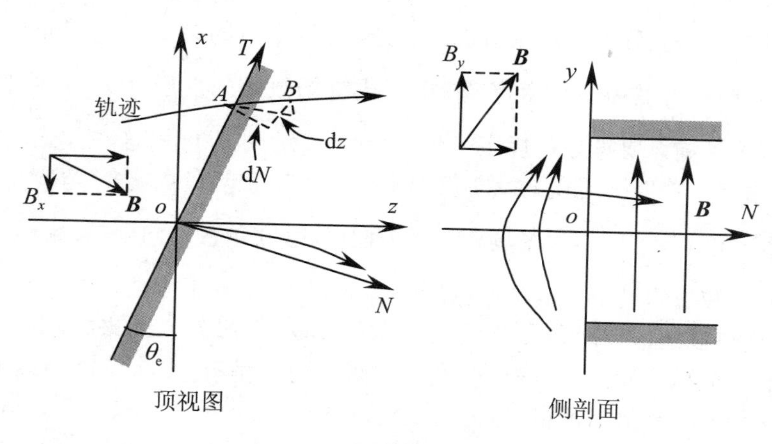

图 8.11

现在进行定量分析．水平方向上，$x\neq0$ 的粒子弯转角的差是

$$\Delta x'=\frac{1}{1+\delta}\frac{B_y}{(B\rho)_0}\cdot\Delta z\approx\frac{1}{\rho}\cdot x\tan\theta_e\cdot(1-\delta)$$

因为少走的弯路长度 Δz 在 x 来不及变化时约等于 $x\cdot\tan\theta_e$．此处，因子 $1-\delta$ 只是想说明，与真的四极磁铁一样，边缘场四极分量的作用也随 δ 变化，仅考虑线性方程时可只用

$$\Delta x'=x\cdot\frac{1}{\rho}\tan\theta_e$$

垂直方向上，在硬边假设下，B_y 沿 N 方向的变化可"压缩"为 $\int\frac{\partial B_y}{\partial N}\mathrm{d}N=B_y$；$y\neq0$ 的粒子看见 N 方向有磁场 $B_N=y\frac{\partial B_N}{\partial y}=y\frac{\partial B_y}{\partial N}$．图8.11中，磁场分量间的几何关系为 $B_x=-B_N\sin\theta_e$，粒子通过边缘时坐标变化量 $\mathrm{d}z$ 与 $\mathrm{d}N$ 间的关系为 $\mathrm{d}z\approx\frac{\mathrm{d}N}{\cos\theta_e}$．（设图8.11中小距离 AB 为 $\mathrm{d}L$，两点间 $\mathrm{d}z=\mathrm{d}L\cos x'$，

而 $\mathrm{d}N = \mathrm{d}L\cos(\theta_e + x')$，$x'$ 是小量.）综合以上诸条件，即得到

$$\Delta y' = \frac{1}{1+\delta}\int \frac{B_x}{(B\rho)_0}\mathrm{d}z \approx -y \cdot \frac{1}{\rho}\tan\theta_e \cdot (1-\delta)$$

总之，若将弯铁边缘场薄透镜写成传输矩阵，则有

$$m_{21} = \frac{1}{\rho}\tan\theta_e$$

$$m_{43} = -\frac{1}{\rho}\tan\theta_e$$

对角线元素皆为 1，其他非对角元素皆为 0.

几点讨论：以上分析虽然只对“入口”进行，但出口的结果与上式完全一致.所用 $\frac{1}{\rho}$ 是相应弯铁内磁场的参数，θ_e 确定了边缘场效应的性质和大小.回顾以上分析可知，有关各量只要符号与规定一致，无论正、负、0，皆可用这些公式.边缘场的作用等效为一个薄四极透镜，θ_e 的绝对值越大则透镜越强，ρ 越大（弯转得较平缓）则越弱.当 $\frac{1}{\rho}\tan\theta_e > 0$ 时，边缘场在水平方向散焦，在垂直方向聚焦.扇形弯铁两端 θ_e 皆为 0，在硬边假设下边缘场作用的一次项为 0.

当不能用硬边假设时，$\Delta x'$ 作为弯转角的反映不受影响，而来自场积分的 $\Delta y'$ 略有不同，故应稍作修正.此修正项表达式诸家说法稍有差异，窃以为以卡·布朗（K. Brown）的处理最为严格.他为用在垂直方向时的 θ_e 设一修正角，其值随边缘场情况不同（磁间隙大小、有无磁屏蔽短路板等）而异.如果边缘场近似看作在长度 b 以内线性变化（B_y 分布呈梯形），此修正项使得

$$m_{43} = -\frac{1}{\rho}\tan\theta_e + \frac{b}{6\rho^2} \cdot \frac{1+\sin^2\theta_e}{\cos^3\theta_e}$$

注意，所加修正项恒为一散焦项，且当 $\theta_e = 0$ 时也不是 0.其原因是：以入口处为例，非硬边时，早期的弱磁场已开始使粒子弯转，对于后面的磁场迅速变化区域而言，$y \neq 0$ 的粒子有点像是从 θ_e 稍减小（或变负）的方向进入弯铁.我们代入实用数据，以示修正项大小：合肥 HLS 储存环中，$\rho = 2.2$ m，$\theta_e = 15^\circ$，若 $b = 0.1$ m，修正项约为前一项的 4%，或者说在垂直方向 θ_e 应修正成 14.52°.显然，$\frac{b}{\rho}$ 越小，此修正越可忽略.

θ_e 不等于 0 的最常见实例是矩形弯铁，如图 8.12 所示.其入口、出口边缘面平行，显然 $\theta_e = \frac{\theta_B}{2}$.整个磁铁的传输矩阵等于两边缘场夹中间“扇形弯铁”3 个矩阵的连乘积.当矩形弯铁是分离作用型且如此摆放时，各矩阵元的表达式

很简单.

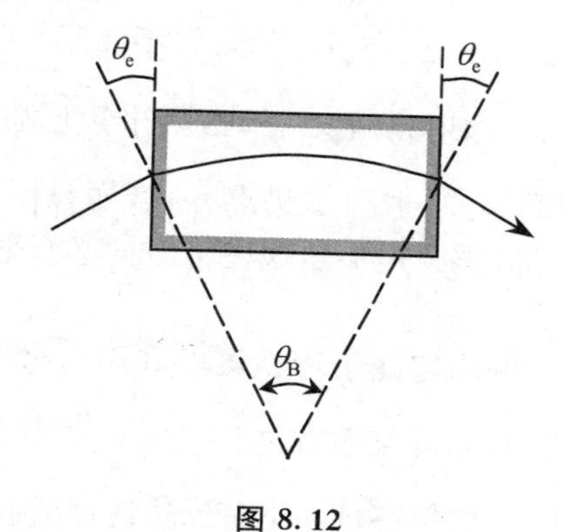

图 8.12

此时,总矩阵有

$$m_{11} = m_{22} = 1$$
$$m_{12} = \rho\sin\theta_B$$
$$m_{21} = 0$$
$$m_{16} = \rho(1-\cos\theta_B)$$
$$m_{26} = 2\tan\frac{\theta_B}{2}$$
$$m_{33} = m_{44} = 1-\theta_B\tan\frac{\theta_B}{2}$$
$$m_{34} = \rho\,\theta_B$$
$$m_{43} = -\frac{2}{\rho}\tan\frac{\theta_B}{2}\left(1-\frac{\theta_B}{2}\tan\frac{\theta_B}{2}\right)$$
$$m_{55} = m_{66} = 1$$
$$m_{51} = -2\tan\frac{\theta_B}{2}$$
$$m_{52} = -\rho(1-\cos\theta_B)$$
$$m_{56} = \rho(\sin\theta_B - \beta^2\theta_B)$$

其他元素为 0.

矩形磁铁可以有不同的摆法,例如使入口处 $\theta_e=0$,出口处 $\theta_e=\theta_B$.请读者用 θ_1,θ_2分别表示入口、出口的边缘角,写出整块磁铁的传输矩阵作为练习.容易看出,m_{12},m_{16},m_{34},m_{52}和 m_{56}等元素与边缘角无关(即与扇形磁铁一样);而且,只要是矩形磁铁,即 $\theta_1+\theta_2=\theta_B$,必有 $m_{21}=0$,$m_{11}\cdot m_{22}=1$.换言之,无论束流以何角度入射，矩形磁铁在弯转平面不聚焦，平行入射的粒子出射时仍然平行. 以前文所用几何图像来看此点，显而易见. 亦可称为弯转平面原有的弱聚焦作用此时恰为边缘场散焦作用抵消. 当出、入射角皆为$\frac{\theta_B}{2}$时，整个矩形磁铁在 x 方向犹如长为 $\rho\sin\theta_B$（比原长度略短）的漂移段；但色散仍然存在，而且因边缘的散焦作用，出口处色散轨道的张角略有增加. 整个矩形磁铁在 y 方向必有聚焦作用，完全因边缘场引起，故常称为"边缘聚焦".

由此可见，两极面平行的均匀磁场弯铁可以利用边缘聚焦作用做成仅对水平面或仅对垂直面起聚焦作用，亦可兼而有之$\left(0<\theta_e<\frac{\theta_B}{2}\right)$，此特性可在要求磁铁结构特别紧凑的设计中利用. 有的储存环还把弯铁边缘做成有凸凹的形状，使之具有六极磁铁的功能.

图 8.13 所示是多块弯铁联用的两个实例. 上图由 4 块弯铁构成"凸轨"；下图是许多块磁铁构成的周期性磁场，因束流轨迹在其中的形状而称为"扭摆磁铁"(Wiggler). 两例中，当磁铁不通电流时粒子皆直线穿过，通电后分别可形成轨道的凸起（因此可改道通过"旁路"）或扭摆（以利用粒子发出的同步辐射或其他物理效应）. 其共同点是磁场方向皆有交替，弯转角有正、负变化，色散特性表现为 δ 偏大

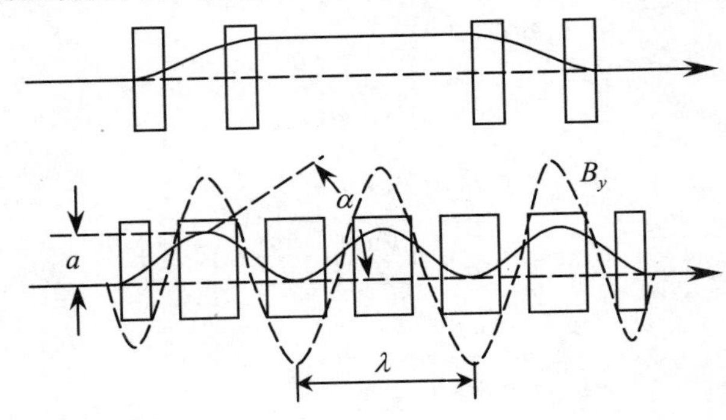

图 8.13

的粒子总是走离原始轨道较近的轨迹，到出口处又与理想粒子轨道合而为一，但 δ 大者并不因跑外圈而落后，却因"抄近道"而超前. 两种情况下（尤其是后一种）都多用矩形弯铁，故总体特征是在 x 方向好似漂移段，而 y 方向有边缘聚焦. 读者应能利用弯铁传输矩阵写出这些系统的总矩阵. 严格地说，在扭摆磁铁中磁场 B_y 多已呈连续变化（如图中所示），是具有波长 λ 的似正弦波形，硬边假设下的分块计算只是近似的估算. 可近似认为粒子轨迹也是似正弦波形的周期型，基波波长亦为 λ.

假设磁场和轨迹都以基波为主，B_y 的最大值为 B_m，不难算出图中所示轨迹的最大扭摆角 $\alpha=\dfrac{B_m\lambda}{2\pi(B\rho)_0}$（对电子，常写作 $\alpha=\dfrac{K}{\beta\gamma}$，"扭摆磁铁常数"$K=\dfrac{e}{2\pi m_0 c}B_m\lambda\approx 0.934B_m(\mathrm{T})\lambda(\mathrm{cm})$），最大扭摆位移 $a=\frac{\alpha\lambda}{\pi}$. 关于周期型磁场的其他讨论已超出本课程范围.

电场也能使轨迹弯转. 粒子在这种电场中的横向位置不同会造成动量不同，严格处理比较复杂，不在此讨论. 如束流传输系统中用到电场弯转装置，可当无长度元件近似处理，设粒子横向位置来不及变化，但所有轨迹皆产生一偏转角 $\Delta\theta$（电场弯转的一个常见实例是在储存环中用于分开正、负电荷粒子的轨道，它作为辅助性偏转器件，不改变坐标轴方向）.

束流传输元器件的介绍到此暂停. 后文将提及螺线管线圈等特殊元器件，其应用范围相对而言小得多，不在要求读者掌握的范围之内.

8.4　色散函数和包络函数

第7章7.3节曾谈到如何用束流矩阵 Σ 描述束流状态. 本节介绍用色散函数 η、包络函数 β（和相应的 α，γ 同被称为 Twiss 参数）描述束流的方法. 两者间的关系请读者注意把握. 用这些函数的优点是：函数本身有较明确（与束流矩阵元 σ_{ij} 等相比）的物理意义，与环形加速器容易"接轨"，计算公式和程序多可共用. 它们的表现与环形加速器中的相应函数——可视若其"堂兄弟"——完全一样，但含义有所不同. 作为束流一去不复返的束流传输系统，这些函数属于束流，其取值依赖于初始条件；而在周期性磁场结构形成的环中，相应函数属于环的聚焦系统（或曰属于种种束流状态中唯一能满足该磁场条件的周期解）.

许多公式及其推导要点列于本节末尾. 读者在"储存环物理"课程中还会与其中若干相遇. 本节的重点是有关物理意义的讨论.

本节假设：束流运动的两个横向之间无耦合；弯转只在水平方向，y 方向与纵向间亦无耦合；不关心束流粒子纵向位置；束流可以用相椭球 Σ 描写. 本节给出的所有公式在与假设相符的条件下是严格的. 在这些条件下，束流运动可以用 x 方向的 3×3 阶矩阵 $M[x]$、y 方向的 2×2 阶矩阵 $M[y]$ 确定；束流状态可用质心状态

U_m（包括 5 个元素：$x_m, x_m', y_m, y_m', \delta_m$）和两个彼此独立的子 Σ 矩阵 Σ_x 和 Σ_y 代表，它们也分别是 3×3 阶和 2×2 阶阵；独立的 σ_{ij} 元素则分别有 6 个和 3 个，前者包括纵向参量 σ_{66}—— 为避免混淆，本节用 σ_{ij} 元素时的下标仍保留它们在总 Σ 阵中的标号.

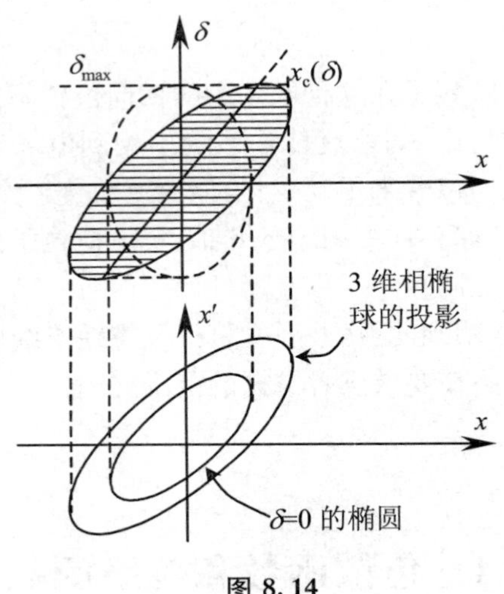

图 8.14

色散函数 η 的概念可从第 7 章 7.3 节所画的相椭球及其投影的关系导出（见图 8.14）. 作为轨迹与动量差的相关程度的标志，η 与 σ_{16} 有关是显然的. 再次想象 δ 不同的粒子只能在一层层 δ 不变的切片中运动，每一片都有其自身的质心，其坐标 $x_c(\delta)$ 是 δ 的函数. 色散函数 η 宜定义为

$$\eta = \lim_{\delta\to0}\frac{x_c(\delta) - x_c(0)}{\delta}$$

或

$$\eta = \lim_{\delta\to\delta_m}\frac{x_c(\delta) - x_c(\delta_m)}{\delta - \delta_m}$$

色散函数 η 是量纲为长度（单位为 m）的物理量. 它随纵向坐标 z 变化，描述了 δ 不同的粒子的平均轨道随 δ 偏移的线性项，可看作有单位动量偏差的粒子的标准轨迹. 无论是假设粒子在相椭球边界内均匀分布的“有限均布模型”，还是通过相空间密度分布求平均值而得相椭球参数的“统计模型”，都可严格证明

$$\eta = \frac{\sigma_{16}}{\sigma_{66}}$$

$$\eta' = \frac{\sigma_{26}}{\sigma_{66}}$$

以及 η 满足非齐次运动方程

$$\eta'' + F_x \cdot \eta = G_x$$

任何粒子的 x 方向运动轨迹可分解成三部分之和（y 方向仅两部分，无色散项）：

$$x = x_{\mathrm{m}} + (\delta - \delta_{\mathrm{m}})\eta + x_\beta$$

此三部分分别是：质心运动、色散部分和杂散部分（或称热运动部分，自由振荡部分）. 质心的运动与单个粒子一样由传输矩阵确定，本节内我们不感兴趣. 下文中将把质心置于坐标原点，这相当于简单的坐标平移，或者说文中的 $x(i)$ 都相当于 $x(i) - x_{\mathrm{m}}(i)$（$i = 1,2,\cdots,6$，用第7章7.3节中符号 $x(i)$ 代表任一相空间坐标）. 于是，x 方向粒子的运动可写作

$$x = \delta\eta + x_\beta$$

如 η 函数已求出，可从 x 方向总运动轨迹中除去色散部分，得到其自由振荡部分

$$x_\beta = x - \delta\eta$$

同时自然有

$$x_\beta' = x' - \delta\eta'$$

此式从几何上说是一种“倾斜”（而非平移）的坐标变换，把逐个切片斜向错开的相椭球“扶正”（见图8.14中虚线），使 x_β 不包含因 δ 不同的错位；从代数上说是变量代换，把椭球方程中的交叉二次项 δx 项与 $\delta x'$ 项的系数变为0；从微分方程上说，是找到一个非齐次方程特解 $\delta\eta$ 之后，x_β 是齐次运动方程 $x'' + F_x x = 0$ 的通解；从物理上说，是把束流粒子轨迹因色散造成的部分和仅因初始位置、方向角不同而形成的杂散部分（亦称在聚焦结构作用下的自由振荡部分）分离，让色散部分的特征由 η 函数“全权代表”. 只要运动方程是线性的，作为线性操作，这一分离必保持 x_β 与 x_β' 在相空间的分布仍然是椭圆. 对于 δ 不同的粒子，所有这些椭圆皆与 $\delta = 0$ 时 x 与 x' 在 $x - x'$ 平面的椭圆相似，只是面积随 $|\delta|$ 增大而减小，到 $|\delta| = \delta_{\max}$ 时面积是0.

原来的 3×3 阶矩阵和相椭球方程分别是

$$\Sigma_x = \begin{pmatrix} \sigma_{11} & \sigma_{12} & \sigma_{16} \\ \sigma_{12} & \sigma_{22} & \sigma_{26} \\ \sigma_{16} & \sigma_{26} & \sigma_{66} \end{pmatrix}$$

$$(x, x', \delta) \cdot \Sigma_x^{-1} \cdot \begin{pmatrix} x \\ x' \\ \delta \end{pmatrix} \leqslant 1$$

该椭球与 $\delta=0$ 平面的相交截面是“截面椭圆”

$$(x,x')\Sigma_{x\beta}^{-1}\begin{pmatrix}x\\x'\end{pmatrix}\leqslant 1$$

其中,2×2 阶束流矩阵

$$\Sigma_{x\beta}=\begin{pmatrix}\sigma_{11\beta} & \sigma_{12\beta}\\ \sigma_{12\beta} & \sigma_{22\beta}\end{pmatrix}$$

矩阵元 $\sigma_{ij\beta}$ 等由截面椭圆定义.而原 3 维椭球在 $x—x'$ 平面上的投影是椭圆

$$(x,x')\begin{pmatrix}\sigma_{11} & \sigma_{12}\\ \sigma_{12} & \sigma_{22}\end{pmatrix}^{-1}\begin{pmatrix}x\\x'\end{pmatrix}\leqslant 1$$

无论是有限均布模型还是统计模型,都可严格证明:x_β 与 x_β' 的相空间分布是椭球

$$(x_\beta,x_\beta',\delta)\begin{pmatrix}\sigma_{11\beta} & \sigma_{12\beta} & 0\\ \sigma_{12\beta} & \sigma_{22\beta} & 0\\ 0 & 0 & \sigma_{66}\end{pmatrix}^{-1}\begin{pmatrix}x_\beta\\x_\beta'\\ \delta\end{pmatrix}\leqslant 1$$

或曰每一个“δ 切片”是椭圆

$$(x_\beta,x_\beta')\Sigma_{x\beta}^{-1}\begin{pmatrix}x_\beta\\x_\beta'\end{pmatrix}\leqslant 1-\frac{\delta^2}{\sigma_{66}}$$

其中,$|\delta|\leqslant\delta_{\max}=\sqrt{\sigma_{66}}$.

各量间的数学关系是

$$\sigma_{ij\beta}=\sigma_{ij}-\frac{\sigma_{i6}\sigma_{j6}}{\sigma_{66}}$$

或分别写作

$$\sigma_{11\beta}=\sigma_{11}-\sigma_{66}\eta^2$$
$$\sigma_{12\beta}=\sigma_{12}-\sigma_{66}\eta\eta'$$
$$\sigma_{22\beta}=\sigma_{22}-\sigma_{66}\eta'^2$$

参量 σ_{66} 可以是 $\delta_{\max}{}^2$(有限均布模型)或 $\langle\delta^2\rangle$(统计模型),它是不随运动变化的常量.处理 x_β,x_β' 而非 x,x',相当于处理 $\delta=0$ 平面上的截面椭圆而非“投影椭圆”,并把 3 维问题降低成 2 维问题.上述各式是两个平面椭圆参数之间的关系.截面椭圆发射度 $\varepsilon_{x\beta}=\sqrt{\sigma_{11\beta}\sigma_{22\beta}-\sigma_{12\beta}{}^2}$ 和 3 维发射度 $\sqrt{|\Sigma|}=\sqrt{\sigma_{66}}\cdot\varepsilon_{x\beta}$ 是常量,而投影椭圆发射度 $\varepsilon_{(1,2)}=\sqrt{\sigma_{11}\sigma_{22}-\sigma_{12}{}^2}$ 不是.后者一般大于截面椭圆发射度,只有在无色散时相等.

还应注意一点:量 η' 有两个物理意义,它既是 η 本身对 z 的变化率,又表明

x'与 δ 的相关关系,即运动方向的色散."有色散"表现为 $\eta\neq0$ 和/或 $\eta'\neq0$,这可能来自束流的初始条件,也可能在运动中(通过弯转磁铁)发生.一般 y 方向无色散,所以 2×2 阶矩阵 Σ_y 的形式与截面椭圆 $\Sigma_{x\beta}$相仿.如果 y 方向有色散,也可用函数 η_y, η_y'描写,只要前述各式中 σ_{ij} 的下标 1,2 换为 3,4,所有公式可照写.

粒子运动通过一个系统时,传输矩阵"作用于"束流矩阵,其方式还是读者早已知道的 $\Sigma_1 = M_0^1 \cdot \Sigma_0 \cdot (M_0^1)^{\mathrm{T}}$.如果系统是元距离 $\mathrm{d}z$,M_0^1 就是元传输矩阵 $M_z^{z+\mathrm{d}z}$,可由此求出所有 Σ 矩阵元对 z 的微分变化规律.它们是

$$
\begin{aligned}
\sigma_{11}' &= 2\sigma_{12} \\
\sigma_{12}' &= \sigma_{22} - F_x\sigma_{11} + G_x\sigma_{16} \\
\sigma_{22}' &= -2F_x\sigma_{12} + 2G_x\sigma_{26} \\
\sigma_{16}' &= \sigma_{26} \\
\sigma_{26}' &= -F_x\sigma_{16} + G_x\sigma_{66} \\
\sigma_{66}' &= 0 \\
\sigma_{33}' &= 2\sigma_{34} \\
\sigma_{34}' &= \sigma_{44} - F_y\sigma_{33} \\
\sigma_{44}' &= -2F_y\sigma_{34}
\end{aligned}
$$

和

$$
\begin{aligned}
\sigma_{11\beta}' &= 2\sigma_{12\beta} \\
\sigma_{12\beta}' &= \sigma_{22\beta} - F_x\sigma_{11\beta} \\
\sigma_{22\beta}' &= -2F_x\sigma_{12\beta}
\end{aligned}
$$

可见将色散项分离掉的 $\Sigma_{x\beta}$矩阵的行为与无色散的Σ_y 矩阵完全相似.这些公式亦可与第 1 章 1.5 节物理相空间中的相应公式比较.

包络函数 β 和另外两个"Twiss 参数"α, γ 可在此引入.这些函数广泛用于描述束流的 2 维相空间(平面椭圆)运动.在数学上,它们不过是用椭圆面积即发射度归一化的束流矩阵元 σ_{ij},但按照习惯,其中 α 与σ_{ij}异号.定义式为

$$
\beta_u = \frac{\sigma_{ii\beta}}{\varepsilon_{u\beta}}
$$

$$
\alpha_u = -\frac{\sigma_{ij\beta}}{\varepsilon_{u\beta}}
$$

$$
\gamma_u = \frac{\sigma_{jj\beta}}{\varepsilon_{u\beta}}
$$

其中,$u=x$ 时 $i=1$;$u=y$ 时 $i=3$;$j=i+1$.

图 8.15 再一次给出了相椭圆和 σ_{ij} 或 ε, β, α, γ(图中省略下标)等的关系.

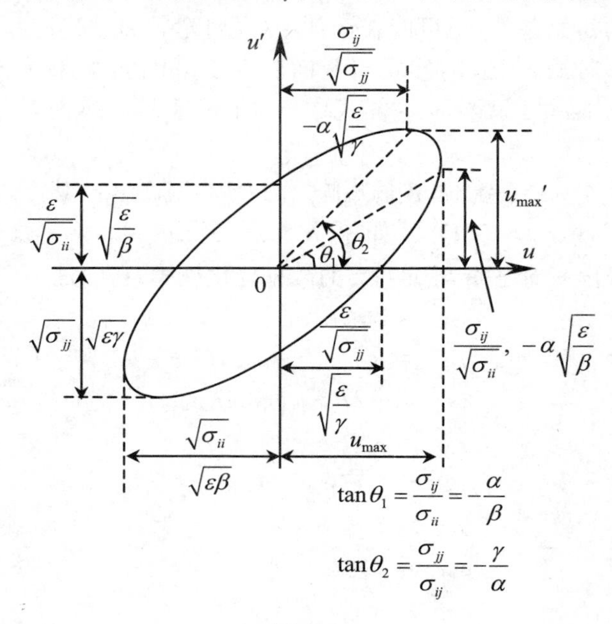

图 8.15

既已归一化,这几个函数重点描述的是椭圆的形状而非其面积,或者说它们描述一个彼此相似的椭圆族.其中,β_u 描述包络大小的相对值(u_{max}正比于$\sqrt{\beta_u}$),γ_u 形容发散角的大小(u_{max}'正比于$\sqrt{\gamma_u}$),α_u 则说明包络变化趋势和椭圆的取向(如:$\alpha>0$ 时是会聚束,$\alpha=0$ 时是束腰,等等).它们与发射度 ε_u 结合,能完全确定在某一位置束流一个横向的截面相椭圆的状态.

这些函数的量纲是:β 为长度,单位为 m;α 无量纲;γ 为长度的倒数,单位为 m^{-1}.

基本性质公式如下:

$$\beta_u \cdot \gamma_u = 1 + \alpha_u{}^2$$
$$\beta_u{}' = -2\alpha_u$$
$$\alpha_u{}' = F_u\beta_u - \gamma_u$$
$$\gamma_u{}' = 2F_u\alpha_u = -F_u\beta_u{}'$$

这些公式容易由对应矩阵元 σ_{ij} 的性质导出,非常有用.

推论:上述 3 个量中,可认为仅包络函数 β_u 是基本函数;$\alpha_u = -\frac{1}{2}\beta_u{}'$是其变化率,而 $\gamma_u = \frac{1+\alpha_u{}^2}{\beta_u}$不是独立变量.特别地,在束腰处,$\alpha_u = 0$, $\gamma_u = \frac{1}{\beta_u}$. β_u 和 γ_u

永远大于0.在漂移段中($F_u=0$),γ_u 是常数,$\alpha_u'<0$,α_u 恒有减小趋势.β_u 的会聚或发散决定于 α_u 的符号.仅在 $F_u>0$ 的聚焦段中能使 α_u 由小变大.

原来束流状态用9个 σ 元素(x 方向与 δ 结合6个,y 方向3个)描述,现在仍用9个独立量:运动中不变的 σ_{66} 和两个发射度 $\varepsilon_{x\beta}$,ε_y,以及随 z 变化的 η,η' 和与 x_β,y 相关的各一对 β_u 和 α_u.可变的量只剩6个,联系于3个函数,而且各有明确的、可分离的物理意义.各变量在系统起点的值决定于初始条件,此后的变化决定于传输系统.

如果系统起点的 β_u,α_u,η 和 η' 已知,利用传输矩阵可求得每一点直到终点的这些函数.通过它们在系统全程的分布,可完全掌握束流的状态变化情况.区间常数假设成立时,传输矩阵皆有解析解,这些函数都可以逐区间地写为解析函数.β_u 与 η 必全程连续;α_u 与 η' 则可能在经过薄透镜(如弯铁边缘)时跃变,此时 β_u 与 η 有"折转"点.利用解析函数表达式或各函数的性质,也可逐区间给出各函数的积分、平均值等的解析表达式.

反过来,当这些函数全程的分布皆已了解后,它们可用于:描述单个粒子的运动;描述整个束流的状态——包括在 x 方向"恢复"原来的 3×3 阶 Σ_x 矩阵,计算"投影发射度";由两点的有关函数值"反算"两点间的传输矩阵元;分析束流运动的其他特点,等等.

有一点特别值得一提:单个粒子的轨迹 x_β 或 y 作为齐次运动方程的通解,可写成

$$u_\beta = \sqrt{a\beta_u}\cos\phi = \sqrt{a\beta_u}\cos\left(\int\frac{\mathrm{d}z}{\beta_u}+\phi_0\right)$$

这是轨迹的似三角函数表示式,突显出它在聚焦系统作用下的横向振荡,因历史原因称为"感应加速器(Betatron)振荡".式中,a 称为作用量或振幅量,与发射度 ε 同量纲,属于特定粒子,在此后运动中不变."相位"ϕ 因粒子不同而异,但它随 z 的变化率在本节假设条件下(线性运动、横向无耦合)是 $\phi'=\dfrac{1}{\beta_u}$,对所有粒子一视同仁.所以,两点 z_0 与 z_1 之间的振荡相位差 $\Delta\phi\Big|_0^1=\int_0^1\dfrac{\mathrm{d}z}{\beta_u}$ 与粒子无关,属于系统.不同轨迹的差异仅来自不同的初始作用量和"初相"ϕ_0.粒子初状态的两个参量可以不用 u_0 与 u_0' 而用 a 和 ϕ_0 标志.

所以,包络函数 β_u 不仅形容束流的包络和单个粒子在此点的可能最大位置偏差(皆正比于 $\sqrt{\beta_u}$),而且确定了粒子横向振荡相位的波长.ϕ 的"瞬时波长"是 $2\pi\beta_u$,β_u 越小,ϕ 变化越快,振荡越"剧烈".β_u 的第三个物理意义是:它是系统中发生某种微扰时,微扰"源点"对另一点——称为"测点"施加影响的能力的量度,也

是测点接受源点的影响的敏感性的量度.如果微扰影响的是粒子位置,因微扰产生的位移必正比于源点和测点的$\sqrt{\beta_u}$;如微扰影响的是聚焦力及相关的振荡性质,则影响效果正比于两点的β_u.此意义在本节中只作陈述,不加证明.

类似地,$\sqrt{\gamma_u}$不仅正比于束流的总发散角,而且正比于单个粒子在此点的可能最大角度偏差,测点的$\sqrt{\gamma_u}$亦正比于"位置微扰"引起的轨迹方向角偏差.α_u的符号和大小则是束流会聚或发散的性质和程度的标志.而相位差$\Delta\phi$是描述一个系统内两点之间的关系的重要物理量.

要形容一段束流传输系统,最清楚简便的方式是给出(磁场元件位置及)函数β_x,β_y与η的全程分布曲线.读者应学会看懂这种曲线图,并知道如何改变之,以适合自己的需要.

下面简单描绘β_x,β_y和η曲线的一般特点和"走势".η可看作有大于0的单位动量差的粒子的轨迹,而β_u则不然.后者与大批轨迹的外包线有关,没有粒子能沿着β曲线前行.在漂移段中,η是直线,β_u是顶点向下的抛物线的一段;在聚焦元件中,η与β_u都是三角函数,可以有极大值;在散焦元件中,它们都是双曲函数,只能有极小值.η能与轴线($\eta=0$)重合或相交,可以变号;无论正负,被聚焦时它总向轴线靠拢,被散焦时偏离轴线;η在弯转磁铁中因色散关系而有特殊的行为,色散的"从无到有"和"从有到无"都只能在$\dfrac{1}{\rho}\neq 0$的弯转中发生.β_u可以很靠近但永不能触及轴线;总是呈波浪形起伏,显示束流正在散开或收拢;一般在u方向聚焦元件附近较大,只能在聚焦段达到极大值,然后由散转收、由大转小,过极小点后则自然增大;散焦段或使其收拢变缓,或使其发散加剧;聚焦元件越多,起伏越频繁,而且聚焦越强,起伏越大,好比压迫越深,抗争越烈,收缩越紧,反弹越猛,所以有人形容β曲线颇像"不可压缩的流体".β_x和β_y近似地有"反相"关系,尤其在两个方向"一聚一散"的四极磁铁附近.$\eta>0$时在四极磁铁附近的走势与β_x曲线有相似之处.从η曲线可知η'的情况,正如从β_u的走势可看出α_u的符号、大小和γ_u的大小.γ_u与α_u的变化趋势有关,它在漂移段是常数,与该段内腰点的β_u成反比.β_u越小、变化越快(α_u的绝对值越大),γ_u越大.

再谈属于粒子"个性"的作用量a:

$$
\begin{aligned}
a &= \gamma_u u_\beta^2 + 2\alpha_u u_\beta u_\beta' + \beta_u u_\beta'^2 \\
&= (u_\beta,\ u_\beta')\begin{pmatrix}\gamma_u & \alpha_u \\ \alpha_u & \beta_u\end{pmatrix}\begin{pmatrix}u_\beta \\ u_\beta'\end{pmatrix} \\
&= \frac{1}{\beta_u}\left[u_\beta^2 + (\alpha_u u_\beta + \beta_u u_\beta')^2\right]
\end{aligned}
$$

a 不可能小于0.事实上,只有椭圆中心粒子的作用量为0.所谓振荡、振幅量和色散,都是相对于束流质心而言,后者往往就是理想粒子.当 u_β 是方程 $u_\beta'' + F_u u_\beta = 0$ 的解时,a 是不随 z 变化的常量.这本是相椭圆面积不变的推论,亦可看作运动齐次方程的一个积分(a 是积分常数).轨迹(似三角函数)振荡解的公式可以由此推出.

以上知识有助于增进对束流相空间运动图像的理解.前文说过,β_u,α_u,γ_u 这3个量形容了2维相空间中的一个椭圆族,它们都与发射度椭圆相似.束流运动时,此椭圆族随 β_u 等的变化连续地改变形态,或称为不断转动并变形.但每个椭圆的面积不变,其大小就是椭圆线上粒子的作用量 a 乘以 π.对于一个粒子,作用量 a 确定其相空间状态点在该族的哪个椭圆上,相位 ϕ 确定它是哪一点,$\phi = 0$ 对应于 u_β 的最大点.发射度椭圆由作用量最大(有限均布模型,$\varepsilon_u = a_{\max}$)或最具代表性$\left(\text{统计模型},\varepsilon_u = \frac{1}{2}\langle a \rangle\right)$的粒子认定.只有该椭圆上的点有资格达到各种极值(有限均布模型)或"代表平均值"(统计模型)位置,其他粒子则始终停留在"自己的"椭圆上.随着束流运动和椭圆的变形,各粒子的相位 ϕ 以同样大的 $\Delta\phi$ 增加,沿着椭圆线转动.看似庞杂无序的大量粒子的运动,在相空间中竟对应着这样一种俨如"大型团体操"一般井然有序的图像:粒子排成一个个总是同心而相似的椭圆队列,队列形状不停变换而面积不变,队列间横向不穿插,"队员"沿各列移动而不错位,大致的相邻关系和队伍密度始终保持不变.

将 a 的表达式中的 u_β 和 u_β' 用 η 和 η' 取代,就得到一个量纲为长度(单位为m)、永不小于0的联系 x 方向包络函数与色散函数的量 H.由于不弯转时 η 的行为与普通粒子一样(服从同一方程),所以 H 在非弯转段是常数,只有在 $\frac{1}{\rho} \neq 0$ 时会改变.H 在"储存环物理"中与束流稳态发射度有关,在束流传输系统中则代表"投影发射度"与"截面发射度"的差异.具体公式(还是在两种模型下都严格成立)为

$$\varepsilon_{(1,2)}^2 = \varepsilon_{x\beta}^2 + \sigma_{66} \cdot \varepsilon_{x\beta} \cdot H \geqslant \varepsilon_{x\beta}^2$$

只有无色散时 $H = 0$,上式用等号.

公式与推导要点 有关束流矩阵 Σ 的种种计算只需用线性代数、行列式求值等知识.公式写来颇烦琐,不再罗列.有些束流性质计算涉及用什么模型.有限均布模型要用到二次函数的求值、求极值等,统计模型则用到:当原点在质心位置时,各函数一次项平均为0、非相关函数的积的平均等于平均值的积等性质.推导过程不再解释.

以下公式中有时省去不必要的下标.

束流矩阵

$$\Sigma_{x\beta} = \varepsilon_{x\beta}\begin{pmatrix} \beta & -\alpha \\ -\alpha & \gamma \end{pmatrix}$$

$$\Sigma_{x\beta}^{-1} = \frac{1}{\varepsilon_{x\beta}}\begin{pmatrix} \gamma & \alpha \\ \alpha & \beta \end{pmatrix}$$

式中，两个由 β 等组成的矩阵的行列式值都为 1.

粒子运动方程振荡解的推导如下：

a 是常数与相椭圆面积不变等效，是当然的. 或对 a 微分，利用 β 等的微分性质，得

$$a' = 2(\alpha u_\beta + \beta u_\beta')(u_\beta'' + F_u u_\beta)$$

换言之，只要 u_β 满足 $u_\beta'' + F_u u_\beta = 0$，它也满足

$$\frac{1}{\beta}[u_\beta^2 + (\alpha u_\beta + \beta u_\beta')^2] = a$$

是常数.

因为

$$\alpha u_\beta + \beta u_\beta' = -\frac{1}{2}\beta' u_\beta + \beta u_\beta' = \beta^{\frac{3}{2}}\left(\frac{u_\beta}{\sqrt{\beta}}\right)'$$

用变量代换

$$u^* = \frac{u_\beta}{\sqrt{\beta}}$$

该式即为

$$u^{*2} + \beta^2 \cdot (u^{*\prime})^2 = a$$

或

$$\frac{\mathrm{d}u^*}{\mathrm{d}z} = \frac{1}{\beta}\sqrt{a - u^{*2}}$$

其解是

$$\int \frac{1}{\beta}\mathrm{d}z + C = \int \frac{\mathrm{d}u^*}{\sqrt{a - u^{*2}}}$$

$$= \arcsin\frac{u^*}{\sqrt{a}}$$

$$= \arcsin\frac{u_\beta}{\sqrt{a\beta}}$$

或

$$u_\beta = \sqrt{a\beta}\cos\phi$$

$$\phi = \int \frac{\mathrm{d}z}{\beta} + \phi_0$$

$$\phi' = \frac{1}{\beta}$$

而

$$\begin{aligned} u_\beta' &= -\sqrt{\frac{a}{\beta}}(\alpha\cos\phi + \sin\phi) \\ &= -\sqrt{a\gamma}\sin(\phi + \arctan\alpha) \end{aligned}$$

$\alpha u_\beta + \beta u_\beta' = -\sqrt{\alpha\beta}\sin\phi$ 是运动方程的另一个解，它与 u_β 有“共轭”关系.

齐次方程的两个最简单的、线性无关的特解可选：

$$\begin{aligned} u_1 &= \sqrt{\beta}\cos\phi \\ u_1' &= -\frac{1}{\sqrt{\beta}}(\sin\phi + \alpha\cos\phi) \\ u_2 &= \sqrt{\beta}\sin\phi \\ u_2' &= \frac{1}{\sqrt{\beta}}(\cos\phi - \alpha\sin\phi) \end{aligned}$$

$\phi = 0$ 时，有

$$\begin{aligned} u_{10} &= \sqrt{\beta_0} \\ u_{10}' &= -\frac{\alpha_0}{\sqrt{\beta_0}} \\ u_{20} &= 0 \\ u_{20}' &= \frac{1}{\sqrt{\beta_0}} \end{aligned}$$

可见 $u_1u_2' - u_1'u_2 = 1$ 是常数.

取 $\Delta\phi = \int_0^z \frac{\mathrm{d}z}{\beta}$，可得传输矩阵与 β 函数的关系：

$$\begin{aligned} m_{11} &= u_\mathrm{C}(z) = u_{20}' \cdot u_1 - u_{10}' \cdot u_2 \\ &= \sqrt{\frac{\beta(z)}{\beta_0}}(\cos\Delta\phi + \alpha_0\sin\Delta\phi) \\ m_{12} &= u_\mathrm{S}(z) = u_{10} \cdot u_2 - u_{20} \cdot u_1 \\ &= \sqrt{\beta_0\beta(z)}\sin\Delta\phi \end{aligned}$$

$$m_{21} = u_C'(z) = u_{20}' \cdot u_1' - u_{10}' \cdot u_2'$$
$$= -\frac{[1+\alpha_0\alpha(z)]\sin\Delta\phi + [\alpha(z)-\alpha_0]\cos\Delta\phi}{\sqrt{\beta_0\beta(z)}}$$
$$m_{22} = u_S'(z) = u_{10} \cdot u_2' - u_{20} \cdot u_1'$$
$$= \sqrt{\frac{\beta_0}{\beta(z)}}(\cos\Delta\phi - \alpha(z)\sin\Delta\phi)$$

由传输矩阵元求 β 等函数,可以利用束流矩阵计算公式,写成

$$\begin{pmatrix}\beta\\ \alpha\\ \gamma\end{pmatrix}_z = \begin{pmatrix} m_{11}^2 & -2m_{11}m_{12} & m_{12}^2 \\ -m_{11}m_{21} & 2m_{12}m_{21}+1 & -m_{12}m_{22} \\ m_{21}^2 & -2m_{21}m_{22} & m_{22}^2 \end{pmatrix}\begin{pmatrix}\beta\\ \alpha\\ \gamma\end{pmatrix}_0$$

也可利用前面的从 β 等函数反算矩阵元公式,得到:

$$C_1 = \beta_0 m_{11} - \alpha_0 m_{12} = \sqrt{\beta_0\beta(z)}\cos\Delta\phi \quad (\text{计算辅助量})$$
$$\beta(z) = \frac{m_{12}^2 + C_1^2}{\beta_0}$$
$$\alpha(z) = \frac{C_1(\alpha_0 m_{22} - \beta_0 m_{21}) - m_{12}m_{22}}{\beta_0}$$
$$\Delta\phi(z) = \phi_z - \phi_0 = n\pi + \arctan\frac{m_{12}}{C_1}$$

n 的取值应使 ϕ_z 随 z 不断增加.

m_{11} 等 4 个矩阵元仅有 3 个是独立的,对应于(终点的)β,α,$\Delta\phi$ 这 3 个独立量.

η 与传输矩阵的关系为

$$\begin{pmatrix}\eta\\ \eta'\end{pmatrix}_z = \begin{pmatrix} m_{11} & m_{12} \\ m_{21} & m_{22}\end{pmatrix}\begin{pmatrix}\eta\\ \eta'\end{pmatrix}_0 + \begin{pmatrix} m_{16} \\ m_{26}\end{pmatrix}$$

此关系既可用于已知初值和所有传输矩阵元求 $\eta(z)$ 和 $\eta'(z)$,也可用于已知 η 与 η' 的初值、终值和其他矩阵元反算矩阵元 m_{16} 和 m_{26}.

以上的传输矩阵元和各函数换算公式,无论 z 与 z_0 两点之间元件如何排列,皆成立.

通过薄透镜时,利用各函数的微分性质,β,η,$\Delta\phi$ 不变,而

$$\Delta\alpha_u = \beta_u \cdot \int F_u \mathrm{d}z$$
$$\Delta\eta' = -\eta \cdot \int F_u \mathrm{d}z + \int G_u \mathrm{d}z$$

例如,通过弯铁边缘场时,有

$$\Delta\alpha_x = -\beta_x \cdot \frac{1}{\rho}\tan\theta_e$$

$$\Delta\alpha_y = \beta_y \cdot \frac{1}{\rho}\tan\theta_e$$

$$\Delta\eta' = \eta \cdot \frac{1}{\rho}\tan\theta_e$$

区间常数假设成立时,各函数的解析表达式如下:

$$\eta(z) = \eta_0 C_x(z) + \eta_0' S_x(z) + G_x D_x(z)$$

$$\eta'(z) = (G_x - \eta_0 F_x) S_x(z) + \eta_0' C_x(z)$$

$$\beta_u(z) = \beta_0 C_u^2(z) + \gamma_0 S_u^2(z) - 2\alpha_0 C_u(z) S_u(z)$$

$$\alpha_u(z) = \alpha_0 [C_u^2(z) - F_u S_u^2(z)] + (F_u\beta_0 - \gamma_0) C_u(z) S_u(z)$$

$$\gamma_u(z) = \gamma_0 C_u^2(z) + \beta_0 F_u^2 S_u^2(z) + 2\alpha_0 F_u C_u(z) S_u(z)$$

此处借用各特殊函数,使表达式在各种区间形式上一致,尽管聚焦性能可以不同.

例如,在漂移段中,各式为

$$\eta = \eta_0 + \eta_0' z$$

$$\eta' = \eta_0'$$

$$\beta_u = \beta_0 - 2\alpha_0 z + \gamma_0 z^2$$

$$\alpha_u = \alpha_0 - \gamma_0 z$$

$$\gamma_u = \gamma_0$$

各式中,z 都可理解为 $z - z_0$,z_0 是区间中的一点,下标为 0 的量在 z_0 取值.

这些公式可直接由前面的计算公式和矩阵元的解析表达式得出,也可来自求解微分方程.例如,由微分性质可知 α_u 满足微分方程

$$\alpha_u'' = F_u' \cdot \beta_u - 4F_u \cdot \alpha_u$$

当 F_u 是常数时,即

$$\alpha_u'' + 4F_u\alpha_u = 0$$

所以

$$\alpha_u = C_1 \cdot C_u(2z) + C_2 \cdot S_u(2z)$$

代入初始条件,并利用

$$\beta_u = \beta_0 - 2\int_0^z \alpha_u \mathrm{d}z$$

和

$$\gamma_u = F_u\beta_u - \alpha_u'$$

就得到上述公式.可见 β_u 等函数的性质与描述粒子轨迹的$C_u(z)$，$S_u(z)$相似，但属于“倍长公式”，或在某种意义上“高”一阶.

有关函数的积分可利用这些解析式计算，也可利用区间常数时的微分性质求得.例如，F_u 为常数时，利用量 $F_u\beta_u+\gamma_u=C_{\mathrm{F}}$ 也是“区间常数”(此时 $C_{\mathrm{F}}'=0$)，以 $L=z_1-z_0$ 为区间长度，再设 F_u不等于 0，则

$$\begin{aligned}\int_0^1\beta_u\mathrm{d}z &= \frac{1}{2F_u}\int_0^1(C_{\mathrm{F}}+\alpha_u{}')\mathrm{d}z \\ &= \frac{1}{2F_u}(C_{\mathrm{F}}L+\alpha_{u1}-\alpha_{u0})\end{aligned}$$

而

$$\begin{aligned}\int_0^1\eta\mathrm{d}z &= \frac{1}{F_x}\int_0^1(G_x-\eta'')\mathrm{d}z \\ &= \frac{1}{F_x}(G_xL-\eta_1{}'+\eta_0{}') \\ &= \frac{1}{F_x}(\theta_{\mathrm{B}}-\eta_1{}'+\eta_0{}')\end{aligned}$$

单个粒子的“完整”的轨迹为

$$x = x_{\mathrm{m}}+(\delta-\delta_{\mathrm{m}})\eta+\sqrt{a_x\beta_x}\cos\left(\int_0^z\frac{\mathrm{d}z}{\beta_x}+\phi_{0x}\right)$$

$$y = y_{\mathrm{m}}+\sqrt{a_y\beta_y}\cos\left(\int_0^z\frac{\mathrm{d}z}{\beta_y}+\phi_{0y}\right)$$

状态参量 u，u'和a，ϕ 的换算公式为(式中，u，u'应理解为u_β，u_β'，即有色散时要在计算后补加或者先行从轨迹变量中扣除 $\delta\eta$，$\delta\eta'$)

$$u_0 = \sqrt{a\beta_0}\cos\phi_0$$

$$u_0{}' = -\sqrt{\frac{a}{\beta_0}}(\alpha_0\cos\phi_0+\sin\phi_0)$$

$$C_1 = \alpha_0u_0+\beta_0u_0{}' = -\sqrt{a\beta_0}\sin\phi_0 \quad (\text{计算辅助量})$$

$$a = \frac{1}{\beta_0}(u_0{}^2+C_1{}^2)$$

$$\phi_0 = \arctan\left(-\frac{C_1}{u_0}\right)$$

原始 Σ 矩阵与各函数的关系(y 方向无色散，就用定义式)为

$$\sigma_{11} = \varepsilon_{x\beta}\beta_x+\sigma_{66}\eta^2$$

$$\sigma_{12} = -\varepsilon_{x\beta}\alpha_x+\sigma_{66}\eta\eta'$$

$$\sigma_{22} = \varepsilon_{x\beta}\gamma_x + \sigma_{66}\eta'^2$$

这些关系在统计模型下是显然的,有限均布模型时应取(例如)

$$\sqrt{\sigma_{11}} = \left(\sqrt{\varepsilon_{x\beta}\left(1-\frac{\delta^2}{\sigma_{66}}\right)\cdot\beta_x} + \delta\eta\right)_{\max}$$

对 δ 微分求极值,结果相同.所以

$$\varepsilon_{(1,2)}{}^2 = \sigma_{11}\sigma_{22} - \sigma_{12}{}^2 = \varepsilon_{x\beta}{}^2 + \sigma_{66}\cdot\varepsilon_{x\beta}\cdot H \geqslant \varepsilon_{x\beta}{}^2$$

其中,函数

$$H = \gamma\eta^2 + 2\alpha\eta\eta' + \beta\eta'^2 = \frac{1}{\beta}[\eta^2 + (\alpha\eta + \beta\eta')^2] \geqslant 0$$

只有无色散即 $\eta=0$ 且 $\eta'=0$ 时,$H=0$. □

第 9 章　组合系统设计

9.1　概　　述

组合系统是指由若干束流传输元器件组成的具有一定功能的束流传输系统，这些元器件一般包括弯转磁铁、四极磁铁和漂移段.设计的目的总是尽量使该系统具有所要求的功能，不必要的束流损失尽量少，而又尽量简单、经济、便于操作."简洁为美"应视为设计的一个原则.系统的特色应来自设计目标的特殊要求、外部客观条件(如束流源、使用环境、空间位置等)的局限和综合考虑各种要求与利弊的折中优化.代价高昂的复杂化应该是"必须"的，仅仅"有所改善"不是充足的理由.

有关各种非理想场——诸如磁铁制造安装的误差及校正、横向耦合、高阶场非线性效应、空间电荷效应等，将在下一章略作介绍.本章基本只针对理想场.

对束流传输系统的第一个要求往往涉及理想轨道的几何布局与匹配.理想轨道一般由直线段和弯转平面内的转角为 θ_B 的圆弧段构成.在 3 维的"实验室坐标系"内分析此问题，系统的起点和终点都以一个空间位置和一个空间方向标志，系统的"总水平转角"和"总垂直转角"(没有复合弯转时，总转角等于各有关元件的转角之和——转角的符号在求和时保留)与各线段长度的关系应使轨道到达终点时位置、方向都正确.一般情况下这个问题极其简单，无庸费力.但在旧设备改造等局限条件较多时和有复合弯转时仍须认真对待，要用到立体几何知识，有时要解方程.作者曾见到在这方面考虑不周的例子.有关公式都属于几何学范畴，不在此列出.仅提请注意而已.

一般而言，传输系统的起点、终点和进行束流测量的地点都在漂移段.本节先对漂移段内的束流性质稍作更深入的讨论，然后引入接受度的概念.

漂移段内 $F_u=0, G_u=0$. $\eta'=\eta_0'$ 和 $\gamma_u=\gamma_{u0}$ 是常数. 束流的

$$\eta = \eta_0 + \eta_0'(z - z_0)$$
$$\beta_u = \beta_{u0} - 2\alpha_{u0}(z - z_0) + \gamma_{u0}(z - z_0)^2$$
$$\alpha_u = \alpha_{u0} - \gamma_{u0}(z - z_0)$$

假设无色散. 束流的包络是 $\sqrt{\varepsilon_u\beta_u}$(束斑的"半宽"或"半高"), 以 R_u 标志.

读者应能回答下列问题:

(1) 以下标 w 表示"束腰". 给出 β_u, R_u 依赖于腰点位置 z_w 和 β_w 的关系.

(2) 已知束腰半径 R_w 和离腰点 a 处的束流包络 R_a, 求发射度 ε_u.

(3) 一般情况下, 测量几处的束斑尺寸可间接计算 ε_u?

(4) 假设聚焦透镜出口为 z_0 点, 该处 $\beta=\beta_0$, 什么条件下可使腰点最远?

(5) 一漂移段长 L, 什么条件下全段中包络的极大值最小?

(6) 漂移段长度为 L, 管道半径为 R, 能无损失通过它的束流发射度的最大值是多少?

问题的答案是:

(1) 腰点处 $\alpha_w=0$, $\gamma_w=\dfrac{1}{\beta_w}$, 所以

$$\beta_u = \frac{R_u{}^2}{\varepsilon_u} = \beta_w + \frac{1}{\beta_w}(z - z_w)^2$$

而

$$\alpha_u = -\frac{1}{\beta_w}(z - z_w)$$

β 曲线是以腰点为顶点的抛物线. β_w 不仅本身是 β_u 的最小值, 而且由它决定偏离腰点后 β_u 如何上升. β_w 越小, 上升越快.

(2) 联立 w 点和 a 点的束斑尺寸公式, 容易得到

$$\varepsilon_u = R_w\frac{\sqrt{R_a{}^2 - R_w{}^2}}{a}$$

能找到束流腰点时, 常用此式根据 R_w 和 R_a 的测量值计算束流发射度.

(3) 束流横向相椭圆有3个自由度, 故至少要测量3点(问题(2)中只测量了腰点与另一点, 但腰点本身包含另一个条件: 该处 $\alpha_u=0$).

束流发射度的各种直接、间接测量方法很多, 不可能在本课程中全面介绍. 三点测量法是基于束流传输理论的常用间接测量法. 设3点用下标 $i=1,2,3$ 标志, 则

$$R_i{}^2 = \varepsilon_u\beta_i = \varepsilon_u(\beta_0 - 2\alpha_0 z_i + \gamma_0 z_i{}^2)$$

是3个方程.联立后可求出 $z=0$ 点的 $\varepsilon_u\beta_0$，$\varepsilon_u\alpha_0$ 和 $\varepsilon_u\gamma_0$（即 σ_{110}，σ_{120} 和 σ_{220}），并计算 $\varepsilon_u=\sqrt{\sigma_{110}\sigma_{220}-\sigma_{120}{}^2}$.计算结果为

$$\varepsilon_u=\frac{2\Delta}{|(z_2-z_1)(z_3-z_2)(z_3-z_1)|}$$

式中，Δ 是一"三角形面积"，该三角形的三边是

$$a_1=|z_3-z_2|R_1$$
$$a_2=|z_3-z_1|R_2$$
$$a_3=|z_2-z_1|R_3$$

所以

$$\Delta=\sqrt{s(s-a_1)(s-a_2)(s-a_3)}$$

而

$$s=\frac{1}{2}(a_1+a_2+a_3)$$

此计算过程颇复杂，但结果也有趣.3次测量数据的地位合理地完全对称.有意义的测量要求此3点相互距离足够远，而且上述三边满足"任两边之和大于第三边"的条件才确实能构成一个三角形.如果不能，说明测量误差太大，或束流不宜用相椭圆描写.

另一相似的间接测量法是改变某一四极透镜的强度，而在同一点3次测量束斑大小.计算的精神与上法类似.如四极铁的相对变化量可用薄透镜近似，3次的强度用 K_iL（下标 $i=1,2,3$，L 是四极铁长度）标志，每次作用后使束流在薄透镜所在处的

$$\alpha_i=\alpha_0+\beta_0K_iL$$
$$\gamma_i=\frac{1+\alpha_i{}^2}{\beta_0}=\gamma_0+2\alpha_0K_iL+\beta_0(K_iL)^2$$

则在相距 z 处测量，有

$$\begin{aligned}R_i{}^2&=\varepsilon_u\beta_i(z)=\varepsilon_u(\beta_0-2\alpha_iz+\gamma_iz^2)\\&=\varepsilon_uz^2\left[\gamma_0-\frac{2\alpha_0(1-K_iLz)}{z}+\beta_0\left(\frac{1-K_iLz}{z}\right)^2\right]\end{aligned}$$

仍是3个方程.与前法类似地计算，得到

$$\varepsilon_u=\frac{2\Delta}{|(K_2-K_1)(K_3-K_2)(K_3-K_1)|z^2L}$$

此次三角形的三边是 $a_1=|K_3-K_2|R_1$，a_2 与 a_3 仿之.三角形面积计算与测量结果成立的条件与前法相似.

(4) 腰点处 $\alpha_u=0$,所以到腰点的距离

$$z-z_0=\frac{\alpha_0}{\gamma_0}=\beta_0\frac{\alpha_0}{1+\alpha_0{}^2}$$

$\alpha_0>0$ 时会聚,腰点在前方.$\alpha_0=1$ 时腰点最远,在前方$\frac{\beta_0}{2}$处.

此时,漂移段中 $\gamma_0=\frac{2}{\beta_0}=\frac{1}{\beta_w}$,所以腰点 $\beta_w=\frac{1}{2}\beta_0$,$R_w=\frac{\sqrt{2}}{2}R_0$.在前方 $z_0+\beta_0$ 处的束流包络与在 z_0 处一样.

所以,长漂移段前的四极透镜出口应使 β_0 不太小,α_0 大约为 1,方可使漂移段较长,或者说用的聚焦元件较少.α_0 太小或太大意味着聚焦不足或过分.

(5) 当该段中点为束流腰点而且 $\beta_w=\frac{1}{2}L$ 时,全段上 $\beta_{max}=L$(在两端)为最小.

此问题亦可理解为前一问题的另一种提法,因为此时两端点处 $\alpha_u=\pm1$.

(6) 这是前一问题的延伸.最大值

$$\varepsilon_{u\,max}=\frac{R^2}{\beta_{max}}=\frac{R^2}{L}$$

回答完这一系列问题,读者对无色散束流在漂移段内的运动已有相当好的了解,最后一问则已触及"接受度"的概念.

如传输系统中某点处有一光阑,将对能穿过它的粒子的相空间分布形成一个限制.如图 9.1(a)所示,光阑狭缝的宽度为 $2R$.在此点观之,这一限制是 $|u|\leqslant R$.被"切掉"的部分在图中以阴影显示,阴影中的粒子到此光阑即被截住.其下图是对应的实空间粒子轨迹.如在光阑点上游相距 L 处观之,此限制是 $|u+u'L|\leqslant R$,切割线成为在 u 轴和 u' 轴上截距分别为 $\pm R$ 和 $\pm\frac{R}{L}$ 的斜线.对应的相空间图形和实空间轨迹绘于图 9.1(b)中.如在下游观之,则切割线向另一方向倾斜;如相隔有四极铁,切割线及相应的"允许通过区"会旋转和变形.请读者自己想象.总之,只有一个光阑时,允许通过区在相空间受到"非封闭"的限制,其面积仍是无限的.

图 9.1(c)显示的是相距 L 的两点处皆有光阑,等效于前述问题中的圆筒.上图是入口处相空间,两处的限制叠加,允许通过区成为一个平行四边形有限空间,其面积是$\frac{4R^2}{L}$.前述问题所谈的最大发射度对应于其最大的内切椭圆,其面积 $\pi\varepsilon$ 与平行四边形面积之比是$\frac{\pi}{4}$.在对应的实空间中,用虚线绘出一些能通过的"极限

轨迹”,实线则画出与最大发射度束流对应的包络.相空间图像移到圆筒中点、出口或其他位置的情况也请读者想象.

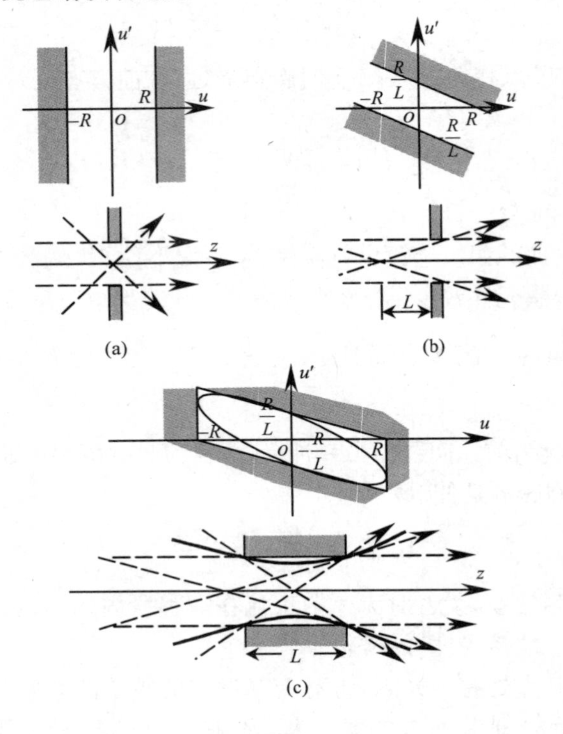

图 9.1

束流传输系统中总有不止一处对相空间有所限制的元件,因此可以通过系统的相空间面积是有限的.这个面积与其形状(依赖于在哪一点看)等结合起来就成为这个系统的接受度.接受度未必与椭圆对应,但常用一最大内切椭圆代表,它是能通过系统的最大束流发射度.“接受度”一词常用以指该椭圆面积,意义与发射度相当.同样可以定义它(在某点,如系统入口处)的 β_u,α_u 等函数.接受度属于系统,与束流无关.

如果束流的发射度与系统的接受度大致相等,显然,只有当两个椭圆的形状近似一致时束流才能通过.这就要求两者的 β_u 等函数相等,称之为发射度匹配.如果束流有色散,系统的接受度也可包含色散的成分,则匹配也包含色散匹配的内容——要求束流在某点(如入口处)的 η,η' 与系统能接受的 η,η' 相等.

常见的情况是束流发射度比系统接受度小,所以发射度椭圆的形状、方向可有一定的自由.如图9.2所示,两种小发射度椭圆都可通过系统.但当该椭圆与接受度椭圆相似(图中实线)时,相空间的富余部分利用最充分,对各种误差的容忍度最大.否则,束流在系统看来所占的相空间体积可能被“放大”很多,较易造成损失.使两椭圆相似,仍是使两者的 β_u 等函数相等,即发射度匹配.前文提到的长圆筒接受度的实例应有助于读者对此的理解.

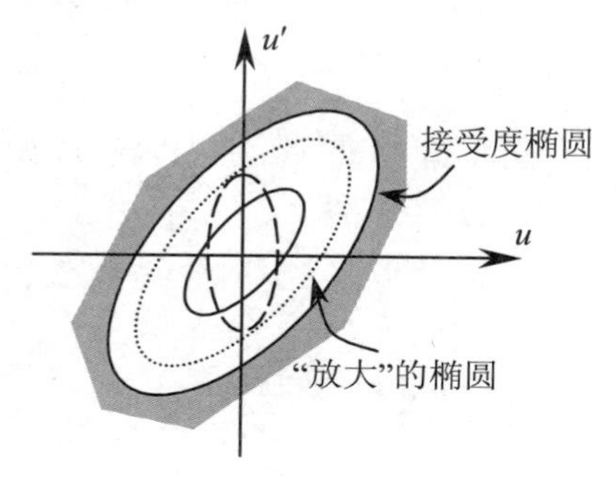

图 9.2

有时放置光阑的目的就是切掉束流的一部分,称之为限制狭缝或刮束器.此时当然不要求束流无损失地通过,而是要求通过它的束流在相空间的分布具有设计者所希望的特性,比如能被后面的系统无损传输.

传输系统的起点到终点之间总可以用一个 6×6 阶传输矩阵 M,或 x—δ 方向的 3×3 阶矩阵 $M[x]$ 及 y 方向的 2×2 阶矩阵 $M[y]$ 联系.如果 6×6 阶矩阵的某些元素具有下列特点,称之为具有某一功能,理由大多已不必解释:

(1) 点到点成像.

水平:$m_{12}=0$,此时 m_{11} 为像放大率,m_{22} 为角度放大率.

垂直:$m_{34}=0$,此时 m_{33} 为像放大率,m_{44} 为角度放大率.

此时,起点为物平面,终点为像平面.

(2) 平行束到点聚焦.

水平:$m_{11}=0$,此时 m_{12} 为斜入射焦点位移率.

垂直:$m_{33}=0$,此时 m_{34} 为斜入射焦点位移率.

此时,终点为焦平面.

(3) 点到平行束转换.

水平:$m_{22}=0$,此时 m_{21} 为离轴点出射角度偏移率.

垂直:$m_{44}=0$,此时 m_{43} 为离轴点出射角度偏移率.

此时,起点为焦平面(物方焦点).

(4) 平行束到平行束转换.

水平：$m_{21}=0$,此时 m_{11}为束宽放大因子,m_{22}为角度放大率.

垂直：$m_{43}=0$,此时 m_{33}为束宽放大因子,m_{44}为角度放大率.

(5) 消色散(消色差,仅指水平).

$m_{16}=m_{26}=0$, 详见下节.

(6) 腰到腰传输.

一般指出口、入口处 $\alpha_u=0$.

可以是只对特殊束流成立的"非标准"腰到腰传输,或如下两种情况.

① 标准腰到腰传输,同时点到点成像.

水平：$m_{12}=m_{21}=0$.

垂直：$m_{34}=m_{43}=0$.

② 标准腰到腰传输,同时平行束到点转换.

水平：$m_{11}=m_{22}=0$.

垂直：$m_{33}=m_{44}=0$.

(7) π 变换.

水平：$m_{12}=m_{21}=0, m_{11}=m_{22}=-1$,如等于1,则称为2π 变换,下同.

垂直：$m_{34}=m_{43}=0, m_{33}=m_{44}=-1$.

其中,腰到腰传输的含义不难理解,在传输系统中也较多见.如该系统的起点是束腰,终点亦然.因为出口(下标 f)处

$$\alpha_f=-m_{11}m_{21}\beta_0+(1+2m_{12}m_{21})\alpha_0-m_{12}m_{22}\gamma_0$$

此要求即为$\left(此时\ \alpha_0=0, \gamma_0=\dfrac{1}{\beta_0}\right)$

$$m_{11}m_{21}\beta_0{}^2+m_{12}m_{22}=0$$

"非标准"腰到腰传输指 $\alpha_f=0$ 关系仅对一特殊束流条件成立,该条件是

$$\beta_0=\sqrt{-\frac{m_{12}m_{22}}{m_{11}m_{21}}}$$

此式亦见于储存环有对称结构时求解对称点的 β_0 值.

"标准"腰到腰传输则为对任意 β_0 成立,显然只可能有上面列的两种情况.第一种情况下同时实现点到点成像和平行束到平行束转换,此时 $\beta_f=m_{11}{}^2\beta_0, \gamma_f=m_{22}{}^2\gamma_0\left(此时\ m_{22}=\dfrac{1}{m_{11}}\right)$,所以 m_{11}与 m_{22}保持为像(或腰)的放大率和角度(或发散角)放大率.第二种情况下,同时实现平行束和点的相互转换,此时 $\beta_f=m_{12}{}^2\gamma_0$, $\gamma_f=m_{21}{}^2\beta_0\left(此时\ m_{21}=-\dfrac{1}{m_{12}}\right)$,所以 m_{12}与 m_{21}是发散角与包络的转换系数.在

相空间,两种情况都是正椭圆到正椭圆的变换,但后者还表现为两个正椭圆参数间的关系有一个$\pm\frac{\pi}{2}$的旋转.

π变换可看作第一种标准腰到腰传输的一个特例.它使每个粒子的状态在相空间内变换到它关于原点的对称点上,而整个束流的相椭圆保持原形,终点处的束流形态与起点处相同.2π变换则相当于“一切照旧”.能实现这种变换的系统常是长程束流传输中的一段,称为π节或2π节.只要束流在它的接受度之内,则无论经过多少个π节,束流状态仍保持不变,或曰π节可看作并不存在(又称为“透明的”).

仅考虑自由振荡项的传输矩阵在一个横向上有3个自由度(4个元素,减去行列式为1的1个约束).x方向另有2个自由度分管色散情况.这一事实暗示,在设计时(聚焦元件的强度、位置、边缘角大小都可作为变量)和运行时(只有四极磁铁强度可调)要用多少个可变参量来保证传输系统具有所要求的功能.可变量少于要求的方程数可能使设计者达不到目的.前者多于后者,甚至多于自由度总数,能使设计者在比较选优中有更大的灵活性,比方说能使全程的包络最大值较小,但应仔细审视其必要性和是否要付出过多的代价.

本节的最后一个议题是关于传输矩阵间的相互关系,涉及逆矩阵、“逆行矩阵”、自对称结构矩阵等.为简化系统的设计和建造,常用若干元件组成“单元”,再用单元搭成系统.单元的传输矩阵总是由元件的传输矩阵连乘而成.彼此相似的单元是否可不必重复运算?最常见的情形之一是一个单元与另一个单元对称,即:元件完全相同,但排列顺序相反.作者称之为“逆行”.

先从逆矩阵开始.矩阵求逆常出于运算的需要,如已知终状态倒推初状态.前已说过,这好像让束流“退回去”,或曰走一段“负距离”.单个元件的传输矩阵只要把长度变号就得到逆矩阵.多个元件组成的3×3阶矩阵,如$M[x]$的逆阵则是(m_{11}等是原单元矩阵的矩阵元,本节余下部分亦如此):

$$(M[x]_0^1)^{-1}=\begin{pmatrix} m_{22} & -m_{12} & m_{12}m_{26}-m_{22}m_{16} \\ -m_{21} & m_{11} & m_{21}m_{16}-m_{11}m_{26} \\ 0 & 0 & 1 \end{pmatrix}$$

只需给出3×3阶矩阵的表达式,因为2×2阶矩阵的逆阵就是其左上角的4项(以下同此).传输矩阵的行列式为1使求逆运算变得简单.如果读者不熟悉“代数余子式”一类线性代数术语,只能记住前4项而记不住右边较复杂的2项,不妨依据下列关系来得到它们(式中,M代表左上角的2×2阶矩阵):

$$\begin{pmatrix} x \\ x' \end{pmatrix}_1 = M\begin{pmatrix} x \\ x' \end{pmatrix}_0 + \delta\begin{bmatrix} m_{16} \\ m_{26} \end{bmatrix}$$

$$\begin{pmatrix} x \\ x' \end{pmatrix}_0 = M^{-1}\left[\begin{pmatrix} x \\ x' \end{pmatrix}_1 - \delta\begin{bmatrix} m_{16} \\ m_{26} \end{bmatrix}\right]$$

如果一个单元与“标准单元”的唯一区别在于各弯转磁铁的弯转方向相反，则各弯铁中 ρ 与 θ_B 变号，该单元传输矩阵与标准单元矩阵的区别仅在于 m_{16} 和 m_{26} 变号. y 方向的矩阵保持不变.

标准单元的对称逆行单元有两种.一种叫“镜面对称”或偶对称，以下标 es 标志；另一种是“点对称”或奇对称，也有人称为反对称，以下标 os 标志.两种逆行单元都是把原单元的所有元件(包括漂移段)按相反的顺序排列，偶对称保持各弯铁的弯转方向不变，奇对称则所有弯转方向皆相反(如果原单元不含弯转，二者间无区别.在 y 方向就是如此).

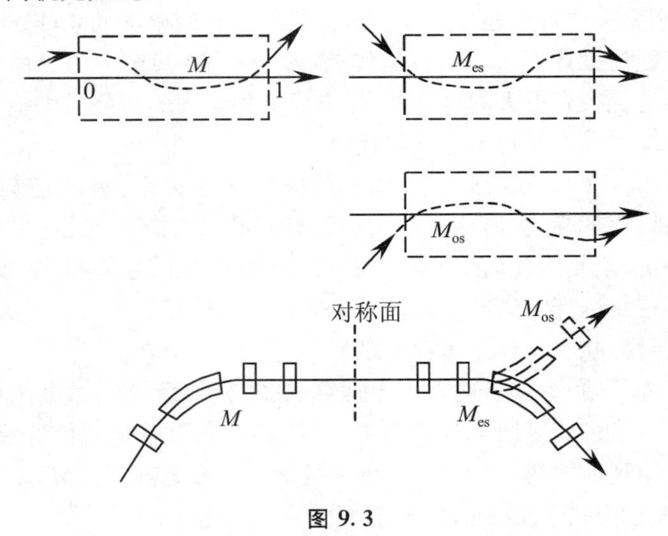

图 9.3

图 9.3 下部所示是偶对称的一例，用虚线画出的是奇对称.图上部则给出两种对称的一般规律：如原单元 M 有一任意轨迹，入口状态为(x_0, x_0', δ)，出口状态为(x_1, x_1', δ)；对于其偶对称单元 M_{es}，入口状态为$(x_1, -x_1', \delta)$的轨迹出口参数必为$(x_0, -x_0', \delta)$；而对于奇对称单元 M_{os}，粒子状态在入口为$(-x_1, x_1', \delta)$者到出口处必变为$(-x_0, x_0', \delta)$.由此规律可给出两种对称逆行单元的传输矩阵与标准单元矩阵 M 的矩阵元的关系：

$$M_{es} = \begin{pmatrix} m_{22} & m_{12} & m_{12}m_{26} - m_{22}m_{16} \\ m_{21} & m_{11} & m_{11}m_{26} - m_{21}m_{16} \\ 0 & 0 & 1 \end{pmatrix}$$

$$M_{os} = \begin{pmatrix} m_{22} & m_{12} & m_{22}m_{16} - m_{12}m_{26} \\ m_{21} & m_{11} & m_{21}m_{16} - m_{11}m_{26} \\ 0 & 0 & 1 \end{pmatrix}$$

y 方向二者相同，都是

$$\begin{pmatrix} m_{44} & m_{34} \\ m_{43} & m_{33} \end{pmatrix}$$

推导要点 将偶对称的一般规律译成数学语言，为

$$U_1 = MU_0$$

$$R_{es}U_0 = M_{es}R_{es}U_1$$

其中，矩阵

$$R_{es} = \begin{pmatrix} 1 & 0 & 0 \\ 0 & -1 & 0 \\ 0 & 0 & 1 \end{pmatrix}$$

易得(利用 $R_{es}{}^{-1} = R_{es}$)

$$M_{es} = R_{es} \cdot M^{-1} \cdot R_{es}$$

才能使此式对任意 U_0 成立.

对奇对称，则用

$$R_{os} = \begin{pmatrix} -1 & 0 & 0 \\ 0 & 1 & 0 \\ 0 & 0 & 1 \end{pmatrix}$$

有

$$M_{os} = R_{os} \cdot M^{-1} \cdot R_{os}$$

M_{es}与M_{os}的区别仅在于两个色散项异号，这是显然的. □

自对称结构关于其自身中点对称. 以其前半为标准单元，对应矩阵为 M，则后半无非为 M_{es}或 M_{os}. 设整个结构的传输矩阵是 M_T，则关于中点偶对称者

$$M_T = M_{es} \cdot M = \begin{pmatrix} 1 + 2m_{12}m_{21} & 2m_{12}m_{22} & 2m_{12}m_{26} \\ 2m_{11}m_{21} & 1 + 2m_{12}m_{21} & 2m_{11}m_{26} \\ 0 & 0 & 1 \end{pmatrix}$$

关于中点奇对称者

$$M_{\mathrm{T}} = M_{\mathrm{os}} \cdot M = \begin{pmatrix} 1+2m_{12}m_{21} & 2m_{12}m_{22} & 2m_{22}m_{16} \\ 2m_{11}m_{21} & 1+2m_{12}m_{21} & 2m_{21}m_{16} \\ 0 & 0 & 1 \end{pmatrix}$$

y 方向(非弯转平面)二者相同,都是

$$M_{\mathrm{T}} = \begin{pmatrix} 1+2m_{34}m_{43} & 2m_{34}m_{44} \\ 2m_{33}m_{43} & 1+2m_{34}m_{43} \end{pmatrix}$$

推论:关于自身中点对称的单元,M_{T} 的 m_{11}必等于 m_{22},m_{33}必等于 m_{44}.区间常数假设下的厚元件皆关于自身中点偶对称,故皆具备此特点.

用单元组合成系统,除对称性结构外,周期性结构也很常见.将标准单元重复若干次成为周期性结构,总传输矩阵就是 M 的若干次连乘.一般情况下,系统的结构虽有对称性或周期性,束流在其中的表现(包络起伏、相位增加)未必也对称或有周期,因为这取决于束流初始条件.但当束流发射度与这种系统的接受度有良好匹配时,束流的表现就呈现出(也许近似的)对称性或周期性,这往往对束流传输系统的设计与运行有益.例如,一般此时全系统的包络最大值为最小.

9.2 消色散系统及其他与纵向运动有关的组合系统

本节讨论几种与纵向运动参量有关的束流传输系统.第一类只与动量偏差 δ 有关,各种要求都涉及径向位移 x 与 δ 的关系,也就是色散或色差,严格地说,只考虑和 δ 成线性关系的一级色差.第二类则也与粒子在束团中的纵向位置 z_{d} 有关.

束流的色散用 η 函数描述.如果某点(如系统终点)$\eta=0$,可称为该点无色散.如果一个直线段上 $\eta=\eta'=0$,则称之为无色散段;反之,则是有色散段.前已述及,无色散段的 x 方向投影发射度最小,而且色散的从无到有、从有到无和投影发射度的变化都只有在弯铁中才会发生.研究色散当然离不开弯铁.

特别地,如果传输系统中的一段虽包含有弯铁,但能使无色散束流通过它之后仍然无色散,则称之为消色散系统或(一级)消色差弯转系统.η 函数在其中必定经过一个先从无到有、又从有到无的过程.色散始于弯铁是不言而喻的.色散产生后,四极铁能使 η 函数放大、缩小或以其他方式变化,甚至可使 η 或 η' 为 0,但绝不能使二者同时为 0;其原因是四极铁在轴上无磁场,η 几乎降到 0 的色散粒子轨迹已到中轴附近,该轨迹不可能再被弯转以使 η' 也变为 0.消灭色散的任务只有轴上有

非零磁场的弯铁方能胜任，所谓“成也萧何，败也萧何”，“解铃还须系铃人”．所以，消色散系统至少有两个弯铁，而且必以弯转始到弯转终．起点与终点以外的直线段可归入无色散段，两者之间的区域都是有色散段．

消色散可看作色散匹配的特例．从传输矩阵的角度，消色散系统的传输矩阵元应该满足 $m_{16}=m_{26}=0$，才能使在该系统起点 z_0 处 $\eta_0=\eta_0'=0$ 的束流到系统终点 z_f 时 η_f 和 η_f' 亦为0．事实上，由上一章公式可见，当起点 $\eta_0=\eta_0'=0$ 时，任一点的 η 与 η' 就等于起点到此点的传输矩阵的 m_{16} 与 m_{26}．如果弯转是垂直弯转，则此要求是 $m_{36}=m_{46}=0$．无论哪个方向的消色散要求，都相当于两个方程．

第7章7.3节给出了最一般条件下即 $G_x(z)$ 未必是区间常数时 m_{16} 和 m_{26} 的表示式：

$$m_{16}=x_{\mathrm{D}}=x_{\mathrm{S}}(z)\cdot\int_0^z G_x(z^*)x_{\mathrm{C}}(z^*)\mathrm{d}z^*-x_{\mathrm{C}}(z)\cdot\int_0^z G_x(z^*)x_{\mathrm{S}}(z^*)\mathrm{d}z^*$$

$$m_{26}=x_{\mathrm{D}}'=x_{\mathrm{S}}'(z)\cdot\int_0^z G_x(z^*)x_{\mathrm{C}}(z^*)\mathrm{d}z^*-x_{\mathrm{C}}'(z)\cdot\int_0^z G_x(z^*)x_{\mathrm{S}}(z^*)\mathrm{d}z^*$$

式中，x_{C}，x_{S} 是从 z_0 起的似余弦、似正弦轨迹．

由于 x_{C}，x_{S} 线性无关，$m_{16}=m_{26}=0$ 等效于 $\int_0^{\mathrm{f}} G_x x_{\mathrm{C}}\mathrm{d}z=\int_0^{\mathrm{f}} G_x x_{\mathrm{S}}\mathrm{d}z=0$，也就是在所有弯转段中，似余弦、似正弦轨迹与 $\frac{1}{\rho}$ 的乘积从 z_0 到 z_f 的积分为0．因为任一轨迹可写成 $x=x_0\cdot x_{\mathrm{C}}+x_0'\cdot x_{\mathrm{S}}+\delta\cdot x_{\mathrm{D}}$ 和 $z_{\mathrm{d}}'=-G_x\cdot x+\frac{\delta}{\gamma^2}$，可见消色差的同时必定使 z_{d} 在一阶上不依赖于 x_0 和 x_0'．换言之，必使 $m_{51}=m_{52}=0$．纵向动量差对径向运动的影响必与后者对纵向位置的影响同时存在或消失．这一点应不是意外的．

典型的消色散系统常关于自身中点对称．上一节已给出自对称系统的总传输矩阵．以下标m标志系统的中点．如果是偶对称系统，只要前一半的 $m_{26}=0$，即中点处 $\eta_{\mathrm{m}}'=0$，整个系统就满足消色散条件．如果呈奇对称，则只要前一半的 $m_{16}=0$（中点处 $\eta_{\mathrm{m}}=0$）便可．所以，自对称消色散系统的设计相对地大为简化，只要解一个方程，或曰只要调节一个参数就能实现消色散（自对称系统有 $m_{11}=m_{22}$ 的限制，也失去1个自由度）．

如果只有两个弯铁,消色散系统至少需要一对或一个 x 方向聚焦的磁铁,用以改变中间直线段上的 η 函数.图 9.4 给出了两个简单的自对称消色散系统.其一是偶对称的,其二奇对称.请注意两种情况下中点处 $\eta_m'=0$ 或 $\eta_m=0$ 如何自然地通过对称条件实现消色差.两个图中都画出了动量分散造成的轨迹径向散开与合拢,以及 η 函数曲线图.偶对称时,消色散的实现与两个 QF 之间的距离无关,此距离可以是 0(此时只用一个"双倍长度"的 QF)直到相当长;而其间的色散 η 保持一个相当大的值.奇对称时,则 QF 到对称点之间必须有足够长的距离 d_1.

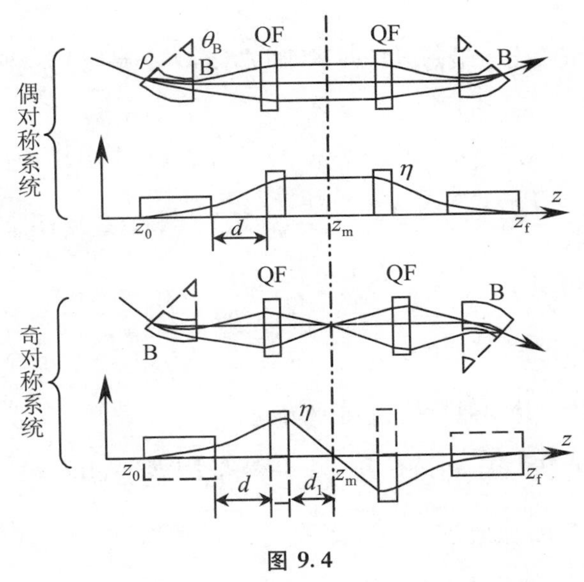

图 9.4

读者不妨试算这两个最简单的消色散系统必须满足的条件.其答案如下:

偶对称时

$$\frac{\cot(\sqrt{K}L_Q)}{\sqrt{K}}=\rho\tan\frac{\theta_B}{2}+d$$

奇对称时

$$\frac{\cot[\sqrt{K}L_Q-\operatorname{arccot}(\sqrt{K}d_1)]}{\sqrt{K}}=\rho\tan\frac{\theta_B}{2}+d$$

实用的消色散系统还要照顾到束流包络的变化范围,例如要加上 y 方向聚焦的 QD,以免垂直方向严重发散,所以一般比这两个图复杂.把弯铁做成矩形以引入 y 方向边缘聚焦是一种可能的选择.

消色散系统另一个值得一提的特点是:消色散弯转段以外的无色散直线段中的任何四极磁铁都只影响消色散段中的束流包络,而不影响色散函数.特别是色散“发生”与“消失”的两个弯转磁铁中 η 函数的分布与外界完全无关.

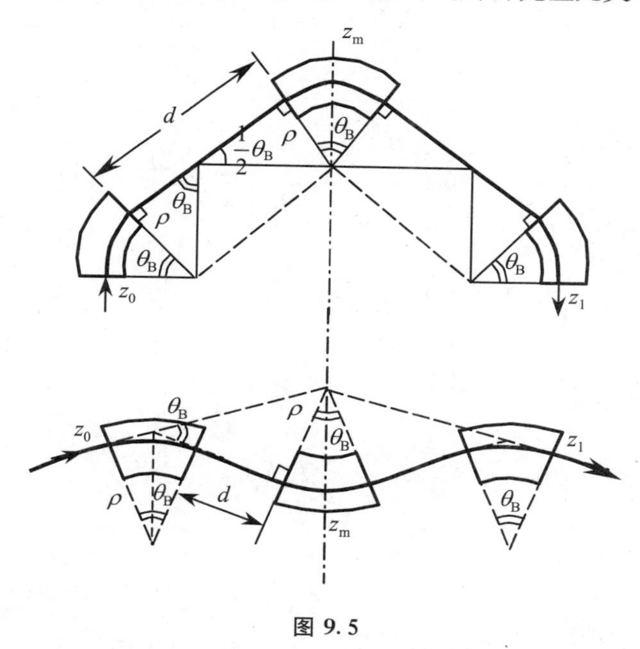

图 9.5

消色散系统也可以仅用弯铁构成,图 9.5 中上、下两图都用 3 块完全一样的扇形弯铁形成自对称(偶对称)消色散系统,其一的总转角为 $3\theta_B$;其二因中间一块是负弯转,总转角为 θ_B.弯铁中磁场均匀,唯一确定系统性质的变量是漂移段长度 d.两图皆大致按使矩阵 $M[x]_0^m$ 的 $m_{23}=0$ 的要求绘出.其结果,二者都成为 x 方向消色散系统,而且再向前走一个长度为 d 的漂移空间就成为 2π 节或 π 节,在 y 方向则是长 $3\rho\theta_B+2d$ 的漂移段.由 $m_{23}=0$ 可得出:

上图

$$d = \rho\left(\cot\theta_B + \cot\frac{\theta_B}{2}\right)$$

下图

$$d = \rho\left(\cot\theta_B - \tan\frac{\theta_B}{2}\right)$$

于是,上图(x 方向)

$$
\boldsymbol{M}_0^{\mathrm{m}} = \begin{pmatrix} -2\cos\dfrac{\theta_{\mathrm{B}}}{2} & d\cos\dfrac{\theta_{\mathrm{B}}}{2} & \rho\left(1+2\cos\dfrac{\theta_{\mathrm{B}}}{2}\right) \\ 0 & -\dfrac{1}{2\cos\dfrac{\theta_{\mathrm{B}}}{2}} & 0 \\ 0 & 0 & 1 \end{pmatrix}
$$

下图（x 方向）

$$
\boldsymbol{M}_0^{\mathrm{m}} = \begin{pmatrix} 0 & \dfrac{\rho}{2\sin\dfrac{\theta_{\mathrm{B}}}{2}} & \rho\left(2\cos\dfrac{\theta_{\mathrm{B}}}{2}-1\right) \\ -\dfrac{2}{\rho}\sin\dfrac{\theta_{\mathrm{B}}}{2} & \dfrac{d}{\rho}\sin\dfrac{\theta_{\mathrm{B}}}{2} & 0 \\ 0 & 0 & 1 \end{pmatrix}
$$

故 x 方向全系统矩阵

$$
\boldsymbol{M}_{\mathrm{T}} = \boldsymbol{M}_0^1 = \begin{pmatrix} 1 & -d & 0 \\ 0 & 1 & 0 \\ 0 & 0 & 1 \end{pmatrix} \quad （上图）
$$

或

$$
\boldsymbol{M}_{\mathrm{T}} = \boldsymbol{M}_0^1 = \begin{pmatrix} -1 & d & 0 \\ 0 & -1 & 0 \\ 0 & 0 & 1 \end{pmatrix} \quad （下图）
$$

如图 9.6 所示为由 4 块完全一样的矩形均匀磁场弯铁构成的“凸轨系统”. 它也是消色散系统. 和多数偶对称系统一样，其消色散特性与中间两磁铁间的距离无

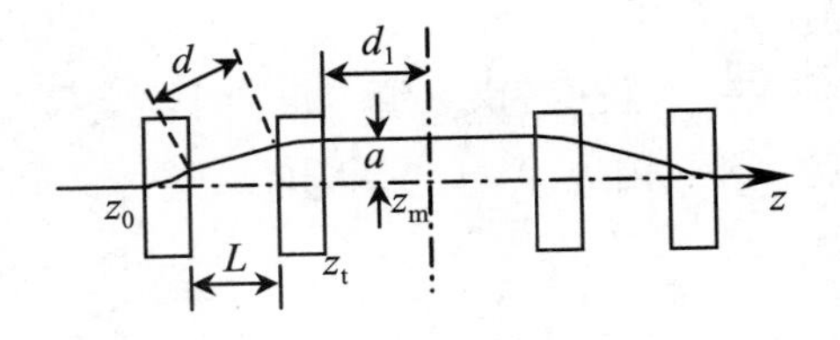

图 9.6

关——极端情况下为 $d_1=0$ 的扭摆磁铁，而当 $d_1\neq0$ 时中间漂移段上 η 函数值 η_{m} 的绝对值极大. 从起点 z_0 到第二个磁铁出口 z_{t} 可看作一个奇对称系统，它的一半的传输矩阵的 $m_{21}=0$，所以 x 方向

$$M_0^{\mathrm{t}} = \begin{pmatrix} 1 & d^* & \eta_{\mathrm{m}} \\ 0 & 1 & 0 \\ 0 & 0 & 1 \end{pmatrix}$$

必定成立，不论 z_0 处入射角为多少.由此证明该偶对称系统必定消色散.

沿束流轨迹的各区间长度与“实验室坐标系”相比略有不同，其几何关系易知.例如，图中磁铁宽度为 $\rho\sin\theta_{\mathrm{B}}$，磁铁中路径长为 $\rho\theta_{\mathrm{B}}$，轨迹长度 $d = \dfrac{L}{\cos\theta_{\mathrm{B}}}$，凸轨距离 $a = 2\rho(1 - \cos\theta_{\mathrm{B}}) + L\tan\theta_{\mathrm{B}}$.当 z_0 处入射角为 0 时，假设第一块磁铁将轨道向外弯转，有关参数如下：

中段色散函数

$$\eta_{\mathrm{m}} = -\frac{2\rho(1 - \cos\theta_{\mathrm{B}}) + d\tan\theta_{\mathrm{B}}}{\cos\theta_{\mathrm{B}}} \quad （小于\ 0）$$

等效漂移段长，即矩阵 M_0^{t} 的 m_{12}

$$d^* = 2\rho\tan\theta_{\mathrm{B}} + \frac{d}{\cos^2\theta_{\mathrm{B}}}$$

关于消色散系统的讨论到此为止.介绍的几个典型系统虽然都具有自对称性，但请读者注意，消色散系统并不一定是自对称系统.由于某些条件限制，设计可能必须采用非对称弯转系统，同时又要求消色散，这不过是不难求解的一个联立方程问题.

人们对色散的关心并不仅限于消色散.有时希望束流具有所希望的色散函数（色散匹配），也有时尤其希望束流在某处具有足够大的色散.

一例是所谓“动量分离系统”.此系统在 η 函数绝对值较大处设有径向光阑，称为动量（或能量）限制狭缝.设原束流的动量分散 σ_{66} 较大，不同动量粒子的轨迹在设光阑的位置充分散开，只有动量处于一定范围内的粒子可以穿过狭缝，达到限制与选取束流的动量分散的目的.狭缝宽度与该点 η 函数之比是这种系统的动量分辨率.常利用消色散系统中的有色散段安装此种狭缝，使有意造成的较大色散又归于零.偶对称系统的中间漂移段是比较理想的.如要动量选取范围可调，应使狭缝位置（和宽度）或某些磁铁强度可调.狭缝必然同时限制了径向发射度，有关概念前文已介绍.

图 9.6 所示的凸轨系统中段加狭缝后即组成一个动量分离系统.设狭缝中心到无凸轨时的原轨迹距离为 b，缝宽为 h，则通过狭缝的束流质心动量偏差为 $\delta_{\mathrm{m}} = \dfrac{b - a}{\eta_{\mathrm{m}}}$，允许通过的 $(\delta - \delta_{\mathrm{m}})_{\max} \approx \dfrac{h}{2|\eta_{\mathrm{m}}|}$（严格地说，要考虑径向发射度的影响，穿

过狭缝的粒子满足$|x_0 + x_0'd^* + (\delta - \delta_m)\eta_m| \leqslant \frac{h}{2}$，$x_0$ 与 x_0' 在 z_0 处取值$\Big)$. 在一定范围内，可以同时调节这4个弯转磁铁的励磁电流——改变 ρ 与 θ_B，以改变凸轨距离 a 和选取的中心动量偏差 δ_m. 尽管电流改变，此系统出口处的轨道及消色散特性维持不变. 但 η_m 和系统在 y 方向的边缘聚焦随之变化. 调动狭缝位置则无此问题.

动量分离系统往往是复杂的束流传输系统的一部分，在中间某点作动量限制后，限定动量的束流应能更好地正常传输. 所以设计要综合考虑两个横向的聚焦. 理想的设计希望狭缝所在处的 η_m 足够大而 β_x 相当小，比如：在产生色散的弯铁下游有一个 QD，可以将 η 放大，而在其上游设有一对四极铁，使狭缝处在径向恰是较小的束腰.

希望色散足够大的另一个实例是"谱仪"，或称为磁谱仪、动量谱仪. 它用弯铁使带电粒子流产生足够大的色散，以测量组成束流的粒子的动量分布，一如光学中的棱镜. 当束流仅由同种粒子组成时，测量的仅是能量分散，故常称为能谱仪或能谱分析器；当含有不同种粒子时，可测量其动量电荷比，以区别粒子种类和组成比例；特别地，如束流含有不同的离子，而又经过一段电场加速使其每个电荷动能大致相同，则区别的是离子的质量，称之为质谱仪. 谱仪显然是物理实验研究的最重要的设备之一，也是了解束流品质的重要手段.

谱仪一般应包括下列部分(见图 9.7)：弯转磁铁(此时又叫"分析磁铁")B，探测靶 T(荧光靶、多丝靶、狭缝和法拉第筒、计数器等)，辅助聚焦四极铁 Q，以及其他辅助设施，如限制狭缝 D、开关磁铁 S，等等.

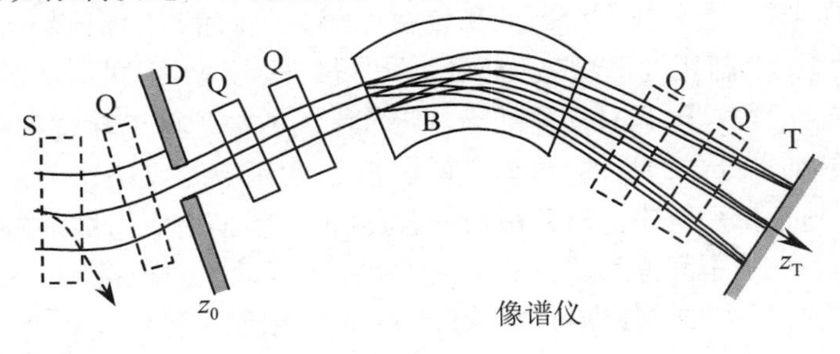

图 9.7

设从束流轨道上游一点 z_0 到靶所在处 z_T 的 x 方向传输矩阵是M_0^T. 在靶上径向位置 x_T 处接受到的粒子满足

$$x_0 \cdot m_{11} + x_0' \cdot m_{12} + \delta \cdot m_{16} = x_T$$

良好的、高灵敏度的谱仪应有足够大的 m_{16} 或者说靶上色散函数 η_T（设 z_0 处无色散）.尽管如此,测得的谱不完全反映动量 δ 的差异,也有 x_0 与 x_0' 的影响.因为 m_{11},m_{12} 不能同时为0,改善的途径无非下述两种：

其一,设法使 $m_{12}=0$.此时,z_0 处为物平面,靶在像平面,称之为像谱仪.此时靶上落点位置与粒子原运动方向 x_0' 无关.有时还如图9.7所示,在 z_0 处加设狭缝,以限制物点 x_0 的大小,使 x_T 的分布尽量只反映 δ 的不同.如狭缝宽为 h,则此时 $\left|\dfrac{hm_{11}}{m_{16}}\right|$ 称为一级动量分辨率(其倒数叫"分辨能力"),其含义为:动量差比此值大的两个粒子在靶上的落点绝不会相互混淆.但一台谱仪的严格的动量分辨率还与靶的结构(如用多丝靶,涉及靶丝粗细与间距等)有关,在此不详加讨论.

为使矩阵元 $m_{12}=0$,需使用辅助四极铁或利用分析磁铁的边缘角,四极磁铁可加在弯铁前或后,各元件间的距离也可供设计时选择.为改善测量效果,有时在 y 方向也形成聚焦并在T面成像,称为"双聚焦"谱仪;有时束流原动量分散较小,需要较高的动量分辨能力,在弯铁前后都加四极磁铁,以特意增大 m_{16};有时在狭缝前也加四极铁,使狭缝处为束腰,以提高通过的流强.如果该谱仪处于一个测量支线上,支线"道岔"处必有一开关磁铁S,它产生的色散在计算中一般也应考虑.

其二,设法使 $m_{11}=0$.此时,靶在焦平面上,靶上落点位置与粒子初始位置 x_0 无关.

在某些物理实验中,粒子来源点到谱仪入口的入射角已受到较严的限制;或研究者的兴趣在于入射角分辨及 x_0' 和 δ 的关系,而不关心 x_0,则可用这种设计.此时,在粒子源点 z_0(在此情况下常是束流轰击的靶点或对撞点)的 x'—δ 相平面上看,靶上 $x_T\pm\Delta x$ 接受到的粒子处于一条很窄的斜向"窗口"内(见图9.8),故称这种谱仪为"斜窗谱仪".

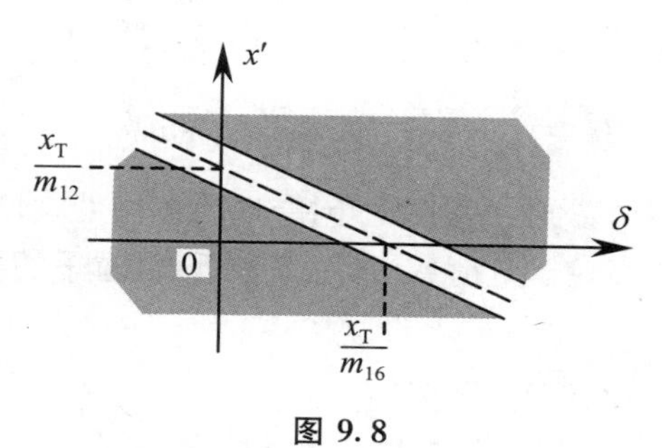

图9.8

本节考虑的与纵向位置 z_d 有关的束流传输系统有两种:其一,系统有随时间快变化的电磁场.所谓快变化,指变化周期与束流中不同粒子穿过电磁场的时间差可比拟,所以不同的 z_d 意味着粒子穿过它时的相位不同,获得的能量不同,因而 δ 随 z_d 变化.其二,束流经此种电磁场(属于此系统或属于前段加速装置)后,已经产生能量的调制或已形成束团,传输系统让 z_d 随 δ 变化,以将能量调制转变为密度调制,使束流聚成束团,或改变束团长度——压缩、伸长,直到将束团再拉成连续束流,或者改变束团进入实验装置的时间;或者反过来,该系统确保 z_d 完全不随 δ 变化,以维持束团原来的结构.此两种系统的结合和各种灵活运用能巧妙地改变束团纵向参数,以达到不同的目的.

快变化电磁场的种类当然很多.此处只谈一种:腔式加速狭缝.在腔中建立驻波型轴向(z 向)电场,狭缝中的电场 E_z 随时间快速变化,可将电场对 z 积分,等效于狭缝两侧有正弦振荡的电压 $V(t) = V_m \sin\omega t$,粒子在狭缝中受到的电磁作用类似于薄透镜式冲量.

5.4 节已分析过这种旋转对称的射频电磁场,腔式加速狭缝可看作"驻波型单腔"的特例.此处仍采用 z 轴沿粒子束前进方向的 $z—r—\theta$ 柱坐标系(习惯上用 ϕ 代表相位,故用 θ 代表角向),轴上($r=0$ 处)的轴向电场 E_z 可写为

$$E_z = E_{z0}(z)\cos\phi$$

驻波场相位 ϕ 反映该电场如何随时间变化,其表达式为

$$\phi = \frac{2\pi c}{\lambda}t + \phi_0$$

式中,λ 是该频率电磁波在真空中传播的波长;ϕ_0 是 $t=0$ 时刻的初相位,不妨定义该时刻束团中心参考粒子恰通过狭缝中心 $z=0$ 处.

在 r 甚小的"近轴区",E_z 与 r 无关,电磁场另两个非零分量 E_r 和 B_θ 与 r 成正比,即

$$E_r = -\frac{r}{2}\frac{\partial E_z}{\partial z} = -\frac{r}{2}\frac{\mathrm{d}E_{z0}}{\mathrm{d}z}\cos\phi$$

$$B_\theta = \frac{r}{2c^2}\frac{\partial E_z}{\partial t} = -\frac{\pi r}{c\lambda}E_{z0}\sin\phi$$

与 5.4 节的讨论相仿,为了适用于不同能量的各种带电粒子,以 β 与 γ 的乘积标志相对动量并用 q 代表粒子电荷数,采用旁轴近似,粒子的纵向和横向运动方程分别是

$$m_0c^2\gamma' = qeE_z$$

$$\beta m_0c^2(\beta\gamma r')' = qe(E_r - \beta c B_\theta)$$

腔式狭缝的特殊之处是电磁场存在的区间很短,$E_{z0}(z)$ 可看作 δ - 函数,当积分区间长度趋于 0 时其对 z 的积分有限.用公式表示,可写作

$$V_{\mathrm{m}} = -\int E_{z0}\mathrm{d}z$$

式中，V_{m} 是跨狭缝的电压峰值，用来表征该腔内电磁场的强度；积分号代表对整个有场区间的薄透镜式积分.

图 9.9 上图是狭缝间电场 $E_{z0}(z)$ 分布的示意图，其存在区间短而峰值高，关于 $z=0$ 点大致呈偶对称；下图是电压 $V(t)$ 随时间 t 或初相位 ϕ_0 的变化曲线，文字“加速”、“减速”、“聚相”等指 q 大于 0 的粒子束团中心初相位在该区间时其纵向运动的特征.

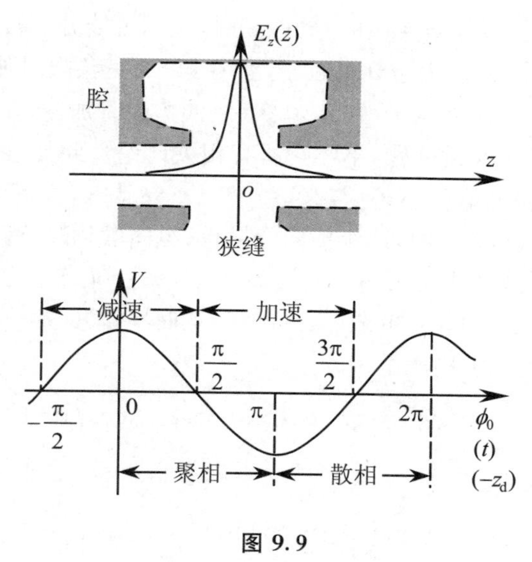

图 9.9

对于参考粒子前方 z_{d} 处的“任意粒子”，其到达 z 点的时间 $t=\dfrac{z-z_{\mathrm{d}}}{\beta c}$，所以该粒子所见到的相位随位置 z 变化规律是

$$\phi = \phi_0 + \frac{2\pi}{\beta\lambda}(z - z_d)$$

因为积分区间长度很短，可采用线性近似，将 z 和 z_{d} 都视为小量.

至此，计算粒子穿过狭缝时状态如何变化的理论准备工作已完成. 薄透镜假设认为 z_{d} 与横向位置（r 或 x，y）来不及改变，但 δ 与 r' 或 x'，y' 可以突变. 计算结果是：设参量

$$K_z = \frac{2\pi}{\lambda}\frac{qeV_{\mathrm{m}}}{(\beta\gamma)^3 m_0 c^2}\sin\phi_0$$

则纵向能量(质心能量)增加

$$\Delta\gamma = -\frac{qeV_m}{m_0c^2}\cos\phi_0$$

粒子动量相对增加

$$\Delta\delta = -\gamma^2K_z\cdot z_d$$

横向 $u'(r',x'$或$y')$变化

$$\Delta u' = \frac{1}{2}K_z\cdot u$$

正如图 9.9 中所显示,当 ϕ_0 在不同区间时,束团可能分别被加速或减速,纵向被聚相或散相(图示针对 q 大于 0 的粒子,ϕ_0在第二、三象限时加速,在第一、二象限时聚相;若 q 小于 0,例如电子,则 ϕ_0在第一、四象限时加速,在第三、四象限时聚相.这只是 ϕ_0值如何定义的问题,不影响所有相关讨论).此处,聚相指在束团前部的粒子(z_d 大者)获得的能量小于后部的粒子,故 $\Delta\delta$ 与 z_d 异号,使束团有聚拢的倾向;散相反之.当纵向聚相时,两个横向皆散焦;纵向散相时,两个横向皆聚焦.有关系数仍隐含有总会聚力抵消之义(δ 与 z_d 间仍有 γ^2 的比例因子),足见自然规律之“公平”.利弊伴生的原则,可谓“天网恢恢,疏而不漏”.

推导要点 纵向运动用能量积分

$$m_0c^2\Delta\gamma = qe\int E_z\mathrm{d}z = qe\int E_{z0}\cos\phi\mathrm{d}z$$

横向运动则

$$m_0c^2\Delta(\beta\gamma r') = qe\int\left(\frac{E_r}{\beta} - cB_\theta\right)\mathrm{d}z$$

$$= -qer\left(\frac{1}{2\beta}\int\frac{\mathrm{d}E_{z0}}{\mathrm{d}z}\cos\phi\mathrm{d}z - \frac{\pi}{\lambda}\int E_{z0}\sin\phi\mathrm{d}z\right)$$

任意粒子见到的相位 ϕ 是位置 z 的函数,对小量$(z-z_d)$展开,只保留一阶,得

$$\cos\phi = \cos\phi_0 - \frac{2\pi}{\beta\lambda}\sin\phi_0(z-z_d)$$

$$\sin\phi = \sin\phi_0 + \frac{2\pi}{\beta\lambda}\cos\phi_0(z-z_d)$$

将展开式代入运动方程的几个积分.

利用 E_{z0}是 z 的偶函数、区间外 $E_{z0}=0$ 和分部积分,可得到式中各“薄透镜式积分”的值:

$$\int E_{z0}z\mathrm{d}z = \int\frac{\mathrm{d}E_{z0}}{\mathrm{d}z}\mathrm{d}z = 0$$

$$\int \frac{dE_{z0}}{dz} z dz = -\int E_{z0} dz = V_m$$

计算横向 $\Delta u'$(或 $\Delta r'$)时,z_d 的影响和纵向参量的变化为高阶小量,可略去.其中还利用

$$\Delta\delta = \frac{\Delta P}{P} = \frac{\Delta\gamma}{\beta^2\gamma}$$

$$\frac{1}{\beta^2} - 1 = \frac{1}{\beta^2\gamma^2}$$

即得前述结果. □

下面继续讨论.纵向加速项无须讨论.纵向聚(散)相项中,$\Delta\delta$ 随 z_d 线性变化,比例系数是 $-\gamma^2 K_z$.横向散(聚)焦项中,$\Delta u'$与 u 之比是$\frac{K_z}{2}$.参量 K_z 的重要性由此可见.它既是纵向位置 z_d 对动量偏差 δ 的影响,也是横向位置对横向运动方向影响的一次项的量度;它的大小正比于电压峰值 V_m、电场变化频率 $f\left(\text{即}\frac{c}{\lambda}\right)$及荷质比,反比于粒子动量的3次方.

最值得讨论的是 K_z 与中心参考粒子相位的关系.当 ϕ_0 在0到 π 之间时,纵向有聚相作用是容易理解的.散焦力来自 E_r,它取决于电场 E_z 随z的变化,当粒子受到的加速场越来越强时聚焦,反之散焦,而在狭缝中点为0.如果 E_z 不随时间变化,E_r 在狭缝两侧的作用大致抵消.但既然纵向能聚相,要求电场快速变化,而且要使晚到狭缝(z_d 较小)者获得的能量较大,即看到的 E_z 更强,于是,电子在狭缝后半受到的散焦大于它在前半受到的聚焦,总效果是散焦.公式中,此项来自$\int \frac{dE_{z0}}{dz} z dz$ 不等于0.这是因场随时间快变化产生的"时间散焦作用",与电子光学中电场恒定、纵向速度变化带来的"速度聚焦作用"不同(此时,纵向速度或动量变化带来的影响可忽略).而在纵向聚相的相位中,与快变轴向电场伴生的角向磁场 B_θ 因相位错开关系总是提供横向聚焦力,此聚焦力是 E_r的散焦力的β^2 倍;对于相对论性电子,能量越高,此二项越近于互相抵消.这一点又与空间电荷效应的电磁力相互关系有相似之处.

在本节考虑的束流传输中,这种加速狭缝的目的不是改变束流的质心能量(加速),而是对束流的动量偏差 δ 进行调节.所以,最有效的工作相位是 $\phi_0 = \pm\frac{\pi}{2}$,此相位附近无加速作用,$\Delta\gamma = 0$,而聚相或散相作用最强.此时

$$K_z = \pm\frac{2\pi}{\lambda}\frac{qeV_m}{m_0 c^2(\beta\gamma)^3}$$

作为束流传输元件，在加速狭缝的 6×6 阶传输矩阵中：

$$m_{21} = m_{43} = \frac{1}{2}K_z$$

$$m_{65} = -\gamma^2 K_z$$

所有对角线元素为 1，其余非对角线元素为 0.

在传输系统中装入此种元件，就可以有意识地“安排”z_d—δ 相平面内束流的相运动. 在其他元件中，$z_d' = -G_x x + \frac{\delta}{\gamma^2}$；如不考虑横向运动的自由振荡，用 $\delta\eta$ 代替 x，元件长为 L，则 $\Delta z_d \approx \delta\left(\frac{L}{\gamma^2} - \int \frac{\eta}{\rho}\mathrm{d}z\right)$. 如前文数次提及，$z_d$ 随 δ 的变化主要表现为：对低能粒子，前一项为主，δ 大者因跑得快而超前；对高能粒子，前一项几乎为 0，z_d 仅在弯铁中因色散轨道异于理想轨道而改变，当 $\frac{\eta}{\rho} > 0$ 时，δ 大者因跑外圈而滞后.

下面具体介绍几个实例.

例 9.1 连续束流的聚束.

如图 9.10 所示，原束流沿纵向均布，动量分散不大，经一加速狭缝后产生能量调制；此时 z_d 非小量，能量变化可按三角函数计算. 再经过一个漂移段，变成密度

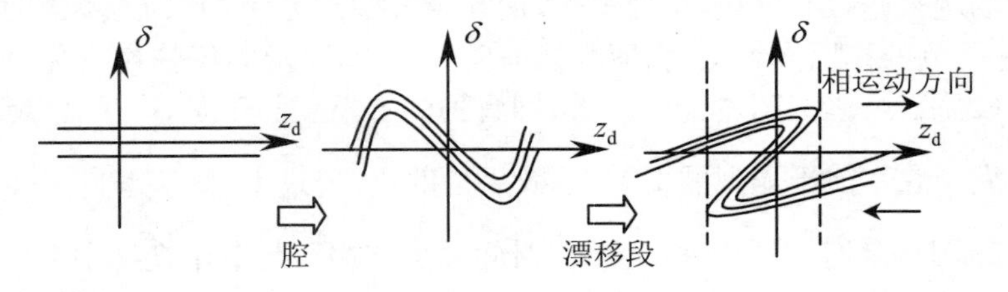

图 9.10

调制，大多数粒子落在纵向长度有限、彼此相隔为 λ 的束团内. 此种做法是以增大 δ 换取束流的纵向密集. 常作为射频电场加速器的“预聚束”，在束流充分密集处开始加速（否则又会散开）. 最佳聚束效果取决于加速电压与漂移段长度的关系，并应尽量使到达加速器入口处时大多数粒子落在加速器的“纵向接受度”以内. 用两个这种“聚束器”（即加速狭缝），第二个的电场频率与第一个一致或者是第一个的两倍，可以提高聚束效率.

例 9.2 束流能量压缩（纵向伸长）.

如图 9.11 所示，设束流能量已较高，经一弯转段后，原有动量偏差转化为纵向

位置偏差;再利用一个腔矫正动量偏差,使之被压缩.

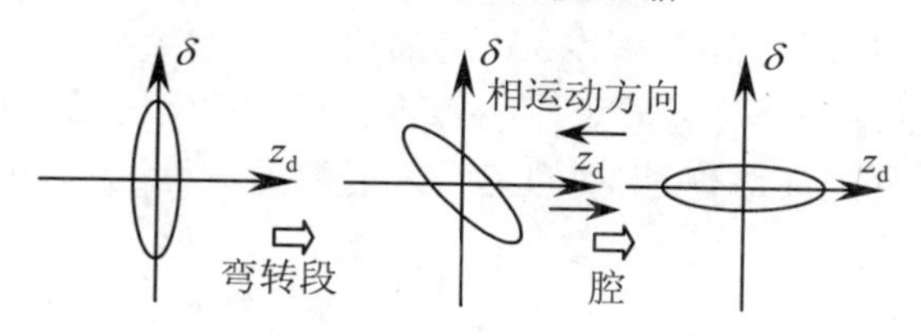

图 9.11

例 9.3 束团长度压缩.

如图 9.12 所示,这是例 9.2 的逆变化.使束团的纵向位置偏差在通过腔以后转化为动量偏差,再经过一弯转段使束团长度缩短.

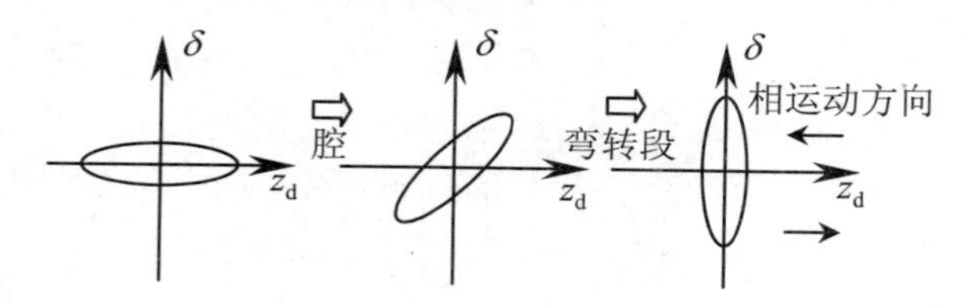

图 9.12

例 9.2 和例 9.3 又统称为"束团旋转",或称为束团的纵向腰到腰传输,可与横向类似情况比拟.缩小动量散度 $\sqrt{\sigma_{66}}=\delta_{\max}$ 的代价一般是增大束团长度 $\sqrt{\sigma_{55}}=z_{\mathrm{d}\max}$,反之亦然.

纵向运动与横向运动的差异之一是 z_d 随 δ 如何变化并非一成不变,所以纵向呈会聚束或发散束依赖于传输系统和束流的特点.当束流能量较低或 $\int\frac{\eta}{\rho}\mathrm{d}z<0$ 时,$\sigma_{56}<0$(相椭圆主要在第二、四象限)的束流为会聚束;否则相反.

为增强 z_d 随 δ 变化的效果,有几种典型结构常被采用:如 8.3 节图 8.13 所示,使束流轨道呈等腰梯形样凸起的凸轨(英文称 Chicane),或使之呈三角函数曲线形蜿蜒摆动的扭摆磁铁;使轨道如同转个圈再以"反射角"前行的 α 磁铁;使轨道 180° 折转或 270° 旋转的弯铁等.其中,凸轨和扭摆磁铁总有 $\int\frac{\eta}{\rho}\mathrm{d}z<0$(因为 $|\eta|$ 最大时 η 必与 ρ 异号),所以束流经过它们时 δ 大者不仅"跑得快",而且"抄近道",总是超前.

α 磁铁因束流轨道形状酷似希腊字母 α 而得名,图 9.13 所示是一条典型的中心平面轨迹.α 磁铁很像半个(只有上下两极的)四极磁铁,图中纵坐标轴左侧即横坐标小于 0 处没有磁场；右侧（磁铁内部）的磁场垂直于中心平面，其强度与横坐标成正比，或者说磁场梯度为常数．所以，轨迹的曲率半径始终与横坐标成反比．假如入射角度适当，以渐变曲率弯转的束流中心轨道到达横坐标轴时恰与之垂直，后半程的轨道必与前半程镜面对称，出射轨道与入射轨道对称，仿佛在 α 磁铁边缘面上被“反射”．

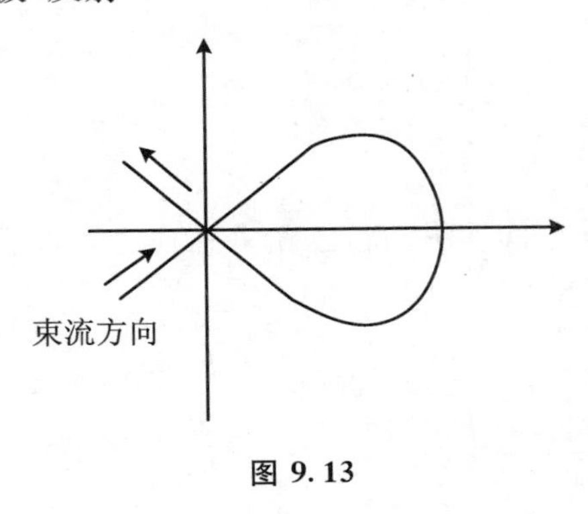

图 9.13

α 磁铁有消色散特性，动量不同的粒子在磁铁内转的圈大小不同，最后出射时又汇聚在一起．此过程中，δ 大者绕的圈大，路程较长，所以出射时落后，z_d减小．

一台具体的射频电场加速器输出的束流在纵向相空间内有其特殊的“结构”．粒子在 z_d—δ 相空间中的密度分布可由加速器的纵向运动计算得出，图 9.14 所示是一种可能的分布，看起来很不像椭圆．从粒子相对于动量的密度$\left(\dfrac{dN}{d\delta}\right)$曲线观之，密度较高的峰之外可能有颇长的低能“拖尾”．利用适当选取参数的弯铁，可以把束团拉散，成为准连续束（有益于核物理实验）；也可以相反，利用束团长度压缩技术（加速过程中控制加速相位，有意使 δ 与 z_d相关，并和 α 磁铁或凸轨等结合）获得极短的束脉冲．将光阴极射频电子枪输出的短脉冲束流用此法进一步处理，束脉冲长度可达亚皮秒级．

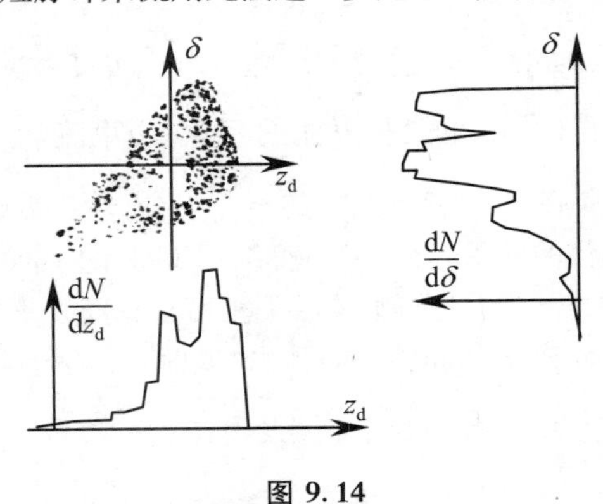

图 9.14

考虑 z_d—δ 关系的束流传输系统的另一特例是所谓“等时弯转系统”．它使束流弯转时维持束团纵向结构不变，要求不同动量、不同初始条件的粒子经过该系统所用时间相同．

只考虑一阶小量时，此即要求该系统的 6×6 阶传输矩阵第 5 行的各元素除 $m_{55}=1$ 外其余皆为 0. 对于水平弯转，要求 $m_{51}=m_{52}=m_{56}=0$.

根据本节开始时关于消色散系统的讨论，可得两点推论. 推论一：等时弯转系统必定消色散. 原因是一阶消色散与 $m_{51}=m_{52}=0$ 等效. 此时，$m_{56}=\frac{L}{\gamma^2}-\int G_x x_D \mathrm{d}z$，$L$ 是全系统的长度. 推论二：等时弯转系统至少有 3 个弯铁. 因为消色散系统至少要两个弯铁分别置于系统的始末，而此二弯铁中的 $G_x \cdot x_D$ 必互相重复叠加.

用色散函数描述，则等时弯转系统满足：起点 $\eta_0=\eta_0{}'=0$；终点 $\eta_f=\eta_f{}'=0$；而且 $\int_0^f \frac{\eta}{\rho}\mathrm{d}z=\frac{L}{\gamma^2}$. 对高能束流，最后一个条件近似为 $\int_0^f \frac{\eta}{\rho}\mathrm{d}z=0$. 对于此积分，只有弯转磁铁才有贡献. 此式如成立，至少需在一块弯铁中 η 与 ρ 异号. 读者应已知道，在消色散系统起始与结束处的弯铁中 η 与 ρ 是必定同号的.

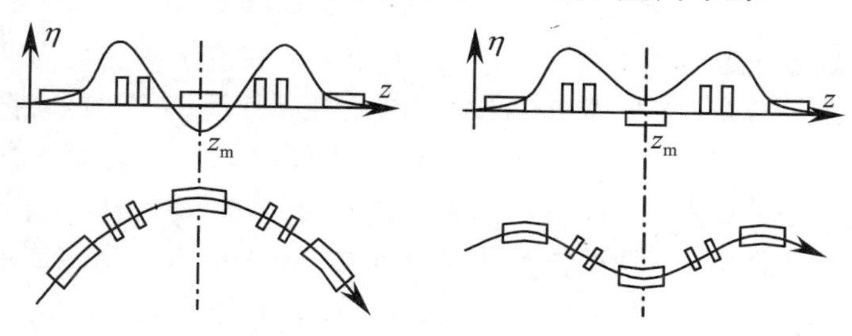

图 9.15

等时弯转系统可视为一种特殊的消色散系统，采用对称性结构也能使其设计简化. 如图 9.15 所示是两种典型的等时系统，都采用偶对称，故中点 $\eta_m{}'=0$. 一种在中间弯铁之内 $\eta<0(\rho>0)$，另一种在中间弯铁之内 $\rho<0(\eta>0)$. 如都用分离作用型弯铁，两侧两块磁铁中积分 $\int \frac{\eta}{\rho}\mathrm{d}z$ 之和是 $2\rho(\theta_B-\sin\theta_B)$，而中间块的贡献是（见第 8 章 8.4 节，以下标 1，m，2 分别标志弯铁入口、中点和出口）：

$$\rho(\theta_B-\eta_2{}'+\eta_1{}')=\rho(\theta_B+2\eta_1{}')=\rho\theta_B+2(\eta_m-\rho)\sin\frac{\theta_B}{2}$$

由此不难计算实现等时弯转的条件. 这需要两个变量，以满足关于 η_m 与 $\eta_m{}'$ 或 η_1 与 $\eta_1{}'$ 的两个方程（中间弯铁的 ρ 与 θ_B 可以与两侧弯铁不同）.

等时弯转系统见于以束团脉冲充当“束流探针”的实验系统，此时要求探针束团在传输中结构不变，而到达被测器件的时间可调. 为后一目的，中间弯铁可用一个能水平移动的180°弯转“U磁铁”.此种系统亦见于自由电子激光装置,以保持束团内的密度调制不变.与之类似的系统用于电子储存环弯转段,能使全环$\int \frac{\eta}{\rho}\mathrm{d}z$在零附近可微调,称此种环为“准等时环”(QIR),目的是获得尽量短的束团脉冲或进行自由电子激光实验.

9.3 发射度匹配和组合系统设计计算

组合系统的设计要使用程序计算.除了上一节谈到的与色散函数有关的计算外,最重要的是发射度匹配和束流包络的计算.本节还涉及如何计算几种线性微扰对束流的影响.

设一段传输系统起点的束流参数已知,要求束流在终点的参数为某些给定值,这是发射度匹配计算最一般的情况.此处,“参数”一词指两个横向自由振荡的ε及β,α,动量分散σ_{66}和色散η,η'.还可能要求系统的某些段具有特别的性质,例如某一弯转段是消色散的或等时的,某处色散足够大,某处是束流的腰,某处的包络函数为何值或不大于某值.一般不取γ为独立参数,因为如果仅指定β与γ,α的正负号不能确定,而该符号的重要性前文已有讨论.计算完成后,设计者还应检查全系统的束流包络:

$$R_x{}^2 = \varepsilon_{x\beta}\beta_x + \sigma_{66}\eta^2$$

$$R_y{}^2 = \varepsilon_y\beta_y$$

看R_x与R_y是否在合理的、不致丢束的范围内——考虑到系统可能产生的误差,它们是否与真空管道孔径和“好场区”尺寸的限制间留有足够的余地.

从已知束流起始参数和已知的传输系统元器件参数出发,如何计算束流参数沿系统全程的分布已在上一章介绍.此过程称为“正算”.设计者总是根据对传输系统的基本要求先确定系统的基本设置.其中,弯铁的数量、位置、弯转角与曲率半径,各直线段的总长度,四极铁的数量等一般是固定不变的参数;而聚焦参数——各四极铁的K值、组合作用弯铁的K值、弯铁的边缘角θ_e,以及四极铁的长度与位置(后者反映为漂移段的长度)可以作为匹配计算的变量.变量一般须给定初值,在计算中允许变化,有时要给出变化范围,以免得到荒唐的结果.有些变量之间可能存在线性约束关系,即它们之间另满足一个线性常系数方程,如:直线段总长度一定时各长度变量之和不变;不同极性或不同长度的四极铁电流串联,故 K 的绝对值相同,等等.一个变量出现的次数并无限制,这对于保持系统中某些分段的对称性或周期性很有意义.有时可把束流起始参数也当作变量.

最终,设所求解问题有 N 个变量,设计要求归结为计算 M 个参数.则正算就是求出

$$y_j = y_j(x_1, x_2, \cdots, x_i, \cdots, x_N) \quad (j = 1, \cdots, M;\ i = 1, \cdots, N)$$

发射度匹配是一个"反算"的问题.对这 M 个参数,设计者心中各有一"目标值"g_j.反算就是解 M 个联立方程:

$$y_j(x_1, \cdots, x_N) = g_j$$

对"达到目标"是否良好的要求可表现为不同的形式.其一是分别限制,即要求

$$|y_j - g_j| \leqslant s_j (\text{或 } s_j \cdot |g_j|) \quad (j = 1, \cdots, M)$$

M 个小量 s_j 是判定绝对误差或相对误差是否足够小的判据.其二是总体限制,要求

$$f = \sum_j W_j (y_j - g_j)^2 \leqslant s$$

此处,W_j 是权重因子;f 是加权重的误差平方和,称为(此次计算的)符合程度函数,以小为佳;s 是判定 f 是否足够小的判据.对某些参数的限制也可仅是不允许其最大值超过某值,如 $\beta_{\max}$ 和 $\eta_{\max}$,此时只要 $y_j \leqslant$ 目标值 g_j,该参数即满足要求,对 f 的贡献为 0.

各种束流传输系统计算程序,如 TRANSPORT,MAGIC 等,都能够解这样的方程组.设计者要做的只是给出元件布置和所有初值,指定变量和可能的变化范围、约束关系,列出方程得解的条件;有时还应给出一"最大循环次数",以免因给定的条件不佳、程序找不到解而陷入死循环,使用者却一无所知.

这些程序用的数学方法各不相同,其中多数通过函数关系理论实现反算,它们一般要解析计算各种偏导数 $\frac{\partial y_j}{\partial x_i}$.只要如第 8 章 8.1 节所介绍的,含有变量的元件的各个传输矩阵元都能对变量求微商,所有计算皆可经微分学简单处理(如:将矩阵连乘看作一系列代数式的乘、加),根据求 y_j 值的算式得到计算 $\frac{\partial y_j}{\partial x_i}$ 的算式.本节末尾将提供一套四极场偏差如何影响下游的 $\beta_u, \alpha_u, \eta, \eta'$ 等函数值和相位差 $\Delta\phi_u$ 的公式,以这些函数为 y_j,四极铁的 K 值为变量 x_i,由那些公式不难得出以现有的 β_u 等函数表达的 $\frac{\partial y_j}{\partial x_i}$ 算式.这些偏导数反映变量 x_i 的变化将引起目标参数 y_j 如何变化,在反算中当然应发挥作用.各种约束关系,可以表现为方程的增加,也可通过

数学处理表现为变量的减少.

求解方程组的方法可以有多种.现举几例说明,使读者对此稍有概念.其一,利用标志多变量、多函数关系的雅可比矩阵 $M_J = \dfrac{\partial(y_1, y_2, \cdots, y_M)}{\partial(x_1, x_2, \cdots, x_N)}$.用 N 维列向量 X 代表全体变量,M 维列向量 Y 和 G 代表全体所求参数和目标值;当变量为 X 时得到参数值 Y,变量有一增量或修正量 ΔX 时,期待参数值是 $Y^* = Y + M_J \cdot \Delta X$.可以用使 f 取最小值的数学方法求最佳修正量.当 $M \neq N$ 时,有关公式较复杂,而 $M = N$ 时就是简单的 $\Delta X = M_J^{-1} \cdot (G - Y)$.其二,在 N 维变量空间中求函数 f 的梯度方向,其反方向可称为最佳下降方向.此梯度 $\nabla f = \sum_i \dfrac{\partial f}{\partial x_i} \cdot \boldsymbol{e}_{xi}$,其中 $\dfrac{\partial f}{\partial x_i} = 2\sum_j W_j (y_j - g_j) \dfrac{\partial y_j}{\partial x_i}$,$\boldsymbol{e}_{xi}$ 是该空间中变量 x_i 方向的单位向量;令所取修正量 ΔX 正比于 $-\nabla f$,应该能使 f 减小的速度最快.此法被有些文献形象地称为“盲人下山法”.其三,在上述多维变量空间中寻找 $|\nabla f|^2 = \sum_i \left(\dfrac{\partial f}{\partial x_i}\right)^2$ 的最佳减少方向,以寻求 f 的极小值.各种方法都不可能“一步到位”,如何选定、修正步长和达不到期待值时如何修正下降方向是程序编制者最用功夫之处.方法的优劣不在此评论.

如果方程的要求合理,元件布置与初值恰当,一般不难找到合乎要求的解.同时,程序应给出全系统的束流包络及色散函数等的分布,以检查是否全面满足设计要求.如有不妥,要变动元件布置重做计算,有时要多加聚焦元件以加强对束流横向运动的约束,有时则要修改计算前设定的目标值.

为了在运行中调节聚焦系统,常需要一定数量的四极铁 K 值作为变量.但这也增加了运行的复杂性.设计中,考虑方程数量、各段传输矩阵自由度总数,考虑各种要求应在多严格的意义上实现,能否利用漂移段长度为变量,以求简化整个系统,是应予鼓励的.

变量不够多或某些要求不尽合理(比如自相矛盾)时,每次计算的 f 值可能并不向 $f=0$ 的理论最终解收敛,程序将输出它认为最接近的一组变量值.设计者可考虑即行采用,或修改要求,或增加变量数后再算;也可以修改权重因子,使下次计算结果(虽仍非最终解)更能够被接受.

一次“反算”往往是上千次“正算”的结果.也可以用大量的正算搜索来进行或开始设计.计算机技术在计算速度、数据容量等方面的进步为此提供了强大的助力.当变量总数 N 不太大时,甚至可将每个变量的合理变化区间划分成许多小格,进行“网格式(地毯式)”的全局性逐点扫描,在变量空间中找到 f 值较小的若干“富矿区”,然后再加密搜索.N 较大时,为避免耗时过多,也可以与随机算法结合,将

N 个变量各在其合理变化范围内随机指定 x_i 值以进行跳跃式搜索，以 f 尽量小为原则选取最佳值，可用相对较少的搜索次数覆盖搜索区域，常能很快得到相当接近设计要求的解. 至少，用这样的解作为初值再做完全匹配的反算，一般收敛得比较快. 对于特别复杂、容易无解的系统，将正算与反算结合，可能达到事半功倍的效果.

大约自20世纪90年代起，以前人难以想象的高性能计算机平台计算能力为后盾，基于正算的大规模智能搜索算法蓬勃兴起，加速器/束流传输系统设计优化是它们的舞台之一. 作者接触过的有模拟退火算法、遗传算法和粒子群优化算法等. 这些算法都以随机指定变量空间中的一个大数量"点群"(每点对应一套变量值的组合)开始，然后使其不断"进化"为新点群，每次都通过正算求出每点的 f 值并选优，区别在于从这一群向下一群进化的方式与取舍标准；而所谓进化都模仿自然界某一现象，蕴含的道理十分有趣. 模拟退火算法的蓝本是固体退火过程，随温度缓缓降低，其所含粒子从无序趋于有序，内能逐渐减小，直到稳态. 该算法视 f 值为内能，通过设定初始温度和冷却速度给出每次运算时的"温度" T 控制进化，假如新点与旧点相比的 $\Delta f<0$，新点被认可为下一群的当然成员，否则以 $\exp\left(-\dfrac{\Delta f}{kT}\right)$ 为概率确定其是否被认可，不认可时保留旧点；所以温度越高，Δf 略有升高的新点越有可能进入下一群，使新点有机会"跳出"局部极小值附近的"浅坑"，但当 T 降得足够低时，整个群将趋于稳定，整体的内能 f 已很小. 遗传算法模仿人工育种过程，视每个点群为生物种群中的一代，选出其中较优的一些点作为种苗或种畜，根据"父母"对应的变量组合，通过类似遗传基因的方法(包含一定的随机性，也允许"变异")配出"子女"的参数，繁殖下一代；如此代代优生遗传，将培育出优秀的种群. 粒子群优化算法则模拟鸟群或蜂群觅食飞行的规律，视每个点为此次某个体的就食点，该个体综合自身觅食史(曾在何处较佳)、全种群觅食状态(何方向最佳)与飞行惯性(从上一点到这个点的方向)等信息计算确定如何飞往下个就食点；如此不断修正个体飞行路线和速度，整个粒子群将聚集在"食物最丰美"(f 值最小)的区域. 每个智能算法结束时都挑出若干个最优秀(f 值接近最小)且有代表性(变量 x_i 并不雷同和/或相加成 f 的诸项各具特色)的点，供设计者选用. 这些算法在复杂系统的设计计算中已经战果累累，但为了改进搜索效果、提高效率，适应每种具体应用的特点，它们的细节还有许多可研究和创新之处，还有很广阔的发展空间.

元件数量很大的复合系统可以用若干方法简化. 方法之一是分段处理. 比如合肥国家同步辐射实验室的束流输运线，设计时分为直线加速器的延伸段、水平消色差弯转段、匹配直线段和垂直消色差弯转段. 第一段由若干四极透镜对组成，设计中仅考虑使直线加速器束流尽量在包络不太大的条件下远距离传输.第二段与第四段分别完成水平 45°弯转和垂直 3.2 m 的提升(垂直总弯转角为 0),各自实现消色散,第二段内还设有动量限制狭缝.设计计算中只要求第二段用输入束流发射度为初始值"顺推"、第四段用输出束流发射度(大体相当于储存环对注入束流的接受度)为终点值"倒推",束流包络无太不妥之处.相空间匹配计算只在仅有四极磁铁和漂移段的第三段进行.对不同的具体问题,可以用不同的分段方法分而治之,以免不同的要求相互纠缠.

如果一系统各处的管道内径(或磁铁好场区)尺寸为 $R(z)$,且不考虑色散,则 $\left(\frac{R^2}{\beta_u}\right)_{\min}$ 大致为该系统的接受度.如果一段内的 R 相等,则接受度是 $\frac{R^2}{\beta_{u\max}}$,反比于该段内 β_u 的最大值.考虑色散,则 x 方向的接受度大约是 $\frac{R^2-\sigma_{66}\eta^2}{\beta_{x\max}}$.此值可与束流发射度比较,一般应有充分余裕量.

如果系统某处因尺寸限制,成为接受度的"瓶颈",即其决定因素,应先计算此处的接受度相椭圆形状,尽量使束流在此点实现发射度与接受度的匹配(形状匹配,即 β,α 匹配),以免在瓶颈处损失束流.所以,有的传输系统可能要进行不止一次匹配.

多次匹配的另一实例是在传输系统中采用周期性结构、对称性结构、π 节等时的最佳传输.采用这些结构,目的是简化复杂的、尤其是很长的束流传输系统.系统元件布置虽有周期性或对称性,任意初始条件的束流在其中的表现未必呈现类似的性质.这往往造成包络函数被放大.设系统中有一聚焦磁铁处某横向 β 必有极大值.当束流呈现周期性、对称性时,若干个同样的元件处 β 相等且同为 $\beta_{\max}$,成为对接受度的等强度限制.一旦因束流初值变化,周期性或对称性被破坏,这些元件处的 β 必然"此伏彼起",仿佛原有的峰谷被扭曲,一定在某处形成更大的 $\beta_{\max}$,有时会是原 β 值的几倍,必使整个系统的接受度大为受损.这当然对传输束流不利.解决之法是使束流到达此类结构入口时的状态大体符合 β,α,η 等函数也表现为周期性或对称性的初始条件要求,其实质就是使束流参数与该结构的接受度参数匹配.

π 节(或 2π 节,下同)的情况与此相似.虽然 π 节使入口处束流参数在出口处再现,一如其根本不存在,但入口参数不合适时束流在其中很可能因包络过大损失,π 节就不能表现为理想的"完全透明".每种 π 节都有最佳的入口参数,能使其中的包络最小,这也是它的接受度参数.输入的束流参数应与之相差不远,或曰大体匹配.

在以上这些情况下，根据周期性或对称性要求，一段传输结构有它的接受度椭圆和相应的β,α等参数，也可有色散函数．这些参数已不属于束流而属于磁铁结构．这与第8章8.4节所谈束流的这些参数有本质不同．虽然实现完美的匹配时两者可以相等，但它们完全可以大相径庭．在这一意义上，所谓储存环的这些函数，可以看作是一个周期性结构——环的周期数趋于无穷——的接受度参数．

以下的有关计算公式与储存环物理的相应计算完全雷同．

对于一个周期性结构，恰当的入射束流参数应使β,η函数和$\Delta\phi=\int\frac{\mathrm{d}z}{\beta}$都呈现周期性．请见第8章8.4节关于传输矩阵元与这些参数的关系．此时，属于"一个周期"的2×2阶传输矩阵可写为

$$\begin{pmatrix} m_{11} & m_{12} \\ m_{21} & m_{22} \end{pmatrix}=\cos\Delta\phi\begin{pmatrix} 1 & 0 \\ 0 & 1 \end{pmatrix}+\sin\Delta\phi\begin{pmatrix} \alpha_0 & \beta_0 \\ -\gamma_0 & -\alpha_0 \end{pmatrix}$$

$$=\cos\Delta\phi\cdot I+\sin\Delta\phi\cdot J$$

$$\begin{pmatrix} \eta_0 \\ \eta_0' \end{pmatrix}=\begin{pmatrix} m_{11} & m_{12} \\ m_{21} & m_{22} \end{pmatrix}\begin{pmatrix} \eta_0 \\ \eta_0' \end{pmatrix}+\begin{pmatrix} m_{16} \\ m_{26} \end{pmatrix}$$

所以，全周期相移$\Delta\phi$满足

$$\cos\Delta\phi=\frac{1}{2}(m_{11}+m_{22})$$

而

$$\beta_0=\frac{m_{12}}{\sin\Delta\phi}$$

$$\alpha_0=\frac{m_{11}-m_{22}}{2\sin\Delta\phi}$$

$$\gamma_0=-\frac{m_{21}}{\sin\Delta\phi}$$

式中，$\Delta\phi$所在的象限应使$\sin\Delta\phi$与m_{12}同号，以保证β_0大于0（如此确定的$\Delta\phi$可能与实际的一周期相移间相差2π的整数倍）．

$$\begin{pmatrix} \eta_0 \\ \eta_0' \end{pmatrix}=\frac{1}{2(1-\cos\Delta\phi)}\begin{pmatrix} 1-m_{22} & m_{12} \\ m_{21} & 1-m_{11} \end{pmatrix}\begin{pmatrix} m_{16} \\ m_{26} \end{pmatrix}$$

公式所得是入口处的接受度参数，实现匹配时即等于入口的束流参数．

如果$|m_{11}+m_{22}|>2$，则匹配是不可能的．如匹配果然实现，利用矩阵$J^2=-I$的性质，可得到N个周期传输矩阵的连乘是

$$(M)^N=\cos(N\Delta\phi)\cdot I+\sin(N\Delta\phi)\cdot J$$

易知所有束流参数除相移$\Delta\phi$不断增加、直到N倍外，皆呈现完美的周期性．

由此可见,在一定意义上,矩阵 J 酷似虚数单位 i,而一个周期的 2×2 阶传输矩阵好像绝对值为 1 的复数 $\exp(\mathrm{i}\Delta\phi)$.

对一个对称性结构,恰当的入射束流参数应使其中点恰为束腰,β 与 η 都呈对称,即在其中点 z_m 处 $\alpha_\mathrm{m}=0,\eta_\mathrm{m}'=0$.这并没有形成对入口处 β_0,α_0,η_0 和 η_0'的完全限制,因为自由振荡与色散各有一个多余自由度.只有对束流状态另加某种限制时,对称性结构才能拥有完全匹配的要求.

一个实例为入口亦是束腰,即 $\alpha_0=0,\eta_0'=0$.则 z_0 到 z_m 的传输矩阵的各矩阵元可写成

$$\begin{pmatrix} m_{11} & m_{12} \\ m_{21} & m_{22} \end{pmatrix} = \begin{pmatrix} \sqrt{\dfrac{\beta_\mathrm{m}}{\beta_0}}\cos\Delta\phi & \sqrt{\beta_0\beta_\mathrm{m}}\sin\Delta\phi \\ -\dfrac{1}{\sqrt{\beta_0\beta_\mathrm{m}}}\sin\Delta\phi & \sqrt{\dfrac{\beta_0}{\beta_\mathrm{m}}}\cos\Delta\phi \end{pmatrix}$$

$$\begin{pmatrix} m_{16} \\ m_{26} \end{pmatrix} = \begin{pmatrix} \eta_\mathrm{m} \\ 0 \end{pmatrix} - \begin{pmatrix} m_{11} & m_{12} \\ m_{21} & m_{22} \end{pmatrix}\begin{pmatrix} \eta_0 \\ 0 \end{pmatrix}$$

所以

$$\beta_0 = \sqrt{-\frac{m_{12}m_{22}}{m_{11}m_{21}}}$$

$$\eta_0 = -\frac{m_{26}}{m_{21}}$$

是该结构入口处的接受度参数.z_0 到 z_m 的相移 $\Delta\phi$ 满足 $\cos2\Delta\phi=m_{11}m_{22}+m_{21}m_{12}$,当此式的绝对值$\geqslant1$ 时,β_0 计算式中根号内的分数式$\leqslant0$,完美匹配(此时即腰到腰传输)不可能实现.

π 节可视为 $\Delta\phi=\pi$ 的周期性结构.此时用前述公式无法计算入口参数,匹配条件应根据其中 $\beta_{\max}$可能发生处的接受度计算.

有一种简单方式可以用两个相同的传输段首尾相接构成 π 节.只要一个传输矩阵的两对角元 $m_{11}+m_{22}=0$,可以证明:两个这样的矩阵连乘,即此种传输单元重复一次,就成为 π 节.该单元自然地叫做$\dfrac{\pi}{2}$节,其传输矩阵可写成

$$J = \begin{pmatrix} \alpha_0 & \beta_0 \\ -\gamma_0 & -\alpha_0 \end{pmatrix}$$

换言之,这种 π 节的构成利用了矩阵 $J^2=-I$ 的性质.此时的 $\beta_0=m_{12},\alpha_0=m_{11}$就是入口的接受度参数;实现匹配时,束流在两个单元中表现出周期性,$\beta_{\max}$最小.

对于长距离传输,设计合适的双横向 π 节(两个横向的相移皆为 π)、消色散弯

转 π 节等，可以简化系统的设计与匹配.建议读者用薄透镜近似表示四极透镜，设计一个无弯转双横向 π 节$\left(\right.$用一个四极透镜对配上适当长度的漂移段可容易地构成双横向$\frac{\pi}{2}$节$\left.\right)$作为练习；并再进一步，先后以任意的入口束流参数和以匹配参数为初始条件，分别计算束流包络的分布，看出口处包络是否总是与入口相同，以及两种条件下途中的包络最大值有多大差异，以增进对 π 节的功能和相应束流参数匹配的理解.

对以上这几种匹配，要求可以比较放松.假设接受度有足够富余，只要束流表现出"准周期性"或"准对称性"，一般就可以实现束流无损传输.

束流传输系统中还要有测量元件和校正元件.为此，系统中宜留有漂移空间，并应计算出这些元件所在位置的束流参数.如果测量对象、校正对象是束流质心位置和截面尺寸，相应位置的 β 函数以稍大为好.

某些磁场参数与设计值的差异影响束流运动，可视为对束流传输系统运行的微扰.不涉及高阶场的称为线性微扰，其引起的磁场变化量与粒子横向位置无关或与之成正比.第一种常见线性微扰是磁场强度的偏差，第8章8.2节已谈到，如果由于磁场误差或由于使用校正元件，某元件的积分场零阶(二极)分量使所有粒子产生一个相同的拐角

$$\Delta\theta_x = \int\left(\frac{1}{\rho} - \frac{1}{(B\rho)_0}B_y\right)\mathrm{d}z$$

或

$$\Delta\theta_y = \frac{1}{(B\rho)_0}\int B_x\mathrm{d}z$$

其结果将改变束流质心轨迹 U_m，而不影响横向振荡与束流截面尺寸(严格地说，对色散有影响，此处不考虑).

设有若干地点($i=1,2,\cdots$)的 $\Delta\theta_{ui}\neq0$，则下游任一点 z 处的粒子轨迹是

$$\begin{pmatrix} u \\ u' \end{pmatrix}_z = M_0^z\begin{pmatrix} u \\ u' \end{pmatrix}_0 + \sum_i M_i^z \cdot \begin{pmatrix} 0 \\ \Delta\theta_{ui} \end{pmatrix}$$

有关量的注解和此式的证明可省略.束流质心轨迹的总偏移量

$$\begin{bmatrix} \Delta u_\mathrm{m} \\ \Delta u_\mathrm{m}' \end{bmatrix}_z = \sum_i \begin{bmatrix} m_{12} \\ m_{22} \end{bmatrix}_i \Delta\theta_{ui}$$

式中，矩阵元 m_{12}，m_{22}属于从微扰 $\Delta\theta_{ui}$的源点z_i 到测点z 的传输矩阵M_i^z.此处忽略了磁场高阶分量，认为微扰很小，忽略微扰相互间的耦合，所以偏移量与微扰之

间、多次微扰之间只有简单的线性叠加关系.

令位相差

$$\Delta\phi_i^z = \int_i^z \frac{\mathrm{d}z}{\beta_u} = \phi(z) - \phi_i$$

将矩阵元用有关函数表达,则

$$\Delta u_{\mathrm{m}}(z) = \sqrt{\beta_u(z)} \sum_i \sqrt{\beta_{ui}} \sin(\Delta\phi_i^z) \cdot \Delta\theta_{ui}$$

$$\begin{aligned}\Delta u_{\mathrm{m}}'(z) &= \frac{1}{\sqrt{\beta_u(z)}} \sum_i \sqrt{\beta_{ui}} [\cos(\Delta\phi_i^z) - \alpha_u(z)\sin(\Delta\phi_i^z)] \Delta\theta_{ui} \\ &= \sqrt{\gamma_u(z)} \sum_i \sqrt{\beta_{ui}} \cos[\Delta\phi_i^z + \arctan\alpha_u(z)] \Delta\theta_{ui}\end{aligned}$$

由此可见,源点的 $\sqrt{\beta_u}$ 是该处微扰对下游轨迹偏移的影响力的量度;测点的 $\sqrt{\beta_u}$ 是该处质心位移对上游微扰的敏感性的量度,$\sqrt{\gamma_u}$ 是质心的轨迹偏角对上游微扰的敏感性的量度;而具体的一对源点与测点间的位相差 $\Delta\phi_i^z$ 对其相关程度有重大影响.例如,当两者间的位相差是 $n\pi$ 时,测点恰是源点的像点,测点质心位置不受源点微扰的影响;当位相差是 $\left(n+\frac{1}{2}\right)\pi$ 时,对位置的影响最大;质心轨迹偏角的情况则与 $\arctan\alpha_u(z)$ 有关,不受影响时源点对测点而言为"物方焦点".

设计传输系统时,常用两个校正元件在一个测量点的上游构成校正元件对.则校正元件强度 $\Delta\theta_{u1}$,$\Delta\theta_{u2}$ 与下游任意测量点质心轨迹变化量 Δu_{m},$\Delta u_{\mathrm{m}}'$ 之间的关系是

$$\begin{pmatrix} \dfrac{\Delta u_{\mathrm{m}}}{\sqrt{\beta_u}} \\ \sqrt{\beta_u}\,\Delta u_{\mathrm{m}}' \end{pmatrix}_z = \begin{pmatrix} \sin\Delta\phi_1^z & \sin\Delta\phi_2^z \\ \cos\Delta\phi_1^z - \alpha_u \sin\Delta\phi_1^z & \cos\Delta\phi_2^z - \alpha_u \sin\Delta\phi_2^z \end{pmatrix} \begin{pmatrix} \sqrt{\beta_{u1}}\,\Delta\theta_{u1} \\ \sqrt{\beta_{u2}}\,\Delta\theta_{u2} \end{pmatrix}$$

或

$$\begin{pmatrix} \sqrt{\beta_{u1}}\,\Delta\theta_{u1} \\ \sqrt{\beta_{u2}}\,\Delta\theta_{u2} \end{pmatrix} = \frac{1}{\sin\Delta\phi_1^2} \begin{pmatrix} \cos\Delta\phi_2^z - \alpha_u(z)\sin\Delta\phi_2^z & -\sin\Delta\phi_2^z \\ -\cos\Delta\phi_1^z + \alpha_u(z)\sin\Delta\phi_1^z & \sin\Delta\phi_1^z \end{pmatrix} \begin{pmatrix} \dfrac{\Delta u_{\mathrm{m}}}{\sqrt{\beta_u}} \\ \sqrt{\beta_u}\,\Delta u_{\mathrm{m}}' \end{pmatrix}_z$$

后一式表明,如果系统运行时调试者希望在 z 点获得一定大小的 Δu_{m} 或 $\Delta u_{\mathrm{m}}'$,只要按该式计算校正元件强度.此式有意义的条件是两校正元件间的位相差不等于 $n\pi$.如要校正元件尽量"省力",此位相差以接近 $\left(n+\frac{1}{2}\right)\pi$ 为佳,校正元件处 β_{ui} 以大为佳.

常在系统调试中,使校正元件对的强度按某一比例增减,可以只调动位置

(Δu_m),不改变角度$(\Delta u_m{}')$;按另一比例增减,则只变角度,不变位置.这两种比例系数均可由上式很容易地得到.例如,当$\Delta\theta_{u1}$与$\Delta\theta_{u2}$的增量之比为$-\dfrac{\sin\Delta\phi_2^z}{\sqrt{\beta_{u1}}}$比$\dfrac{\sin\Delta\phi_1^z}{\sqrt{\beta_{u2}}}$时,$\Delta u_m$的增量为0,只有$\Delta u_m{}'$改变.

原则上,用一对校正元件可以将测点的质心轨迹调到任意的位置和角度,或曰可将上游的各种误差对质心轨迹的影响完全消除,不使其影响测点下游的传输.当然,两个横向各需要至少一对这样的校正元件.

另一种调整质心轨迹的手段是制造"局部凸轨".原则上,任一横向用3个校正元件可使质心轨迹在其间形成一个凸轨,而不影响它们以外的轨迹,如图9.16所示.仍可用前述公式,只要将"校正元件3"定于测点所在处,令该处$\Delta u_m=0$,并取$\Delta\theta_{u3}=-\Delta u_m{}'(z_3)$.于是,前两个校正元件对束流轨迹的影响被第三个校正元件消除得了无痕迹,称为凸轨已被局部化.易得形成局部凸轨、使下游轨迹保持不变的条件是

$$\Delta\theta_{u1} = k\frac{\sin\Delta\phi_2^3}{\sqrt{\beta_{u1}}}$$

$$\Delta\theta_{u2} = -k\frac{\sin\Delta\phi_1^3}{\sqrt{\beta_{u2}}}$$

$$\Delta\theta_{u3} = k\frac{\sin\Delta\phi_1^2}{\sqrt{\beta_{u3}}}$$

共同因子k可称为凸轨偏离比例因子.

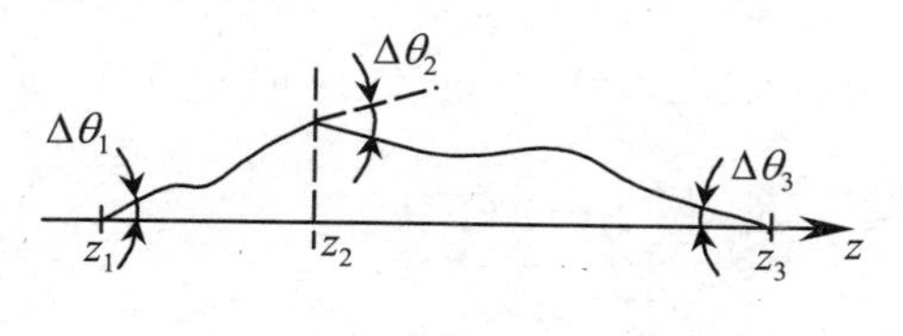

图 9.16

调试系统时,使3个校正元件的强度按此比例增减,其间的束流轨迹产生相应的局部变化,调试者可以摸索局部"瓶颈"(该处孔径小或β_u大)对束流损失的影响,以判断该处轨道是否偏离中心,或将某一点的质心轨迹调到理想位置.

一点z如在z_1与z_2之间,则

$$\Delta u_m(z) = k\sin\Delta\phi_2^3\sqrt{\beta_u(z)}\sin\Delta\phi_1^z$$

如 z 在 z_2 与 z_3 之间，则

$$\Delta u_{\mathrm{m}}(z) = k\sin\Delta\phi_1^2 \sqrt{\beta_u(z)}\sin\Delta\phi_z^3$$

一个特例是：如校正元件 z_1 与 z_3 间位相差为 $n\pi$，则 $\sin\Delta\phi_1^3=0$，$\Delta\theta_{u2}=0$，只用两个校正元件就能形成局部凸轨.可仿照前文讨论，如何选择校正元件处参数使凸轨的形成较为省力或有效.

如果用 4 个校正元件做成凸轨，则多余的一个自由度可用于选择凸轨形状，例如使某点的质心轨迹位置和偏角皆可调.此时，凸轨可看作两个“三元件凸轨”的线性叠加，公式无需再写.

以上关于校正元件的讨论皆无需再考虑元件之间的弯转磁铁、四极磁铁等元件.它们的作用都已由包络函数、振荡位相差等参数代表.有关公式（下文亦然）与储存环物理中的公式相似而不尽相同，因为后者的研究对象是轨迹的周期解.关于局部凸轨条件的公式则与储存环物理一样，因为已局部化的凸轨和束流是否周而复始地运动无关.

另一种线性微扰是磁场一阶（四极）分量的微小偏差，或者说聚焦元件强度的偏差，此类偏差将引起下游各处束流矩阵 Σ 变化，改变束流的相空间分布，后果可用包络函数、色散函数、振荡相位差的增量描述.严格的处理应使用程序计算.为粗略估计其影响，可仿照前文零阶场的处理方法，将此类偏差表示为 $\Delta(F_uL)$，以公式给出下游各有关函数的增量.

设某测点 z 上游有若干个微扰源点 z_i（$z>z_i$，$i=1,2,\cdots$），每点有四极场偏差 $\Delta(F_uL)_i$，则可得

$$\Delta\beta_u(z) = -\beta_u(z)\sum_i\left[\beta_{ui}\sin(2\Delta\phi_i^z)\Delta(F_uL)_i\right]$$

$$\Delta\alpha_u(z) = \sum_i\left[\beta_{ui}(\cos(2\Delta\phi_i^z) - \alpha_u(z)\sin(2\Delta\phi_i^z))\Delta(F_uL)_i\right]$$

$$\Delta(\Delta\phi_i^z)(z) = \sum_i\left[\beta_{ui}\sin^2\Delta\phi_i^z\Delta(F_uL)_i\right]$$

$$\Delta\eta(z) = -\sqrt{\beta_x(z)}\sum_i\left[\eta_i\sqrt{\beta_{xi}}\sin\Delta\phi_i^z\Delta(F_xL)_i\right]$$

$$\Delta\eta'(z) = -\frac{1}{\sqrt{\beta_x(z)}}\sum_i\left[\eta_i\sqrt{\beta_{xi}}(\cos\Delta\phi_i^z - \alpha_x(z)\sin\Delta\phi_i^z)\Delta(F_xL)_i\right]$$

式中，$\Delta\phi_i^z$ 是从源点到测点的相位差，仍定义为$\int_i^z \frac{\mathrm{d}z}{\beta_u}$；各式右边用到的 β 等函数和 $\Delta\phi_i^z$ 皆为无微扰时的理论值.在假设微扰很小的条件下，忽略微扰相互间的耦合和微扰的高阶影响，不同微扰产生的增量可以线性叠加.

此处用 $\Delta(F_uL)_i$ 表示每个微扰的大小，意味着它可看作强度为 F_u 的元件增长了 ΔL，也可看作长 L 的聚焦元件的强度增强了 ΔF_u，这两种偏差视为线性微扰、只考虑一阶效应是等效的.常见的例子是人为微调四极磁铁的 K 值，设磁铁长度为 L_Q，K 值增大 ΔK，束流在两个横向都受到微扰，按照 $F_x = K$，$F_y = -K$ 的关系，可知微扰分别是 $\Delta(F_xL) = \Delta K \cdot L_Q$ 和 $\Delta(F_yL) = -\Delta K \cdot L_Q$.四极磁铁中点可视为这种微扰的源点 z_i，从该中点起计算 $\Delta\phi_i^z$，而 β_{ui} 和 η_i 可理解为该磁铁中 β_u 和 η 的平均值，因为四极磁铁中的相关曲线与抛物线相似，最简单可靠的算法是取函数平均值 $=\frac{1}{6}$(起点值 + 终点值 + 中点值×4).前文已说明，如果以四极铁 K 值为变量，这些公式可用于计算相关函数的偏导数.

对以上公式的讨论皆可仿照零阶场偏差的情况进行.β 函数的物理意义在此又一次有所表现，β_u 既是源点处微扰对下游束流包络等的影响力的量度，也是测点处束流参数对上游微扰的敏感性的量度.如果仅有一处微扰源，让测点沿 z 轴持续移动，$\Delta\eta(z)$ 将像零阶场微扰产生的轨迹偏差 $\Delta u_m(z)$ 一样，随 $\Delta\phi$ 的增加以类似三角函数的形式波动；而 β 函数相对值增量 $\Delta\beta_u/\beta_u$ 也在零点上下波动，但频率是前者的二倍；相位差增量的波动则在零点的一侧，除了个别点上为 0，一般都与微扰 $\Delta(F_uL)$ 同号，也就是说聚焦力增加只可能使相位差变大，而波动的频率与 $\Delta\beta_u$ 相同.特别，当仅一处有微扰时，在 $\Delta\phi = n\pi$ 处 β_u 和相位差的增量都为 0；$\Delta\phi = \left(n+\frac{1}{2}\right)\pi$ 处则 β_u 大致不变，相位差增量却达到最大值 $\beta_{ui}\Delta(F_uL)_i$，此值恰好也是 β 函数相对值增量可能的最大值.

推导要点　推导只需针对一个源点.有多种方法可“殊途同归”地求得上述公式.

最基本的方法是在源点插入 $m_{21} = -\Delta(F_uL)_i$ 的一个薄透镜矩阵，它能完全体现该微扰的作用.用 M_i^z 标记源点到测点的传输矩阵，利用矩阵乘法得到考虑微扰后的新矩阵，它与旧矩阵的不同只涉及两个矩阵元，其增量分别是

$$\Delta m_{11} = -m_{12}\Delta(F_uL)_i$$

$$\Delta m_{21} = -m_{22}\Delta(F_uL)_i$$

旧矩阵的其他矩阵元保持不变，式中右边的矩阵元属于旧矩阵.

8.4 节给出了传输矩阵元与 β 等函数及相位差的关系，所以所有旧矩阵元可以用无微扰时的各函数表达，根据新矩阵元可以计算各函数的改变量.

另一方法是利用薄透镜式微扰造成的源点 β 函数、η 函数折转，该微扰不改变源点当地的 β_u 和 η，但产生

$$\Delta\alpha_u = \beta_{ui}\cdot\Delta(F_uL)_i$$
$$\Delta\gamma_u = 2\alpha_{ui}\cdot\Delta(F_uL)_i$$
$$\Delta\eta' = -\eta_i\cdot\Delta(F_xL)_i$$

其中,第二式来自恒等式 $\beta_u\gamma_u = 1+\alpha_u{}^2$.然后可用矩阵 M_i^z(此法不必区分新旧矩阵)计算这种折转对测点各函数值的影响.

在已知 $\Delta\beta_u(z)$和 $\Delta\eta(z)$的表达式后,可以利用 $\beta_u(z)' = -2\alpha_u(z)$和$(\Delta\varphi_i^z)' = \dfrac{1}{\beta_u(z)}$,对两式微分而得到 $\Delta\alpha_u(z)$和 $\Delta\eta'(z)$.

类似地,$\Delta\phi_i^z$的增量也可用积分

$$\int_i^z\Delta\left(\frac{1}{\beta_u}\right)\mathrm{d}z = -\int_i^z\frac{\Delta\beta_u}{\beta_u{}^2}\mathrm{d}z$$

计算,结果相同. □

有关束流输运设计计算的讨论到此结束.

第10章　误差与非理想场

10.1　概　　述

作为束流传输理论部分的结束，本章介绍各种误差与非理想场对束流传输系统的影响和相应处理方法.上两章中，所有元器件产生的场大多假设为理想场，无论其场型分布抑或强度取值.计算根据理想的二阶线性标准方程进行，束流的状态用相椭球及有关参数描述.凡与这些条件不尽符合的因素，诸如磁铁的制造、安装误差，束流状态与理想条件的偏差，空间电荷效应，非理想场引入的耦合，各种非线性效应等，都是本章讨论的内容.

磁铁制造、安装误差对束流运动的主要影响见表10.1.

表10.1

<table>
<tr><th colspan="3" rowspan="2">误　差　种　类</th><th colspan="2">磁铁种类及主要影响对象</th></tr>
<tr><th>弯转磁铁
（B铁）</th><th>四极磁铁
（Q铁）</th></tr>
<tr><td rowspan="4">制造误差</td><td>有效长度差</td><td>ΔL</td><td>x_{m}</td><td>聚焦情况</td></tr>
<tr><td>中心磁场差</td><td>ΔB</td><td>x_{m}，有时 y_{m}</td><td>x_{m} 和/或 y_{m}</td></tr>
<tr><td>磁场梯度差</td><td>ΔK</td><td>聚焦情况</td><td>聚焦情况</td></tr>
<tr><td>高阶场分量</td><td></td><td>非线性效应</td><td>非线性效应</td></tr>
<tr><td rowspan="6">安装误差</td><td rowspan="3">磁铁中心位置</td><td>Δx</td><td>影响较小</td><td>x_{m}（*）</td></tr>
<tr><td>Δy</td><td>影响较小</td><td>y_{m}（*）</td></tr>
<tr><td>Δz</td><td>x_{m}</td><td>聚焦情况</td></tr>
<tr><td rowspan="3">磁铁偏转角</td><td>θ_x</td><td>横向耦合</td><td>影响较小</td></tr>
<tr><td>θ_y</td><td>聚焦情况</td><td>影响较小</td></tr>
<tr><td>θ_z</td><td>y_{m} 和横向耦合（*）</td><td>横向耦合（*）</td></tr>
</table>

表10.1假设弯铁中设计弯转平面为水平面(xoz 面),其中理想场为均匀场.制造误差中包括有效长度差和各阶磁场偏差.安装误差可分解为6个因素:磁铁中心点位置的3维偏差(中心点向3个方向的平移)和分别绕 x,y,z 轴(坐标系原点置于磁铁中心点)的3维旋转偏角,任何误差都可看作6者中若干项的叠加.所谓主要影响对象,并不是说没有其他影响.x_m 与 y_m 指束流质心轨道(包括位移和偏角)因误差而改变,聚焦情况指束流包络的变化和有关 β 等参数的改变,横向耦合指 x 方向与 y 方向之间的线性耦合,非线性效应见下文.表格中有"(*)"者是一般情况下影响最严重的误差.

各种误差或非理想场有若干分类方法.其一按照磁场与横向位移的关系,分为零阶、一阶、二阶、高阶,等等.它们依此次序分别会引起质心轨迹的偏差与附加色散、聚焦条件的改变与横向线性耦合、色散的高阶影响与相椭球的畸变,等等.本章基本按照这一分类方法进行讨论,并把零阶与一阶误差场统称为"线性误差".有线性误差时,相椭球随运动变化的方式有所改变,但仍保持为椭球形.

另一种分类法主要着眼于误差的来源,分成安装误差、场的不均匀性、(随时间的)不稳定性,等等.从束流动力学角度看,不均匀性$\left(\text{比如好场区内的}\dfrac{\Delta B}{B},\dfrac{\Delta K}{K}\right)$这一说法似嫌"模糊".而将场的横向不均匀性按阶次分类,将纵向不均匀性区分为多个(串联供电)元件之间的强度差、单一元件内的场随 z 变化的分量(假如弯铁内 B_y 明显且单调地随 z 变化,其中 $\dfrac{\partial B_y}{\partial z}$ 即 $\dfrac{\partial B_z}{\partial y}\neq 0$;如并非如此,而是规律不明显地纵向波动,则有高阶的对 z 偏微商,对运动的影响一般很小),等等,应该说是更加科学、更富物理内涵的分类方法.毕竟现在磁场测量技术已能分辨不均匀性与高阶场的关系,不唯知其然,亦知其所以然,而且同样大的 $\dfrac{\Delta B}{B}$ 属于线性场抑或高阶场对粒子运动的影响大不相同.不稳定性则是磁铁强度随时间的变化,较精细的分析应将其按频率分类,下文讨论将有所提及.

也见过第三种分类方法,侧重于校正的角度,将误差分为易于校正的误差、可以(在一定程度上)校正的误差、无法校正的误差3类.在下文分析过程中,此层含义自明.

讨论误差问题的原因之一是束流动力学研究人员要在设计阶段回答下列问题:磁铁制造、安装、电源稳定度等可以有多大"允差",方能不使系统调试运行太困难，又不至于付出过高的造价？应在哪些地方放置校正元件，它们的强度应设计为多少？各种允差要求一味追求严格，尤其当超出常规技术能达到的规范时，意味着多花钱又未必保证安全.原则上，成功的设计应该用最经济的代价保证基本功能，对各种误差的要求并不过分严格.

除了某些特殊的、技术上有所突破的关键元件，最佳设计应尽量"宽容"(forgiving)，而不过于"苛求"(demanding).要强调的一点是：在设计阶段，误差将在何处发生和有多大纯属未知，知道的仅是误差有可能发生和将被控制在一定的允差范围之内(误差大于允差的元件将被视为"超差"的废品，不予采用).当然，在机器建造过程中(此时可能已进行了元件磁场测量)、调试与运行中(此时各种误差已是客观存在，但具体分布一般仍在很大程度上未知)，关于误差及其后果的知识也是非常有用的.

有多种方法可根据(假设的或实际的)误差计算束流运动会受到的影响.简介如下：

方法之一，假设误差是小量，忽略其耦合(假定误差彼此间无关)，用偏微商法计算每种误差来源对输运线终点或途中某点的束流质心位置、包络大小等的影响.此法与上一章匹配计算中解方程组时求$\frac{\partial y}{\partial x}$的计算相似，或与上一章最后介绍的线性微扰计算公式相似.常常用无误差时的 β 函数、振荡位相差等描述这种微商的大小.

例如，某四极铁有横向位移误差 Δx，相当于在原四极场上叠加了一个二极场，强度为$\frac{1}{(B\rho)_0}B_y = K\Delta x$，产生的质心轨迹偏转角近似为 $\Delta\theta_x = -\int K\Delta x\mathrm{d}z$.于是，下游某点 z 处的质心轨迹位移为

$$\begin{aligned}\Delta x_{\mathrm{m}}(z) &= \sqrt{\beta_x(z)}\cdot\left(-\int K\Delta x\sqrt{\beta_x}\sin\Delta\phi\mathrm{d}z\right)\\ &\approx -K\Delta x\sqrt{\beta_x(z)}\langle\sqrt{\beta_x}\sin\Delta\phi\rangle\cdot L\end{aligned}$$

符号$\langle\rangle$是对这个四极磁铁求平均，L 是四极铁的长度.而比值$\frac{\Delta x_{\mathrm{m}}(z)}{\Delta x}$即所谓偏微商，可写为$\frac{\partial x_{\mathrm{m}}}{\partial(\Delta x)}$，它代表特定的四极铁的安装误差 Δx 对 z 点处轨迹偏差 Δx_{m} 有多大的影响.式中各量的物理意义读者可自行讨论.一般如四极铁不太长，函数平均值可近似地用磁铁中心函数值代替.该偏微商又称为位移放大系数，只要该四极铁到 z 点的 x 方向振荡位相差 $\Delta\phi$ 不在 $n\pi$ 附近，其绝对值一般明显大于1.

方法之二也假设误差是小的、彼此不相干的微扰，用求解带有"微扰驱动项"

的非齐次运动微分方程计算微扰的影响.例如,还是研究四极铁中 Δx 的影响,该磁铁中运动方程成为 $x'' + Kx = -K \cdot \Delta x$,此驱动项必与微扰成正比.方程得到的解与原方程的似余弦、似正弦轨迹有关,或者说可用原传输矩阵的矩阵元表达.一般情况下,求解此种方程可得到该磁铁对应的质心轨迹偏移量、传输矩阵元的变化与微扰间的解析关系.逐个元件下推,即得到微扰对下游任意点束流参数的影响.此法比前一法严格,但如考虑多种误差的作用,解析公式的形式可能相当复杂.

方法之三则是数值法,对"已知误差"进行数值求解,计算系统全程的束流参数在此种具体误差分布之下的变化.此法无需假设微扰为小量或彼此无关,实际上计算过程已包含有同时存在的误差之间(上游对下游)的影响和效果的累加.数值计算方法可以多种多样,只要对于该具体问题精度足够便可采用.用薄透镜代表误差场的方法使用颇广,例如:磁铁强度差、横向位置差,可当作一个薄透镜放在磁铁中间;纵向位置差 Δz 可当作两个薄透镜(以弯铁为例,纵向移位等同于其一端加上一个短的正弯转段,另一端用一短负弯转段将原磁铁的弯转抵消)分置于磁铁两侧,等等.这种计算虽很复杂,但容易用程序实现.所得一般是对应于"一整套误差"的总效果,而非对某一误差的解析依赖关系.

输运系统设计中如何确定允差与这些由误差推算后果的方法密切相关.典型的方法也可以说有3种.

允差确定法之一可称为经验法或惯例法,主要根据是前人经验和一般的制造安装常规水平.例如:磁铁高阶场不大于理想场的 10^{-3},四极磁铁横向位置偏差不大于0.2 mm,校正元件能提供的 $\Delta\theta_u$ 是弯转磁铁弯转角的1%左右,等等.如此确定的允差一般不难实现,不要求额外的花费,对常规系统(并非要求特别严格或规模特别大)亦已足够.

允差确定法之二以上述由误差推算后果的前两种解析法为基础,用统计学规律估算各种误差的总后果.假定某一参数 $y_j = y_j(x_1, x_2, \cdots, x_N)$,$x_i$ 是某种误差来源.当各种误差互不相干时,参数 y_j 的均方根偏差

$$\sigma_{yj}{}^2 = \sum_i \left(\frac{\partial y_j}{\partial x_i}\right)^2 \sigma_{xi}{}^2$$

式中,σ_{xi} 是此种误差的均方根偏差.它与"允差"的关系取决于误差在允差范围内如何分布,常见的有高斯型分布和均匀分布两种.这种分布是概率分布,允差的含义是超出其外的概率为零.设允差为 Δ_{xi},指实际尺寸与设计值的偏差在 $-\Delta_{xi}$ 到 Δ_{xi} 之间分布.如果是均匀分布,计算表明 $\sigma_{xi} = \frac{\sqrt{3}}{3}\Delta_{xi}$;如是高斯分布,该系数可取

为$\frac{1}{2}$到$\frac{1}{3}$之间，因为误差超过2倍或3倍均方根偏差的概率很小.

σ_{yj}的大小是此参数可能出现偏差的大小的量度，并标明一定偏差发生的概率.如y_j的偏差达到一定程度将"危及"系统功能，设计者希望此种危险偏差出现的概率足够小，即可得出σ_{yj}不可大于某值.再由上式规定各种误差源的σ_{xi}和Δ_{xi}不可大于相应的限定值.这一过程常称为"允差分配".显然σ_{yj}越小，分配越难.由σ_{yj}的表示式，容易看出哪些误差源为害最大——它们的系数$\left(\frac{\partial y_j}{\partial x_i}\right)^2$较大或$\Delta_{xi}$很难降低.对这些误差源，允差不能不控制得尽量紧.其他误差源则只要$\left|\frac{\partial y_j}{\partial x_i}\right|\sigma_{xi}$比这些危险误差源小一个数量级，就可认为是无害的.

允差确定法之三则以前述数值计算法为基础.它向各误差源分配一套允差，在该范围内误差有一定概率分布，计算程序用"随机数产生法"随机地形成一整套符合这种分布的误差；再针对这一套误差做数值模拟计算，随后还可用校正元件(根据测量元件处的"测量结果")进行模拟校正.整个过程仿佛调试一个有误差存在的"真实系统".这一系统当然不会与将建成的系统完全相同.但是，设计者可如此对同一系统、不同的"实际误差"进行上百次甚至上千次模拟计算，好像在纸上将此系统建造并调试了千百次.所得数据再经过统计处理，成为对该系统、允差分配方案及相应的测量、校正元件设置的可能的"表现"的综合评价.如表现太差，则将某些允差"收紧"，或增强测量、校正手段，再做模拟计算，观察效果，直到满意为止.所谓"满意"，意思是整个系统的设计、制造与安装允差的给定、测量与校正元件的安排，都是合理的.通俗地说，好比这一整套设计已被实际应用千百次且皆报成功，对"下一次"(将用真实元件建造)实施的可靠性的任何怀疑似已失去理由.

由于计算机和有关程序的发展，数值计算法被用得越来越广.前述第二种方法一般而言要求偏"严"，或者说结果偏于悲观，又没有考虑校正元件可能发挥的作用.而数值法显得更为实际，对设计的考核较为全面.许多设计者常用的做法不妨称为上述3种方法的结合：总是先用第一种方法经验地给定允差，用第三种方法计算校核；如不满意，第二种方法可从理论上指明改进的途径.最终设计应既满足需要，又具有合理的经济性.无论对束流输运系统或环形加速器，这种做法已被经验证明是可靠的；凡经上述数值计算法校核并认为可行的设计都比较轻松地通过了实际调试的考验.尤其是近年来许多大型束流装置的建造，由于设备数量多(可能发生的误差多、积累效果大)和指标要求高，允差控制的矛盾十分尖锐，一般意义下的允差分配难以满足要求，用数值计算法综合考察设计整体的可靠性已成为设计环节中常规的、甚至必备的一环.

在各种允差中，对安装允差的要求显得特别突出.一般而言，四极铁的横向位移误差 Δx，Δy 和磁铁(包括弯铁与四极铁)的转角误差 θ_z 在各种误差中为害最大.如表 10.1 所示，它们是轨道偏移和横向线性耦合的主要病因.此外，所有安装误差都造成元件内有效好场区或束流孔径减小，而且在调试阶段已不易用其他方法补偿.所以，任何束流传输系统或加速器，磁铁与真空管道的安装准直是一个重要问题.

顺便提一下，有关安装准直的理论和技术是一个专门学科.过去占统治地位的方法，是设立零级、一级、二级等基准，采用类似"允差分配"的办法层层分配，也常有难于分配之忧.20 世纪 80 年代以来，逐渐采用测量学的平差理论，打破此种基准分级的陈规，让平面图上的可测基准点"一律平等"，进行大量的(包括称为冗余的)测量，数据处理中则以线性假设和测量偶然误差呈高斯型概率分布为基础，用线性代数方法处理，利用足够的冗余测量求出所得全部测量数据的最合理的误差分布.然后通过数据分析，可以找出测量中存在的缺陷并有针对性地改进，比如设法消除重复出现、似与方法或器材有关的问题，对一些误差似异常过大的数据进行复测.理论和实践都表明，这样多次进行测量—分析—改进测量，能有效减小误差分布的均方根值.笔者曾稍事研究，发现此理论与加速器物理的某些计算方法颇多相似，是其有趣之处.此法既能提高准直的总精度，又降低了对单次测量精度的要求，而且能得到大致的安装误差真实分布情况.有文献说实测的束流表现与根据此分布的预期表现相去不远.

制造误差中的一部分如磁铁强度、有效长度误差等容易在调试中通过电流调节补偿，还有一部分应根据测量结果在安装前予以考虑.比如，系统中不同位置放有多个设计性能本应相同的元件(多见于系统中有周期性、对称性结构时)，可根据磁场测量结果和模拟计算得到一种最合理的安排，使束流关键参数受到的影响(有较大的概率)足够小.此称为磁铁的分组排序，相当于根据演员的素质分配角色.其大意无非将测量误差最小的磁铁放在最要紧的位置，如有可能则利用合适的位相差使不同误差的影响尽量相互抵消.这也是模拟计算程序的一种作用.处理得好，可在制造允差并不太严、经费不增加的条件下，改善磁铁的整体表现，尤其当同样元件的数量较多时效果更为明显.

以下分别就各种具体误差进行初步的讨论.

10.2 线性误差和非理想场

本节讨论的误差与非理想场属于零阶或一阶场,分别与粒子横向位移无关或与之成正比,称为线性误差.线性误差下束流相椭球(如原来为椭球形)保持为椭球形不变.其中再分类为:质心轨迹偏差、聚焦强度偏差、空间电荷效应的线性部分、初始条件偏差和两个横向之间的耦合.

1. 质心轨迹偏差

对只有水平弯转的系统,当理想轨道上 $B_y \neq \frac{(B\rho)_0}{\rho}$ 或 $B_x \neq 0$ 时出现.在某一元件内使质心轨迹产生偏转角 $\Delta\theta_x$ 和/或 $\Delta\theta_y$ 的计算公式已在9.3节关于零阶场微扰的部分介绍.

此类偏差有色散项 $m_{26} = -\Delta\theta_x, m_{46} = -\Delta\theta_y$,引起水平色散函数 η_x 的变化和导致垂直色散函数 η_y 的产生或变化;一般而言,对束流包络函数 β, α 等影响甚小.此类偏差必造成下游束流质心轨迹偏移,因此影响特定点、尤其是系统终点(加速器注入点、靶点等)的束斑位置和束流角度;因孔径损失,会造成途中束流丢失,尤其当系统中有狭缝一类“瓶颈”时为甚;因束流质心轨迹与理想轨道不重合,还产生许多次级后果.例如,当调整四极铁强度以改变包络大小时,质心轨迹会随之变化;高阶场效应变得严重,例如六极铁中产生附加聚焦项;边缘场效应变复杂,边缘聚焦力因质心轨迹方向变化而改变,等等.

此外,这种引起偏差的原因也可能是随时间不稳定的.如果随时间慢变化,会引起束流质心轨迹的漂移.如果随时间快变化,则引起其抖动.抖动的效果一如束斑被放大.由上一章公式可见,上游任一处 $\Delta\theta_u$ 的快速波动,将在下游一点引起束流质心位置的抖动,抖动振幅正比于 $\Delta\theta_u$ 的振幅、源点的 $\sqrt{\beta_u}$、下游测点的 $\sqrt{\beta_u}$ 和两点间的位相差因子 $\sin\Delta\phi$.而测点束流质心轨迹偏角抖动的振幅正比于该点的 $\sqrt{\gamma_u}$.大体上,这种快速抖动可换算成视在发射度的被放大,σ_{11}, σ_{22} 等皆有相应的放大.

造成此类偏差的原因很多.四极磁铁(包括有四极分量的组合作用弯铁)的横向安装位移误差形成附加弯转磁场,$|K|$ 越大,即四极铁越强越严重,而且因为 β_u

总在同方向聚焦四极铁中取极大值，某一方向聚焦的四极磁铁在同方向的横向位移误差常是该方向质心轨迹偏差的主要来源. 弯铁的 θ_z 转角偏差会产生明显的 B_x 分量，造成 y 方向质心轨迹起伏（包括此后因受到聚、散焦力的振荡）和 y 方向轨迹色散. 弯铁的强度和有效长度的偏差造成下游的 x_m 位移是不言而喻的. 任何磁铁中因制造误差使 $B_x \neq 0$ 都造成 y_m 位移. 弯铁安装的纵向位置偏差 Δz 使束流弯转开始得过早或过晚，非矩形弯铁的横向位置偏差 Δx 使束流总弯转轨迹变长或变短，都会产生 x_m 位移. 有些安装误差虽然主要影响在于别的方面，仔细的分析揭示其多少也有伴生的中心轨迹偏差. 此外，因励磁电流波动引起磁场波动，无论改变弯铁的 B_y，还是改变（有横向安装误差的）四极磁铁的 K，都造成束流轨道的随时间变化. 但以影响大小而言，一般总是上述原因的前两项最严重. 它们原则上都属于安装误差，但也可能含有随时间不稳定的因素，从极缓慢的地基不均匀沉降到机械结构的热胀冷缩，直到相当快的机械位置振动及频率更高的电流纹波. 某些杂散场，如轨道附近有可磁化物质、地磁场等的影响亦归入此类.

质心轨迹偏差一般易于校正. 上一章说到，在合适位置安装一对校正元件能将某测量点处的质心轨迹误差完全消除，使上游所有零阶误差对轨道的影响“到此为止”. 随时间不稳定的误差不易完全校正，只能用反馈系统将其控制在一定水平以下. 有些次级后果也不能根除. 但至少，只要有合适的轨道校正元件，此类偏差容易被校正或被约束在限定的范围内，使之不会积累到造成危险的程度.

2. 聚焦强度偏差

此类偏差在元距离 $\mathrm{d}z$ 内的作用可以用 $-(\Delta F_u)\mathrm{d}z$ 代表，它改变粒子运动方向增量对位置的依赖关系，改变聚焦力.

此类偏差使粒子或束流在相空间的运动与设计要求不同. 两个横向的 β 函数、振荡相移等和有色散时的色散函数在微扰源点的下游都因此发生偏差，下游束流的包络大小、发散角大小、腰点位置、相空间匹配状况等随之改变. 但此类偏差并不破坏设计计算依据的主要原则，尤其是线性方程这一基本条件. 所以束流运动仍可用传输矩阵描述，只是矩阵元的大小略有变化. 束流终点状态参数与初态参数保持线性关系，实际参数与设计值之差和偏差大小间的关系亦大略呈线性. 如果此类偏差随时间不稳定，束流横截面尺寸、发散角等也随时间变化，可能呈现振荡. 此种振荡称为张弛振荡或四极振荡（质心位置的振荡称为二极振荡），也引起视在发射度增加.

此类偏差的影响容易计算. 有时可用薄透镜近似，有时（特别是对“已知误差”求数值解）则只要修改磁铁参数，形成新传输矩阵，仍用与设计计算相同的方法再算一遍，将计算结果与设计计算比较.

产生此类偏差的原因可能是：四极铁或组合作用型弯铁的强度误差或有效长度误差，弯铁中不应有的磁场梯度，弯铁边缘角误差、包括因安装误差偏角 θ_y 引起的两侧边缘角改变（其一变大，另一变小），四极铁纵向位置或有边缘聚焦的弯铁的纵向位置差 Δz，等等. 分析四极铁和弯铁边缘场时曾提到，硬边假设并不完全成立，实际场与理想模型的差别亦表现为聚焦强度偏差，有时相当严重，必须加以修正（如 ρ 不太大的弯铁边缘场）. 假如存在高阶场，质心轨迹一旦偏移，也会产生聚焦强度偏差的次级效应.

在系统调试中，此类偏差多可通过微调四极磁铁强度而在很大程度上校正. 有些情况下，如磁铁电流随时间波动、弯铁中有四极场误差与边缘角误差等，则不容易将其影响完全消除. 测量此类偏差的后果比测量质心轨道困难，也增加了“完全消除”的难度.

3. 空间电荷效应(线性部分)

空间电荷效应已在第5章讨论过. 束流自身电荷间的斥力会增强束流的发散趋势，造成包络增大. 第5章还谈到：空间电荷效应的因素很多，可能相当复杂；$\dfrac{I}{P^3}$（P 是粒子动量）可视为空间电荷效应大小的量度；当束流包络的变化不很快、束流粒子在包络内近似均布时，可认为粒子在横向受到一个与同方向偏离质心的位移成正比的斥力，即线性散焦力，其作用是空间电荷效应的主要项. 对于电子，此散焦力可写为（u''的方程中的一项）

$$f_e \cdot u = \Delta F_u \cdot u = -\frac{eZ_0 I}{\pi m_0 c^2 (\beta\gamma)^3} \cdot \frac{u}{(R_x + R_y) R_u}$$

散焦项 ΔF_u 恒小于0，正比于流强 I，反比于$(\beta\gamma)^3$ 和 $R_u(R_x + R_y)$. R_u 是u（x 或 y）方向的半包络. 此式的推导参见第5章，读者亦可自试之.

设计具体的束流传输系统之前，可试算此项的大小，以确定空间电荷效应是否可以忽略. 当包络不太小时，此项的大小显然决定于$\dfrac{I}{(\beta\gamma)^3}$.

如不能忽略，空间电荷效应的影响应通过计算确定. 计算比较复杂，原因如前文所述，包括：束流包络本身要通过计算确定，包络函数 β_u（不考虑空间电荷时相当于“零电流”或单粒子假设下的计算结果）成为电流 I 的函数；两个横向的包络大小相互影响；包络总是不断起伏，区间常数假设也被动摇. 所以，往往只能采用近似的“逐步”数值计算，可能还要通过迭代使解自洽. 第5章也谈到前人用过的一些计算方法，例如让电流 I 以一定的小量 ΔI 逐步递增，每次修正包络的大小.得到的解应能近似反映空间电荷效应的存在影响束流表现的程度.

仅考虑空间电荷效应的线性项，运动方程在形式上仍满足线性条件，可看作一种聚焦强度偏差.其后果亦与之相似.对于低能强流束，它使束流包络的变化规律明显与“零电流”时不同.由于空间电荷作用区域覆盖输运线全程，而且在两个横向都是散焦力，不大可能调节其他参数使之完全消除.但一般情况下，适当加大所有聚焦元件的聚焦参数 K（绝对值），可以有效抑制包络随流强 I 的变化（主要是增大）.所以，对低能强流束，可通过计算或实验得到一条 K 基本上随 I 单调上升的 $K—I$ 曲线.在 I 不同时用不同的 K，能使系统在 I 的一定变化区间内皆满足设计要求，比如在靶点的束斑半径保持不变.

如果束流有纵向时间结构，如呈束团形，空间电荷效应在纵向也有表现.电荷斥力总是使束团前部粒子的 δ 增加、z_d 变大，后部粒子反之.换言之，表现为纵向散相，使束团增长，能散增加.也可写出与横向散焦项相仿的纵向散焦线性项表达式.要求较高的束团压缩系统必须考虑这一效应.

4. 初始条件偏差

束流状态的初始条件如与设计时的预期值不同，必将影响束流在传输过程中及到终点的状态.初始条件的偏差可以表现为：质心轨迹（位移与方向）、质心动量、发射度、包络、动量分散、色散、两个横向有无耦合，等等.质心的相空间坐标的每个分量，束流矩阵的每个元素都可能与预期值不同.但此处的偏差仍是指“线性部分”，即认为束流相空间分布仍可用椭球代表，或者说此处的偏差不包括相椭球的畸变.

束流传输系统中束流的表现可描述为传输矩阵对初态参数的作用.在此前提下，初态的任何偏差都导致传输中某些参数的改变，两者之间有由传输矩阵规定的线性关系.这些表现容易想象，也容易计算，此处不再罗列.

在一个分成多段的传输系统中，束流到达每段起点处其状态已发生的偏差可看作该段的初始条件偏差.初始条件偏差中有些容易通过下游的校正元件或参数调节消除，有些则不易或不能消除.这一点读者应已能自行举例说明.

5. 两个横向间的耦合

只考虑线性项，横向间的耦合有 3 种基本类型：其一为 $\dfrac{\partial B_x}{\partial x}$ 和 $\dfrac{\partial B_y}{\partial y}$ 不等于 0 时发生的横向位置耦合，见于四极磁铁有安装误差偏角 $\theta_z \neq 0$（产生斜置四极分量）

时和高阶场存在时；其二为 B_y 与 B_x 都不等于0时的复合弯转，见于弯铁有安装误差 $\theta_z \neq 0$ 时和有制造误差 $B_x \neq 0$ 时；其三为 B_z 不等于0时的横向速度耦合，见于弯铁有安装误差 $\theta_x \neq 0$ 时一般影响甚小和传输系统中有轴向磁场元件时. 产生耦合的原理参见第7章.

最典型的轴向磁场元件是螺线管线圈(Solenoid). 其传输矩阵形式特殊，但也可用解析式表达. 本课程在此介绍.

设螺线管中磁场 $B = B_z$ 在轴向，无横向分量，且在有效区间内是区间常数. 令参数

$$K = \frac{B_z}{2(B\rho)_0}$$

单位为 m^{-1}. 又设 L 为螺线管磁场的有效长度，定义参数

$$C = \cos(KL)$$

$$S = \sin(KL)$$

则螺线管线圈(仅考虑 x，y 两个横向)的4×4阶传输矩阵是

$$M_{\mathrm{sol}} = \begin{pmatrix} C^2 & \dfrac{SC}{K} & SC & \dfrac{S^2}{K} \\ -KSC & C^2 & -KS^2 & SC \\ -SC & -\dfrac{S^2}{K} & C^2 & \dfrac{SC}{K} \\ KS^2 & -SC & -KSC & C^2 \end{pmatrix}$$

对应的6×6阶矩阵中，显然有 $m_{55} = m_{66} = 1$，$m_{56} = \dfrac{L}{\gamma^2}$，其他增加的矩阵元为0.

为帮助记忆，不妨以与常规聚焦四极铁的2×2阶矩阵相似的 $M = \begin{pmatrix} C & \dfrac{S}{K} \\ -KS & C \end{pmatrix}$ 为一"基本单元"，M_{sol} 中左上、右下两块 x，y 两横向"内部"的4个矩阵元相同，都是此基本单元乘以 C，呈聚焦特性；右上方为从 y 初值到 x 的耦合单元，等于基本单元乘以 S；左下方4个矩阵元构成的 x 到 y 的耦合单元则是基本单元乘以 $-S$.

有兴趣者不难通过计算证明此矩阵的行列式值仍是1.

推导要点 此问题的关键是螺线管入口、出口边缘场的处理. 如不理解，必引起困惑.

既假定元件内 $B_z \neq 0$ 且是常数，在其"硬边"上 B_z 必有阶跃式变化. 在电子光学中谈过，该变化使束流起转或停转，而此转动与 B_z 的聚焦作用关系很大，这是物

理意义上的边缘场不可忽略.在数学上,此边缘场有

$$\int \frac{\partial B_z}{\partial z}\mathrm{d}z = \Delta B_z \neq 0$$

根据麦克斯韦方程和场的轴对称性,边缘处必有

$$\int \frac{\partial B_x}{\partial x}\mathrm{d}z = \int \frac{\partial B_y}{\partial y}\mathrm{d}z = -\frac{\Delta B_z}{2}$$

不等于 0.所以,螺线管边缘场在冲量假设的意义上是能引入位置耦合的薄透镜.

与前文任意场下的粒子运动方程结合,可知运动方向的增量如下:

在入口处

$$\Delta x' = Ky$$
$$\Delta y' = -Kx$$

在出口处

$$\Delta x' = -Ky$$
$$\Delta y' = Kx$$

两处的边缘场作用都可写成 4×4 阶传输矩阵,其与单位矩阵的不同之处仅在于 m_{23} 和 m_{41} 不是 0,而是 K 或 $-K$.请体会此种位置耦合与起转、停转说法的一致性.

螺线管内部的粒子运动二阶微分方程容易得到,为

$$x'' = 2Ky'$$
$$y'' = -2Kx'$$

前者微分一次,得

$$(x')'' + (2K)^2 x' = 0$$

此方程易解.

加上在入口 z_0 处的初始条件,方程的解为

$$x = x_0 + x_0' \cdot \frac{1}{2K}\sin(2K(z - z_0)) + y_0' \cdot \frac{1}{2K}[1 - \cos(2K(z - z_0))]$$

$$y = y_0 + y_0' \cdot \frac{1}{2K}\sin(2K(z - z_0)) - x_0' \cdot \frac{1}{2K}[1 - \cos(2K(z - z_0))]$$

将出口 $z = z_0 + L$ 处的解写成螺线管中间段的矩阵,并利用参数 C 和 S,得

$$M_{\text{ctr}} = \begin{pmatrix} 1 & \dfrac{SC}{K} & 0 & \dfrac{S^2}{K} \\ 0 & C^2 - S^2 & 0 & 2SC \\ 0 & -\dfrac{S^2}{K} & 1 & \dfrac{SC}{K} \\ 0 & -2SC & 0 & C^2 - S^2 \end{pmatrix}$$

整个螺线管的传输矩阵 M_{sol}是出口、中间段、入口3个矩阵连乘的结果. □

在横向无耦合时,6×6阶传输矩阵中 m_{13},m_{14},m_{23},m_{24},m_{31},m_{32},m_{41}和m_{42} 8个"耦合项"皆为0,束流矩阵中σ_{13},σ_{14},σ_{23},σ_{24} 4个耦合项为0(假设初始束流无横向耦合).一旦发生耦合,以上各项不再为0,束流运动状态表现为x方向与y方向相关.此种相关常有一特定标志,就是束流截面形状成为x—y实空间中的斜椭圆,倾斜方向因地点而异.两个横向的发射度也不再各自是常数.耦合还会造成:x方向有色散时y方向也出现色散;在x方向校正质心轨道时y方向轨道随之改变,反之亦然;实际包络与预期值之间可能出现相当大的差异.

从误差造成耦合的原因看,一定程度上可以说耦合是无法避免的.但多数情况下耦合造成的影响很小.例外的情况是系统中不得不安装有会引起耦合的元件,比如:有进行某种实验必需的螺线管线圈、因地理条件所限而有复合弯转磁铁等.

耦合一旦产生,束流矩阵的耦合项元素不全为0.无耦合的常规传输矩阵不可能消除耦合.此道理正如只有能产生色散的元件才能消除色散,亦所谓"解铃还须系铃人".因此,如要消除耦合——无论来自系统中引起耦合的元件,或初始条件偏差,或安装误差,系统中必须装有专门的消耦合元件,最常见的是绕z轴旋转45°的"斜置四极磁铁"$\left(\text{其中}\dfrac{\partial B_x}{\partial x}\neq 0,\text{而}\dfrac{\partial B_y}{\partial x}=0\right)$和螺线管线圈,调节它们的强度可有效地将耦合基本消除.

有耦合存在时的粒子横向运动轨迹不难计算.但计算有耦合时的束流状态变化规律,比如已知会引起横向间耦合的误差或其他产生耦合的原因,求解束流包络,需要一种比已学过的粒子运动线性理论稍作拓宽的理论.这种理论已发展得相当完善,广泛用于误差分析,尤其是已知误差的数值计算,因为耦合对于有误差的"真实机器"可谓在劫难逃.它是各种有关加速器、束流输运线制造安装误差计算程序的基础.

这一理论用5×5阶传输矩阵描述元件,不能拆开成两横向彼此独立的3×3阶与2×2阶矩阵.两个色散函数η_x和η_y分别描述水平和垂直色散.除去色散项之外的自由振荡项在x平面或y平面内的分量都不是独立的,但可以证明,对一个束流或一个系统而言，必有两个相互独立的振荡“模式”. 每个模式各有一个不变的发射度，又分别各有自己的 x 向分量和 y 向分量，每个分量都有包络函数和振荡相移，还要引入一些函数以便描述同一模式的两个分量之间的关系或不同模式在同一方向的分量之间的关系. 这些函数之间存在若干约束关系，又皆与束流矩阵元有一定的联系. 假定称这两个模式为模式Ⅰ和模式Ⅱ，就有 4 个包络函数：$\beta_{\mathrm{I}x}$，$\beta_{\mathrm{I}y}$，$\beta_{\mathrm{II}x}$和$\beta_{\mathrm{II}y}$. 例如，束流在 x 方向的包络是

$$R_x{}^2 = \sigma_{11} = \varepsilon_{\mathrm{I}}\beta_{\mathrm{I}x} + \varepsilon_{\mathrm{II}}\beta_{\mathrm{II}x} + \sigma_{66}\eta_x{}^2$$

所以，作者称这个线性理论为“有横向耦合时的 4β 函数理论”，而前文介绍的、无横向耦合时的线性理论可称为 2β 函数理论. 几乎所有 2β 理论中的公式都有相应的、较复杂的 4β 理论公式与之对应，形成一套完整的公式体系. 一旦没有耦合，后者就“退化”为前者. 所以，2β 理论可看作 4β 理论的特例——无耦合时，模式Ⅰ只有 x 分量，模式Ⅱ只有 y 分量，$\beta_{\mathrm{I}y} = \beta_{\mathrm{II}x} = 0$.

第 8 章 8.2 节介绍过用薄透镜式矩阵处理直线型元件中有横向位置耦合的粒子运动. 4β 理论中的传输元件完全可以是厚元件，前文谈到的 3 种横向耦合类型都可以处理，包括四极磁场(因安装误差造成的)既有正常分量、又有斜置分量的情况. 如果区间常数假设成立，传输矩阵元的计算都是解析的.

4β 理论的详细介绍不属于本课程范围.

10.3 非线性效应

线性理论忽略了任意两个以上小量的乘积即 2 阶以上的项. 如果元件中存在较强的高阶(2 阶以上，或 6 极以上)场而不容忽略，实际束流表现将与纯粹按照线性理论的计算结果不同. 此种不同称为非线性效应.

非线性效应很像电子光学中的“像差”. 它的突出后果之一是造成相椭球畸变，即如果原来的束流相空间分布呈椭球形，可能变得不像椭球. 这会造成视在发射度(投影发射度，或用统计平均模型计算的发射度)增加，包络变大，严重时造成粒子损失. 但是，若不是某些要求特别高、很难达到，这种现象一般对束流传输系统总体性能的影响不大；而在环形加速器领域，它的影响却大得多，相关研究自然更加充分，例如首先引入了非线性效应确定“动力学孔径”的概念. 粒子不理想程度越高，非线性效应总是越严重，其后果可能形成对粒子(初始)横向位移或动量偏差的某

种不得逾越的限制,这种限制称为动力学孔径.

现举一例,即色差的高阶作用,以帮助对以上说法的理解.只考虑线性项时,色差只引起轨道色散,传输系统的孔径(管道内径或好场区,必要时扣除质心轨道偏差)在有色散处形成对最大动量分散的限制.除去色散项以外的自由振荡项似与色差无关.但实际上,例如四极铁中,运动方程中的 δx 项已被略去;如不忽略,动量不同的粒子受到的聚焦力并不相同,δ 较高者看到的聚焦力较弱.这意味着包络函数也依赖于动量.考虑相空间中按不同 δ 分片的椭球模型,可想见通过四极铁时每片的旋转程度互不一样,高 δ 者旋转较少.投影到 $\delta=0$ 平面上,各个相椭圆并不严格地相互平行且相似,不再属于同一椭圆族,椭球各片间"错位".虽然每片的面积仍不变,其整体却发生畸变,不再是一个椭球.从聚焦观点看,不同动量的粒子的焦点沿 z 轴散开,成像或成腰时像点或腰点的位置和横向尺寸也出现分散,一如电子光学中因色差产生的像散.这自然造成投影发射度和总包络增大.因为畸变的程度和动量分散有关,对最大动量分散的限制必然比不考虑色差高阶项时更严格.特别在环形加速器中,色差高阶项使横向振荡频率依赖于 δ,由于该频率触及某些"共振线"会使束流丢失,最大能散显然因此受到限制.有人称此限制为 δ 的动力学孔径.

显然,用其他四极铁无法校正色差的这种高阶作用.为了校正,必须引入某种使 δ 较高者看到的聚焦力反而较强的机制.前文曾谈到,六极铁能使横向位置不同的粒子看到的磁场斜率即聚焦力不同.如在有色散的漂移段放入六极铁,并使 δ 较高者所走的轨道恰在聚焦力较强处,即可达到目的.此所以六极磁铁能补偿色差的高阶作用.进一步分析,四极场在两个横向聚、散焦伴生的原理在此亦有所表现.如放入的六极铁使 δ 较高的粒子在 x 方向的聚焦增强,必使其在 y 方向被更强地散焦,于是 y 方向总聚焦力与动量分散的关系反被恶化.应选择 β_x 较大而 β_y 较小的位置放此块六极铁,使在 x 方向有明显改善,在 y 方向的恶化较弱.再在 β_x 小而 β_y 大的地方放一个电流相反的六极铁,所起作用与前一块相反.二者结合,才能使色差高阶作用在两个方向都受到较好的补偿.所以,要很好地补偿或消除总聚焦力因动量分散而异的色差高阶作用,在有色散段中至少必须装有两种六极磁铁.

人们已能通过理论计算设计出由(至少两块)弯铁、四极铁和(至少两块)六极铁组成的"二阶消色差弯转单元";其间虽有弯转,然而到出口处"算总账",不仅轨道无一阶色散,而且总聚集力对 δ 的偏微商也是0.

高阶场的作用则与几何像差相似.高阶场存在时,由于粒子所受聚焦作用与其横向位置有关,每一片相椭圆的形状皆发生畸变.读者不妨设想:粒子所受横向力即 $\Delta x'$ 的增量与(比如说) x^2 成正比时相椭圆将如何被扭曲.这当然更会使相椭球畸变.从聚焦成像的观点可谓焦点随粒子在何处通过透镜而散开,从横向振荡的观点则为振荡相移依赖于振幅.高阶场的作用总与 x 和/或 y 的高次幂成正比,而线性理论之所以成立,在于 x,y 很小时这种高阶项与线性项相比可以忽略.所以,此种非线性效应的存在使粒子的振荡幅度受到一个比较模糊的限制:粒子横向位移大于此幅度时会造成束流损失等恶果,而小于此幅度时该效应的影响确实很小,平安无事.这构成了对束流发射度、或曰对初始束流包络的限制.这种限制被称为动力学孔径,与一般意义下的孔径(自然孔径或"实在孔径",英文为 Physical Aperture,有人译为物理孔径)相区别.

在有些场合下,尤其是粒子储存环设计中,动力学孔径问题必须认真对待.六极铁可以校正色差的高阶作用,它本身则作为高阶场必然成为非线性误差的重要来源.在某种意义上,六极铁的作用是:消除高阶色差,但引入几何像差;或者说牺牲横向动力学孔径,以换取纵向动力学孔径的增大.

更高阶场的作用与此相类.所有高阶场也产生两个横向间的耦合,这已在第 8 章 8.2 节提到.由于耦合,y 方向允许的最大偏差 Δy 是 x 的函数,而且函数关系复杂,比如 $x>0$ 侧与 $x<0$ 侧一般不对称,Δy 未必随 x 的绝对值增大而单调减小.所以,横向动力学孔径在 x—y 实平面中有时具有看似奇怪的图形.空间电荷的高阶作用、初始条件偏差的高阶项(使束流初状态就与相椭球有很大出入)也可用类似方式研究.如果高阶场随时间变化,会引起束流的高级振荡.

非线性效应是束流动力学研究的重要的前沿课题之一,多年来为世人所瞩目.各种数学方法正在不断地被引入这一领域.

最早采用的一个方法将粒子运动方程扩展到 2 阶、3 阶甚至更高阶.扩展以后的方程有许多高阶项.假设可舍去某些更高阶项,把 2 阶以上项看作微扰,用拉格朗日待定系数法处理,有微扰的方程的解可以用原线性方程解的似正弦、似余弦轨迹的积分表述.类似的方法本书也采用过.然后,可以用传输矩阵与若干高阶张量代表每个元件.比如,假设只取到 2 阶,则通过元件后的粒子状态是其初状态 5 个量的二次函数,可以写成

$$\begin{aligned}
x &= \sum\left(\frac{x}{{x_0}^i {x_0'}^j {y_0}^k {y_0'}^m \delta^n}\right){x_0}^i {x_0'}^j {y_0}^k {y_0'}^m \delta^n \\
&= \left(\frac{x}{x_0}\right)x_0 + \left(\frac{x}{x_0'}\right)x_0' + \left(\frac{x}{\delta}\right)\delta + \left(\frac{x}{{x_0}^2}\right){x_0}^2 \\
&\quad + \left(\frac{x}{x_0 x_0'}\right)x_0 x_0' + \left(\frac{x}{x_0\delta}\right)x_0\delta + \left(\frac{x}{{x_0'}^2}\right){x_0'}^2 \\
&\quad + \left(\frac{x}{x_0'\delta}\right)x_0'\delta + \left(\frac{x}{\delta^2}\right)\delta^2 + \left(\frac{x}{{y_0}^2}\right){y_0}^2
\end{aligned}$$

$$+\left(\frac{x}{y_0 y_0{}'}\right)y_0 y_0{}' + \left(\frac{x}{y_0{}'^2}\right)y_0{}'^2 + \cdots$$

式中,括号内的“分式”是泰勒展开系数,对某一元件是常数.其“分子”是通过元件后的粒子坐标,即被展开的函数;“分母”表示通过元件前的坐标(故有下标0),即涉及的初状态变量.i,j,k,m,n 是正整数或0. $\sum$ 是对所有 $i+j+k+m+n$ 小于等于某阶数求和.此式是理想场水平弯铁的求 x 公式,包含了所有非零二阶项,可与第7章理想场中粒子运动的二阶微分方程对照.其中,显然 $\left(\frac{x}{x_0}\right)$, $\left(\frac{x}{x_0{}'}\right)$ 和 $\left(\frac{x}{\delta}\right)$ 就是 m_{11}, m_{12} 和 m_{16}.其他系数则属于一个 $6\times6\times6$ 阶张量 $\boldsymbol{R}$ 的元素,也有人标志为 R_{111}, R_{112}, R_{116}, R_{122}, $\cdots$, R_{144} 等.上式用的是卡·布朗用过的符号,各张量元素用原线性方程的似正弦、似余弦解表述的解析计算公式也可从他的著作中查到.对于 x', y, y',也有类似公式.利用3维张量 R,粒子状态表述公式为

$$U = M\cdot U_0 + U_0^{\mathrm{T}}\cdot R\cdot U_0$$

有人兴趣盎然地追求用这种方法解析计算更高阶的泰勒展开系数,已有不少收获,如对特定元件能求到5阶.

这个方法曾用得颇广.其缺点是:每上升一阶,项数呈雪崩状增加;处理非理想元件即有误差场时,任何项都未必为0,项数增加更快.多个元件相连接时,原线性理论中简单的矩阵连乘变成极复杂的高阶乘法,很难化简.假如初态的坐标值较大,高阶项并不会很快地收敛.更高阶项在一个元件的表达式中已被舍去,而若干元件连接后相应的积累误差是否已逼近甚至超过未舍之项的作用很难估计.总之,这一方法的使用似有一定限度,虽然它在历史上发挥过作用(例如,“二阶消色差弯转系统”设计中就用到此法,并将由此求出的某些二阶系数消为0).

现在用得最广、人们也最相信的是非线性效应的数值计算法,常称为“粒子跟踪”.此法让若干“代表粒子”各从某一特定初状态出发,用数值计算其轨迹,得到它们经过每个元件的状态变化,无论该元件是线性的“普通元件”还是非线性元件.从系统起点开始跟踪,计算到系统的结束.此计算本身并不困难.如果研究对象是环形加速器,则至少跟踪一圈,使用者往往跟踪许多圈,以判断何种初值条件的粒子会因非线性效应而丢失.一般言之,比较线性理论结果与跟踪计算结果,可得到关于整个系统的非线性效应的信息,例如相椭圆畸变的程度、动力学孔径的大小,等等.这种计算引入的假设较少,似乎可信度较大.考虑磁铁安装制造误差(仍可用随机分布法使未定误差变成已知误差),并进行跟踪计算,以模拟实际机器误差存在时的非线性效应,虽然计算量相当大,也逐渐被广泛采用.

无论系统内有何种非线性效应存在，跟踪计算法对每一个粒子的初态皆可给出一个唯一与之对应的终点状态.这仍是一个6维相空间的单值状态变换，不过该变换不是线性的.这个变换代表了整个系统对粒子的作用，它与不考虑非线性效应的线性变换的差异描述了所有非线性效应.

有许多方法可用来研究这个相空间变换.最容易想到的还是泰勒展开，非线性变换与线性变换的差当然是初态坐标的高阶项.用数值法如最小二乘法处理，可以得到许多高阶项系数，各有一定的物理意义.高阶项越大，说明非线性效应越严重.此法的一个缺陷仍然是高阶项并不能很快收敛，不得不研究许多高阶项系数.很难在许多大小不等的系数中指出哪一项特别重要，非线性效应的主要特点也不易由这些系数标明.用于环形加速器时，如果将跟踪一圈的结果泰勒展开并欲用作处理多圈运动的工具，又会碰到单元件泰勒展开法感到头疼的老问题.

作者曾尝试用相振荡的振幅(作用量)a 和振荡相位 ϕ 代替 u 和 u' 描述初态与终态，用傅里叶分析法处理非线性效应的跟踪计算结果.如果是线性变换，a 应该不变，不同粒子的 ϕ 应有共同的增量或相移.考虑非线性效应后，a 有所变化，ϕ 的增量也有起伏，这些变化代表了非线性效应.把非线性成分对初相作傅里叶展开，可以发现:对于一个具体系统，这些傅里叶级数系数(它们是初振幅 a_{x0} 和 a_{y0} 的函数)中只有几项比较大，其他项相比之下可以忽略.或者说傅里叶级数的收敛性似优于泰勒级数.

图10.1所示是一种典型的跟踪结果.傅里叶级数系数中最大项的 $n=3$，意味

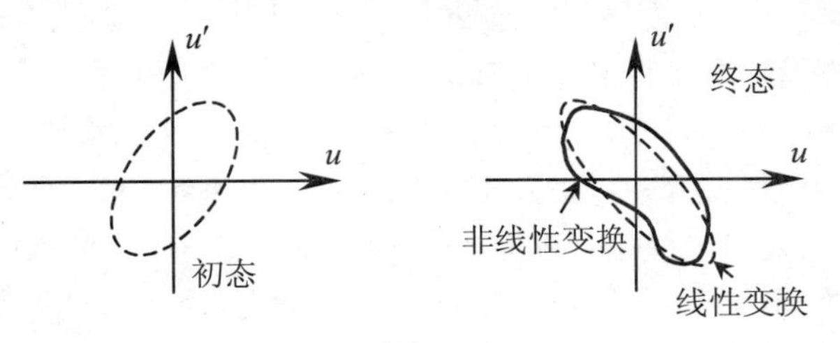

图 10.1

着所研究系统中相椭圆畸变的特征是以3阶倍频(对应于2阶场，或六极场)畸变为主.该系数随初振幅增大的情况能提供关于动力学孔径的信息.在处理环形加速器一类周期结构时，较大的项与某种“危险共振线”有频率对应关系.各种相对较突出的傅里叶级数系数皆有类似的物理意义，一圈跟踪结果似已能暗示多圈运动的特点.虽然只是初步尝试，这种方法有一定的启发性.

较先进的理论分析方法涉及粒子运动的哈密顿方程、泊松括号展开和李代数

等数学工具,已非本书所应包括的内容.

近代的束流传输系统常要求保持束流相空间分布的高度密集.非线性效应(以及束流在直空室壁上激发的电磁场与粒子的相互作用,粒子在一定条件下自身发出电磁辐射的过程等)会造成视在发射度增大、束团增长、能散变大等不利后果,降低束流质量.如何克服非线性效应已成为非常重要而又极具挑战性的问题.

与此同时,有些学者开辟了另一条战线,研究如何利用非线性效应,例如:散裂中子源和加速器驱动次临界反应堆都要用高功率质子束打靶,在恰当位置引入非线性效应,能使束斑增大、束流密度分布均匀化,改善靶体的受热情况.除了理论研究和模拟计算,也有人在研究如何设计制造特殊的非线性场元件等更实际的问题,这种元件如不同形式的异型多极磁铁和高次频率驻波腔,其特点都是使横向位置不同的粒子受到的磁力或电力明显不同,于是可用来或者产生所希望的非线性效应,或者补偿、校正已由非线性效应造成的相椭圆畸变.为了配合与非线性效应相关的带束流实验,高密度束流(其横截面尺寸可能在微米量级)相空间分布的测量技术也需要不断创新.

带着约百年来积累的辉煌,以束流光学为基础之一的束流物理学已走进科学技术全面加速发展的 21 世纪,它的每一个进步都是人类改造自然能力的提高.许多昨天还引起人们发笑的"不可能"的梦想,明天就会成为现实.在向一座又一座高峰攀登的路径上,中国青年科技工作者必将留下自己的足迹.